国家出版基金项目
NATIONAL PUBLICATION FOUNDATION

生态气象系列丛书

丛书主编：丁一汇

丛书副主编：周广胜 钱 拴

黑龙江生态气象

于 敏 贾小龙 等 著

气象出版社
China Meteorological Press

内容简介

黑龙江省地处中国东北部，位于东北森林带的核心腹地，是我国生态安全屏障体系的重要组成部分，生态资源优势突出。本书以黑龙江省生态气象及其气候及气候变化影响为主线，系统总结了生态气象及卫星遥感生态监测评估方法和技术，从生态气象、气候及气候变化影响、防灾减灾、服务双碳战略等方面系统梳理了生态气象监测技术和评估指标，以期为生态安全保障和气候变化应对提供气象参考。本书内容系统全面，资料严谨翔实，可作为生态气象领域从科学研究到应用实践的范例，可供气象、生态与相关部门的科技业务工作者及关注生态安全的相关人员参考。

图书在版编目（CIP）数据

黑龙江生态气象 / 于敏等著. -- 北京 : 气象出版社, 2024. 6. -- (生态气象系列丛书 / 丁一汇主编).
ISBN 978-7-5029-8386-4

Ⅰ. P41

中国国家版本馆 CIP 数据核字第 202446Q9T8 号

黑龙江生态气象

Heilongjiang Shengtai Qixiang

出版发行：气象出版社
地　　址：北京市海淀区中关村南大街 46 号　　**邮政编码**：100081
电　　话：010-68407112(总编室)　010-68408042(发行部)
网　　址：http://www.qxcbs.com　　**E-mail**：qxcbs@cma.gov.cn
责任编辑：黄红丽　郝　汉　　**终　　审**：张　斌
责任校对：张硕杰　　**责任技编**：赵相宁
封面设计：博雅锦
印　　刷：北京地大彩印有限公司
开　　本：787 mm×1092 mm　1/16　　**印　　张**：14.5
字　　数：374 千字
版　　次：2024 年 6 月第 1 版　　**印　　次**：2024 年 6 月第 1 次印刷
定　　价：145.00 元

著者名单

于　敏　贾小龙　薄　宇　程春香　吴　双
韩书新　荔千妮　王春丽　阮　多　谢连妮
徐作敏　秦　云　曲芙瑶　于大江　季生太
吴　琼　裴宇航　张　欢　温秀卿　李宇光
潘　雪　吴　霞　孙　涛　徐　嘉　刘　洋
蒙婷婷

序

党的十八大将生态文明建设纳入中国特色社会主义事业“五位一体”总体布局，提出加大自然生态系统保护力度，积极应对全球气候变化。2023年，在首个全国生态日到来之际，习近平总书记进一步强调，生态文明建设是关系中华民族永续发展的根本大计，是关系党的使命宗旨的重大政治问题，是关系民生福祉的重大社会问题。生态系统是支持人类文明的重要环境基础，气象条件是影响生态系统最活跃的因素，直接关系到美丽中国建设、生态保护修复和气候变化科学应对。生态气象服务保障工作在生态文明建设总体布局中发挥着基础性科技保障作用，为科学开展生态保护与建设、促进生态系统修复、增强生态系统可持续性、提升生态系统质量提供决策支撑。

黑龙江省地处中国东北部、东北亚中心区域，生态资源优势突出，是《全国重要生态系统保护和修复重大工程总体规划（2021—2035年）》中东北森林带的重要载体。本书立足黑龙江省区域特色，紧扣当前国内外热点问题，从气候生态环境、森林生态气象、农田生态气象、湿地生态气象、冰雪生态气象、城市生态气象、生态气象灾害、碳达峰碳中和等方面，系统展示了黑龙江省生态气象概况和最新研究成果，以及生态气象业务产品体系和支撑的业务技术。

黑龙江省春季风多雨少、易干旱，夏季气候温热、降水充沛，秋季降温剧烈、霜冻较早，冬季气候寒冷、干燥且漫长；主要气象灾害有暴雨洪涝、干旱、冰雹、大风、低温冻害、霜冻、雪灾等；次生灾害主要有森林火灾、凌汛、沙尘暴等。气象灾害多集中在西部松嫩平原地区。

近年来，黑龙江省森林面积明显增加，植被生态质量和水源涵养均呈不断改善趋势，贡献了大部分的陆地生态系统固碳。耕地面积呈先减后增趋势，农作物长势良好。湿地面积有所减小，扎龙湿地植被覆盖度和明水体面积呈增大趋势。积雪覆盖日数明显增加，湖泊面积增大。哈尔滨市城市热岛增强，但城市绿化面积增加缓解了城市热岛负效应。森林、草原和秸秆清理火点数量呈明显下降趋势。

特别是，本书介绍了黑龙江省生态气象研究成果，包括气候变化、植被生态质量、水源涵养、冰雪资源、北极海冰、大宗粮食作物长势、陆地固碳等业务产品，以及干旱监测评估指标、生态气象监测指标、气候变化影响评估等业务技术，为生态气象监测评估业务提供了支撑。

本书全面总结了黑龙江省生态文明建设气象保障服务的最新成果，系统梳理了黑龙江省生态气象科研业务技术，具有前瞻性和业务指导作用，是生态气象从科学研究到应用实践的很好范例。本书为从事生态气象、大气科学、生态学、地理学、环境遥感等领域的科技人员和生态环境管理人员提供了参考。

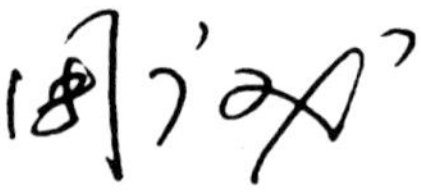

2024 年 5 月

前言

黑龙江省地处中国东北部，其北部和东部与俄罗斯隔黑龙江相望，是我国向北开放的新高地，地处大小兴安岭、长白山和东北平原交汇地带，森林、农田、湿地、冰雪资源丰富，属中温带到寒温带大陆性季风气候，是我国农业大省和生态大省，承担着维护国家粮食安全“压舱石”的责任，也是我国重要生态系统保护和修复重大工程规划布局的东北森林带的重要载体，对调节东北亚地区水循环与局地气候、维护国家生态安全具有重要战略意义。2020 年，习近平总书记提出，中国“二氧化碳排放力争于 2030 年前达到峰值，努力争取 2060 年前实现碳中和”的目标，黑龙江省为这一目标的实现奠定了坚实的物质基础。在全球气候变化背景下，中国气象局明确提出，气象部门要重点开展重大生态问题的气象监测评估和预测预报业务服务，建立和完善国家、省级生态系统气象监测预测和评估业务体系。

本书结合黑龙江省区域特色，紧扣当前国内外热点问题，立足黑龙江省气候与生态环境、森林生态气象、农田生态气象、湿地生态气象、城市生态气象、生态气象灾害、碳达峰碳中和气象监测评估、东北亚地区冰雪资源等方面，系统总结了黑龙江省生态气象研究的技术和成果。本书阐述了黑龙江省基本气候概况和主要气象灾害、东北森林带典型生态功能区森林分布及时空演替、森林植被生态质量、水源涵养时空分异特征、农田生态系统时空演替、大宗粮食作物长势、干旱监测评估指标、典型湿地生态气象监测指标、冰雪资源及其对农业影响、北极海冰对北极航道影响、气候变化对北半球高纬度湖泊影响、陆地生态系统碳汇及气候影响评估、气候变化背景下陆地生态系统碳汇预估等生态气象监测评估方法和技术指标，取得了一系列研究成果，并为生态气象监测评估业务服务提供支撑。

全书共 9 章，于敏、贾小龙负责全书总体框架的设计和主要章节的撰写。第 1 章主要由于敏、薄宇、程春香、温秀卿编写；第 2 章主要由王春丽、薄宇编写；第 3 章主要由于敏、薄宇、程春香、曲芙瑶、谢连妮、吴霞、李宇光、刘洋编写；第 4 章主要由于敏、薄宇、程春香、曲芙瑶、吴双、孙涛编写；第 5 章主要由于敏、薄宇、程春香、曲芙瑶、潘雪、蒙婷婷编写；第 6 章主要由韩书新、薄宇、于敏、徐嘉编写；第 7 章主要由荔千妮编写；第 8 章主要由吴双、徐作敏、于敏、谢连妮、阮多、季生太、韩书新、吴琼、裴宇航、张欢编写；第 9 章主要由贾小龙、于敏、薄宇、阮多、徐作敏、程春香、秦云、于大江编写。本书的编写得到了中国气象科学研究院周广胜研究员、国家气象中心钱栓正高级工程师、国家气候中心肖风劲研究员、国家卫星气象中心徐喆正高级工程师、南京大学居为民教授、黑龙江省气象科学研究所周宝才所长、佳木斯气象卫星地面站曹品伟站长和黑龙江省机关服务中心秦铁主任的大力帮助和支持，在此表示衷心的感谢！

由于生态气象监测评估技术与气象及环境关系的复杂性，加之作者水平有限，书中难免存在缺陷和纰漏之处，衷心希望广大读者批评指正！

作者

2024 年 5 月

目录

第 1 章
绪　论

1.1　研究背景

黑龙江省生态资源丰富，森林覆盖率居全国前列，是国家重要国有林区和最大的木材生产基地。森林具备涵养水源、保育土壤、防风固沙、固碳释氧、森林游憩、生物多样性保护等功能（侯元兆 等，2005）。黑龙江省有天然湿地面积 556 万 hm^2，湿地面积居全国第四位，占全国天然湿地的 1/7，是丹顶鹤、东方白鹳等珍稀水禽的重要繁殖栖息地和迁徙停歇地。东北森林带是中国沼泽湿地最丰富、最集中的区域，区域内野生植物近 4000 种，野生动物近 2000 种，是东北虎、东北豹种群数量最多、活动最频繁的区域，是东亚—澳大利西亚候鸟迁徙线最重要的栖息地之一。作为农业大省，黑龙江省是中国主要的商品粮基地，用全国 1/10 的耕地，生产出了全国 1/4 的商品粮，地处中国最北端，是中国冰雪资源最丰富的省份之一，也是《全国重要生态系统保护和修复重大工程总体规划（2021—2035 年）》中东北森林带的重要载体，包含了大小兴安岭森林、长白山森林和三江平原湿地 3 个国家重点生态功能区。随着全球人口的增加，资源、环境问题日益突出，该区域面临着可采资源急剧减少、森林质量下降、森林生态功能减弱、后备资源严重匮乏的问题（张颖，2006）。长期高强度的森林资源采伐和农业开垦，导致森林、湿地等原生生态系统退化，主要表现为森林结构不合理、质量不高，中幼林面积占比大；湿地面积减小 50%以上，其中三江平原湿地面积减小了 70%以上，生物多样性遭到破坏；多年冻土退缩，黑土区水土流失面积约 1570 万 hm^2，局部地区土地沙化。为了恢复森林生态系统，减轻洪水、泥沙淤积和沙尘暴对于生态系统的负面作用，推动森林生态系统、草原生态系统自然恢复，中国以“森林是陆地生态系统的主体和重要资源，是人类生存发展的重要保障”为根本遵循，开展了天然林保护工程、退耕还林工程等生态修护工程（李文华 等，2006）。以推动森林生态系统、草原生态系统自然恢复为导向，立足大小兴安岭森林生态功能区等 3 个国家重点生态功能区，全面加强森林、草原、河湖、湿地等生态系统的保护，连通重要生态廊道，切实强化重点区域沼泽湿地和珍稀候鸟迁徙地、繁殖地自然保护区保护管理，稳步推进退耕还林还草还湿、水土流失治理、矿山生态修复和土地综合整治等治理任务，提升区域生态系统功能稳定性，保障国家东北森林带生态安全。黑龙江省作为生态安全战略格局中东北森林带的重要载体，对调节东北亚地区水循环与局地气候、维护国家生态安全和保障国家木材资源具有重要战略意义。2020 年，习近平总书记提出中国“二氧化碳排放力争于 2030 年前达到峰值，努力争取 2060 年前实现碳中和”的目标，黑龙江省作为林业大省，森林覆盖率 47.3%，森林蓄积量达到 22.4 亿 m^3，为这一战略目标的达成奠定了坚实的物质基础。在全球气候变化和国际形势百年未有之大变局的背景下，黑龙江省的粮食生产、生态环境和碳收支对国家整体粮食安全和生态安全具有重要的战略意义，防灾减灾、保障国家粮食安全和重要农产品供给、构建生态安全屏障和地方经济社会高质量发展都对生态气象监测预测评估科技创新能力提出了新的更高要求。

1.2 目的与意义

黑龙江省生态资源优势十分突出，拥有大森林、大草原、大农田、大湿地、大冰雪等众多生态资源。习近平总书记指出“绿水青山就是金山银山，冰天雪地也是金山银山”，立足黑龙江需要我们扎实推进黑龙江生态文明建设和生态环境保护，坚决走生态优先绿色低碳高质量发展道路，守好国家北方生态安全屏障，努力提高生态文明建设气象服务保障能力，建设人与自然和谐生态龙江，筑牢祖国北方生态安全屏障。2020 年，习近平总书记提出中国“二氧化碳排放力争于 2030 年前达到峰值，努力争取 2060 年前实现碳中和”的目标。东北森林具有高碳储存密度、长时间滞留的特点，在全国和区域碳平衡中起到至关重要的作用，是中国固碳研究的重要区域。湿地生态系统的易变性是脆弱性表现的特殊形态之一，当水量减少以至干涸时，湿地生态系统演替为陆地生态系统，当水量增加时，该系统又演化为湿地生态系统，因此水文决定了系统的状态，开展长期湿地明水体空间分布特征监测及与永久水体的对比变化监测评估，有助于湿地生态系统功能状态监测及湿地生态保护。

因此，开展黑龙江省森林生态质量评估、重点生态功能区生态系统功能修复效果评价及气象影响量定量分离与评估，可以为黑龙江省生态红线保护、生态系统功能保护修复以及国家生态政策支持提供数据支撑。基于碳循环机理模型，开展森林生态系统生产力精准定量模拟，评估黑龙江省固碳释氧量，定量分析气候变化对东北森林带碳收支（碳源/汇）的影响，可以为中国碳达峰、碳中和目标提供科学决策依据。开展湿地生态质量和盐渍化区域监测、气象对生态质量和盐渍化影响量分离和定量贡献率评估，对生态保护修复工作的评估评定和后续生态政策制定具有重要作用。由于发展全链条、全方位、精细化的农业遥感服务势在必行，有必要开展常态化精细精准的农作物长势遥感监测评估、农业气象灾害预警及遥感监测评估、重点群体直通式为农气象遥感服务，保障好黑龙江省粮食安全大局，为黑龙江省农业区域特色发展和乡村振兴提供助力。开展历史长序列冰雪期和积雪深度监测，有助于黑龙江省特色冰雪旅游业发展，可以为冰雪旅游资源的重点开发与区域规划提供依据。冰雪旅游等气象精细化服务，可以为黑龙江省各地旅游部门提供应用服务支撑，增加收益，助力黑龙江省旅游资源实现最大价值，为黑龙江“旅游强省”战略实施提供高质量的气象服务保障。

1.3 研究进展

本书结合黑龙江省区域特色，紧扣当前国内外热点问题，立足黑龙江省气候与生态环境概况、黑龙江省森林生态气象、黑龙江省农田生态气象、黑龙江省湿地生态气象、东北亚地区冰雪生态气象、黑龙江省城市生态气象、黑龙江省生态气象灾害、黑龙江省碳达峰碳中和气象监测评估八个方面，系统展示黑龙江省生态气象研究的新方法、新技术和新成果，并经示范和应用。

在黑龙江省气候与生态环境概况方面，袁荣等（2022）基于 1960—2019 年黑龙江省 26 个气象站的逐日气象资料，探求各气候要素在时间序列中的变化趋势，研究发现黑龙江省近 60 a

来最高气温和最低气温年际及不同季节上均为显著上升趋势，相对湿度、风速和日照时数在年际及季节尺度上则为下降趋势；刘家福等(2022)利用2004—2018年东北三省洪涝灾害灾情资料，结合气象站点降水观测资料，对东北三省洪涝灾害时空格局进行研究，发现近15 a来东北三省洪涝灾害损失数据呈先升后降的波动变化趋势，空间上黑龙江省的受灾面积和受灾率皆为最高。

在黑龙江省森林生态气象方面，王黑子来等(2011)应用系统论和水分平衡原理，对森林土壤物理性质、土壤蓄水能力、枯落物蓄水能力以及林冠截留量等进行比较分析，评估大兴安岭不同树种水源涵养功能。

在黑龙江省农田生态气象方面，李秀芬等(2007)利用黑龙江省气象台站数据与SPOT-VEGETATION卫星资料，对黑龙江省作物长势与气候因子关系进行研究，发现植被指数较真实地反映了作物的生长状况，NDVI(归一化植被指数)具有明显的季节变化格局，与作物生长的季节变化相一致，不同作物的NDVI具有一定差异，影响玉米生长的主要气候因子是前一旬的降水；影响大豆生长的主要气候因子是当旬的平均气温和前一旬的降水。

在黑龙江省湿地生态气象方面，孟瑶等(2022)对2000—2020年三江平原生态系统类型的分布与构成、面积变化率、斑块变化以及转换特征进行统计分析，研究发现三江平原湿地生态系统2010—2020年的下降趋势略大于2000—2010年；2010—2020年与2000—2010年相比，人工表面和湿地的面积变化率变大。

在东北亚地区冰雪生态气象方面，胡晓径等(2023)利用高空气象资料和地面自动观测资料，应用天气形势分析和气候统计方法，对2021年松花江流域哈尔滨段春季开江流凌过程进行了天气学成因分析，并对形成流凌的相关气象要素逐个分析，通过综合分析得出高空暖高压脊控制是造成开江流凌的直接原因，当高空处于高压脊控制下，850 hPa温度上升到0 ℃及以上时，是达到开江流凌的一个重要指标。王斌等(2022)利用SWAT(水土评价工具，Soil and Water Assessment Tool)模拟流域积雪过程，研究流域内积雪的时空变化特征及其对春季农田土壤水分的影响，研究发现呼兰河流域的最大日积雪量空间分布呈现自西向东逐渐增加的相近特征；积雪量变化呈现增长趋势，与土壤水分的年际变化趋势相近。

在黑龙江省城市生态气象方面，刘丹等(2018)基于1984—2015年Landsat数据，通过分析城市建筑用地和地表温度的时空演变特征，以及地表温度与建筑用地、植被和水体之间的关系，揭示哈尔滨城市扩张过程中夏季城市热岛格局的演变特征及影响因素，研究发现，2015年中心城区出现热岛效应减弱、热岛斑块面积减小的趋势，周边区域出现热岛效应加强、热岛斑块面积增大的趋势。

在黑龙江省生态气象灾害方面，吴黎等(2022)通过利用MODIS(中分辨率成像光谱仪)的归一化植被指数和地表温度产品计算温度植被干旱指数(TVDI)，对20 a的5—9月农业干旱进行了监测，研究发现2000—2006年干旱较严重、2007—2013年干旱减弱、2014—2019年干旱振荡减弱，其中2006年、2009年和2015年极端干旱情况最重，年平均干旱有显著减弱趋势而极端干旱未通过显著性检验分析，年内5月是全省干旱最严重时期。

在黑龙江省碳达峰碳中和气象监测评估方面，程春香等(2022)基于已验证TEC模型计算植被NPP(净初级生产力)，研究黑龙江省生态保护修复关键实施期植被NPP及其影响因子时空变化特征，研究发现2000—2020年黑龙江省NPP呈极显著增加趋势，自然因子中降水量是影响NPP增加的主导因子，土地覆盖类型对NPP也具有重要影响。

1.4 本章小结

黑龙江省丰富的森林、湿地、农业、冰雪资源，受到人口增加和国际形势的影响，出现了日益突出的资源、环境、粮食安全问题，生态修护工程的开展，加强了森林、草原、河湖、湿地等生态系统的保护，然而国家粮食种植结构优化调整、极端天气气候事件对农业生产和粮食安全造成威胁。有必要在前人研究的基础上，采用新方法和技术，立足当地气候特点，开展黑龙江省森林、农田、湿地、城市、碳收支、灾害分析评估，以及东北亚地区冰雪评估工作，为生态政策的制定、“双碳”目标的实现、农业区域特色发展和冰雪旅游资源的开发提供数据支撑。

第2章 黑龙江省气候与生态环境概况

2.1 黑龙江省基本气候概况

2.1.1 概述

气候的重大变化对环境、生态都会产生重大影响，客观分析气候背景便尤为重要，本节主要对黑龙江省的气温、降水、日照、风速、相对湿度、积雪深度等多个要素进行深入的时空分析和季节变化分析，发现黑龙江省的降水量、相对湿度、风速等气象要素存在明显的年代际变化特征。

黑龙江省属中温带到寒温带大陆性季风气候，四季分明，在极地大陆气团控制下，冬季气候寒冷、干燥且漫长；夏季受副热带海洋气团的影响，气候温热、降水充沛；春、秋两季气候多变，春季风多雨少、易干旱，秋季降温剧烈、霜冻较早。

2.1.2 数据与方法

基于中国气象局下发的黑龙江省 80 个气象观测站 1991—2020 年的地面气候平均值和“天擎”(即气象数据云平台)中的气象数据，运用 30 a 平均值分析了 1991—2020 年黑龙江省多个气象要素的时空分布特征；运用 5 a 滑动平均的方法，分析了气温、降水、日照时数、相对湿度、风速等气象要素的年、季节变化特征。

日照时数：在分析过程中发现，2020 年日照数据较其他年份异常偏高，可能是更换仪器所致，观测结果存在系统性偏差，因此，分析时段为 1991—2019 年。

季节划分：春季 3—5 月、夏季 6—8 月、秋季 9—11 月、冬季 12 月—次年 2 月。

2.1.3 小结与讨论

2.1.3.1 气温

(1)平均气温

黑龙江省年平均气温为 3.3 ℃，平原温度高于山地，南部温度高于北部，具有一定的纬向分布特征。各地的年平均气温在－3.4 ℃(漠河)～6.0 ℃(东宁)(数字的阈值为左不包含、右包含，下同)，大兴安岭大部的年平均气温在 0 ℃以下，黑河、伊春北部、加格达奇的年平均气温为 0.1～1.9 ℃，伊春南部、松嫩平原北部、三江平原北部、林口、绥芬河的年平均气温为 2.5～4.0 ℃，松嫩平原南部、牡丹江大部、三江平原南部的年平均气温为 4.1～6.0 ℃(图 2.1)。1 月气温最低，为全年最冷月份，月平均气温为－19.2 ℃，大兴安岭北部在－25.0 ℃以下，其中漠河最低达－27.7 ℃；大兴安岭南部、黑河、伊春、松嫩平原西部为－25.0～－20.0 ℃；松嫩平原东部、牡丹江、三江平原在－20.0 ℃以上。7 月气温最高，月平均气温为 22.2 ℃，大兴安岭大部、乌伊岭、绥芬河为 18.0～20.0 ℃；其他大部分地区在 20.0 ℃以上，其中杜尔伯特最高为 23.9 ℃。极端最高气温为 41.6 ℃（泰来，1968 年 7 月 22 日），极端最低气温为－52.3 ℃（漠河，1969 年 2 月 13 日）。

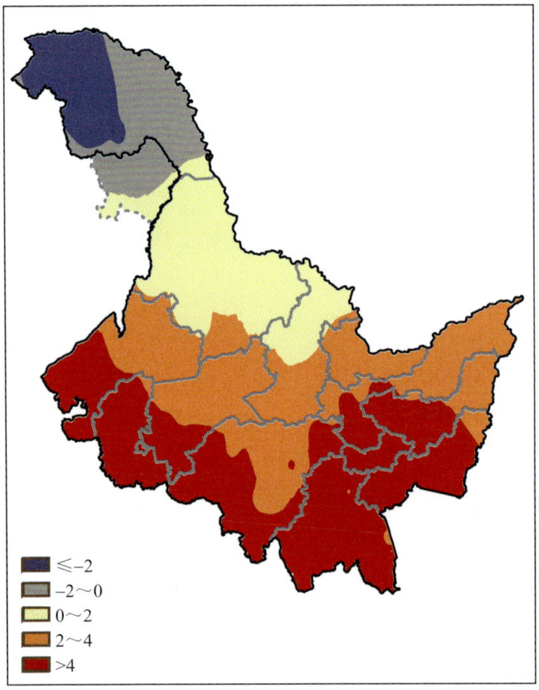

图 2.1　黑龙江省 1991—2020 年平均气温分布图（单位：℃）

本书中黑龙江省区域包含加格达奇区，加格达奇区隶属于黑龙江省大兴安岭地区，位于内蒙古自治区呼伦贝尔市鄂伦春自治旗境内。黑龙江省春季平均气温为 5.0 ℃，1998 年春季气温（7.3 ℃）最高，2010 年（2.5 ℃）最低。20 世纪 90 年代中期至 21 世纪 00 年代初，春季气温呈现较明显的上升趋势；21 世纪 00 年代中期至 21 世纪 10 年代中期则出现下降趋势；之后又整体呈现明显上升趋势（图 2.2）。

黑龙江省夏季平均气温为 20.7 ℃，2000 年夏季气温（22.1 ℃）最高，2009 年（19.4 ℃）最低。20 世纪 90 年代中期至 21 世纪 00 年代初夏季气温呈现较明显的上升趋势；21 世纪 00 年代中期则出现下降趋势；21 世纪 00 年代末至 21 世纪 10 年代中期变化相对平缓；之后又整体呈现下降趋势（图 2.3）。

黑龙江省秋季平均气温为 4.0 ℃，2004 年秋季气温（5.8 ℃）最高，2002 年（1.7 ℃）最低。20 世纪 90 年代中期至 21 世纪 00 年代初秋季气温呈现下降趋势；21 世纪 00 年代中期至末期呈现较明显的上升趋势；21 世纪 10 年代初至 21 世纪 20 年代末期变化趋势不明显（图 2.4）。

黑龙江省冬季平均气温为－16.9 ℃，2007 年冬季气温（－13.6 ℃）最高，2001 年（－21.1 ℃）最低。20 世纪 90 年代，冬季气温年际波动小，变化平缓，整体高于平均值；21 世纪 00 年代年际波动大，但平均值接近于常年平均；21 世纪 10 年代初又呈现出下降趋势；21 世纪 10 年代中期开始整体呈现上升趋势（图 2.5）。

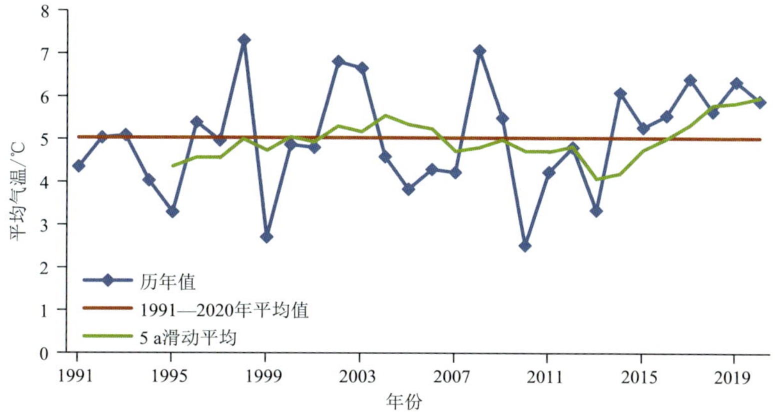

图 2.2　1991—2020 年黑龙江省春季平均气温历年变化图

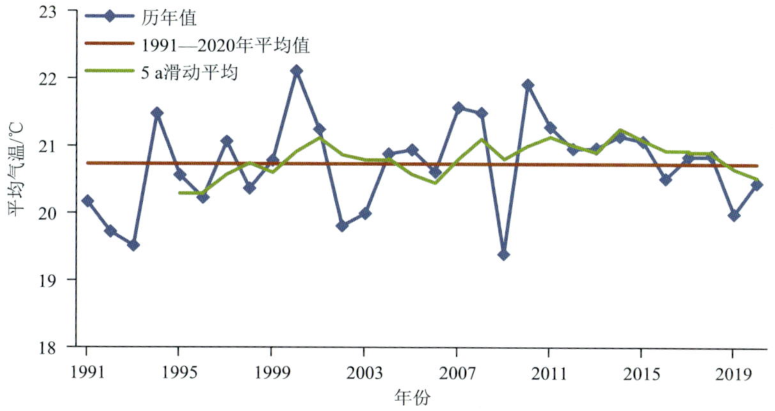

图 2.3　1991—2020 年黑龙江省夏季平均气温历年变化图

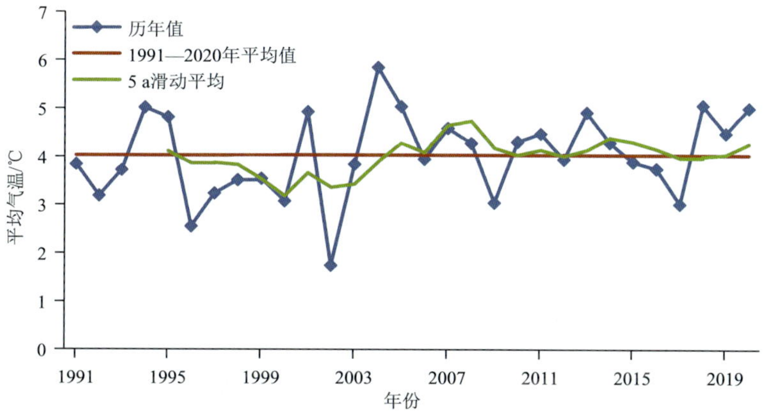

图 2.4　1991—2020 年黑龙江省秋季平均气温历年变化图

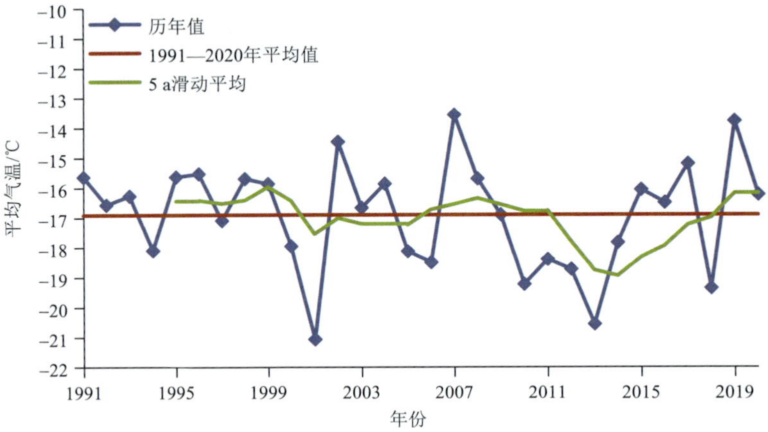

图 2.5　1991—2020 年黑龙江省冬季平均气温历年变化图

(2)最高、最低气温

黑龙江省年平均最高气温为 9.2 ℃，各地的年平均最高气温在 5.6 ℃(漠河)～12.3 ℃(东宁)，大兴安岭、黑河、伊春北部、抚远的年平均最高气温为 5.6～7.7 ℃，伊春南部、三江平原大部、松嫩平原北部、绥芬河为 8.2～10.0 ℃，松嫩平原南部、牡丹江大部为 10.1～12.3 ℃(图 2.6)。1 月年平均最高气温为－13.1 ℃，是全年最低月份，大兴安岭北部、黑河南部、嘉荫的年平均最高气温在－16.0 ℃以下，其中呼玛最低为－17.9 ℃；其他大部分地区为－15.9～－10.0 ℃；牡丹江中部、鸡东在－10.0 ℃以上。7 月年平均最高气温为 27.3 ℃，是全年最高月份，大兴安岭、黑河、伊春北部的年平均最高气温为 24.7～27.0 ℃，其他地区的年平均最高气温在 27.0 ℃以上，其中泰来最高为 28.8 ℃。

黑龙江省年平均最低气温为－2.2 ℃，各地的年平均最低气温在－11.2 ℃(漠河)～0.8 ℃(东宁)，大兴安岭、乌伊岭的年平均最低气温为－11.2～－6.2 ℃，黑河、伊春大部、齐齐哈尔北部、绥化北部、哈尔滨北部为－5.8～－2.0 ℃，松嫩平原南部、牡丹江、三江平原大部为－1.9～0 ℃(图 2.7)。1 月年平均最低气温为－24.3 ℃，是全年最低月份，大兴安岭北部、嘉荫的年平均最低气温在－30.0 ℃以下，其中呼中最低为－34.9 ℃；大兴安岭南部、黑河、伊春、松嫩平原北部的个别市(县)为－29.7～－25.4 ℃；松嫩平原大部、牡丹江大部、三江平原大部为－24.8～－20.2 ℃；牡丹江东南部、鸡西西部、勃利、双鸭山市区在－20.0 ℃以上。7 月年平均最低气温为 17.4 ℃，是全年最高月份，大兴安岭大部、五营、乌伊岭的年平均最低气温为 10.8～15.0 ℃；其他大部分地区的年平均最低气温在 15.0 ℃以上，其中杜尔伯特最高为 19.6 ℃。

(3)高温、低温日数

黑龙江省年平均高温日数(≥30 ℃)为 16.4 d，各地的年平均高温日数在 5.6 d(绥芬河)～29.6 d(泰来)，大兴安岭大部、黑河大部、伊春、三江平原东部、绥芬河的年平均高温日数在 5.6～14.9 d，齐齐哈尔北部、绥化大部、哈尔滨大部、三江平原西部、呼玛、逊克在 15.0～19.9 d，松嫩平原西南部、牡丹江大部在 20.0～29.6 d(图 2.8)。

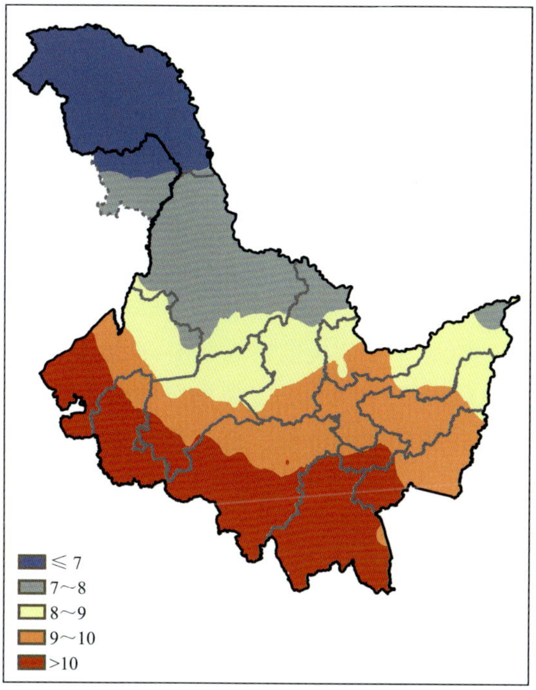

图 2.6 黑龙江省 1991—2020 年平均最高气温分布图(单位:℃)

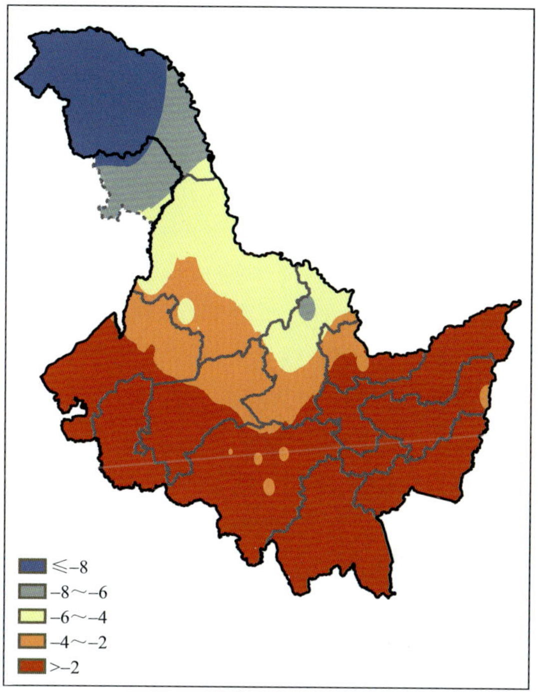

图 2.7 黑龙江省 1991—2020 年平均最低气温分布图(单位:℃)

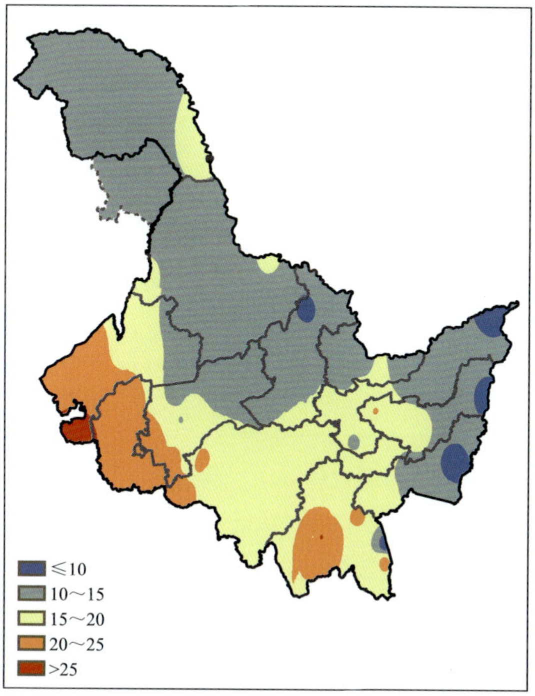

图 2.8 黑龙江省 1991—2020 年平均高温日数分布图(单位:d)

黑龙江省年平均低温日数(≤−30 ℃)为 11.7 d,各地的年平均低温日数在 0 d(东宁)～83.2 d(漠河),松嫩平原大部、牡丹江、三江平原大部的年平均低温日数在 0～9.7 d,大兴安岭、黑河、伊春、松嫩平原北部的个别市(县)、饶河在 10.7～83.2 d,其中大兴安岭、伊春北部、嫩江、五大连池在 25.0 d 以上(图 2.9)。

2.1.3.2　降水

(1)降水量

黑龙江省年平均降水量为 550.6 mm,各地的年平均降水量在 409.1 mm(泰来)～673.4 mm(鹤岗市区),松嫩平原西南部、漠河、呼玛的年平均降水量在 500.0 mm 以下,大兴安岭大部、黑河、齐齐哈尔北部、绥化大部、哈尔滨西部、牡丹江大部、三江平原大部在 500.0～600.0 mm,伊春、哈尔滨中部、抚远、饶河、虎林、绥芬河在 600.0 mm 以上(图 2.10)。总的分布趋势是东部多、西部少,中部山区最多,多水中心在小兴安岭南侧和张广才岭山地。全省降水季节差异较大,夏季受东南季风的影响,降水集中,各地平均降水量在 275.5 mm(漠河)～426.6 mm(铁力),占全年降水量的 63%;春季占 16%、秋季占 18%、冬季占 3%。

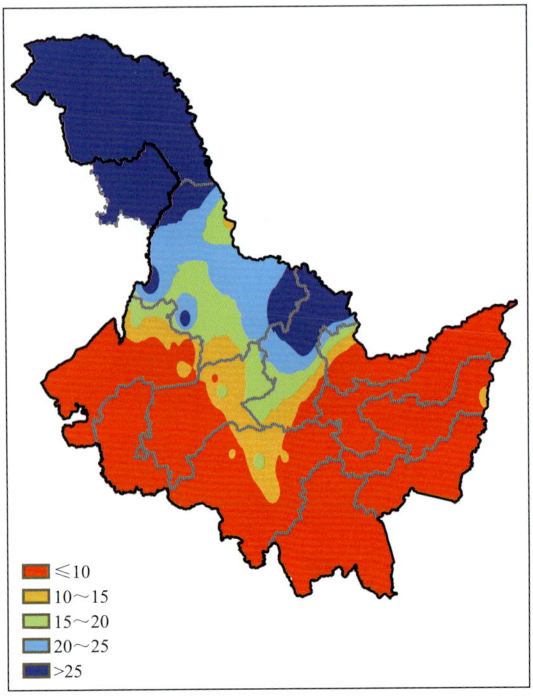

图 2.9　黑龙江省 1991—2020 年平均低温日数分布图(单位:d)

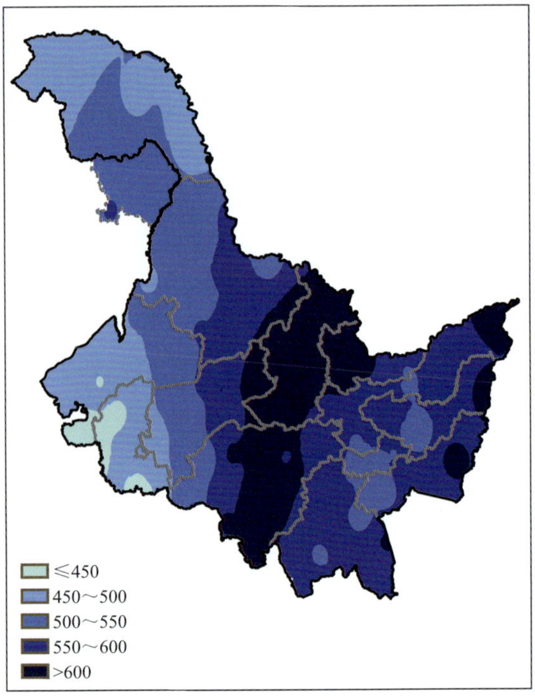

图 2.10　黑龙江省 1991—2020 年平均降水量分布图(单位:mm)

黑龙江省春季平均降水量为 86.5 mm,2010 年春季降水量(130.4 mm)最多,2003 年(42.5 mm)最少。春季降水整体呈现明显增多趋势。以 20 世纪 90 年代中期至 21 世纪 00 年代末期增多趋势最为明显,之后变化趋势相对平缓(图 2.11)。

黑龙江省夏季平均降水量为 346.8 mm,2019 年夏季降水量(524.5 mm)最多,2007 年(205.1 mm)最少。夏季降水具有年代际变化特征。20 世纪 90 年代中期至 21 世纪 10 年代初,

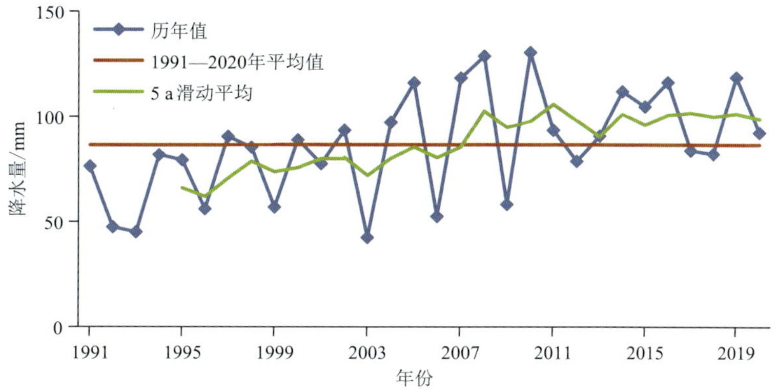

图 2.11　1991—2020 年黑龙江省春季平均降水量历年变化图

降水呈现减少趋势；之后又整体呈现增多趋势，其中 21 世纪 10 年代中期趋势平稳(图 2.12)。

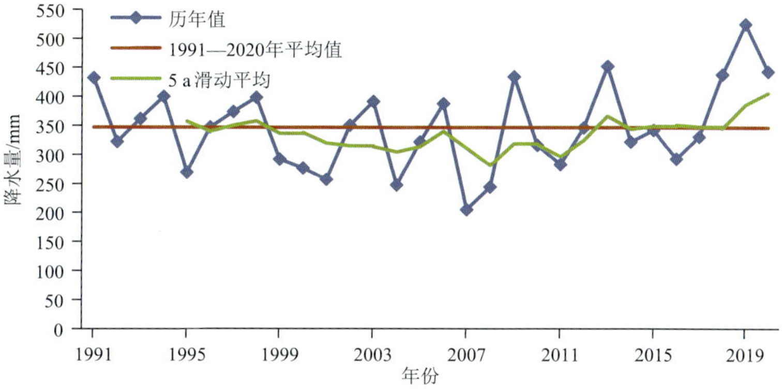

图 2.12　1991—2020 年黑龙江省夏季平均降水量历年变化图

黑龙江省秋季平均降水量为 99.5 mm，2020 年秋季降水量(208.0 mm)最多，2001 年(46.4 mm)最少。秋季降水具有明显的年代际变化特征。20 世纪 90 年代中期至 21 世纪 10 年代初，降水呈现减少趋势，其中 21 世纪 00 年代趋势平稳，整体低于常年值；之后又呈现出明显的增多趋势，降水量整体高于常年值(图 2.13)。

图 2.13　1991—2020 年黑龙江省秋季平均降水量历年变化图

黑龙江省冬季平均降水量为 17.0 mm，2015 年冬季降水量（30.4 mm）最多，2019 年（5.2 mm）最少。冬季降水具有年代际变化特征。20 世纪 90 年代中期至 21 世纪 10 年代初，降水整体呈现较明显的增多趋势；21 世纪 10 年代中期变化趋势不明显；之后整体呈现出减少趋势（图 2.14）。

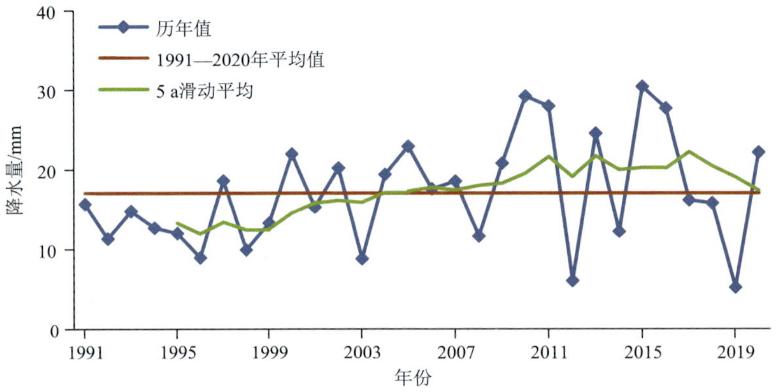

图 2.14 1991—2020 年黑龙江省冬季平均降水量历年变化图

（2）暴雨日数

黑龙江省年平均暴雨日数为 0.7 d，各地的年平均暴雨日数在 0.2 d（呼中）～1.2 d（海伦），大兴安岭、牡丹江大部、七台河西部、鸡西西部以及个别市（县）的年平均暴雨日数为0.2～0.5 d，黑河大部、伊春大部、三江平原大部、松嫩平原为 0.6～1.2 d（图 2.15）。

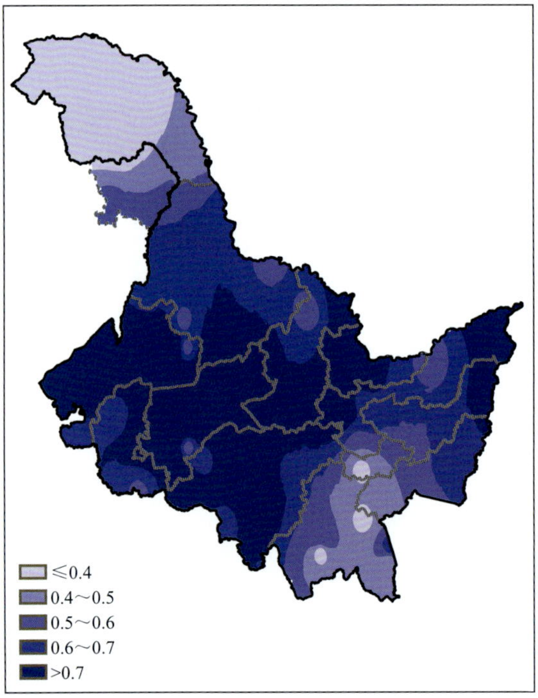

图 2.15 黑龙江省 1991—2020 年平均暴雨日数分布图（单位：d）

2.1.3.3 日照时数

黑龙江省年平均日照时数为 2480.6 h，各地的年平均日照时数在 2176.0 h（鸡东）～2913.9 h（甘南），黑河西部、松嫩平原西部、三江平原西北部的部分市（县）、加格达奇、呼玛、宁安的年平均日照时数在 2500.0 h 以上，其中甘南、肇州超过 2800.0 h；大兴安岭大部、黑河东部、伊春、三江平原大部、松嫩平原东部、牡丹江大部在 2100.0～2500.0 h（图 2.16）。从季节变化来看，春季日照时数最多，夏、秋季次之，冬季最少。

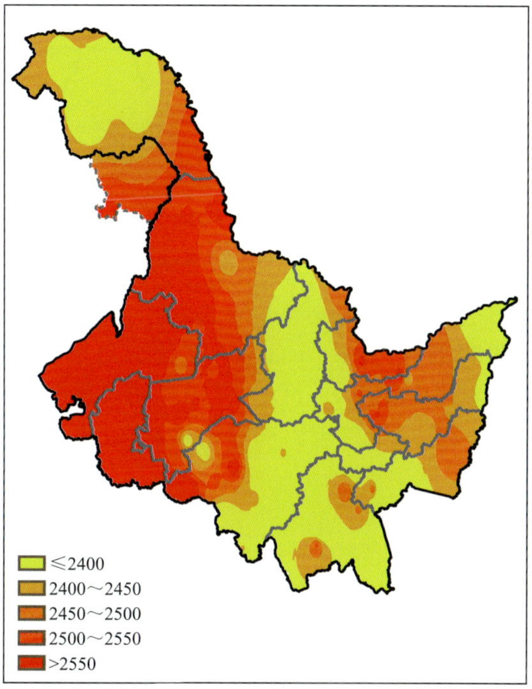

图 2.16 黑龙江省 1991—2019 年平均日照时数分布图（单位：h）

黑龙江省春季平均日照时数为 708.5 h，2009 年春季日照时数（781.7 h）最多，2008 年（627.0 h）最少。春季日照时数整体以及年代际变化趋势不明显，在常年值附近徘徊（图 2.17）。

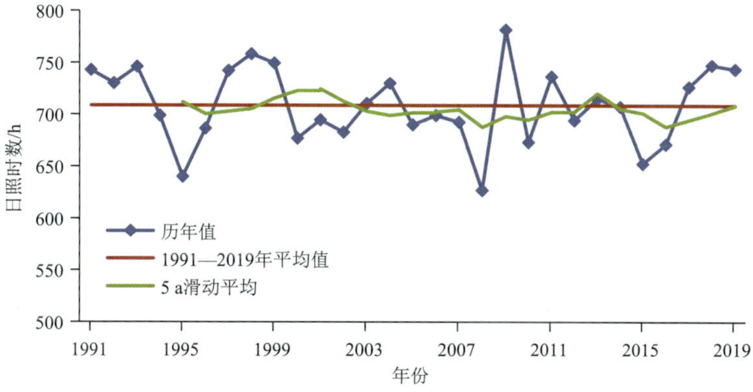

图 2.17 1991—2019 年黑龙江省春季平均日照时数历年变化图

黑龙江省夏季平均日照时数为 689.7 h,2007 年夏季日照时数(845.5 h)最多,2003 年(575.1 h)最少。20 世纪 90 年代日照时数趋势平稳,接近常年值;21 世纪 00 年代初至 21 世纪 10 年代初呈现较明显的增多趋势;之后整体呈现减少趋势(图 2.18)。

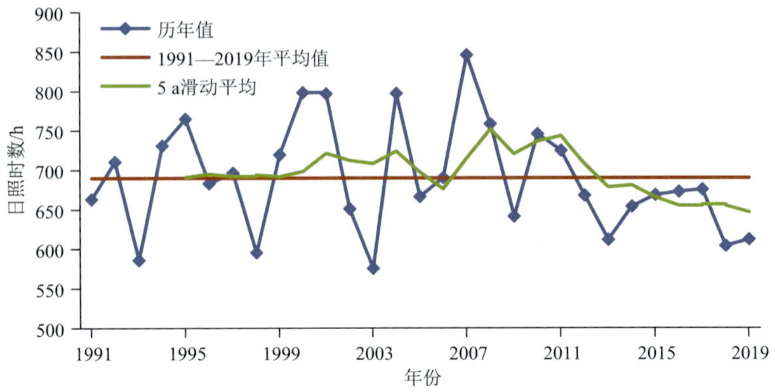

图 2.18 1991—2019 年黑龙江省夏季平均日照时数历年变化图

黑龙江省秋季平均日照时数为 576.1 h,2019 年秋季日照时数(662.4 h)最多,2012 年(463.4 h)最少。20 世纪 90 年代中期至 21 世纪 10 年代初日照时数呈现增多趋势;21 世纪 10 年代中期开始则呈现减少趋势;之后又呈现出明显增多趋势(图 2.19)。

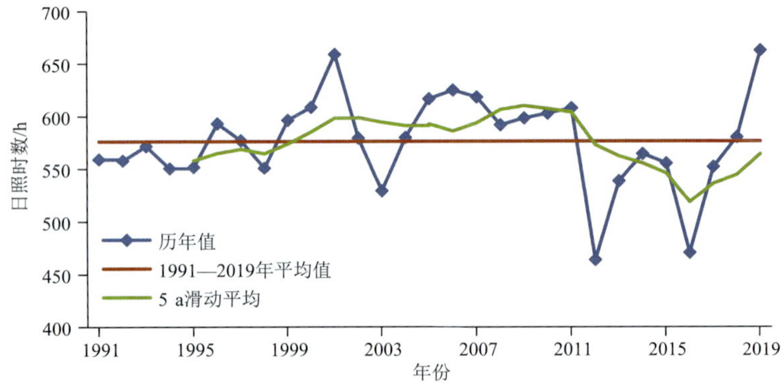

图 2.19 1991—2019 年黑龙江省秋季平均日照时数历年变化图

黑龙江省冬季平均日照时数为 507.8 h,2008 年冬季日照时数(560.9 h)最多,1993 年(460.5 h)最少。20 世纪 90 年代日照时数呈现增多趋势;21 世纪 00 年代初至 21 世纪 10 年代中期整体呈现减少趋势;之后变化趋势不明显(图 2.20)。

2.1.3.4 相对湿度

黑龙江省年平均相对湿度为 65.8%,各地的年平均相对湿度在 55.8%(龙江)~73.5%(延寿),大兴安岭、黑河东部、伊春、三江平原东部、哈尔滨大部、牡丹江西部的年平均相对湿度较大,松嫩平原西南部以及个别市(县)的年平均相对湿度相对较小(图 2.21)。从季节变化来看,夏季相对湿度最大,冬、秋季次之,春季最小。

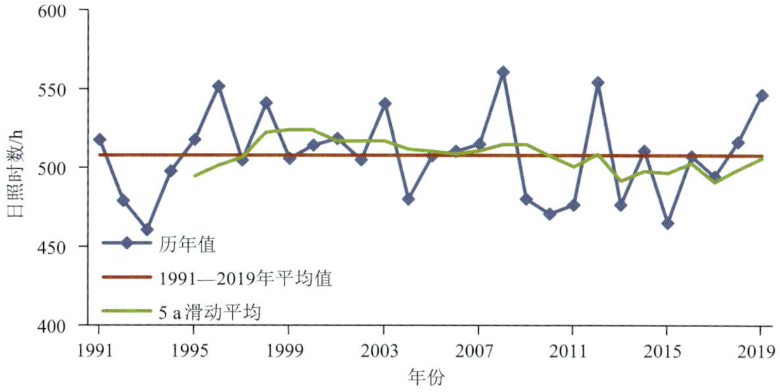

图 2.20　1991—2019 年黑龙江省冬季平均日照时数历年变化图

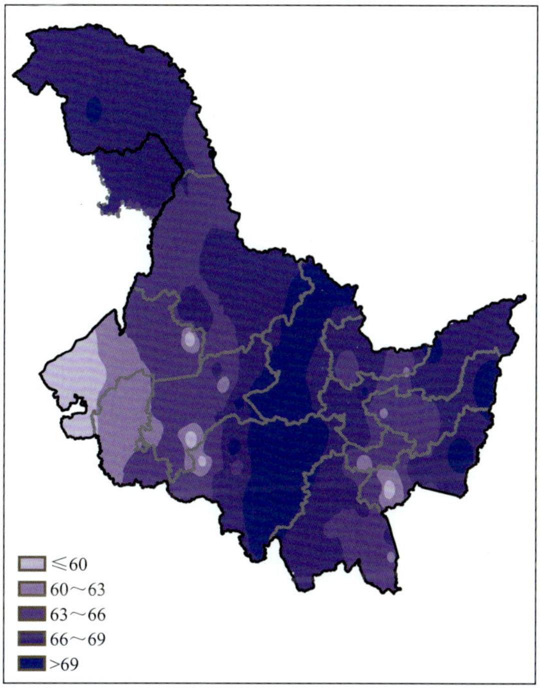

图 2.21　黑龙江省 1991—2020 年平均相对湿度分布图(%)

黑龙江省春季平均相对湿度为 55.3%，2010 年春季相对湿度(63.4%)最大，2003 年(47.0%)最小。20 世纪 90 年代相对湿度趋势平稳；21 世纪 00 年代初呈现减小趋势；21 世纪 00 年代中期至 21 世纪 10 年代初整体呈现较明显的增大趋势；之后又整体呈现出明显减小趋势(图 2.22)。

黑龙江省夏季平均相对湿度为 75.2%，2019 年夏季相对湿度(80.4%)最大，2007 年(65.9%)最小。夏季相对湿度的年代际变化明显。21 世纪 00 年代中期以前相对湿度呈现明显的减小趋势，其中 20 世纪 90 年代中期至 21 世纪 00 年代中期整体小于常年值；之后又整体呈现出增大趋势，相对湿度整体高于常年值(图 2.23)。

黑龙江省秋季平均相对湿度为 66.7%，2012 年秋季相对湿度(76.2%)最大，2001 年

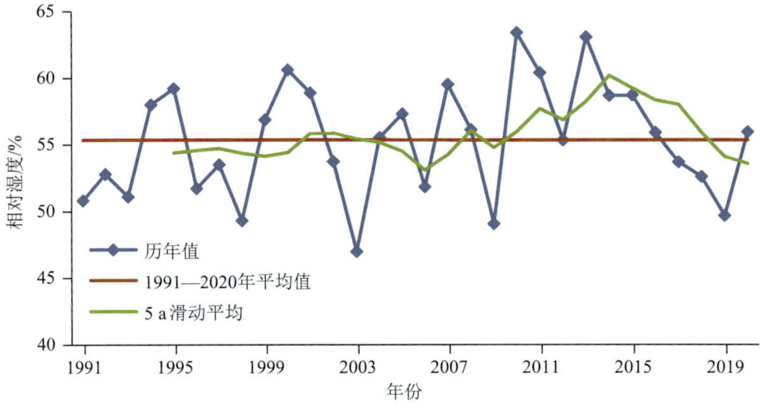

图 2.22　1991—2020 年黑龙江省春季平均相对湿度历年变化图

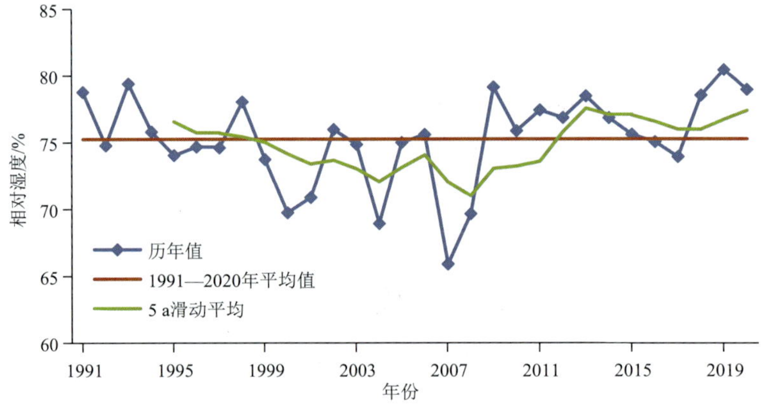

图 2.23　1991—2020 年黑龙江省夏季平均相对湿度历年变化图

(59.4%)最小。秋季相对湿度的年代际变化明显。21 世纪 00 年代中期以前相对湿度呈现较明显的减小趋势,其中 20 世纪 90 年代中期至 21 世纪 00 年代中期整体小于常年值;21 世纪 00 年代末期至 21 世纪 10 年代中期则出现增大趋势;之后又整体呈现出减小趋势(图 2.24)。

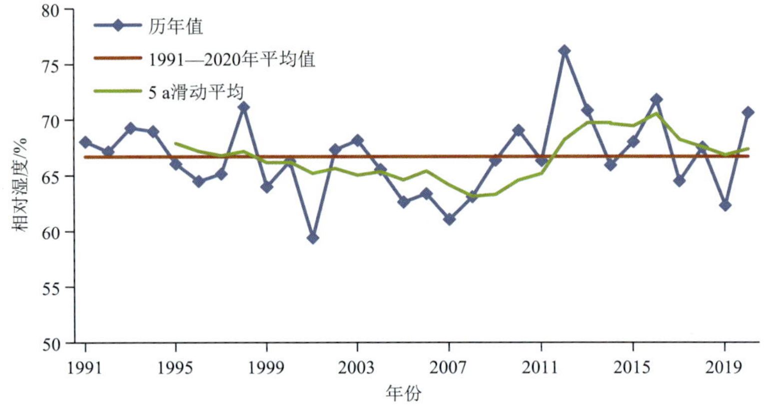

图 2.24　1991—2020 年黑龙江省秋季平均相对湿度历年变化图

黑龙江省冬季平均相对湿度为 68.3%，2004 年冬季相对湿度(75.0%)最大，2019 年(55.8%)最小。20 世纪 90 年代相对湿度整体呈现减小趋势；21 世纪 00 年代初则出现增大趋势，中期又出现减小趋势，末期至 21 世纪 10 年代初期又呈现增大趋势；之后又整体呈现出减小的趋势(图 2.25)。

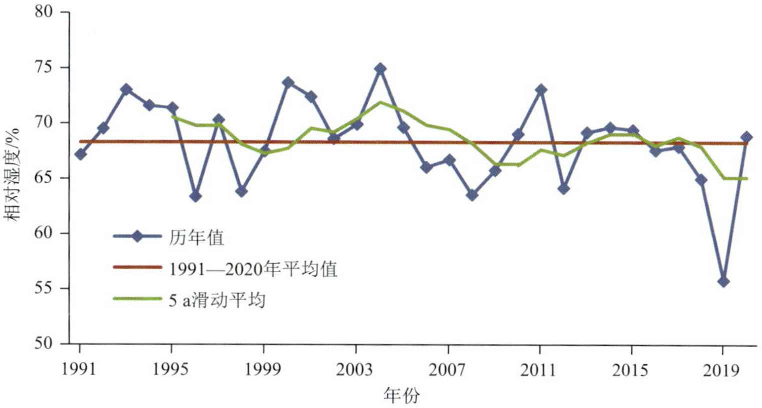

图 2.25　1991—2020 年黑龙江省冬季平均相对湿度历年变化图

2.1.3.5　风速

黑龙江省年平均风速为 2.7 m/s，各地的年平均风速在 1.4 m/s(呼中)～3.7 m/s(同江)，大兴安岭、黑河东北部、伊春、牡丹江大部的年平均风速在 2.5 m/s 以下，黑河西南部、松嫩平原、三江平原在 2.5～3.7 m/s，其中通河、鸡西市区、富锦、同江超过 3.5 m/s(图 2.26)。从季节变化来看，春季风速最大，秋季次之，夏季和冬季最小。

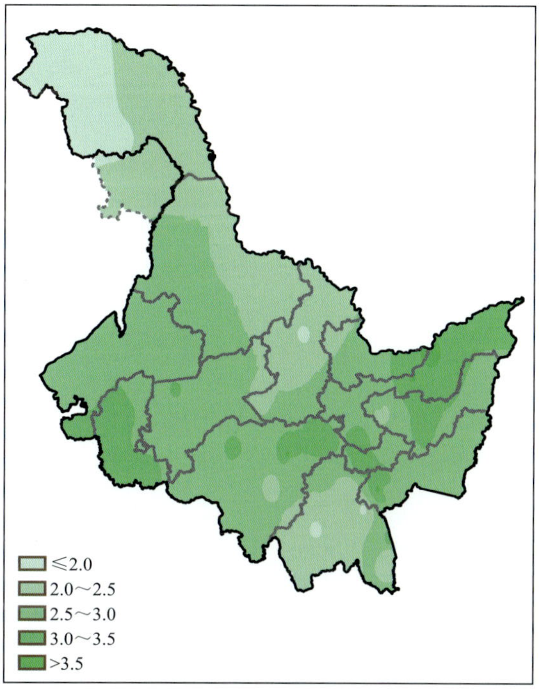

图 2.26　黑龙江省 1991—2020 年平均风速分布图(单位：m/s)

黑龙江省春季平均风速为 3.3 m/s，1998 年春季风速（3.8 m/s）最大，2014 年（2.6 m/s）最小。春季风速的年代际变化明显。21 世纪 00 年代初之前风速变化趋势不明显，风速整体高于常年值；之后整体呈现先降后升的趋势，风速整体低于常年值（图 2.27）。

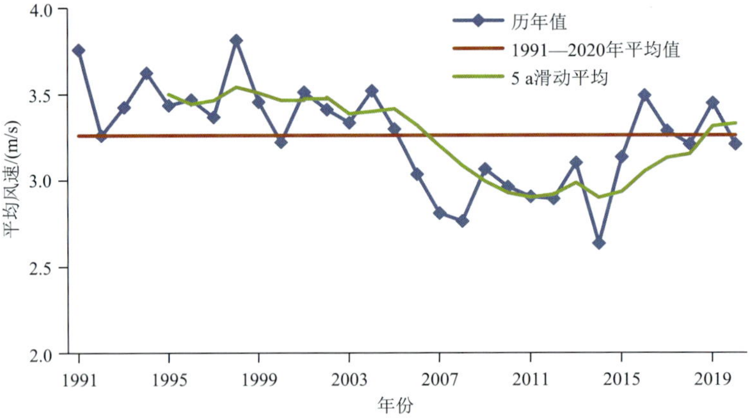

图 2.27　1991—2020 年黑龙江省春季平均风速历年变化图

黑龙江省夏季平均风速为 2.4 m/s，2003 年夏季风速（2.7 m/s）最大，2011 年（2.0 m/s）最小。夏季风速的年代际变化明显。20 世纪 90 年代至 21 世纪 00 年代初风速趋势平稳，整体高于常年值；21 世纪 00 年代中期至 21 世纪 10 年代初期呈现明显的下降趋势，风速整体低于常年值；之后整体呈现出上升趋势（图 2.28）。

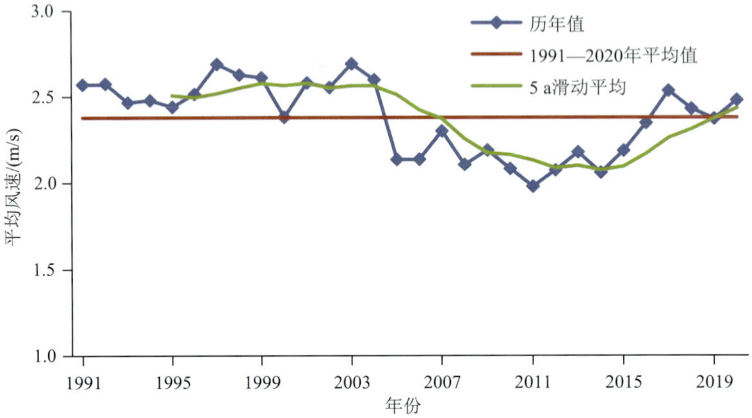

图 2.28　1991—2020 年黑龙江省夏季平均风速历年变化图

黑龙江省秋季平均风速为 2.7 m/s，1999 年秋季风速（3.1 m/s）最大，2012 年（2.1 m/s）最小。秋季风速的年代际变化明显。20 世纪 90 年代至 21 世纪 10 年代初风速呈现较明显的下降趋势，其中 21 世纪 00 年代初期以前风速整体高于常年值；之后整体呈现明显的上升趋势（图 2.29）。

黑龙江省冬季平均风速为 2.4 m/s，2019 年冬季风速（3.0 m/s）最大，2014 年（2.0 m/s）最小。冬季风速的年代际变化明显。20 世纪 90 年代至 21 世纪 00 年代初风速变化趋势不明显，之后则呈现先降后升趋势，其中 21 世纪 00 年代初期以前风速整体高于常年值，之后整体低于常年值（图 2.30）。

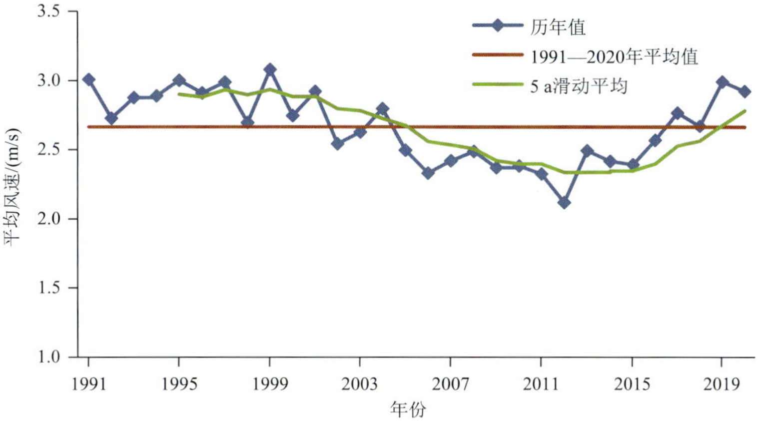

图 2.29　1991—2020 年黑龙江省秋季平均风速历年变化图

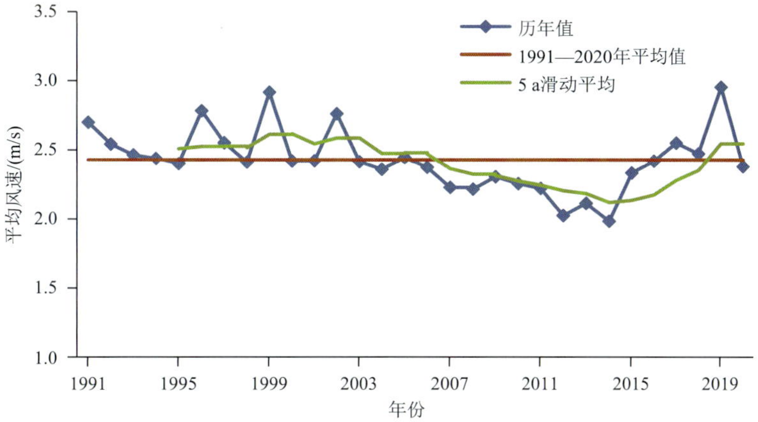

图 2.30　1991—2020 年黑龙江省冬季平均风速历年变化图

2.1.3.6　气压

黑龙江省年平均气压为 990.3 hPa，各地的年平均气压在 950.1 hPa(绥芬河)～1006.6 hPa(饶河)，大兴安岭大部、乌伊岭、克东、绥芬河的年平均气压为 950.1～969.9 hPa，黑河、伊春大部、齐齐哈尔北部、绥化北部、牡丹江大部、鸡西西部、勃利为 977.3～989.5 hPa，三江平原大部、松嫩平原大部、呼玛、黑河市区、逊克、东宁、鸡东为 990.7～1006.6 hPa(图 2.31)。

2.1.3.7　地面温度

黑龙江省年平均地面温度为 6.3 ℃，地温夏高冬低，各地的年平均地面温度在 0.3 ℃(呼中)～9.0 ℃(东宁)，大兴安岭、嘉荫、乌伊岭的年平均地面温度为 0.3～3.9 ℃，黑河、伊春大部、三江平原、松嫩平原大部、牡丹江大部为 4.2～7.9 ℃，泰来、肇源、东宁在 8.0 ℃以上(图 2.32)。

2.1.3.8　最大积雪深度

黑龙江省冬季寒冷漫长多积雪，11 月—次年 2 月，各地几乎都被积雪覆盖。1 月，黑龙江省平均最大积雪深度为 14.1 cm，各地的平均最大积雪深度在 5.7 cm(杜尔伯特)～30.9 cm

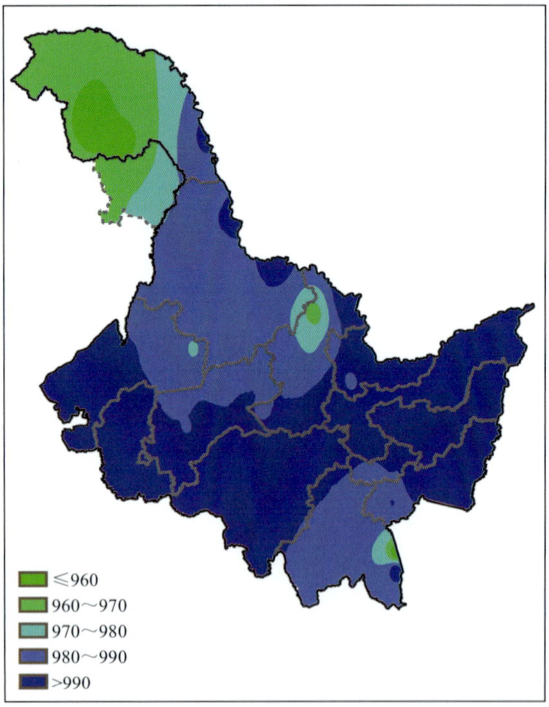

图 2.31　黑龙江省 1991—2020 年平均气压分布图(单位:hPa)

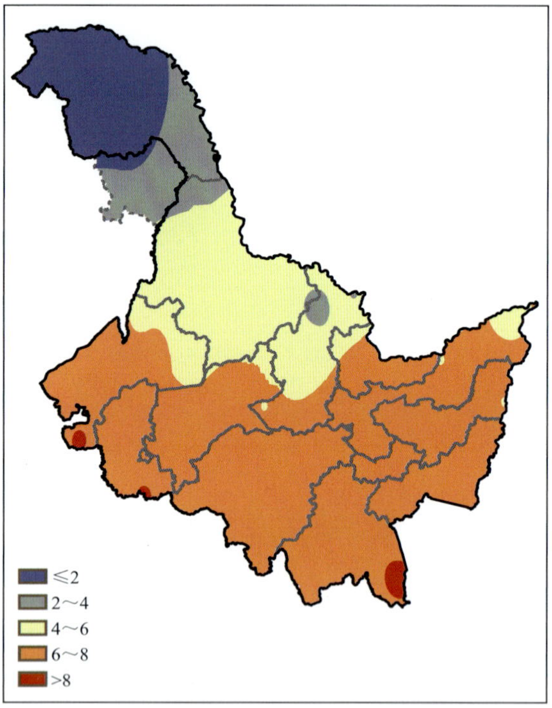

图 2.32　黑龙江省 1991—2020 年平均地面温度分布图(单位:℃)

(双鸭山市区),松嫩平原西南部、勃利、东宁的平均最大积雪深度为 5.7～8.7 cm,大兴安岭南部、黑河大部、三江平原西部的大部市(县)、齐齐哈尔北部、绥化北部、哈尔滨大部、牡丹江大部为 9.2～18.0 cm,大兴安岭北部、伊春、三江平原东部、逊克、佳木斯市区、双鸭山市区、方正超过 18.0 cm(图 2.33)。

2 月,黑龙江省平均最大积雪深度为 10.2 cm,各地的平均最大积雪深度在 1.5 cm(泰来)～24.2 cm(抚远),松嫩平原西南部、牡丹江、三江平原西南部、依兰的平均最大积雪深度为 1.5～8.8 cm,大兴安岭、黑河、伊春、三江平原大部、松嫩平原东北部为 9.1～24.2 cm,其中漠河、逊克、嘉荫、五营、抚远、饶河的最大积雪深度超过 18.0 cm(图 2.34)。

11 月,黑龙江省平均最大积雪深度为 8.1 cm,各地的平均最大积雪深度在 2.4 cm(泰来)～15.7 cm(漠河),黑河西南部、三江平原中部、松嫩平原大部、东宁的平均最大积雪深度为 2.4～8.8 cm,大兴安岭、黑河东北部、三江平原大部、哈尔滨东部、牡丹江大部为 9.0～15.7 cm(图 2.35)。

12 月,黑龙江省平均最大积雪深度为 11.9 cm,各地的平均最大积雪深度在 4.0 cm(泰来)～23.0 cm(抚远),松嫩平原西南部、东宁的平均最大积雪深度为 4.0～8.9 cm,其他大部分地区为 9.1～18.0 cm,漠河、逊克、嘉荫、五营、抚远为 18.2～23.0 cm(图 2.36)。

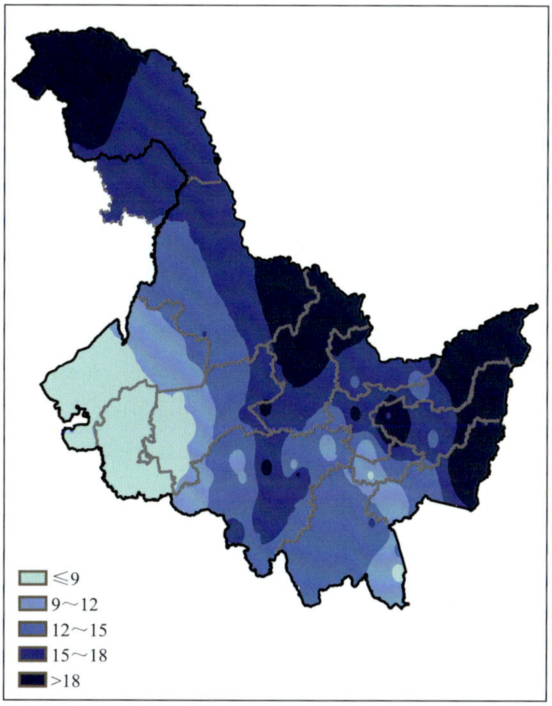

图 2.33　黑龙江省 1991—2020 年 1 月平均最大积雪深度分布图(单位:cm)

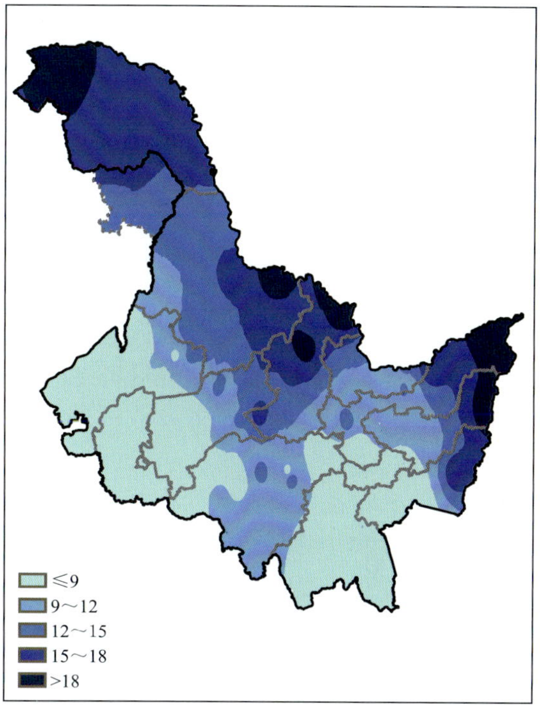

图 2.34　黑龙江省 1991—2020 年 2 月平均最大积雪深度分布图(单位:cm)

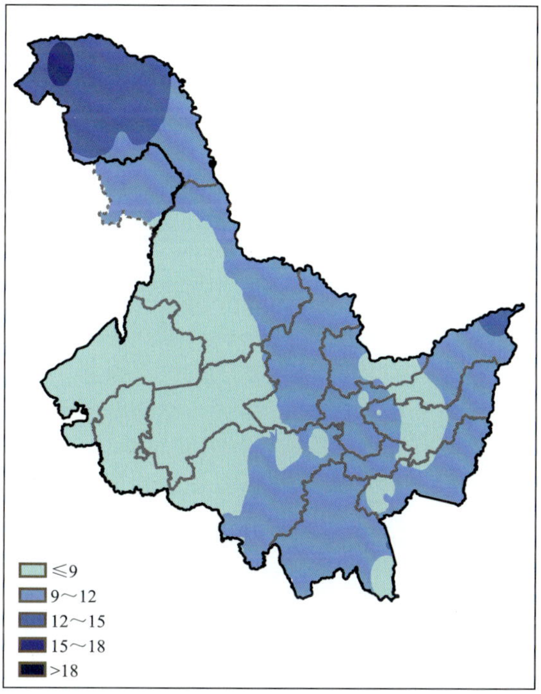

图 2.35　黑龙江省 1991—2020 年 11 月平均最大积雪深度分布图(单位:cm)

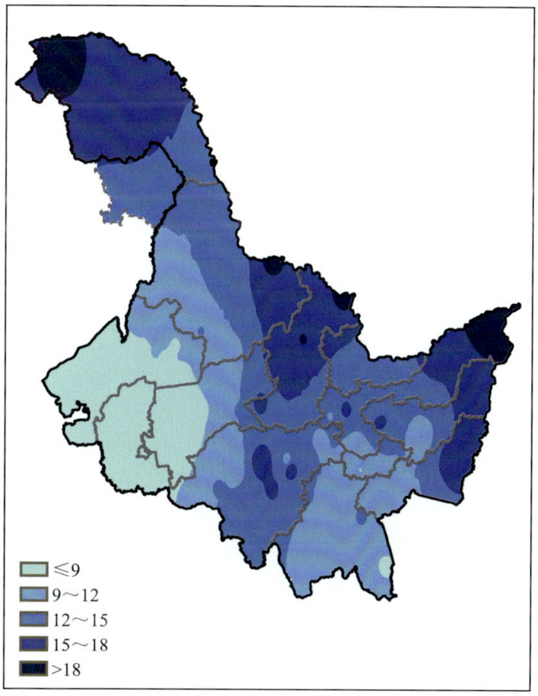

图 2.36　黑龙江省 1991—2020 年 12 月平均最大积雪深度分布图(单位:cm)

2.2 黑龙江省主要气象灾害

2.2.1 概述

随着科技发展,气象灾害问题受到全球的高度关注。气象灾害是自然灾害中发生频繁而又严重的类型,它所带来的影响人类不容忽视。对于黑龙江这样一个农业大省来说,气象灾害造成的损失,会直接影响农业生产和农民收入。黑龙江省对气象灾害的研究相对较早,对本省气象灾害的特点、变化规律都进行过比较深入的研究,为提高灾害的预报预警能力、科学防灾减灾提供了坚实基础。本节主要对黑龙江省主要气象灾害进行阐述,并对1984—2018年气象灾害普查中的灾害情况进行简要分析,对黑龙江省的气象灾害研究有一定的参考作用。

黑龙江省主要气象灾害为暴雨洪涝、干旱、冰雹、大风、低温冻害、霜冻、雪灾等;由气象灾害引发的次生灾害主要有森林火灾、凌汛、沙尘暴等。气象灾害多集中在西部松嫩平原地区。灾害偶发区多集中在中部、东部的萝北、宝清、哈尔滨、五常、汤原、孙吴、抚远等市(县)(孙永罡,2007)。

气象灾害的主要特点是:①频发性。几乎年年有灾,其中水、旱灾害频次最多;②地域性。常常在春季出现西旱东涝,夏季江河沿岸多洪灾,低洼地多涝灾,中部地区多冰雹;③季节性。春季易旱,夏秋易涝;④连续性。有些灾害可连续几季或几年出现;⑤阶段性。受气候准周期变化影响,气象灾害有明显的阶段性(孙永罡,2007)。

2.2.2 数据与方法

气象灾害数据来源于1984—2018年黑龙江省气象灾害普查,2009年、2013年干旱灾害的农作物年平均受灾面积插值计算。

2.2.3 小结与讨论

2.2.3.1 暴雨洪涝

暴雨是指24 h降水总量大于等于50 mm的降雨(孙永罡,2007)。它可能导致山洪暴发、江河溃决,冲毁房屋、铁路、公路、桥梁等,还会导致农田受灾,影响粮食生产。暴雨集中于7—8月,7月下旬和8月上旬最为突出。比较集中地区为小兴安岭南麓西侧、张广才岭西侧和老爷岭西侧,代马河地区以及完达山区和西部龙江、克山等地(孙永罡,2007)。暴雨洪涝灾害是黑龙江省发生频次最多的灾害,每年都会发生,对于农作物的生长关键期影响很大,直接影响粮食产量。

根据气象灾害普查数据分析,暴雨洪涝灾害会导致年平均受灾人口超过3万人,农作物的年平均受灾面积为1.2万 hm^2,年平均绝收面积为0.5万 hm^2。尤其是1998年,嫩江、松花江干流发生百年一遇的特大洪水,对农业生产、人民生活、交通运输和设施等多行业都造成了巨大的损失。由图2.37、图2.38、图2.39可以看出,2004—2018年暴雨洪涝灾害的受灾情况相比20世纪80—90年代明显减弱。

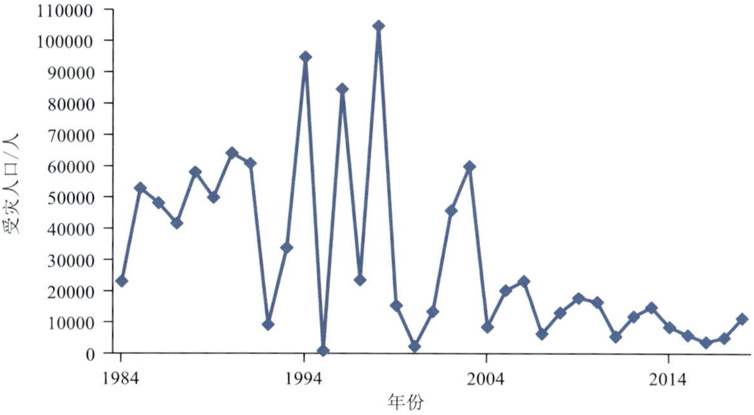

图 2.37 1984—2018 年暴雨洪涝灾害平均受灾人口历年变化图

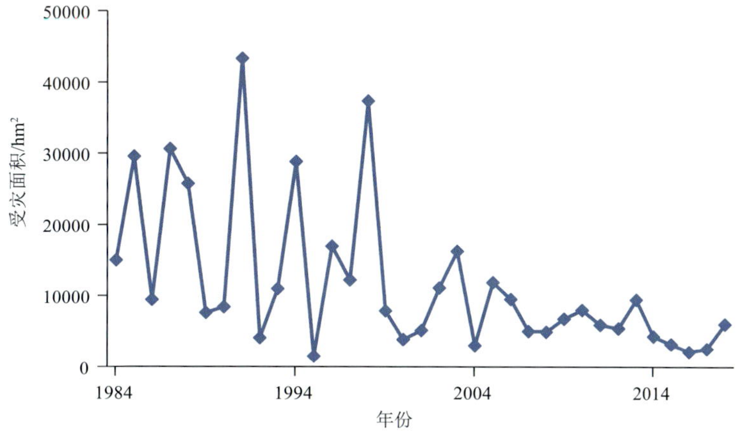

图 2.38 1984—2018 年暴雨洪涝灾害农作物平均受灾面积历年变化图

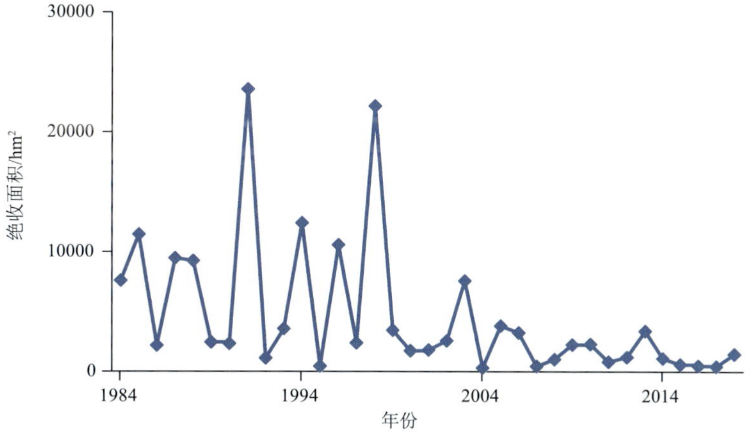

图 2.39 1984—2018 年暴雨洪涝灾害农作物平均绝收面积历年变化图

2.2.3.2 干旱

干旱灾害是指由于长时间降水偏少，出现空气干燥、土壤缺水，使农作物体内水分发生亏缺，影响正常生长发育，造成农业减产、人畜缺水困难以及生态环境恶化的现象（孙永罡，

2007)。干旱具有季节性、地域性、阶段性和频发性等主要特征(孙永罡,2007)。干旱主要发生在春季,其次是夏、秋季。西部地区(齐齐哈尔、大庆、绥化南部等)春旱最为严重,其干旱面积约是东部地区的 2 倍,素有“十年九春旱”之说(孙永罡,2007)。干旱是对农业影响严重的气象灾害,根据气象灾害普查数据分析,有 33 a 出现干旱记录,发生频率达总年数的 94%;干旱灾害导致农作物的年平均受灾面积超过 4 万 hm^2,2007—2010 年农作物的受灾面积高于其他年份(图 2.40)。

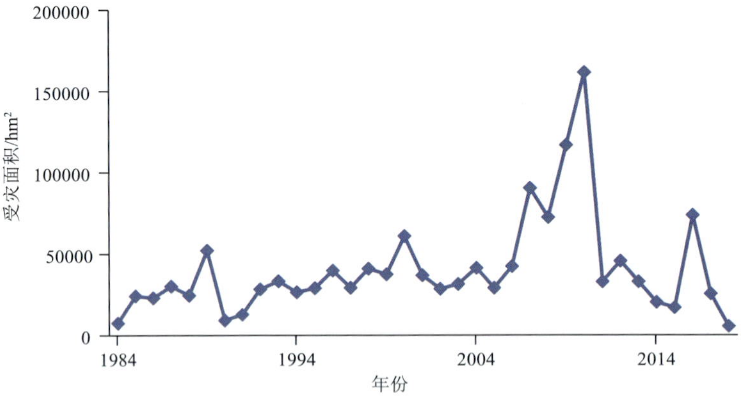

图 2.40　1984—2018 年干旱灾害农作物平均受灾面积历年变化图

2.2.3.3　低温冷害、霜冻

低温冷害是指农作物在生长期内因热量不足,延迟生长发育,到秋季不能正常成熟,或温度低于当时作物所处生长发育阶段的下限温度,生理活动受到限制,甚至细胞组织受到危害而导致作物减产、降质的现象(孙永罡,2007)。根据气象灾害普查数据分析,共有 24 a 出现低温冷害,占总年数的 69%,2002—2009 年每年都有发生,特别是 2002 年尚志、桦南、富锦等市(县)出现夏季低温,其中富锦受灾较重,受灾人口 53400 人,农作物受灾面积 23040 hm^2,成灾面积 1666.7 hm^2,绝收面积 22.7 hm^2,直接经济损失 1620 万元,农业经济损失 1620 万元。

霜冻是指在每年 4—6 月、8—10 月作物生长季节里,土壤或植物体表面气温下降到 0 ℃或以下时,使作物遭受伤害或死亡的短时间低温冻害现象(孙永罡,2007)。黑龙江省初霜冻多出现在 9 月下旬、10 月上旬,平均日期西北早、东南晚,山区、丘陵早于平原;终霜冻多出现在 5 月上、中旬。霜冻灾害若程度较重,尤其对玉米、大豆等作物影响最大。

2.2.3.4　冰雹

冰雹是从发展强盛的积雨云中降落到地面的冰块或冰球(孙永罡,2007)。冰雹是坚硬的球状、锥状或形状不规则的固态降水,雹核一般不透明,外面包有透明的冰层,或由透明的冰层与不透明的冰层相间组成(孙永罡,2007)。黑龙江省是冰雹灾害的频发区,以山地的迎风坡为多,小兴安岭南部、张广才岭西侧一带为降雹中心。雹灾来得突然、猛烈,常常伴随大风、暴雨,虽然影响面积较小,但危害严重,导致农作物受灾,甚至绝产。黑龙江省每年都会出现冰雹灾害,最早出现在 4 月,最晚 10 月,5—6 月最多。根据气象灾害普查数据分析,冰雹灾害导致年平均受灾人口为 1.7 万人,农作物的年平均受灾面积为 0.5 万 hm^2,年平均绝收面积为 0.2 万 hm^2。由图 2.41、图 2.42、图 2.43 可以看出,21 世纪 00 年代中期以后冰雹灾害的受灾情况明显减弱。夏季雹灾造成的农作物成灾面积和绝收面积高于其他季节。其中 2006 年 7 月 13 日，哈尔滨市双城区境内降雹，并伴随暴雨洪涝，冰雹最大直径 15 mm 左右，降水 57 mm，持续近 1 h，造成农作物受灾面积 25533 hm^2，绝收面积 13333 hm^2，直接经济损失 20844 万元。

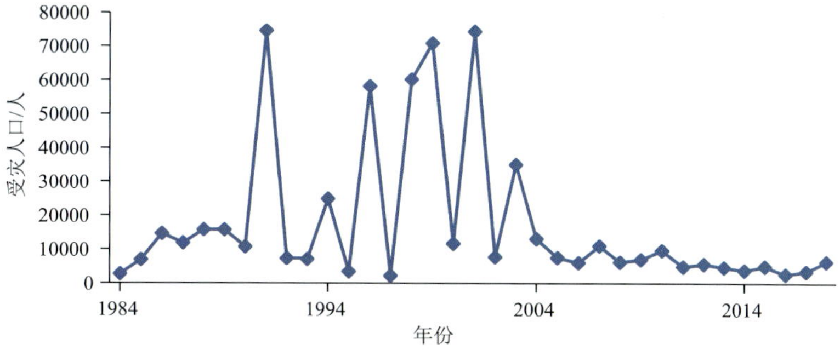

图 2.41　1984—2018 年冰雹灾害平均受灾人口历年变化图

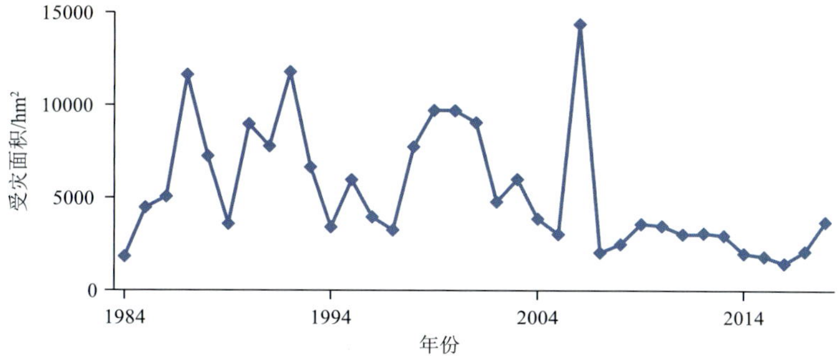

图 2.42　1984—2018 年冰雹灾害农作物平均受灾面积历年变化图

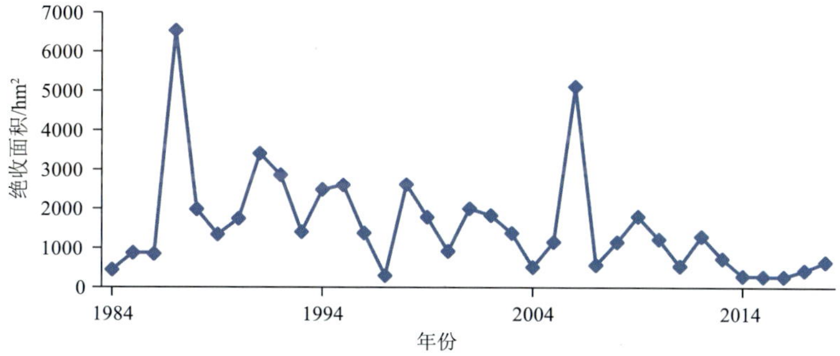

图 2.43　1984—2018 年冰雹灾害农作物平均绝收面积历年变化图

2.2.3.5　大风

大风是指风力等于或大于 8 级(17.2 m/s)的风(孙永罡，2007)。黑龙江省大风多发生在春季，4—5 月最为严重。春季大风次数多、范围广、强度大、持续时间长，可加速土壤水分蒸发，加大干旱程度，对农业危害很大；夏季大风往往与暴雨同时出现，导致作物倒伏或杆折；秋季大风容易导致作物摩擦脱粒。根据气象灾害普查数据分析，大风灾害每年都有发生，农作物年平均受灾面积近 5000 hm^2。2005 年 4 月 28 日，穆棱市遭受首年罕见的大风袭击，最高风速达 9 级，导致 8000 多户农民的 620 栋育水稻秧苗大棚和烤烟育苗大棚被摧毁，200 多户农户房盖被风掀落，农作物受灾面积为 1200 hm^2，直接经济损失 1261 万元，农业经济损失 1181 万元。

2.2.3.6　雪灾

黑龙江省冬季漫长，降雪期长，常有风吹雪，时有暴风雪（孙永罡，2007）。一般情况下，积雪达 15 cm 时，就可造成不同程度的雪阻；积雪超过 30 cm 时，会对交通造成不利影响，导致高速公路封闭、列车停运、机场关闭。雪灾多发生在 11 月—次年 3 月。根据气象灾害普查数据分析，东部地区发生雪灾的记录较多。尤其是 2000—2018 年，全省雪灾发生频率达总年数的 89%。其中 2007 年 3 月 4—5 日，鸡西市降雪量为 30.0 mm，雪深 50 cm，遭受特大暴雪，导致 20 万人受灾，283 栋、8860 m^2 蔬菜大棚倒塌，公路铁路停运，中小学停课，200 余条城市公共线路和 361 条公路客运线路全线停运，直接经济损失 1000 万元。

2.3　本章小结

黑龙江省属中温带到寒温带大陆性季风气候，冬季气候寒冷、干燥且漫长，夏季气候温热、降水充沛，春季风多雨少、易干旱，秋季降温剧烈、霜冻较早，气候地域性差异大；黑龙江省主要气象灾害为暴雨洪涝、干旱、冰雹、大风、低温冻害、霜冻、雪灾等，由气象灾害引发的次生灾害主要有森林火灾、凌汛、沙尘暴等，气象灾害多集中在西部松嫩平原地区。

第 3 章 黑龙江省森林生态气象

3.1 东北森林带典型生态功能区森林分布及时空演替特征

3.1.1 概述

东北森林带作为国家生态安全格局“三区四带”的重要组成部分，在国家安全生态布局中占有重要战略地位。东北森林带位于中国东北部地区，包括大小兴安岭、长白山等林区，林区覆盖面积较大，在全国和区域林业资源保护中起到至关重要的作用，其中黑龙江省是东北森林带的重要组成部分（齐麟 等，2021）。黑龙江省自然资源极其丰富，森林、农田、草地、湿地、聚落都是黑龙江省典型陆地生态系统中重要的组成部分。其中，黑龙江省的森林覆盖率位列全国首位，省内林区主要分布于大兴安岭、小兴安岭以及牡丹江东部。受气候变化和人为干扰影响（徐欢 等，2018），水土流失、荒漠化、土地退化等事件频发，导致生态环境恶化（赵其国 等，2016）。森林是陆地生态系统的重要组成部分，具有固碳释氧、水土保持、水源涵养、保护生物多样性等生态系统功能。森林生态系统也受到气候变化和人类活动的破坏（刘国华 等，2000），其中大兴安岭林区是我国北方的重要生态屏障（董灵波 等，2021），与此同时也是重要的木材供给基地（郭丽英 等，2013），就受到了人类滥砍滥伐的不利影响，人类直接对森林生态系统造成了强烈干扰。面对森林退化的世界性问题（Obson et al.，1997），中国作为有担当大国，推进生态保护恢复工作应对生态系统的恶化（欧阳志云，2017）。1999—2001 年，中国先后实施“退耕还林”“退耕还草”“退耕还湿”“天然林保护计划”和“三北防护林发展规划”等多项生态保护修复重大工程（Lu et al.，2018）。与此同时，国家对于黑龙江省生态资源极为重视，在“天然林保护工程”和“山水林田湖草试点工程”中，都将黑龙江省列为重点保护修复区域，并在 21 世纪初将黑龙江省设立为全国生态省建设试点。随着许多重大生态保护修复工程项目的推进，黑龙江省生态环境恶化趋势基本得到控制，生态环境得到了改善（秦会艳 等，2018）。

陆地生态系统与人类的生存环境密切相关，森林、农田、草地、湿地、聚落和荒漠等陆地生态系统的相互转化，对于人类会产生重要影响。其中森林覆盖面积的减少，会使得森林生态功能减弱，不利于人类生存环境。常用的森林覆盖面积计算方法有地面调查和遥感信息提取等方法，其中地面调查只适用于小尺度地区，且需要耗费大量人力物力，成本极高，而遥感信息提取方法基于不同土地覆盖类型地表反射率、亮度温度存在差异，通过获取训练数据集，可以进行长时间序列大尺度地区的森林覆盖数据的提取，在植被生长状态监测、土地覆盖类型变化监测、生态环境评价等领域得到了国内外学者的广泛应用（曹越 等，2024）。

因此，为了了解东北森林带国家重点生态功能区生态状况，实现有针对性的森林生态资源保护，有必要通过可靠的森林覆盖遥感数据源，计算森林覆盖面积，明晰该区域森林覆盖面积及其随时间的变化特征，这一研究对于掌握东北森林带森林资源状况，以及评价环境恶化、人类活动和生态保护修复工程具有重要作用，可以为区域生态保护政策的制定提供技术支撑，对于维系地区生态安全、促进区域生态经济可持续发展意义重大。

3.1.2 数据与方法

采用国家高技术研究发展计划（“863”计划）的重要成果——全球地表覆盖 GlobeLand30 数据集（国家基础地理信息中心全球地表覆盖数据产品服务网站 DOI：10.11769），空间分辨率 30 m，已发布的 2000 年、2010 年和 2020 年数据，包括耕地、林地、草地、灌木地、湿地、水体、苔原、人造地表、裸地、冰川和永久积雪 10 个类型。本研究根据黑龙江省实际情况和研究需要，简化合并为 7 个类型，分别代表森林生态系统、农田生态系统、草地生态系统、湿地生态系统、聚落生态系统、其他生态系统和水体。聚落生态系统是一种特殊的人工复合生态系统，由民居区及其周边环境组成。此外，因地表覆盖数据非连续性和研究对比需要，文中生态系统尺度分析均采用 2020 年 GlobeLand30 数据作为分区统计的基础数据。

土地利用动态度是定量研究区域土地覆盖类型变化速率的指标，可以反映土地覆盖类型变化转移的速度和剧烈程度。通过计算土地利用动态度可以确定土地覆盖类型变率最明显的地区（郭丽英 等，2013）。计算公式如下：

$$K=\frac{U_b-U_a}{U_a}\times\frac{1}{T}\times 100\% \tag{3.1}$$

式中：K 为土地利用动态度，U_a 和 U_b 分别为研究阶段初期和末期的土地覆盖类型面积，T 为样本的时间长度。

3.1.3 小结与讨论

基于国家基础地理信息中心发布的 2000 年、2010 年和 2020 年 GlobeLand30 数据集，分析黑龙江省森林变化情况。森林面积在 2000—2010 年明显增大，之后略有减小，2020 年面积 19.5 万 km^2，20 a 森林总转入面积 18622.5 km^2，总转出面积 15452.7 km^2，土地利用动态度为 0.1 %/a（图 3.1、表 3.1、表 3.2）。2000—2020 年黑龙江省植树造林成效显著。

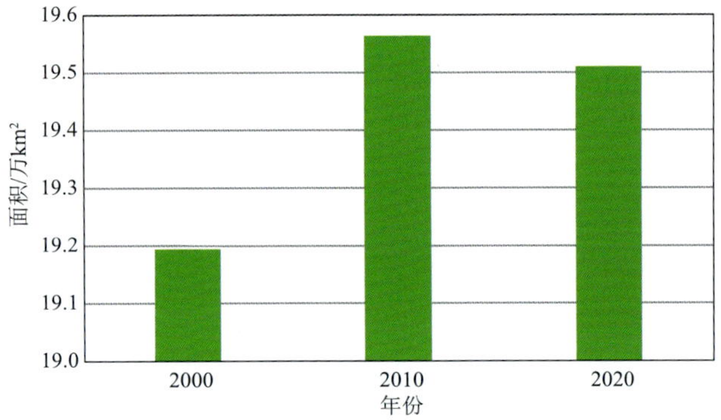

图 3.1 黑龙江省森林面积历年变化

从土地覆盖类型空间分布看，2000—2020 年黑龙江省森林面积整体增大，黑河市与伊春市交界处，以及大兴安岭地区森林面积有所增加（图 3.2）。

表 3.1　黑龙江省 2000—2020 年土地覆盖类型转移矩阵

单位：km^2

		2000 年							转入总面积
		森林	耕地	草地	湿地	人造地表	水体	裸地	
2020 年	森林		3412.8	14769.6	101.9	117.4	201.9	18.9	18622.5
	耕地	3038.2		5601.3	1174.9	1068.5	326.7	79.0	11288.7
	草地	11661.4	4261.4		283.6	283.2	264.6	349.2	17103.5
	湿地	153.6	684.6	474.1		31.0	286.4	6.2	1636.1
	人造地表	247.4	2625.4	837.5	23.8		22.4	49.8	3806.2
	水体	297.0	511.6	660.9	592.8	15.2		20.3	2097.8
	裸地	55.1	62.2	357.2	9.1	3.7	22.8		510.0
	转出总面积	15452.7	11558.0	22700.6	2186.1	1519.0	1124.9	523.5	

表 3.2　黑龙江省 2000—2020 年土地覆盖变化面积和土地利用动态度

生态系统类	2000—2010 年		2010—2020 年		2000—2020 年	
	变化面积/km^2	土地利用动态度/(%/a)	变化面积/km^2	土地利用动态度/(%/a)	变化面积/km^2	土地利用动态度/(%/a)
森林	3701.9	0.2	−532.1	−0.03	3169.8	0.1

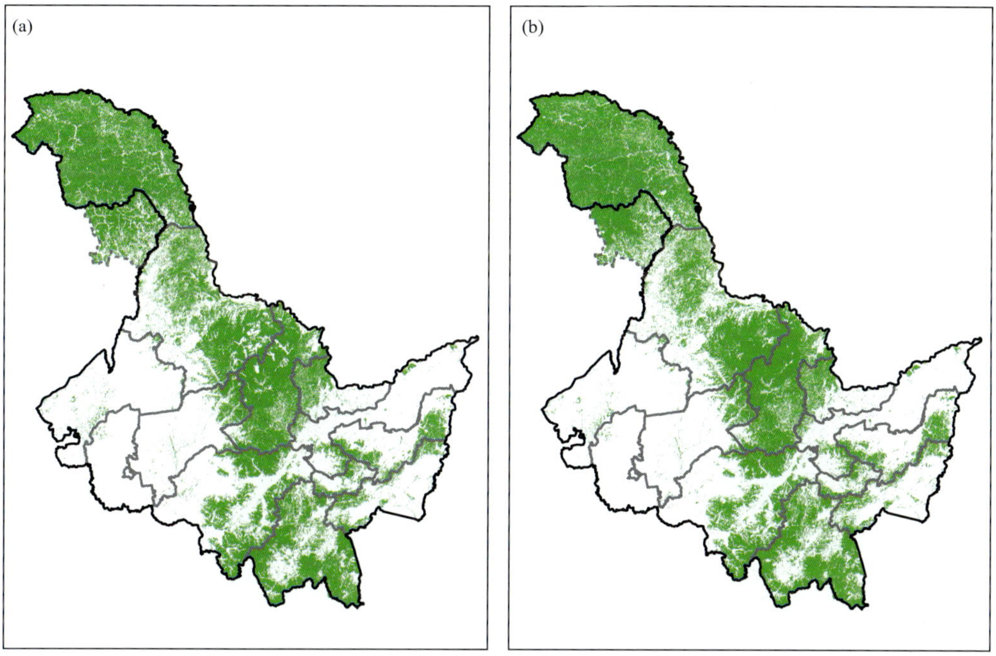

图 3.2　黑龙江省 2000 年(a)和 2020 年(b)森林的空间分布
（图中绿色区域为森林）

3.2 东北森林带典型生态功能区森林植被生态质量变化及气候变化影响

3.2.1 概述

随着经济发展、人口增长以及土地利用类型的变化，化石燃料的燃烧量增加，碳排放量增大，森林碳汇难以抵消碳排放的不利影响，使得净碳排放量增加，大气中温室气体浓度增大，温室效应直接导致全球气温升高，影响全球水循环的稳定性，导致降水量与降水频率时空格局发生变化(Bowling et al.,2008)，对生态环境以及人类生活造成不利影响(Ye et al.,2013)。气候条件和人类活动影响植被的生长环境，通过影响植被光合作用、能量代谢、自养呼吸和土壤呼吸，从而影响植被的生长发育(陆晴 等,2017)，适宜的光照、温度和降水有利于植被生长。因此，气候条件的变化也会对植被生长发育产生影响。在全球变暖的背景下，各区域气候资源变化较大，因此，气候变化对植被生长的影响成为研究热点。目前，国内外学者针对植被监测及其气候影响评估的研究取得一定进展，主要集中于针对植被指数的时空变异特征，以及基于植被指数遥感产品与气候要素进行定量分析，通过相关分析量化气候变化对于生态环境的影响(李超,2021)。

植被生态质量指数(Q)是评价植被生态环境以及植被生长状态的重要指数，通过遥感影像可以提取归一化植被指数(NDVI)、覆盖度(FVC)、叶面积指数(LAI)、总初级生产力(GPP)、净初级生产力(NPP)等植被指数，相较于地面调查通过遥感影像分析植被特征，成本低、效率高，更易获取到大尺度长序列植物特征指标(郑健 等,2021)。基于FVC与NPP可以构建植被生态质量指数，该指数兼顾植被覆盖度与净初级生产力，能够更好地评价植被生态环境(钱拴 等,2020)。

考虑到森林植被生态质量时空变化特征及其驱动因素比较复杂，有必要在全球变化和中国双碳战略背景下，针对森林资源比较丰富的东北森林带，开展2000—2022年森林植被生态质量变化及气候变化影响评估，研究分析气候变化对植被生态质量的影响，量化黑龙江省生态保护与修复成效，有助于揭示黑龙江省森林生态质量时空演变格局和主导驱动因子，可以为前期生态保护修复工程的维持和未来生态保护修复工程的建设实施提供坚实依据，为中国未来生态环境管理和政策制定提供科学参考(Andersson et al.,2009)。

3.2.2 数据与方法

采用的气象数据来源于黑龙江省气象数据中心。数据集主要包括2000—2020年黑龙江省84个国家气象观测站点的年降水量(R)、年平均气温(T)数据。根据研究需要对气象数据进行空间插值，获得空间分辨率为1 km的气象要素数据集。空间插值方法选取协同克里金法，空间插值过程中考虑了海拔高度因素的影响，以提高降水和气温要素插值结果的准确性。

协同克里金插值法是指在普通克里金插值法基础上实现区域化变量最佳估算的方法，该方法具有两个以上的协同区域化属性(王国泰 等,2018)。在进行气象要素协同克里金插值时，可以选择与要素具有相关性的辅助因子，如海拔高度、坡度、坡向、风向等，本研究选择海拔高度作为辅助因子进行协同克里金插值。公式如下：

$$Z_{(x)} = \sum_{i=1}^{n} \lambda_i \cdot Z_i + \lambda(y_{(x)} - m_y + m_z) \tag{3.2}$$

式中：$Z_{(x)}$为插值点的估计值，Z_i为第 i 个样本点的气象要素值，λ、λ_i为权重系数，$y_{(x)}$为海拔高度，m_y、m_z分别为海拔高度和气象要素的全局平均值 x 为插值点位置，y 为海拔高度，Z 为气象要素。

本研究使用的植被生态质量指数，通过 FVC 和 NPP 计算得到，计算公式为（钱拴 等，2020）：

$$Q = \frac{\left(\mathrm{FVC} + \frac{\mathrm{NPP}}{\mathrm{NPP}_{\max}}\right) \times 100}{2} \tag{3.3}$$

式中：FVC、NPP、Q 分别表示植被覆盖度、净初级生产力和植被生态质量指数，$\mathrm{NPP}_{\max}$表示研究时段 NPP 最大值，该数值被视为最好气象条件下的植被净初级生产力，Q 值越大表示该区域固碳能力和覆盖度越高，即生态质量越好（吴霞 等，2024）。

3.2.3 小结与讨论

3.2.3.1 东北森林带典型生态功能区森林植被生态质量变化

2022 年生长季，黑龙江省中部、南部、东部及大兴安岭中部部分林区的植被覆盖度较高，高于 80%；黑龙江省北部和东北部部分林区相对偏低，低于 75%；其他地区植被覆盖度在 75%～80%（图 3.3a）。黑龙江省中部、南部及东部部分林区的植被净初级生产力较高，高于 800 g(C)/m^2；黑龙江省东北部及大兴安岭北部林区植被净初级生产力较低，低于 600 g(C)/m^2；其他地区在 600～800 g(C)/m^2（图 3.3b）。黑龙江省林区植被生态质量状况均较好，尤其在黑龙江省中部、南部、东部及大兴安岭南部林区植被生态质量状况最优，这显示出黑龙江省生态文明建设的成效，退耕还林还草、植树造林等重大生态保护和修复工程效果显著（图 3.3c）。

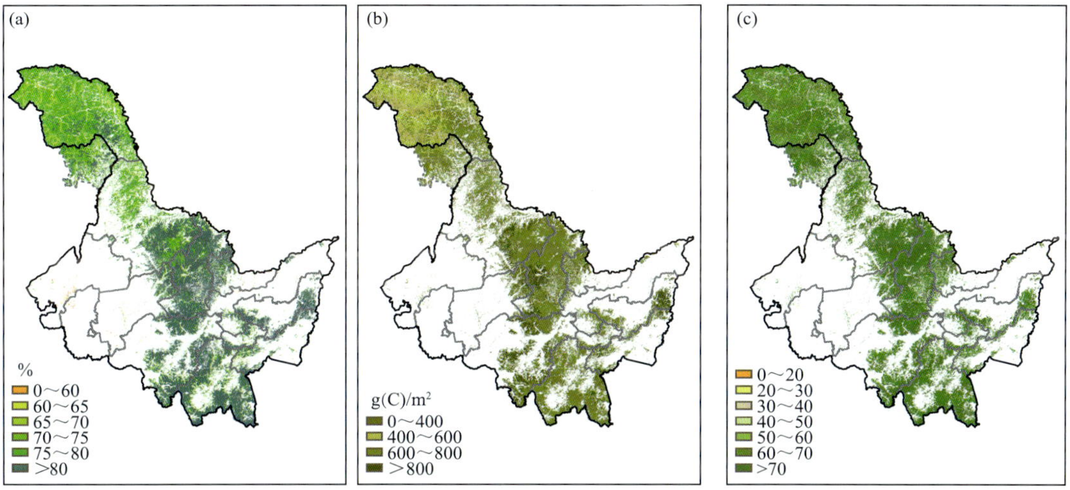

图 3.3　2022 年生长季黑龙江省森林平均植被覆盖度(a)、植被净初级生产力(b)、植被生态质量指数(c)空间分布图

用植被覆盖度变化趋势率、植被净初级生产力变化趋势率、植被生态质量指数变化趋势率对黑龙江省森林植被生态改善情况进行气象监测评估。2000—2022 年生长季，黑龙江省森林植被生态质量呈现整体改善的趋势，分别有 94.4%、99.5%、98.8%地区的森林植被覆盖度、植被净初级生产力、植被生态质量指数呈增加趋势（图 3.4），这反映了黑龙江省生态环境建设

的成效，人居“绿色”生态环境改善明显。

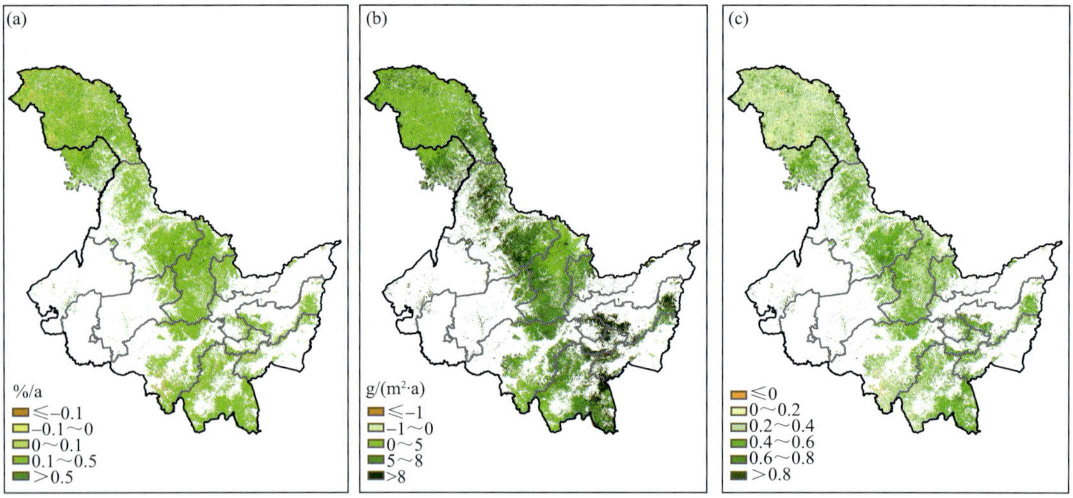

图 3.4　2000—2022 年生长季黑龙江省森林平均植被覆盖度变化趋势率(a)、植被净初级生产力变化趋势率(b)、植被生态质量指数变化趋势率(c)空间分布图

利用卫星遥感数据，以黑龙江省生长季森林植被生态质量定量监测为基础，进行森林植被生态状况等级划分，开展森林植被生态状况等级评价，有助于更清晰定性地掌握森林植被区域生态状况。2022 年，黑龙江省生长季森林植被生态状况整体中等偏好，偏好、中等、偏差区域分别占森林总面积的 33.7%、61.0%、5.3%。其中，植被生态状况偏好区域主要位于小兴安岭、长白山、完达山等林区，平均植被生态质量指数达 81.6，与 2021 年偏好区域面积相比减少 5%，但比 2000—2021 年平均偏好面积增加 91.7%。植被生态状况中等区域主要位于大兴安岭和小兴安岭北部林区，平均植被生态质量指数达 70.7，与 2021 年相比增加 2.5%，比 2000—2021 年平均值减少 9.7%。植被生态状况偏差区域分布较少且比较分散(图 3.5)。

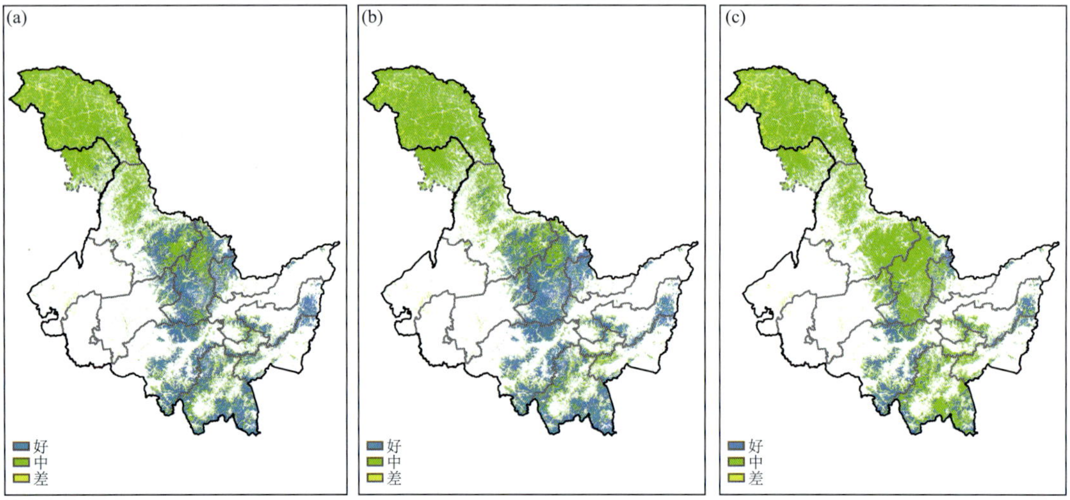

图 3.5　黑龙江省生长季 2022 年森林植被生态状况(a)、2021 年森林植被生态状况(b)、2000—2021 年平均森林植被生态状况(c)空间分布图

3.2.3.2 东北森林带典型生态功能区森林植被生态质量气候变化影响

黑龙江省2000—2021年生长季植被生态质量指数与气象条件密切相关，整体与年降水量呈极显著正相关，随着年降水量增加，植被生态质量显著提高；与气温呈正相关但不显著。从阶段性来看，2012年之前植被生态质量指数与气温相关性较低，2012年之后相关显著性明显上升，达到极显著正相关，气温的影响明显增强（图3.6）。

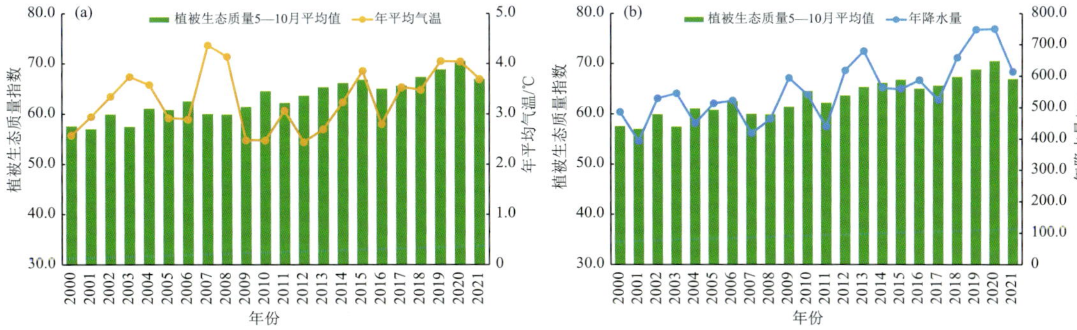

图3.6 2000—2021年植被生态质量(a)与年气象条件(b)的年际变化曲线

植被生态质量对气象条件的响应与地表覆盖类型关系密切，林区对降水和气温都有较高的响应，大部分林区对温度相对更为敏感，尤其是在大兴安岭地区，中南部林区降水对生态质量较敏感（图3.7）。

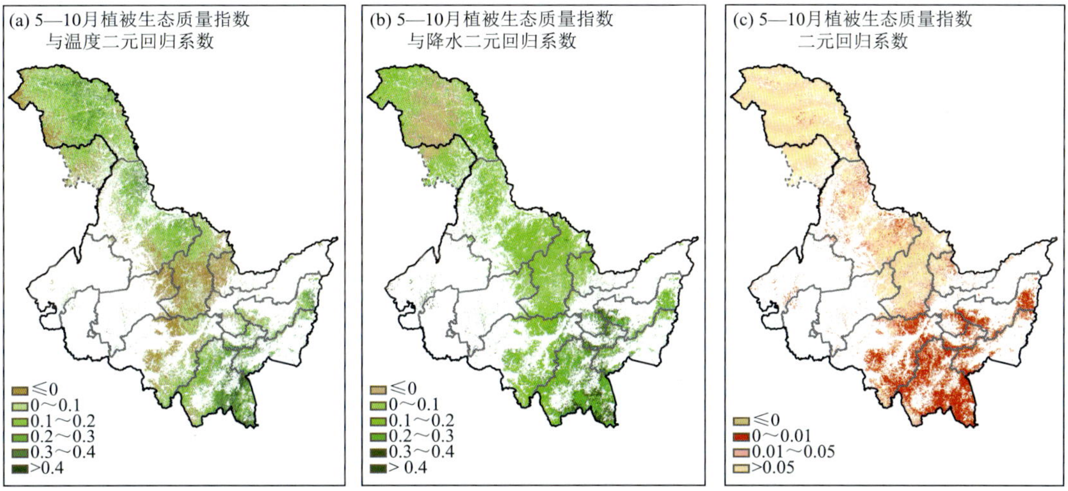

图3.7 植被生态质量指数与气象条件二元回归系数空间分布

黑龙江省大部林区植被生态质量较好，2021年生长季植被生态质量仍维持历史较高水平，大部分林区植被生态质量持续转好，森林植被固碳释氧能力稳步提升。建议进一步加大生态保护与修复力度，加强森林生态系统的保护，科学开发空中云水资源，提高生态修复型人工增雨作业力度，修复和改善生态环境；建议加强森林防火管控和生态系统碳收支监测，稳步提升黑龙江省碳储量和碳汇能力，深入开展碳汇碳源的分析和挖掘，为国家“双碳战略”和应对气候变化提供科学支撑；建议充分发挥天然生态资源和气候资源优势，继续加强生态旅游遥感监测，推动生态旅游提档升级，助力黑龙江省"中国天然氧吧"城市创建和地方绿色经济发展。

3.3 东北森林带典型生态功能区森林水源涵养时空分异特征

3.3.1 概述

生态系统服务功能与人类生活密切相关，生态系统服务功能强表示生态系统能够满足人类的效能较强，其中，水源涵养功能是重要的生态系统服务功能之一（欧阳志云 等，1999）。森林通过林冠层对大气降水进行调节和分配，再通过致密的林地枯枝落叶层、发达的灌草层和疏松深厚的土壤层储蓄降水，可以调节水位和有效保护水源（王保盛 等，2020）。森林作为陆地生态系统的重要组成部分，具有重要的水源涵养生态功能，是陆地生态系统水源涵养的主体。因此，明晰森林生态系统的水源涵养功能，可以给水源涵养林的建设与管理提供重要理论参考（肖尧，2023）。气候变化和人类滥砍滥伐扰乱了森林生态系统平衡，在导致水资源短缺的同时（吕一河 等，2015），也导致森林水源涵养功能和水土保持功能退化。森林恢复政策的实施，有效遏制了森林水源涵养功能的恶化（胡婵娟 等，2012）。

森林水源涵养功能多年以来一直是国内外学者的研究重点，随着生态保护修复政策的推动，摸清森林水源涵养功能成了迫切需要解决的热点问题。当前，水源涵养的定义与计算方法都存在争议（高红凯 等，2023），因此有必要探究准确、及时量化森林水源涵养功能的有效途径。目前，常见的森林水源涵养监测方法有实验法和模型法（陈秀兰 等，2008），与实验法相比，模型法能够在大尺度上进行水源涵养功能评价（Sitch et al.，2010）。

东北森林带作为国家生态安全格局"三区四带"的重要组成部分，在国家生态安全布局中占有重要战略地位。东北森林带位于中国东北部地区，包括大小兴安岭、长白山等林区，林区覆盖面积较大，在全国和区域林业资源保护中起到至关重要的作用，其中黑龙江省是东北森林带的重要组成部分（齐麟 等，2021）。为了提升东北森林带森林水源涵养功能，本研究采用国家生态红线—生态系统服务功能评价方法，通过分析2000—2022年黑龙江省林区水源涵养量的时空分布格局以及变化特征，明晰该区域水源涵养能力，以期优化东北森林带生态系统功能与稳定性。

3.3.2 数据与方法

水源涵养国家生态红线—生态系统服务功能评估方法如图3.8所示，计算公式如下：

$$WR = NPP_{mean} \times F_{sic} \times F_{pre} \times (1 - F_{slo}) \tag{3.4}$$

式中：WR为生态系统水源涵养服务能力指数（0～2000）；NPP_{mean}为净初级生产力平均值（$g(C)/m^2$）；F_{sic}为土壤渗流因子；F_{pre}为降水量因子；F_{slo}为坡度因子，若需要换算为体积单位则需要乘相应面积。

3.3.3 小结与讨论

2000—2022年，黑龙江省森林带多年年均水源涵养量达187.8 mm，2000年黑龙江省南部林区水源涵养量偏高；2022年伊春市林区水源涵养量偏高，大部分区域高于150 mm，大兴

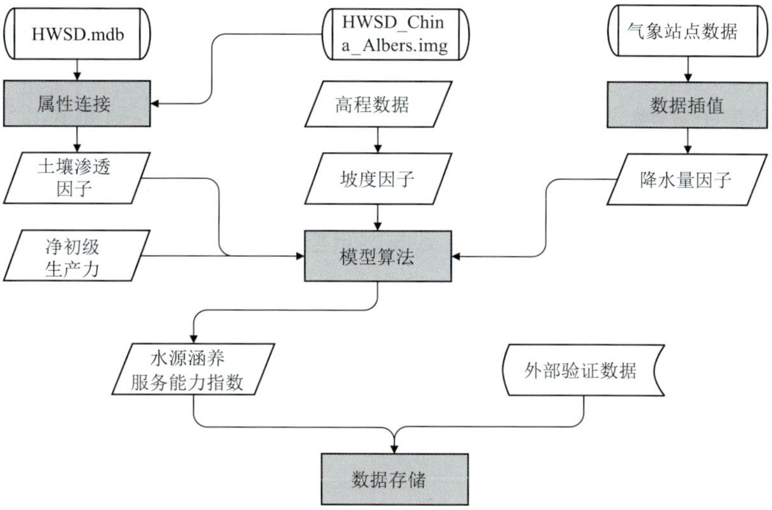

图 3.8　水源涵养服务能力指数计算

安岭地区林区水源涵养量偏低，大部分区域低于 100 mm(图 3.9、图 3.10、图 3.11)。从水源涵养量年距平看，2022 年黑龙江省林区平均水源涵养量较 23 a(2000—2022 年)平均值少 33.0 mm(图 3.12)。

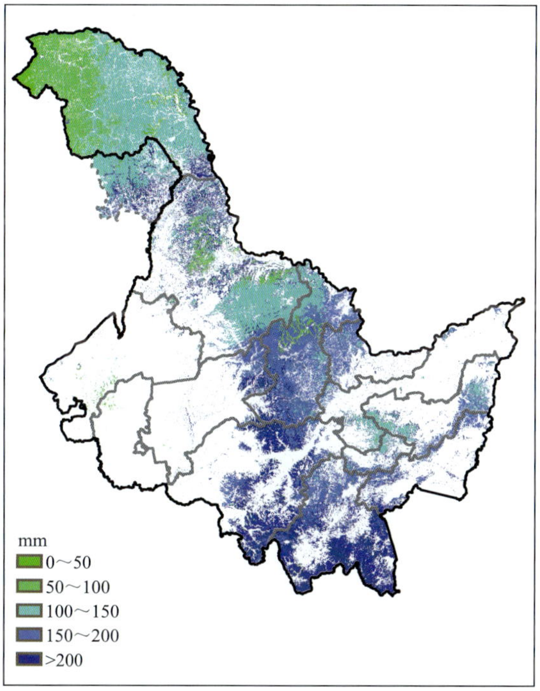

图 3.9　2000 年黑龙江省年水源涵养量

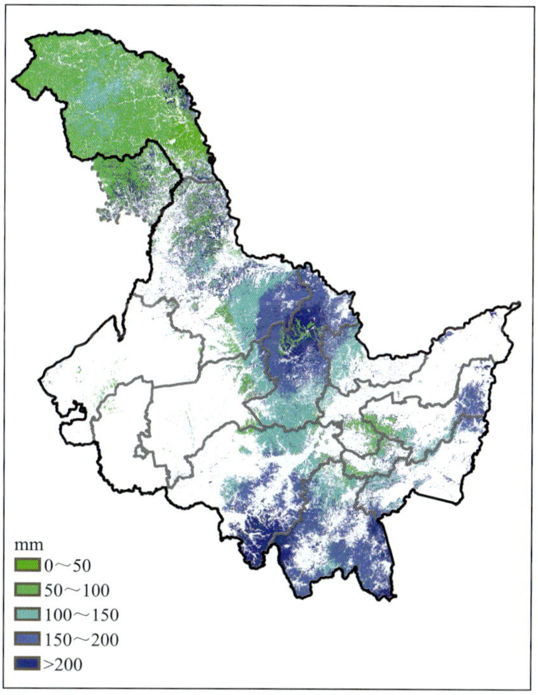

图 3.10　2022 年黑龙江省年水源涵养量

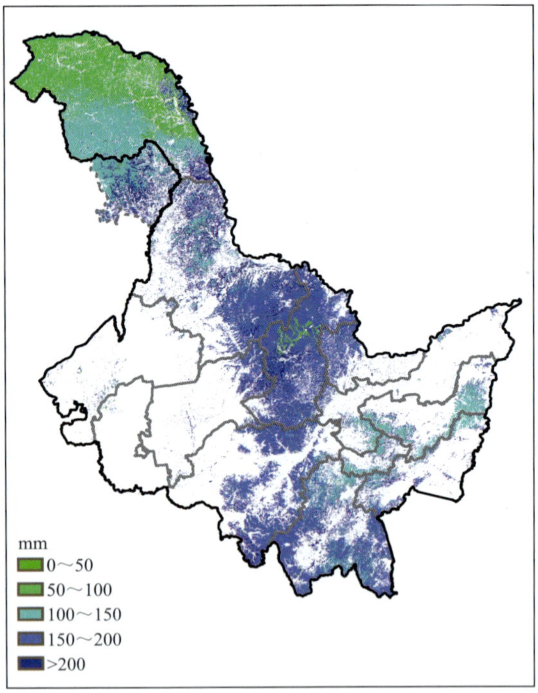

图 3.11　2000—2022 年黑龙江省平均水源涵养量

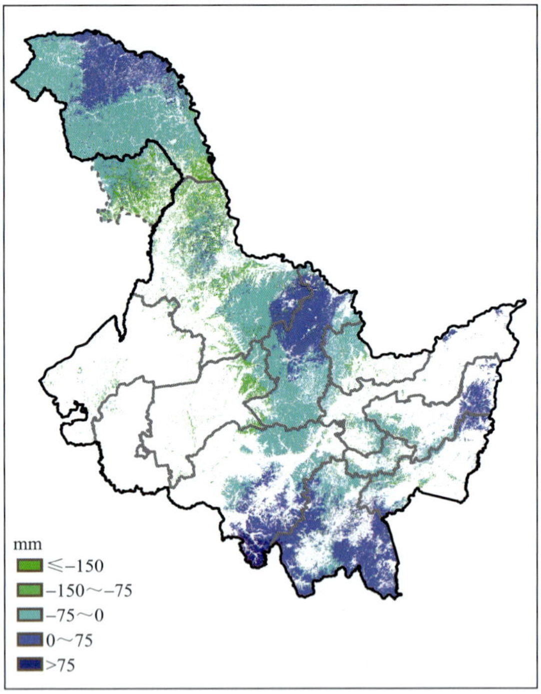

图 3.12　2022 年黑龙江省年水源涵养量距平

从变化趋势看，2000—2022 年，黑龙江省林区平均年水源涵养量变化速率为 0.25 mm/a（图 3.13），黑龙江省大部分林区水源涵养量呈增加趋势（图 3.14）。

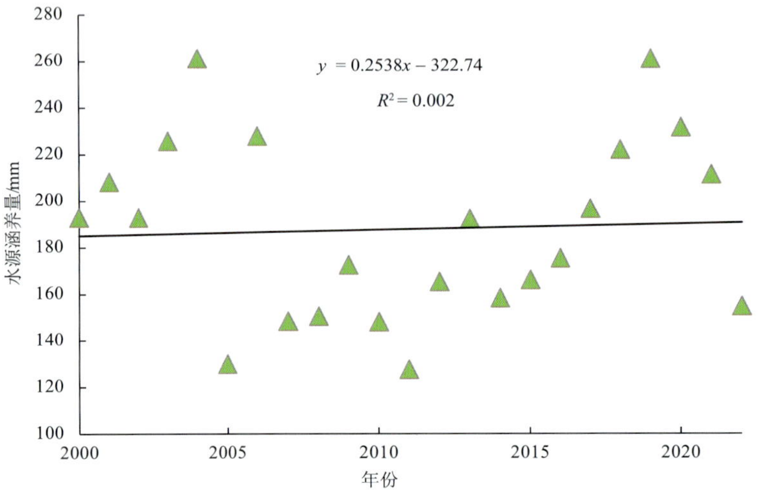

图 3.13　2000—2022 年黑龙江省水源涵养量年际变化趋势

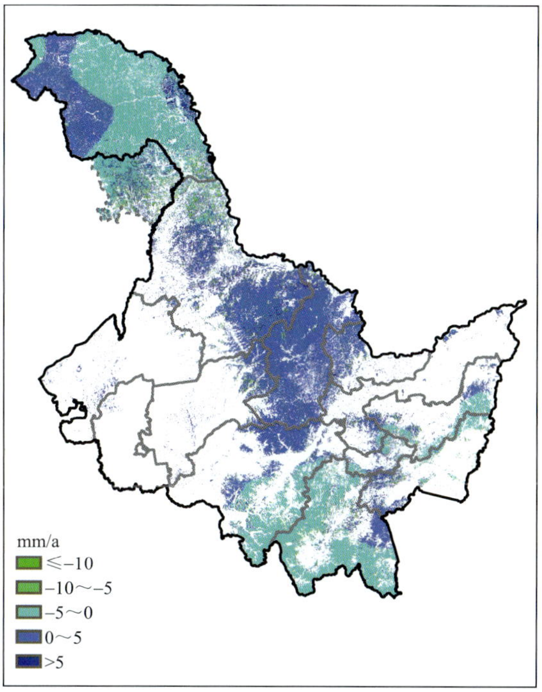

图 3.14　2000—2022 年黑龙江省水源涵养量空间变化趋势

3.4　本章小结

黑龙江省森林面积 2000—2010 年明显增加，2010—2020 年略有减小；森林植被生态质量呈现整体改善，显示出黑龙江省生态文明建设的成效，退耕还林还草、植树造林等重大生态保护和修复工程效果显著；随着年降水量增加，植被生态质量显著提高；黑龙江省 71%以上区域的水源涵养量呈增加趋势。

第4章 黑龙江省农田生态气象

4.1 黑龙江省农田分布及时空演替特征

4.1.1 概述

农田生态系统是陆地生态系统的重要组成部分，与人类生存密切相关，也是受人类影响最多的生态系统之一，随着人口数量的增长，对粮食的需求也日益增强，如何提升粮食产量成为热点问题(Doelman et al.,2018)。受温室效应的影响，黑龙江省气温普遍升高，雨量和降雨频率在时间和空间上发生改变，极端天气事件频发，日照时数总体减少，对农业和生态环境都造成了严峻的影响。在全球变暖的背景下，气候变化会影响区域农业气候资源，气温、降水和光照的变化会对种植制度气候区划造成影响(杨晓光 等,2011)。耕地是粮食生产的载体(丁书培 等,2022)，陆地生态系统是与人类生活最相关的生态系统，耕地种植面积与国家农业政策密切相关，除了受到气候变化的影响外，农田分布与面积的变化也会受到国家粮食种植结构优化调整的影响。明晰农田分布及时空演替特征，对于耕地资源管理、国土规划和农业政策的制定具有重要意义，与国家粮食安全以及生态文明建设密切相关(匡文慧 等,2022)。

黑龙江是农业大省，是中国主要的商品粮基地，用全国1/10的耕地，生产出了全国1/4的商品粮(高宪双,2009)。目前，粮食安全已成为国家安全战略的重要组成部分，黑龙江省内耕地面积近19万km^2，主要覆盖在黑龙江省西部松嫩平原、东部三江平原。《气象高质量发展纲要(2022—2035年)》和《黑龙江省气象发展“十四五”规划》要求，聚焦粮食安全气象防灾减灾能力提升和高质量发展需求，提升智慧气象保障粮食安全及促进乡村振兴的服务能力。在国家政策的支持、农业科学技术的发展，以及气候条件的共同影响下，近年来黑龙江省粮食产量稳步增加。

随着遥感技术的不断完善，相较于地面调查，国内外学者基于遥感技术在农业统计领域的应用日益增加。其中，美国在20世纪70年代启动“大面积农作物估产计划”和“农业和资源空间调查计划”，欧盟开展了“农业遥感应用系统”和“欧盟土地利用和覆盖情况地域抽样框统计调查”，中国开展了“农情监测系统”“农情遥感速报系统”和“国家统计遥感业务系统关键技术研究与应用项目”。遥感技术给作物种植区域调查统计提供了更多高效准确的手段，并且成为气象部门业务工作的重要组成部分(周巍,2014)。

在全球气候变化以及国家粮食种植结构优化调整的背景下，有必要采用遥感监测手段，基于全球地表覆盖GlobeLand30数据集2000年、2010年和2020年数据，针对黑龙江省农田分布情况进行监测，通过计算土地覆盖类型转移矩阵和土地利用动态度，分析 2000—2020 年耕地种植面积变化，以及不同土地覆盖类型的转换关系，可以明晰黑龙江省耕地资源以及变化情况，这一研究能够提升黑龙江省农业服务业务能力，为作物长势产量监测提供数据基础，也可以为保障粮食安全大局，以及农业区域特色发展和乡村振兴提供助力。

4.1.2 数据与方法

采用国家高技术研究发展计划（“863”计划）的重要成果——全球地表覆盖 GlobeLand30 数据集（国家基础地理信息中心全球地表覆盖数据产品服务网站 DOI：10.11769），空间分辨率 30 m，已发布的 2000 年、2010 年和 2020 年数据，包括耕地、林地、草地、灌木地、湿地、水体、苔原、人造地表、裸地、冰川和永久积雪 10 个类型。本研究根据黑龙江省实际情况和研究需要，简化合并为 7 个类型，分别代表森林生态系统、农田生态系统、草地生态系统、湿地生态系统、聚落生态系统、其他生态系统和水体。聚落生态系统是一种特殊的人工复合生态系统，由民居区及其周边环境组成。此外，因地表覆盖数据非连续性和研究对比需要，文中生态系统尺度分析均采用 2020 年 GlobeLand30 数据作为分区统计的基础数据。

土地利用动态度是定量研究区域土地覆盖类型变化速率的指标，可以反映土地覆盖类型变化转移的速度和剧烈程度。通过计算土地利用动态度可以确定土地覆盖类型变率最明显的地区（郭丽英 等，2013）。计算公式如下：

$$K = \frac{U_b - U_a}{U_a} \times \frac{1}{T} \times 100\% \tag{4.1}$$

式中：K 为土地利用动态度，U_a 和 U_b 分别为研究阶段初期和末期的土地覆盖类型面积，T 为样本的时间长度。

4.1.3 小结与讨论

基于国家基础地理信息中心发布的 2000 年、2010 年和 2020 年 GlobeLand30 数据集，分析黑龙江省土地覆盖类型变化情况。2000—2020 年，前 10 a 耕地面积快速减小，从 2000 年的 19.0 万 km^2 减小至 2010 年的 18.8 万 km^2，之后，2020 年面积回升至 18.9 万 km^2，20 a 耕地总转入面积 11288.7 km^2，总转出面积 11558.0 km^2，土地利用动态度为 −0.01 %/a，即每年耕地面积变化 −0.01%（图 4.1、表 4.1、表 4.2）。

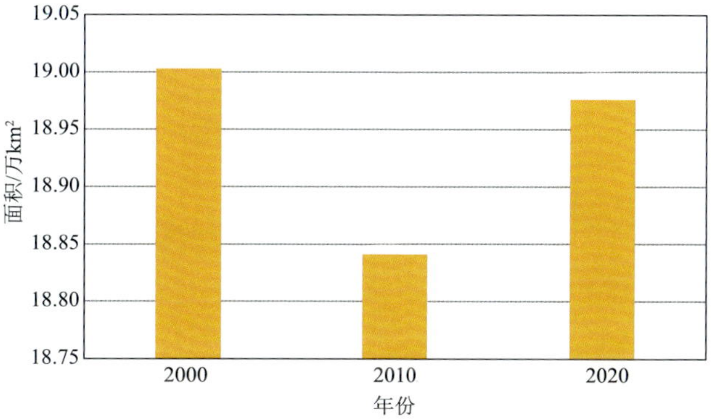

图 4.1 黑龙江省耕地面积历年变化

从土地覆盖类型空间分布看，2000—2020年耕地面积整体增加，在三江平原北部、松花江和黑龙江交界地区附近存在一处明显的耕地转湿地区域和一处面积较大的湿地转耕地区域（图4.2）。

表4.1 黑龙江省2000—2020年土地覆盖类型转移矩阵

单位：km^2

		2000年							转入总面积
		森林	耕地	草地	湿地	人造地表	水体	裸地	
2020年	森林		3412.8	14769.6	101.9	117.4	201.9	18.9	18622.5
	耕地	3038.2		5601.3	1174.9	1068.5	326.7	79.0	11288.7
	草地	11661.4	4261.4		283.6	283.2	264.6	349.2	17103.5
	湿地	153.6	684.6	474.1		31.0	286.4	6.2	1636.1
	人造地表	247.4	2625.4	837.5	23.8		22.4	49.8	3806.2
	水体	297.0	511.6	660.9	592.8	15.2		20.3	2097.8
	裸地	55.1	62.2	357.2	9.1	3.7	22.8		510.0
	转出总面积	15452.7	11558.0	22700.6	2186.1	1519.0	1124.9	523.5	

表4.2 黑龙江省2000—2020年土地覆盖变化面积和土地利用动态度

生态系统类	2000—2010年		2010—2020年		2000—2020年	
	变化面积/km^2	土地利用动态度/(%/a)	变化面积/km^2	土地利用动态度/(%/a)	变化面积/km^2	土地利用动态度/(%/a)
耕地	−1619.6	−0.1	1350.3	0.1	−269.3	−0.01

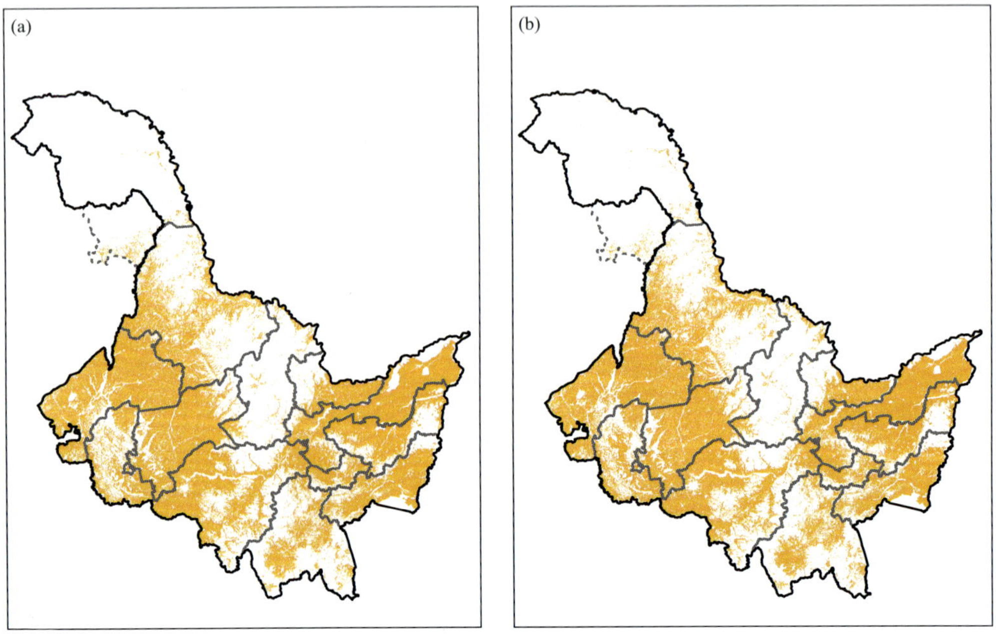

图4.2 黑龙江省2000年(a)和2020年(b)耕地的空间分布
（图中黄色区域为耕地）

4.2 黑龙江省大宗粮食作物分布及长势监测评估

4.2.1 概述

4.2.1.1 黑龙江省农区概况

黑龙江省位于我国最东北部(介于 121°11′—135°05′E 和 43°25′—53°33′N),属温带大陆性季风气候,年均温在−6～4 ℃,年降水量 400～650 mm。作为我国的农业大省,黑龙江省不仅是我国重要的商品粮基地,也是粮食战略后备基地,全省农业资源富集,耕地面积 2.579 亿亩①,据全国首位。黑龙江省地处世界三大黑土带之一,典型黑土耕地面积占全国典型黑土区耕地面积的 56.1%,耕地集中、耕层深厚、地势平坦、土质肥沃,为粮食作物种植提供了得天独厚的条件。在综合产能、农机化建设、规模化生产、绿色食品产业等领域处于全国领先地位,肩负着保障国家粮食安全、生态安全重任。

4.2.1.2 作物长势检测

作物长势是指作物生长发育的旺盛程度,其强弱一般通过观测植株的叶面积、叶色、叶倾角、株高和茎粗等形态指标变化进行衡量(李卫国 等,2006)。在不同生长环境、不同时段作物长势均有差异。遥感监测根据作物对可见光以及近红外等敏感波段的反射特性,实现作物长势监测,作物长势遥感监测利用遥感技术及时了解作物的分布及长势等情况,目前主要应用于实时长势监测和面积与产量估算。

4.2.1.3 研究现状

作物长势遥感监测一直是农业遥感的重点领域。早期监测的重点集中在作物面积估测和产量估算上,之后开始偏向对作物生长状况及其生长趋势的遥感监测应用研究。20 世纪 80 年代,美国利用遥感影像监测作物长势。20 世纪 80 年代末期,中国气象局等有关单位利用卫星遥感影像对冬小麦长势监测的方法和技术展开研究。20 世纪 90 年代末期,申广荣等(1998)利用 NOAA-AVHRR(美国国家海洋和大气管理局/改进型甚高分辨率辐射计)数字图像进行作物缺水指数监测旱情方法研究。同期,杨邦杰等(1999)以冬小麦为例提出了长势遥感监测的评估模型与诊断模型的概念与算法。21 世纪初,吴炳方等(2004)利用 NOAA-AVHRR 和 SPOT-VEGETATION 每旬的 NDVI 数据,通过处理流程的系统化,建设了运行化的作物长势遥感监测分析系统。上述研究利用遥感数据对农作物长势进行宏观监测。虽然农作物长势动态监测还未成为农业生产管理决策的客观依据,但在苗情监测与信息通报方面已起到十分重要的作用。

4.2.2 数据与方法

4.2.2.1 遥感数据

气象卫星是对大气层进行气象观测的人造卫星。在气象研究中常用的气象卫星包括静止

① 1 亩≈666.67 m^2,下同。

气象卫星与极轨气象卫星两种。静止气象卫星轨道高度约为 35800 km，相对地球静止，主要用于天气监测和预报；极轨气象卫星轨道高度约 800 km，绕两极飞行，主要用途包括改进天气预报模式，监测自然灾害、地球气候和生态环境等。

风云三号(FY-3)气象卫星是为了满足中国天气预报、气候预测和环境监测等方面需求建设的第二代极轨气象卫星，旨在获取地球大气环境的三维、全球、全天候、定量、高精度资料。1994 年，“风云三号”列入航天技术“九五”规划。2000 年 11 月，国务院正式批准立项。风云三号气象卫星一共由 5 颗卫星组成，已分别于 2008 年、2010 年、2013 年、2017 年和 2021 年成功发射了 FY-3A 卫星、FY-3B 卫星、FY-3C 卫星、FY-3D 卫星、FY-3E 卫星。黑龙江省大宗粮食作物分布及长势监测应用的就是 FY-3D 卫星。

4.2.2.2 数据处理

作物长势监测主要是利用风云三号卫星所传回数据进行操作。首先，通过云判识排除云干扰，其次，进一步通过逐日植被指数计算合理化检验，将获取的最大值进行合成，将现有水旱田矢量输入后对不同时段的植被指数变化进行分析评估，最后，初步实现对黑龙江省农田作物长势的监测评估。

归一化植被指数是反映农作物长势和营养信息的重要参数之一。其计算公式为：

$$\mathrm{NDVI} = (\mathrm{NIR} - R)/(\mathrm{NIR} + R) \tag{4.2}$$

式中：NDVI 为归一化植被指数，NIR 为近红外波段反射率，R 为红光波段反射率。

NDVI 主要用于检测植被生长状态、植被覆盖度和消除部分辐射误差等。但是 NDVI 也存在一定的局限性，主要表现为：NDVI 利用非线性拉伸的方式增强了 NIR 和 R 的反射率的对比度。对于同一幅图像，分别求 RVI(比值植被指数)和 NDVI 时会发现，RVI 值增加的速度高于 NDVI 值增加速度，即 NDVI 对高植被区具有较低的灵敏度。因此，在数据处理过程中优先对云、水进行判识，减少云层和水面干扰带来的影响。

云判识主要通过近红外波段地表反射率和红外波段地表反射率共同确定：

$$\mathrm{IR} > 35\%\text{，且 }\mathrm{NIR} - \mathrm{IR} < 20\% \tag{4.3}$$

式中：NIR 为近红外波段地表反射率，IR 为红外波段地表反射率。通过两个值的限定排除云层干扰。

水判识与云判识原理相同，但在参数上存在差异：

$$\mathrm{IR} < 15\%\text{，且 }\mathrm{NIR} - \mathrm{IR} < 12\%\text{，且 }\mathrm{NIR} < 10\% \tag{4.4}$$

式中：NIR 为近红外波段地表反射率，IR 为红外波段地表反射率。通过两个值的限定排除云层干扰。

在排除云层及水面带来的干扰后，首先计算单日植被指数，计算时，NDVI 是通过地表反射率计算得到的，因此在数据选取时应采用优选中心轨道原则，减少轨道边缘畸变带来的误差。其次进行植被指数合理性检查，根据 NDVI 合理的取值范围，对 NDVI 计算结果进行合理性检查，NDVI 合理取值范围应为 0～1。对于不符合取值范围的像元，用无效值进行填充(无效值取 32767)。之后进行旬最大植被指数计算，计算公式：

$$\mathrm{NDVI}_{\max} = \mathrm{MAX}(\mathrm{NDVI}_i) \tag{4.5}$$

式中：NDVI_i 为逐日植被指数($i=1,2,3,\cdots,n$，其中 n 在 8～11)，$\mathrm{NDVI}_{\max}$ 为旬最大植被指数。

最后进行合成数据合理性检查，对于合成得到的最大值 $\mathrm{NDVI}_{\max}$，逐个像元进行合理性检查(合理取值范围应为 0～1)。初步完成对黑龙江省农田作物长势的监测评估。

4.2.3 小结与讨论

4.2.3.1 夏季作物长势分析

利用 FY-3D 气象卫星数据对黑龙江省 2022 年夏季主要粮食作物（水稻、玉米、大豆）长势进行遥感监测。全省夏季大部分地区作物长势良好（图 4.3、图 4.4、图 4.5）。

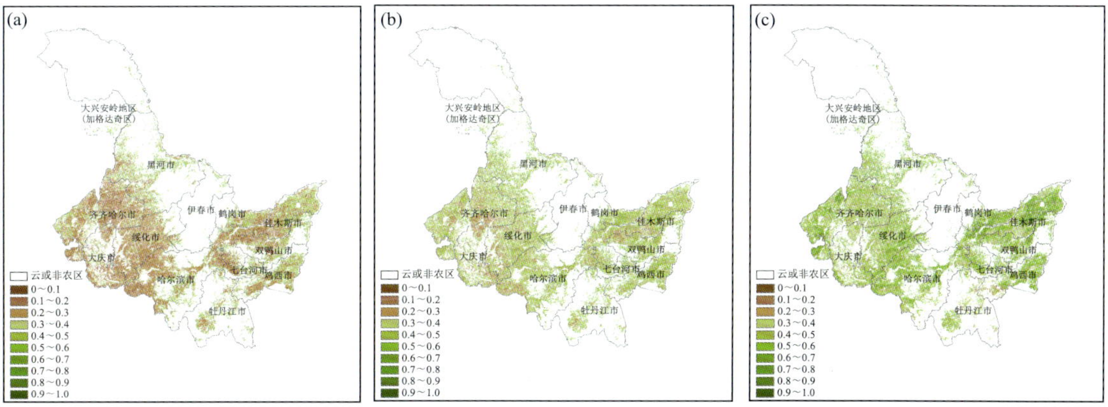

图 4.3 2022 年 6 月上旬（a）、中旬（b）、下旬（c）FY-3D 气象卫星黑龙江省作物长势（NDVI）监测图

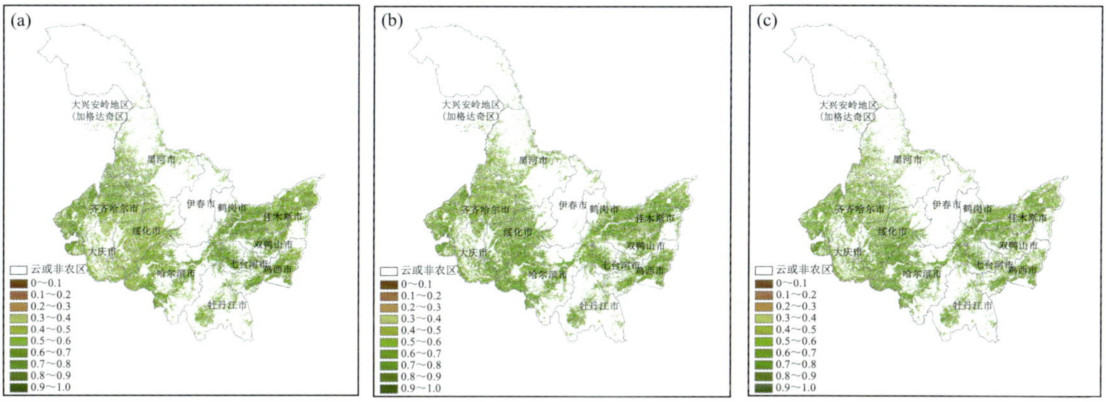

图 4.4 2022 年 7 月上旬（a）、中旬（b）、下旬（c）FY-3D 气象卫星黑龙江省作物长势（NDVI）监测图

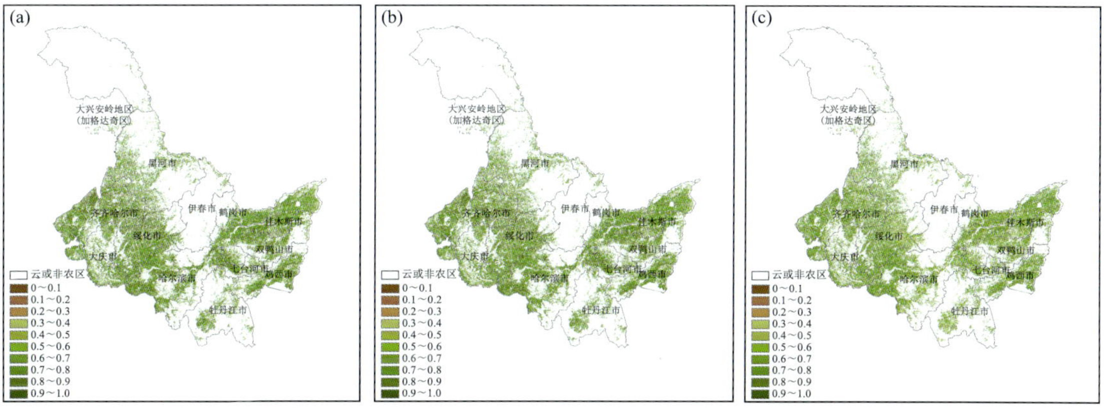

图 4.5 2022 年 8 月上旬（a）、中旬（b）、下旬（c）FY-3D 气象卫星黑龙江省作物长势（NDVI）监测图

2022 年与 2021 年同期 NDVI 相比数值差异＜0.05 时，判识为持平；与 2021 年同期 NDVI 差值≥0.05 时，判识为增加；与 2021 年同期 NDVI 差值≤−0.05 时，判识为减少。与 2021 年同期相比，2022 年 6 月黑龙江省东部三江平原作物长势持平，七台河、鸡西、牡丹江、双鸭山等地略差。7 月作物生长进入旺盛期，2022 年 7 月上旬全省植被偏好，与 2021 年持平占比 87%，中旬全省植被偏好，与 2021 年持平占比 76%，至 7 月下旬全省大部分地区作物长势与 2021 年持平占比 49%，长势较好占比 17%，长势较差占比 34%。2022 年 8 月全省大部地区植被长势良好，局部地区植被长势略好于 2021 年同期。全省东南部分地区植被长势较 2021 年较好，其他大部分地区较 2021 年同期持平或偏好。其中，三江平原东部水稻长势略差于 2021 年，松嫩平原西部部分区域长势略好于 2021 年(图 4.6、图 4.7、图 4.8)。

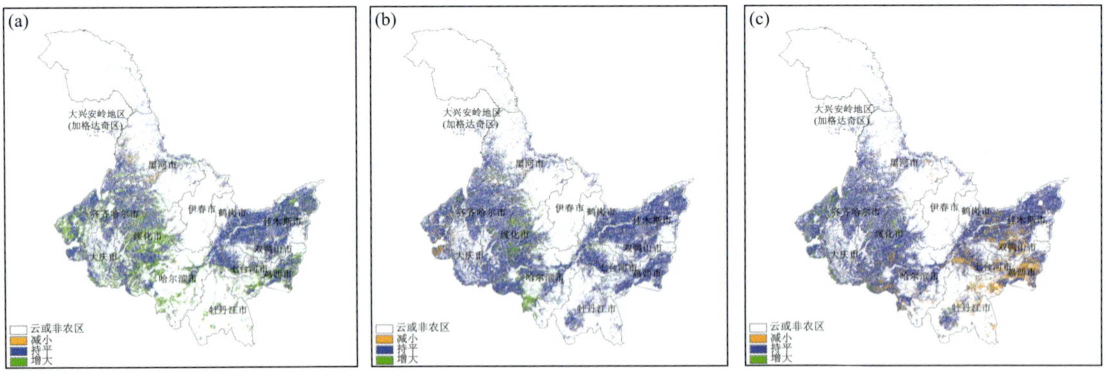

图 4.6　2022 年 6 月上旬(a)、中旬(b)、下旬(c)黑龙江省作物长势与 2021 年同期对比

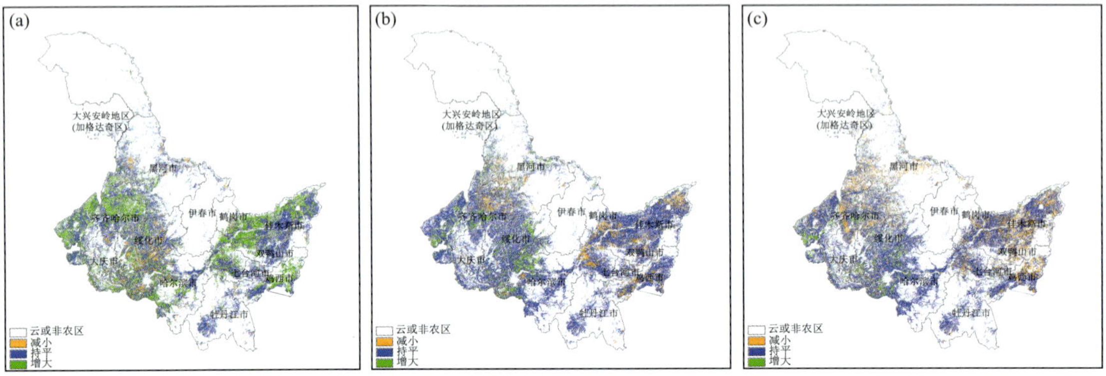

图 4.7　2022 年 7 月上旬(a)、中旬(b)、下旬(c)黑龙江省作物长势与 2021 年同期对比

利用风云卫星对黑龙江省 2022 年粮食作物生长发育状况进行持续监测，监测结果表明：6—8 月黑龙江省农区作物生长状况良好，大部分农区作物与 2021 年同期和近 3 a 同期均值相比长势相近(图 4.9、图 4.10)。

6 月与 2021 年同期相比，玉米增加和持平部分占玉米总面积的 74%，水稻增加和持平部分占水稻总面积的 71%，大豆增加和持平部分占大豆总面积的 80%；与近 3 a 同期均值相比，玉米、水稻、大豆三大作物基本为持平，其中玉米偏好和持平部分达 53%，水稻偏好和持平部分达 60%，大豆偏好和持平部分达 58%。

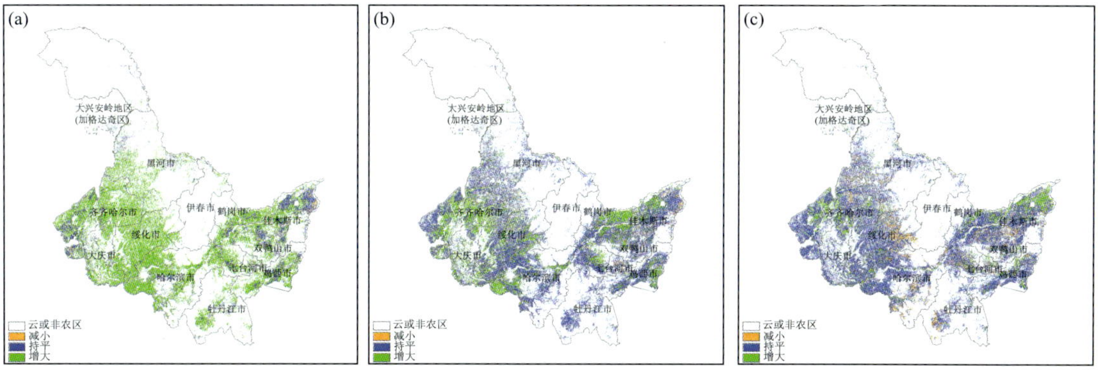

图 4.8　2022 年 8 月上旬(a)、中旬(b)、下旬(c)黑龙江省作物长势与 2021 年同期对比

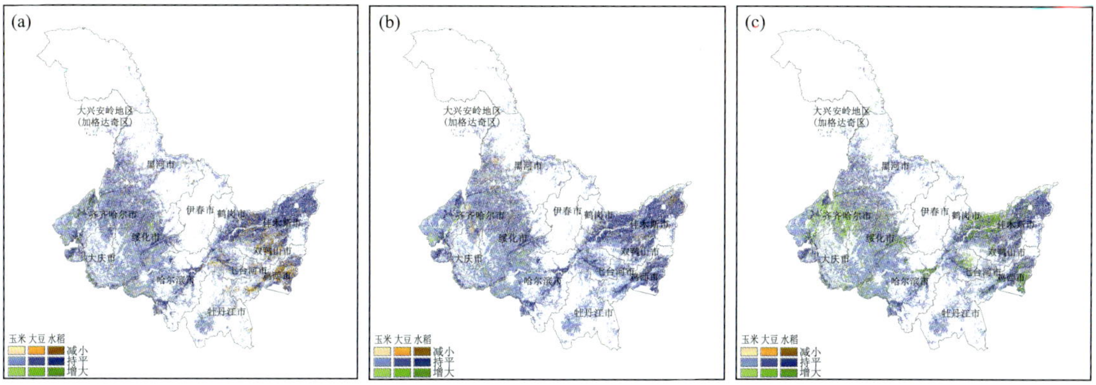

图 4.9　2022 年 6 月(a)、7 月(b)、8 月(c)黑龙江省农区植被长势与 2021 年同期对比

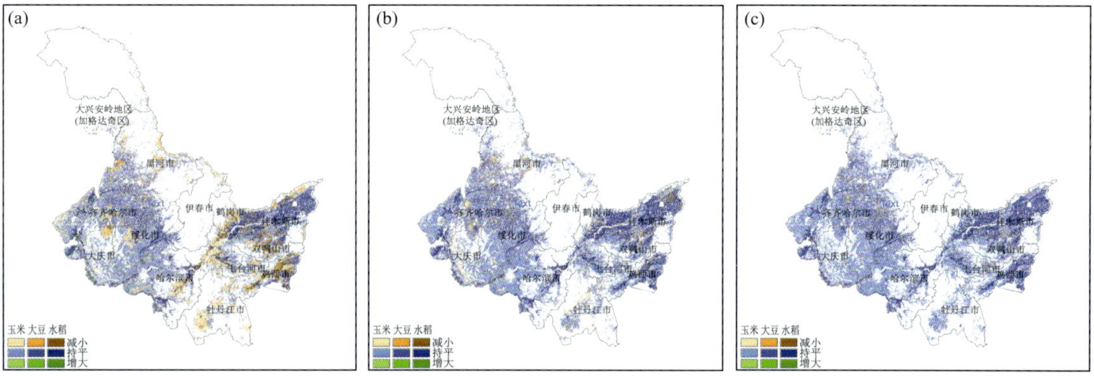

图 4.10　2022 年 6 月(a)、7 月(b)、8 月(c)黑龙江省农区植被长势与近 3 a 同期均值对比

7 月与 2021 年同期相比，玉米偏好和持平部分为 86%，水稻偏好和持平部分为 80%，大豆偏好和持平部分为 64%；与近 3 a 同期均值相比，玉米、水稻、大豆三大作物基本为偏好和持平，其中玉米偏好部分为 2%、持平部分为 73%，水稻偏好部分为 1%、持平部分为 72%，大豆偏好部分为 1%、持平部分为 63%。

8 月与 2021 年同期相比，玉米偏好和持平部分为 99%，水稻偏好和持平部分为 99%，大豆偏好和持平部分为97%；与近3 a同期均值相比，玉米、水稻、大豆三大作物基本为偏好和持平，其中玉米偏好部分为14%、持平部分为83%，水稻偏好部分为17%、持平部分为81%，大豆偏好部分为10%、持平部分为84%。

4.2.3.2 结论

2022年黑龙江省大部地区夏季作物长势良好，与2021年同期相比：6月作物长势基本持平；7月作物长势旺盛，大部分地区长势较好或持平；8月全省大部地区作物长势良好，部分地区作物长势略好。2022年黑龙江省农作物长势良好，与2021年同期相比，玉米、大豆、水稻等大部分偏好或持平；与近3 a同期均值相比，玉米、大豆、水稻等均呈现稳中向好的发展态势。

4.2.3.3 讨论

2022年，黑龙江省报告粮食作物种植面积达到146832.0 km^2，占全国的12.4%，同比增加1319.3 km^2；粮食总产量占全国的11.3%。黑龙江省实现“十九连丰”，粮食产量总体呈现上涨趋势，这与监测结果相吻合。

4.3 本章小结

黑龙江省耕地面积2000—2010年快速减小，2010—2020年略有扩大；2022年全省农作物长势良好，与2021年同期相比，玉米、大豆、水稻等长势大部分偏好或持平；与近3 a同期均值相比，玉米、大豆、水稻等长势均呈现稳中向好的发展态势。

第 5 章
黑龙江省湿地生态气象

5.1 黑龙江省自然湿地空间分布特征

5.1.1 概述

湿地被称为“地球之肾”，指的是地表长期处于过湿或者积水状态，生长着湿地植被的土地。湿地生态系统依托于湿地存在，湿地、湿地生物共同形成湿地生态系统；湿地生态系统具有丰富的陆生、水生动植物资源，具有生物多样性价值；湿地生态系统净初级生产力较高，具有较高的固碳释氧价值；此外，湿地生态系统还具有水源涵养、调节气候、净化水质等多种独特的生态系统功能。湿地生态系统较脆弱，易受到水文、气候、植被和土壤的干扰，从而造成湿地退化和面积缩小（蒋高明，2022）。此外，湿地围垦和水污染等人为干扰，也会对湿地生态系统造成破坏，不利于湿地生态系统的稳定可持续发展（胡子轩 等，2023）。

黑龙江省也是中国湿地资源最为丰富的省份之一，国际重要湿地和国家级湿地自然保护区数量居全国第一位，湿地面积 350.10 万 hm^2，居全国第四位（韩雪，2022）。黑龙江省湿地主要集中于三江平原东北部、松嫩平原西部。此外，黑龙江省湿地也面临着消失速度快、功能退化、景观破碎、水源亏缺、水质变差、植被丰度下降、濒危动植物增多等问题（孙晓波，2019）。历史原因导致的湿地环境恶化和区域盐渍化现象严重，随着湿地生态保护和修复工作的开展而有所改善。随着许多重大生态保护修复工程项目的推进，黑龙江省生态环境恶化趋势基本得到控制，生态环境得到了改善（秦会艳 等，2018）。

目前，提取湿地分布特征的研究较多，主要采取地面实地调查和遥感影像目视解译的方法，上述方法能够准确剔除湿地分布情况，但是耗时高、效率低（Dong et al.，2020）。考虑到长时间大尺度的湿地监测需求，前人基于遥感影像采用随机森林的自动分类算法，对研究区域进行精细化识别分类（邓雅文 等，2023），这一方法已成为湿地演变监测的重要技术手段（Taminia et al.，2020）。因此，为了了解黑龙江省湿地生态状况，实现有针对性的湿地生态资源保护，有必要通过可靠的土地覆盖遥感数据源，计算湿地覆盖面积，明晰该区域湿地面积及其随时间的演变特征，这一研究对于掌握黑龙江省湿地资源状况，以及评价环境恶化、人类活动和生态保护修复工程具有重要作用，可以为区域生态保护政策的制定提供技术支撑，对于维系地区生态安全、促进区域生态经济可持续发展意义重大，也可以为湿地的保护和管理工作提供精准的科学支持。

5.1.2 数据与方法

采用国家高技术研究发展计划（“863”计划）的重要成果——全球地表覆盖 GlobeLand30 数据集（国家基础地理信息中心全球地表覆盖数据产品服务网站 DOI：10.11769），空间分辨率 30 m，已发布的 2000 年、2010 年和 2020 年数据，包括耕地、林地、草地、灌木地、湿地、水体、苔原、人造地表、裸地、冰川和永久积雪 10 个类型。本研究根据黑龙江省实际情况和研究需要，简化合并为 7 个类型，分别代表森林生态系统、农田生态系统、草地生态系统、湿地生态系统、聚落生态系统、其他生态系统和水体。聚落生态系统是一种特殊的人工复合生态系统，由民居区及其周边环境组成。此外，因地表覆盖数据非连续性和研究对比需要，文中生态系统尺度分析均采用 2020 年 GlobeLand30 数据作为分区统计的基础数据。

土地利用动态度是定量研究区域土地覆盖类型变化速率的指标，可以反映土地覆盖类型变化转移的速度和剧烈程度。通过计算土地利用动态度可以确定土地覆盖类型变率最明显的地区（郭丽英 等，2013）。计算公式如下：

$$K = \frac{U_b - U_a}{U_a} \times \frac{1}{T} \times 100\% \tag{5.1}$$

式中：K 为土地利用动态度，U_a 和 U_b 分别为研究阶段初期和末期的土地覆盖类型面积，T 为样本的时间长度。

5.1.3 小结与讨论

基于国家基础地理信息中心发布的 2000 年、2010 年和 2020 年 GlobeLand30 数据集，分析黑龙江省土地覆盖类型变化情况。湿地面积在 2000—2010 年明显减小，之后减速放缓，2020 年湿地面积 0.96 万 km^2，20 a 湿地总转入面积 1636.1 km^2，总转出面积 2186.1 km^2，土地利用动态度为 −0.3 %/a（图 5.1、表 5.1、表 5.2）。

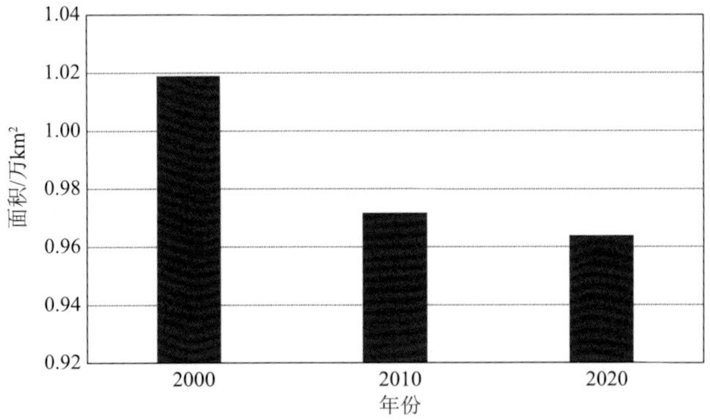

图 5.1 黑龙江省湿地面积历年变化

从土地覆盖类型空间分布看，2000—2020 年湿地面积略有减小。在三江平原北部、松花江和黑龙江交界地区附近存在一处明显的耕地转湿地区域和一处面积较大的湿地转耕地区域（图 5.2）。

表 5.1　黑龙江省 2000—2020 年土地覆盖类型转移矩阵

单位：km²

		2000 年							转入总面积
		森林	耕地	草地	湿地	人造地表	水体	裸地	
2020 年	森林		3412.8	14769.6	101.9	117.4	201.9	18.9	18622.5
	耕地	3038.2		5601.3	1174.9	1068.5	326.7	79.0	11288.7
	草地	11661.4	4261.4		283.6	283.2	264.6	349.2	17103.5
	湿地	153.6	684.6	474.1		31.0	286.4	6.2	1636.1
	人造地表	247.4	2625.4	837.5	23.8		22.4	49.8	3806.2
	水体	297.0	511.6	660.9	592.8	15.2		20.3	2097.8
	裸地	55.1	62.2	357.2	9.1	3.7	22.8		510.0
	转出总面积	15452.7	11558.0	22700.6	2186.1	1519.0	1124.9	523.5	

表 5.2　黑龙江省 2000—2020 年土地覆盖变化面积和土地利用动态度

生态系统类	2000—2010 年		2010—2020 年		2000—2020 年	
	变化面积/km²	土地利用动态度/(%/a)	变化面积/km²	土地利用动态度/(%/a)	变化面积/km²	土地利用动态度/(%/a)
耕地	−471.9	−0.5	−78.1	−0.1	−550.0	−0.3

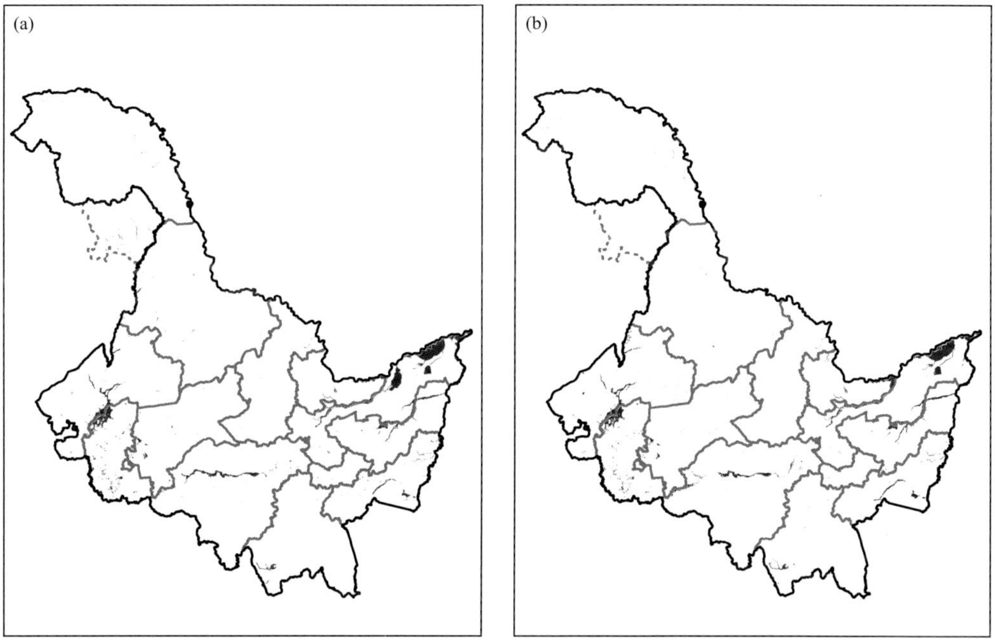

图 5.2　黑龙江省 2000 年(a)和 2020 年(b)湿地的空间分布
(图中紫色区域为湿地)

5.2 扎龙湿地水体时空变化特征

5.2.1 概述

扎龙湿地位于黑龙江省西部松嫩平原乌裕尔河下游地区，隶属齐齐哈尔市，该区域主要湿地植被为芦苇。作为亚洲著名湿地之一，扎龙湿地为多种珍稀鸟类动物提供了繁育地和迁徙地。扎龙湿地保护区总面积 2134 km^2，该区域水系纵横，湖泊河泡众多，地势低洼（张丹 等，2012），具有维护生物多样性、固碳释氧、水源涵养、调节气候、净化水质等多种独特的生态系统功能。受气候变化和人类活动的影响，湿地退化且面积缩小（蒋高明，2022）。作为黑龙江省的重要湿地之一，扎龙湿地也面临着消失速度快、功能退化、景观破碎、水源亏缺、水质变差、植被丰度下降、濒危动植物增多等问题（孙晓波，2019）。

随着许多重大生态保护修复工程项目的推进，黑龙江省生态环境恶化趋势基本得到控制，生态环境得到了改善（秦会艳 等，2018）。扎龙湿地被列入保护区之后，湿地生态系统的恶化趋势也得到遏制，有利于扎龙湿地区域水循环与水平衡。随着遥感技术的发展，遥感已成为识别大尺度区域水体的重要方法之一（凌从高 等，2022）。

考虑到扎龙湿地水体分布变化对于区域水循环的重要意义，有必要针对扎龙湿地，基于 Landsat8 遥感影像数据，开展近年湿地、明水体和湿地植被覆盖监测，研究分析扎龙湿地生态系统生态恢复情况，可以为前期生态保护修复工程的维持和未来生态保护修复工程的建设实施提供坚实依据，为中国未来生态环境管理和政策制定提供科学参考。

5.2.2 数据与方法

以 Landsat8 影像为数据源，对预处理后的数据叠加矢量掩膜；对掩膜后的数据进行云判识；计算 MNDWI（改进的归一化水体指数）进行水体判识，提取水体区域。MNDWI 是在 Mcfeeters（1996）提出的归一化差异水体指数（NDWI）的基础上，对构成该指数的波长组合进行修改而提出的。

（1）归一化水体指数

水体判识是水情监测的基础，水体、植被、裸土等在可见光和近红外波段的反射光谱特性有着较大的差异。水体在近红外通道有很强的吸收，反射率极低，在可见光通道的反射率较近红外通道高。植被在可见光通道的反射率较近红外通道低。在近红外通道波长范围内，植被的反射率明显高于水体，而在可见光通道波长范围内，水体的反射率高于植被。裸土的反射率在可见光通道波长范围内高于植被和水体，在近红外通道高于水体、低于植被。利用这一特点可以从可见光和近红外通道数据中提取地表水体信息。

利用水体指数进行水体区域判别，水体指数计算公式如下：

$$\mathrm{NDWI} = \frac{G - \mathrm{NIR}}{G + \mathrm{NIR}} \tag{5.2}$$

式中：NIR 为近红外波段地表反射率，G 为绿波段地表反射率。该式中，NDWI 一般用来提取影像中的水体信息，效果较好。

(2)改进的归一化水体指数

如前所述,水体的反射从可见光到中红外波段逐渐减弱,在近红外和中红外波长范围内吸收性最强,几乎无反射。而建筑物在绿光和近红外波段的波谱特征与水体几乎一致,即在绿光的反射率高于近红外波段,且有的还具有较大的反差,建筑物的反射率在中红外波段骤然转强。所以在 NDWI 计算公式中如果采用中红外波段替换近红外波段,则计算出来的建筑物的指数值将明显减小。反之,由于水体在中红外波段的反射率继续走低,因此替换后得出的指数值将会增大。这一增一减将使得水体与建筑物的反差明显增强,大大避免了二者的混淆,减小了背景噪音,从而有利于水体专题信息的准确提取。

利用改进的水体指数进行水体区域判别,计算公式如下:

$$\mathrm{MNDWI} = \frac{G - \mathrm{MIR}}{G + \mathrm{MIR}} \tag{5.3}$$

式中:MNDWI 为绿波段与中红外波段的归一化比值指数,MIR 为中红外波段地表反射率,G 为绿波段地表反射率。

5.2.3 小结与讨论

扎龙自然保护区位于黑龙江省西部,是世界上最大的芦苇湿地,是东北地区重要的鸟类繁殖地和栖息地。该湿地形成于沙丘,因此是整个嫩江流域生态环境最脆弱的一个关键区,对保障松嫩平原的生态环境和当地社会经济可持续发展起着重要的作用。利用 2000—2021 年 Landsat 等卫星遥感数据和气象数据对扎龙自然保护区进行生态遥感气象监测评价。

5.2.3.1 2021 年与 2020 年明水体面积对比

2021 年 5 月扎龙自然保护区湿地明水体面积与 2020 年同期相比,整体呈减少趋势,水体范围缩小(图 5.3)。其中,明水体面积与 2020 年同期相比,增加区域占 15.5%,减少区域占 24.2%,明水体面积增大区域主要位于泰来县和林甸县所辖区域,减小区域不集中(图 5.3c)。

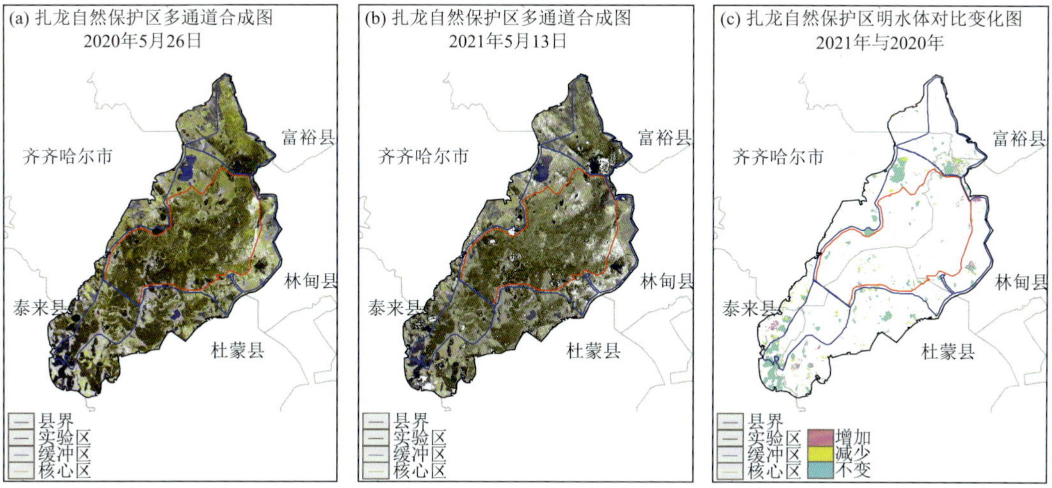

图 5.3 2020 年和 2021 年扎龙遥感监测及湿地分布特征图

5.2.3.2　近 22 a 扎龙植被覆盖度、明水体面积变化特征

通过卫星遥感监测扎龙自然保护区 2000—2021 年生长季(5—10 月)植被覆盖度和明水体的分布,并针对 2002 年、2007 年、2012 年和 2017 年等典型年份开展植被覆盖度和明水体特征变化分析(图 5.4)。结果显示,扎龙自然保护区湿地生态状况已逐渐改善,近 22 a 来扎龙湿地生长季植被覆盖度呈增加趋势。2012 年之前,扎龙植被覆盖度年际间波动幅度较大,2013 年之后,植被覆盖度变化均较为平稳,近年来植被覆盖度整体趋于稳定。

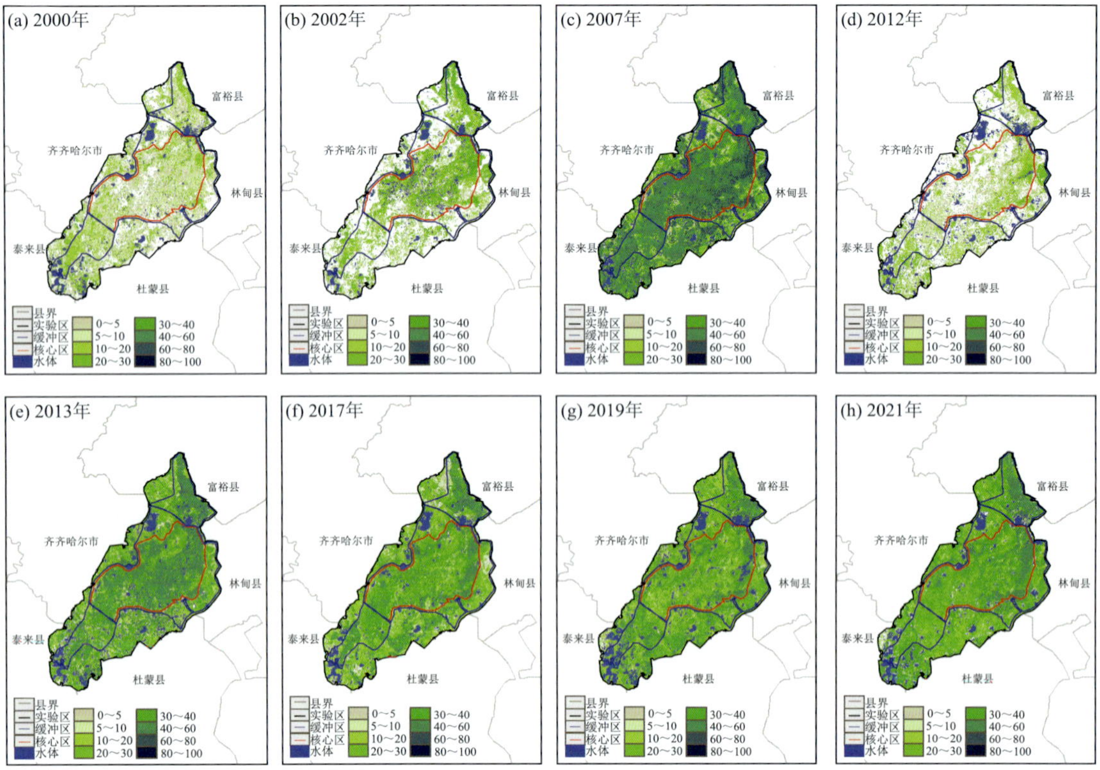

图 5.4　2000—2021 年扎龙生长季(5—10 月)明水体和植被覆盖度典型年份分布图

2000—2021 年生长季(5—10 月)扎龙附近 5 个县(市)气象台站的平均降水量与湿地明水体面积呈显著正相关(图 5.5)。降水量对扎龙湿地明水体面积的增加具有积极的促进作用,扎龙湿地生长季明水体面积受降水量影响波动较大,降水增加有利于湿地植被的生长与生态修复。

5.3　扎龙湿地植被生态质量

5.3.1　概述

扎龙湿地位于黑龙江省西部松嫩平原,该区域主要湿地植被为芦苇,扎龙湿地为多种珍稀鸟类动物提供了繁育地和迁徙地(张丹 等,2012),具有维护生物多样性、固碳释氧等多种独特的生态系统功能。作为黑龙江省的重要湿地之一,扎龙自然保护区建于 1979 年,1992 年被列

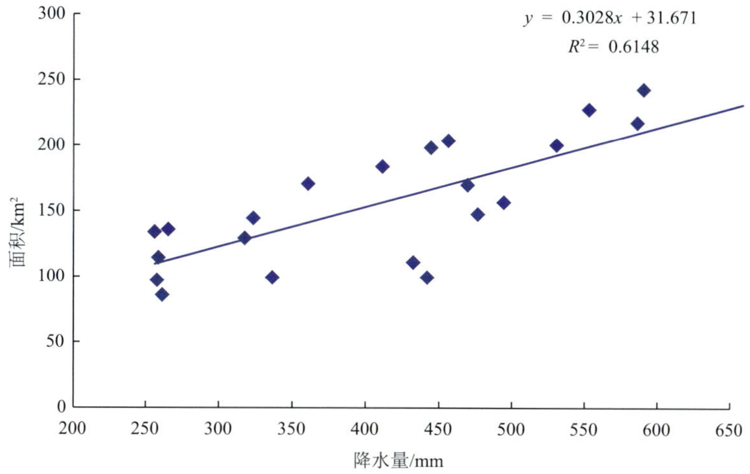

图 5.5 2000—2021 年扎龙生长季(5—10 月)明水体面积与附近平均降水量散点图
(扎龙自然保护区位于齐齐哈尔市区、杜蒙县、林甸县、泰来县、富裕县的交界处)

入国际重要湿地名录,1950 年之后区域水利建设、地下水过度开发,导致水体面积减小,湿地芦苇和其他植被种植面积不断缩小,植被出现逆向演替现象(王伟泽 等,2020)。因此,扎龙湿地也面临着消失速度快、功能退化、景观破碎、水源亏缺、水质变差、植被丰度下降、濒危动植物增多等问题(孙晓波,2019)。随着许多重大生态保护修复工程项目的推进,黑龙江省生态环境恶化趋势基本得到控制,生态环境得到了改善(秦会艳 等,2018)。扎龙湿地被列入保护区之后,湿地生态系统的恶化趋势也得到遏制,有利于扎龙湿地区域湿地植被的生长。

考虑到扎龙湿地植被生长质量对于维护生物多样性、固碳释氧的重要意义,有必要研究分析 2000—2021 年扎龙湿地生态系统生态质量变化情况,可以为前期生态保护修复工程的维持和未来生态保护修复工程的建设实施提供坚实依据,为中国未来生态环境管理和政策制定提供科学参考。

5.3.2 数据与方法

森林植被生态质量指数是基于森林植被净初级生产力和覆盖度的,能够反映森林植被固碳能力和覆盖状况的综合定量指标。其大小主要反映森林植被生态质量的高低,数值越大表明森林植被生态质量越好。

森林植被生态质量指数的计算公式如下:

$$Q_f = 100 \times (f_1 \times C + f_2 \times \frac{NPP}{NPP_{max}}) \tag{5.4}$$

式中:Q_f 为森林植被生态质量指数;f_1 为森林植被覆盖度的权重系数(黑龙江取 0.5);C 为监测时段平均森林植被覆盖度;f_2 为森林植被净初级生产力的权重系数(黑龙江取 0.5);NPP 为监测时段森林植被净初级生产力,以碳(C)计,单位为 g/m^2;NPP_{max} 为监测时段历年同期森林植被净初级生产力的最大值。

5.3.3 小结与讨论

卫星遥感监测 2000—2021 年扎龙自然保护区植被生态质量,结果表明:2000—2021 年,扎龙自然保护区植被生态质量指数呈波动式上升，植被生态质量整体向好明显。2021 年，植被生态质量达到历史最优。自 2011 年开始，植被生态质量指数大多数年份好于近 22 a 平均值，2021 年植被生态质量指数较近 22 a 平均值提高 21.8%，较 2001 年提高 72.0%，增长极为显著（图 5.6）。

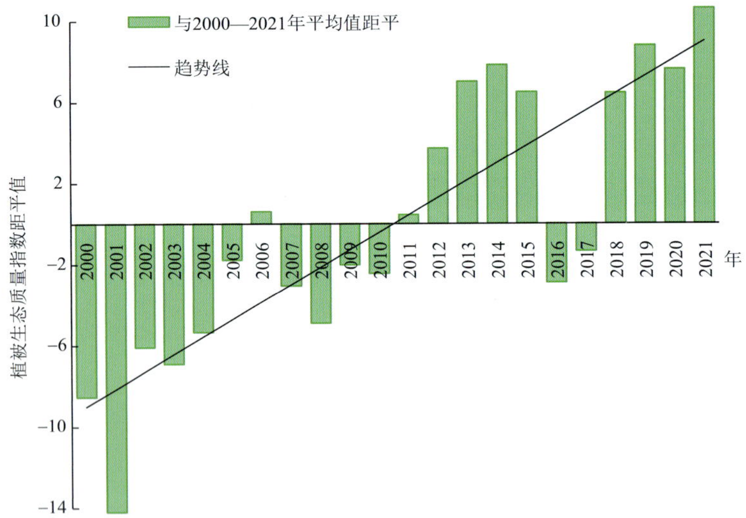

图 5.6　2000—2021 年扎龙生长季（5—10 月）植被生态质量指数距平值

近 22 a 扎龙自然保护区植被生态质量呈现整体改善的趋势，改善区域占保护区总面积的 99.8%。其中，实验区、缓冲区和核心区内的植被生态质量均得到了明显改善，而实验区由于开始的植被生态质量较差，改善效果最为突出（图 5.7a、图 5.8）。扎龙自然保护区大部地区植被净初级生产力同样呈增长趋势，增长最快的区域主要位于富裕县和林甸县附近（图 5.7b）。

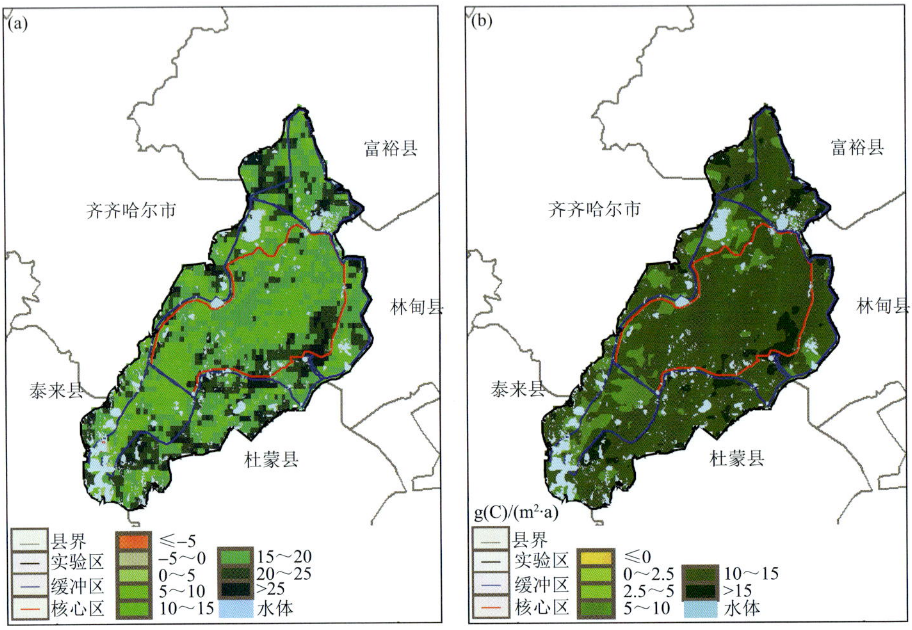

图 5.7　2000—2021 年扎龙生长季（5—10 月）植被改善指数（a）和植被净初级生产力（b）变化趋势率

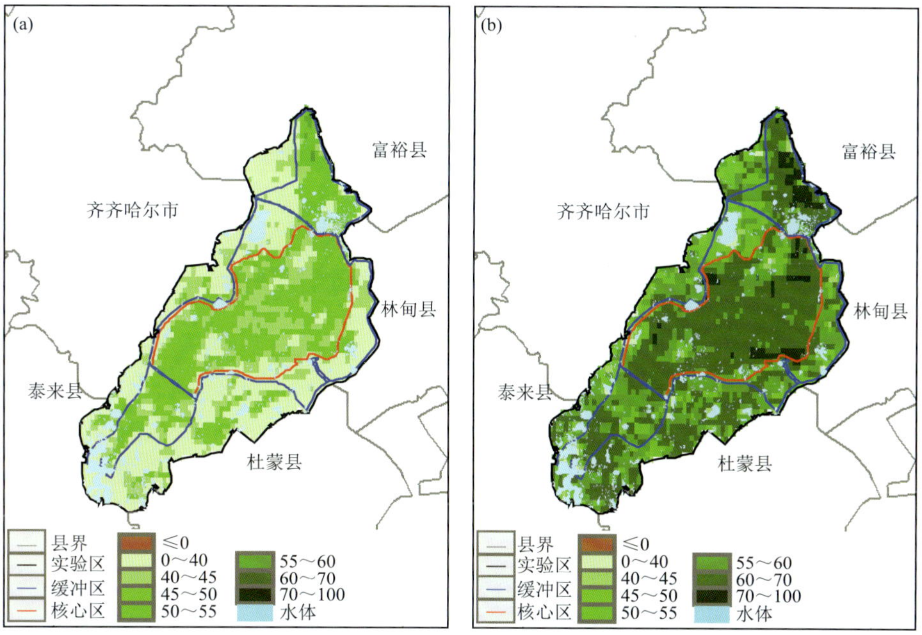

图 5.8　2000 年(a)和 2021 年(b)扎龙生长季(5—10 月）植被生态质量指数

5.4　本章小结

黑龙江省湿地面积 2000—2010 年快速减小，2010—2020 年略有减小；扎龙 2021 年 5—10 月与 2020 年同期相比，明水体面积均有所减小；扎龙植被覆盖度和明水体面积呈增大趋势，植被覆盖度 2013 年之后整体趋于稳定，植被生态质量整体向好明显。

第6章 东北亚地区冰雪生态气象

6.1 东北亚地区积雪覆盖时空分布特征

6.1.1 概述

积雪覆盖日数是指在一个特定时间段内，地表被积雪覆盖的天数总和。这个时间段可以是一个季节(冬季)，也可以是整个积雪期。积雪覆盖日数可以反映地表积雪覆盖的强度和持续时间，对于水源管理、防洪预警等具有重要的意义。积雪覆盖初日是指在一个特定时间段内，地表被积雪覆盖的第一天日期。这个日期通常是冬季开始的日期，对于预测农作物生长、气候变化等也具有一定的参考价值。东北亚地区包括中国东北地区、朝鲜半岛以及俄罗斯远东地区等。由于地处高纬度地区，这些地区的冬季气候寒冷、积雪覆盖时间长，积雪覆盖对当地生产和生活具有重要的影响。在气候变化的影响下，东北亚地区的积雪覆盖日数和积雪深度也在发生变化。长期以来，东北亚地区的农业和畜牧业生产都受到积雪的影响，例如积雪防止冬季麦田过早露出、为畜牧业提供冬季饲料等。同时，积雪对交通运输、城市供暖等方面也具有重要的影响。因此，对于监测和预测东北亚地区积雪覆盖的时空分布具有重要的意义。

IMS(陆面积雪覆盖)是一个利用多种传感器数据来监测和分析积雪覆盖的系统，可以通过卫星图像、气象数据等来进行积雪监测和分析，包括积雪覆盖日数和积雪覆盖初日等指标。IMS 所提供的积雪监测数据是基于卫星图像和气象数据等模型预测得出的，具有很高的精度和可靠性，可以利用其数据来监测积雪覆盖日数与积雪覆盖初日等相关信息，提高监测效率和精度。

6.1.2 数据与分析方法

数据来源主要为 IMS，日陆面积雪覆盖数据集分辨率为 4 km。数据集基于多种卫星资料和地面观测数据以及海冰模型生成，主要包括：可见光和红外光谱数据(POES/GOES(美国环境监测业务极轨卫星系统/美国地球静止业务环境卫星))、微波产品(DMSP/AMSR-E(美国国防气象卫星计划/地球观测系统高级微波扫描辐射表))、合成孔径雷达产品(SAR)、雪/冰产品(NOHRSC(美国国家水文遥感中心))。研究区域为东北亚地区(对角线经纬度为 118.6°E、38.4°N，139.7°E、57.2°N；中心经纬度为 129.15°E、47.8°N)和黑龙江地区。对积雪覆盖日数、积雪覆盖初日分布进行监测分析。

主要采用统计分析方法，对研究区域像元进行统计分析，计算历史均值与距平分析，采用线性拟合方法对积雪覆盖日数进行线性回归分析，同时分析计算积雪覆盖日数与积雪覆盖初日的空间分布特征。

6.1.3 分析与结果

6.1.3.1 东北亚地区近 18 a 积雪覆盖日数分布

使用 IMS 数据进行积雪覆盖日数分析，2005—2022 年东北亚区域积雪覆盖日数呈波动变化(图 6.1)，近 18 a 中，正距平发生 9 次，占总体的 50.0%，负距平发生 8 次，占总体的 44.4%；近 18 a 积雪覆盖日数均值为 301 d，积雪覆盖日数最小年份为 2007 年，覆盖日数仅维持 277 d，2022 年积雪覆盖日数 311 d，相对 2021 年最大值增幅约 1.6%；趋势分析显示，近 18 a 东北亚区域积雪覆盖日数整体呈弱减趋势，年变率为 0.44 d/a。

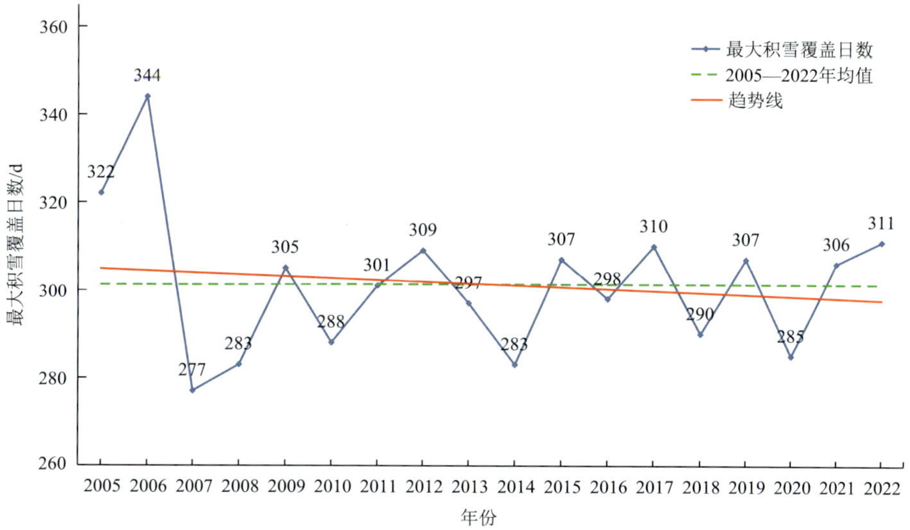

图 6.1　2005—2022 年东北亚区域积雪覆盖日数

2022 年东北亚区域积雪覆盖日数分布(图 6.2)显示，积雪覆盖日数仍呈北多南少的分布趋势，积雪覆盖日数高值区主要分布在东北亚北部地区，最大积雪覆盖日数为 311 d，低值区主要位于西南部辽宁省和内蒙古自治区局部地区，最小积雪日数分别为 3 d 和 8 d，各地区积雪日数最大值与最小值见图 6.3。

2022 年东北亚区域积雪覆盖日数与近 17 a 均值距平分布(图 6.4)显示，大部地区积雪覆盖日数呈正距平，占全区域面积的 59.89%，积雪覆盖日数最大增加 87.7 d，位于内蒙古自治区南部。负距平主要分布于辽宁省北部、吉林省南部、内蒙古自治区中北部、黑龙江省北部以及与其接壤的俄罗斯区域，占全区域面积的 12.71%，积雪日数最大减少 67.6 d，位于俄罗斯东南部。持平区域主要分布于东北亚区域西北部局部区域，占全区域面积的 27.40%。其中，东北亚 50°N 以南大部地区下半年无积雪，积雪日数主要为上半年积雪日数。

6.1.3.2 东北亚地区积雪初日分布

2022 年东北亚区域积雪覆盖初日分布(图 6.5)显示，东北亚区域北部俄罗斯区域积雪覆盖初日最早，最早日期为 8 月 23 日(第 235 天)，国内最早积雪覆盖日期为 9 月 12 日(第 266

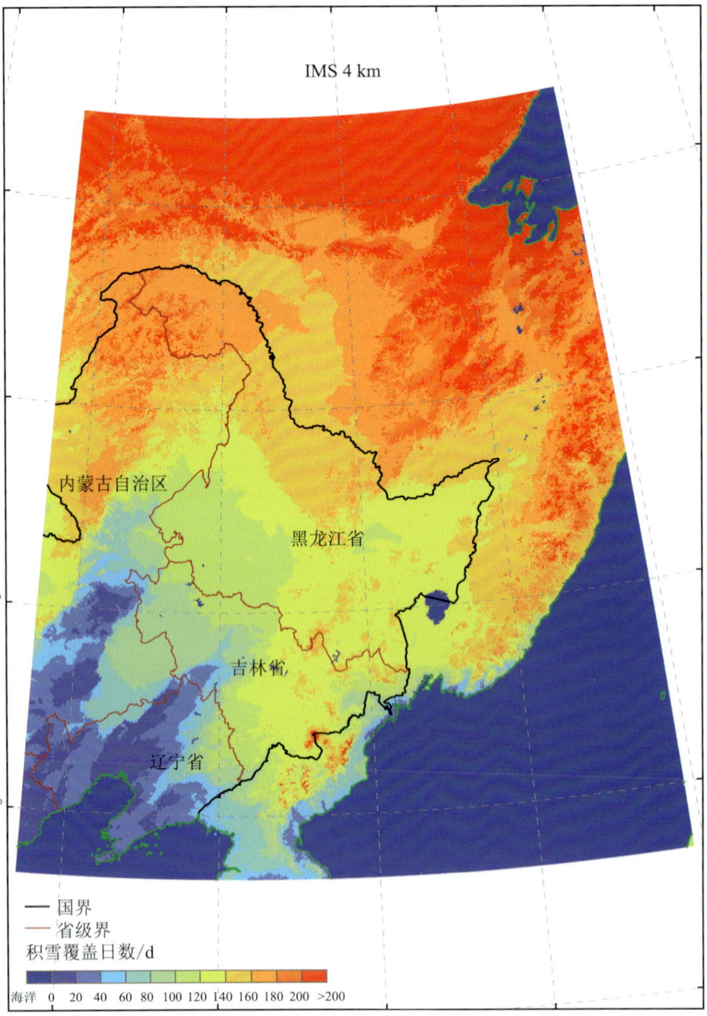

图 6.2　2022 年东北亚区域积雪覆盖日数空间分布

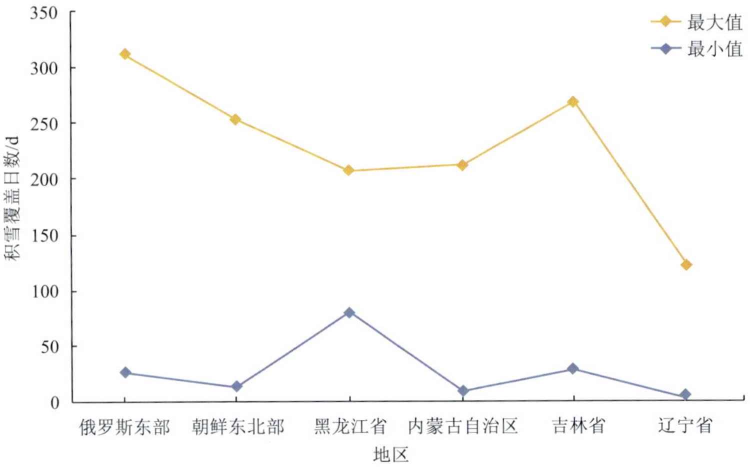

图 6.3　2022 年东北亚各区域积雪覆盖日数统计

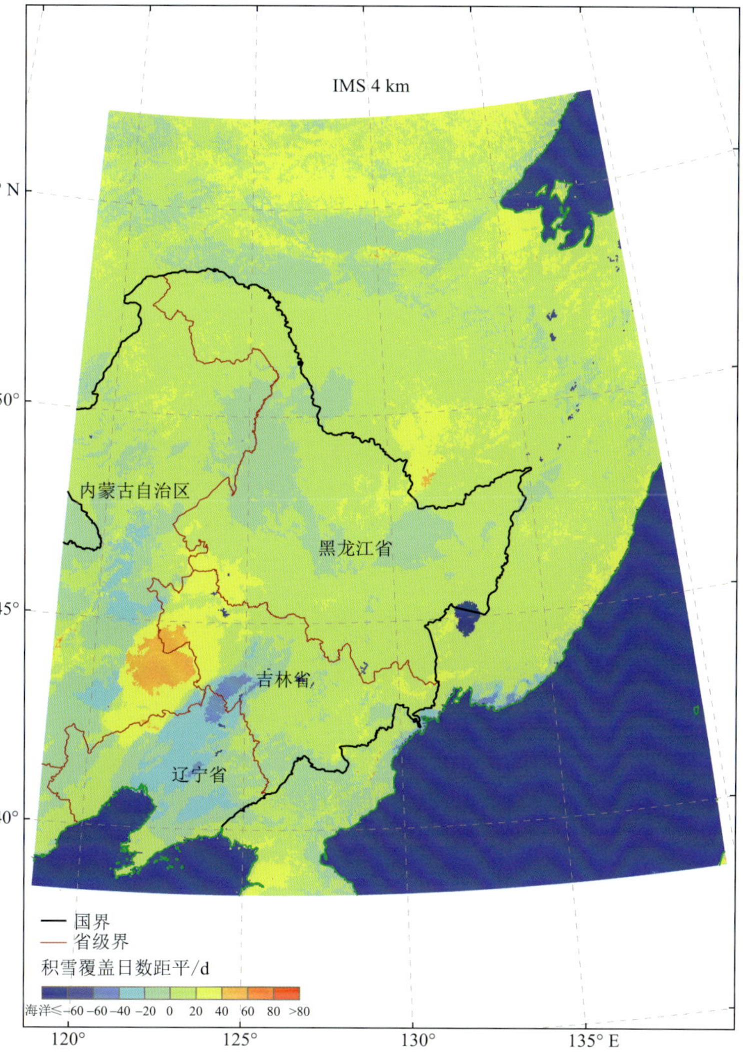

图 6.4　2022 年东北亚区域积雪覆盖日数与近 17 a 均值距平

天)，位于内蒙古自治区。其他各区域积雪覆盖初日见表 6.1。

表 6.1　2022 年东北亚各区域积雪覆盖初日统计

地区	黑龙江省	吉林省	辽宁省	内蒙古自治区	俄罗斯东部	朝鲜东北部
积雪覆盖初日	10 月 12 日	9 月 13 日	10 月 10 日	9 月 12 日	8 月 23 日	9 月 13 日

对 2022 年积雪覆盖初日和近 17 a 积雪覆盖初日均值进行距平分析(图 6.6)，东北亚区域大部地区积雪初日相对稳定，距平差值在 10 d 以内的区域占总面积的 54.06%。东北亚区域西南部的辽宁省大部、内蒙古自治区南部以及东北亚区域东部的俄罗斯滨海边疆区积雪初日相对偏晚 30 d 以上，占总面积的 23.80%。俄罗斯东北部、内蒙古自治区东部、辽宁省中部、吉林省东部局部区域积雪覆盖初日早 20 d 以上，占总面积的 3.74%。内蒙古自治区与辽宁省积雪初日波动较大。

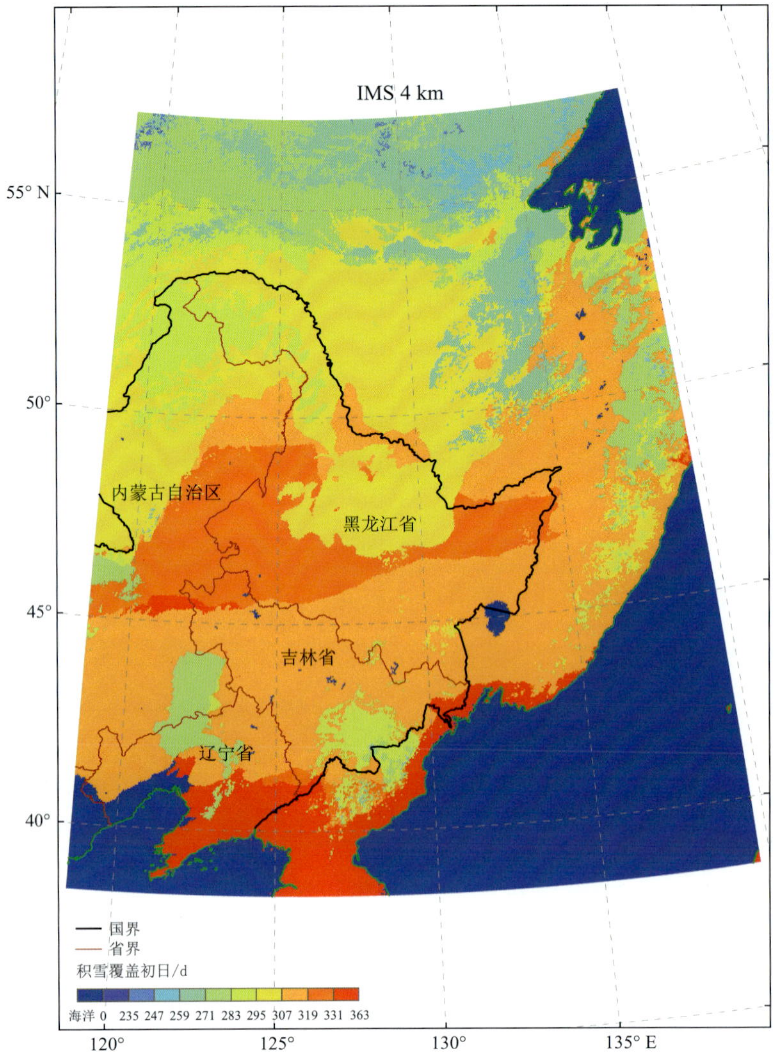

图 6.5 2022 年东北亚区域积雪覆盖初日空间分布

6.1.3.3 黑龙江省近 18 a 积雪覆盖日数分布

2022 年黑龙江省积雪覆盖日数较 2021 年减少，较近 17 a 均值偏多，仍呈北多南少的分布趋势。与近 17 a 均值相比，大兴安岭南部及黑河北部部分地区积雪覆盖日数减少，其他大部地区积雪覆盖日数增加。

2005—2022 年黑龙江省积雪覆盖日数呈波动变化（图 6.7），近 18 a 中，正距平发生 8 次，占总体的 44.4％，负距平发生 10 次，占总体的 55.6％；近 18 a 积雪覆盖日数均值为 202 d，积雪覆盖日数最小年份为 2008 年，覆盖日数仅维持 185 d，2022 年积雪覆盖日数 205 d，相对 2021 年最大值（223 d）减幅约 8.1％；趋势分析显示，近 18 a 黑龙江省积雪覆盖日数整体呈增加趋势，年变率为 0.82 d/a。

黑龙江省积雪覆盖日数分布（图 6.8）显示，积雪覆盖日数仍呈北多南少的分布趋势，积雪覆盖日数高值区主要分布在大兴安岭中西部地区，最大积雪覆盖日数为 206 d，低值区主要分

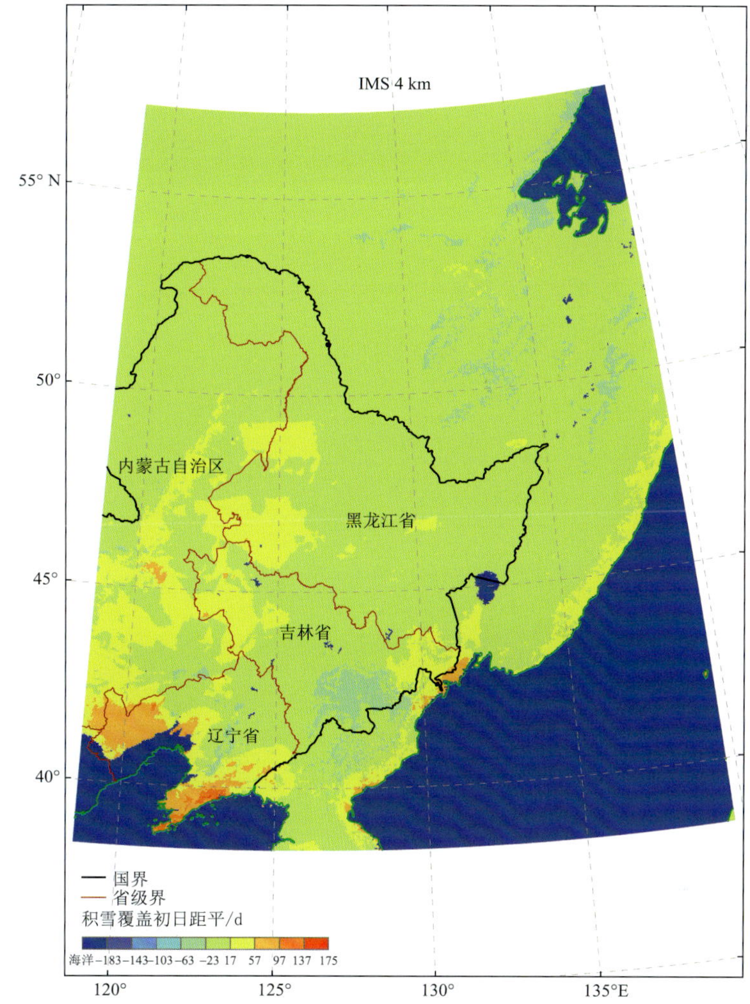

图 6.6　2022 年东北亚区域积雪覆盖初日与近 17 a 均值距平

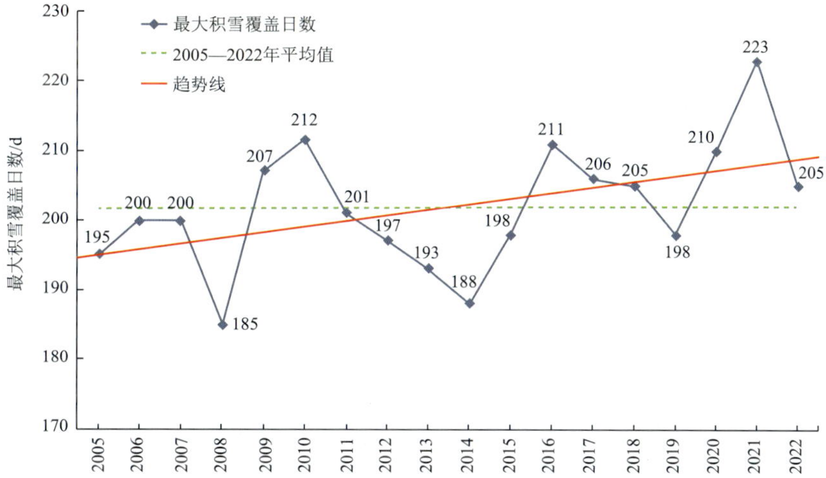

图 6.7　2005—2022 年黑龙江省积雪覆盖日数

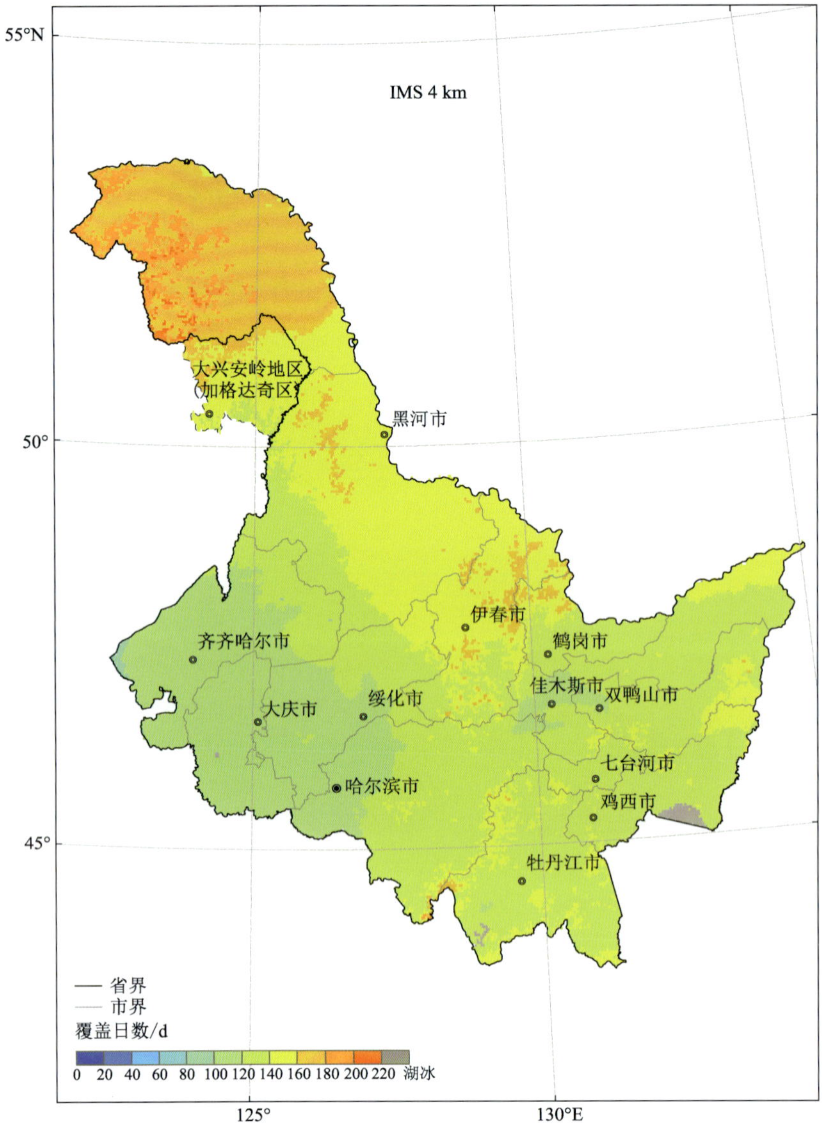

图 6.8　2022 年黑龙江省积雪覆盖日数空间分布

布在齐齐哈尔、大庆、哈尔滨西部、牡丹江及鸡西局部地区，积雪日数最小为 80 d。

黑龙江省积雪覆盖日数与近 17 a 均值距平分布(图 6.9)显示，黑龙江省大部分地区积雪覆盖日数呈正距平。负距平主要分布于大兴安岭南部、黑河西部、齐齐哈尔东部、绥化东部、哈尔滨北部、双鸭山西部、鹤岗南部及佳木斯西部等地，占全省面积的 17.81%，积雪日数最大减少 39 d，位于齐齐哈尔东部。持平区域主要分布于大兴安岭东部、黑河中东部、齐齐哈尔中部、绥化中部、双鸭山东部、鹤岗东部等地区，约占全省面积的 6.50%。其他大部地区为正距平，约占全省面积的 75.69%，积雪日数最大增加 39.7 d，位于鹤岗北部。

6.1.3.4　黑龙江省积雪覆盖初日分布

2022 年黑龙江省积雪覆盖初日分布(图 6.10)显示，黑龙江省西部、南部与东部部分地区积雪覆盖初日相对较晚，积雪覆盖最早出现在哈尔滨市及牡丹江市南部地区，积雪覆盖初日为

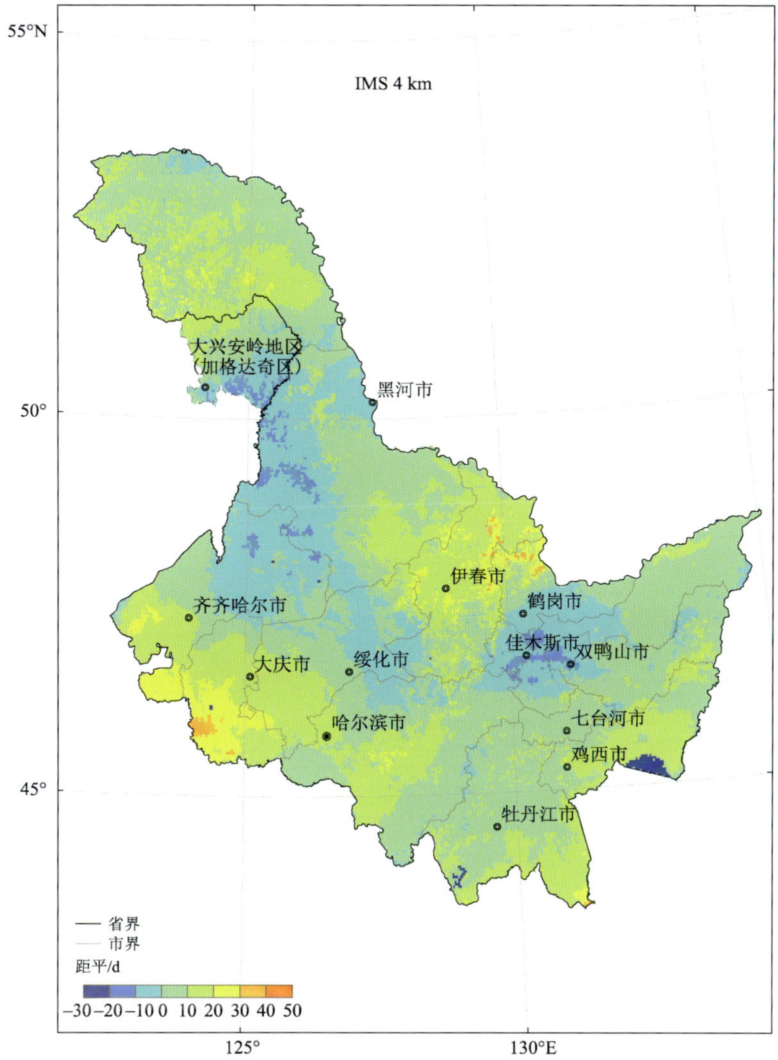

图 6.9　2022 年黑龙江省积雪覆盖日数与近 17 a 均值距平

10 月 12 日(第 285 天),其次是大兴安岭地区中北部及黑河市北部地区,积雪覆盖初日为 10 月 18 日(第 291 天),各市(地)的积雪覆盖初日见表 6.2。

表 6.2　2022 年黑龙江省各市(地)积雪覆盖初日统计

地区	大庆	哈尔滨	鹤岗	黑河	鸡西	佳木斯	牡丹江	七台河	齐齐哈尔	双鸭山	绥化	伊春	大兴安岭
积雪覆盖初日	11月27日	10月12日	10月29日	10月18日	10月24日	10月29日	10月12日	11月14日	10月29日	11月7日	10月29日	10月29日	10月18日

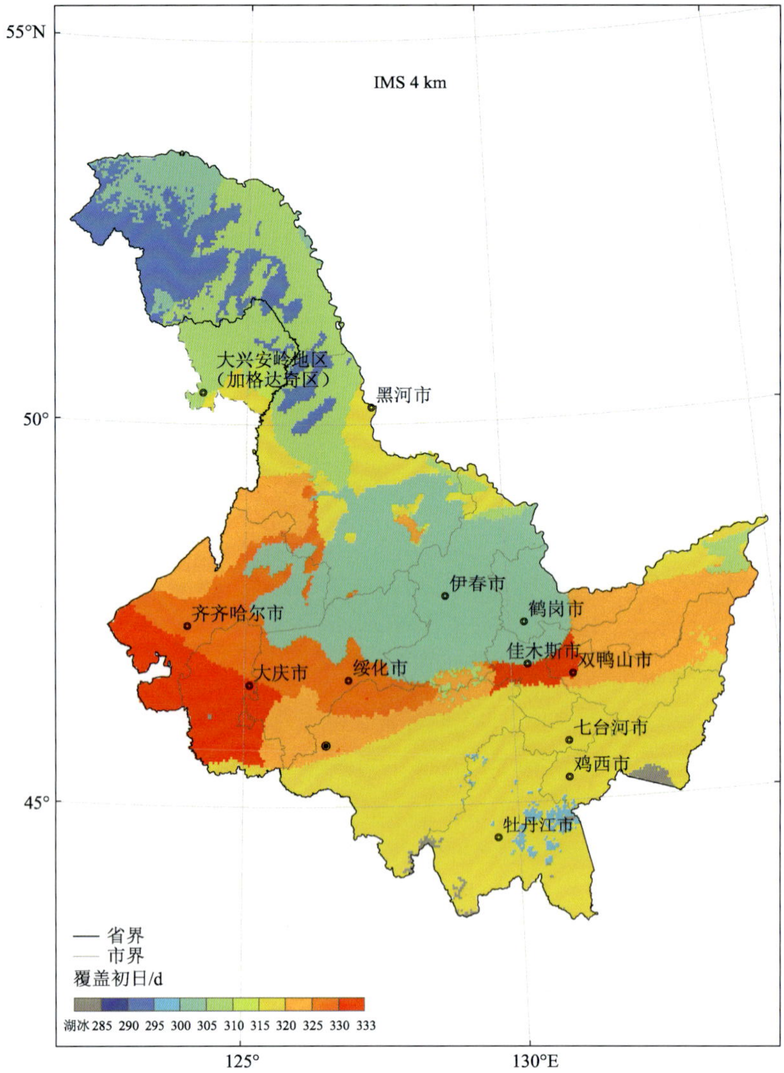

图 6.10　2022 年黑龙江省积雪覆盖初日空间分布

对 2022 年积雪覆盖初日和近 17 a 积雪覆盖初日均值进行距平分析(图 6.11),黑龙江省大部地区积雪覆盖初日相对稳定,距平相差 20 d 内的区域面积占黑龙江省面积的 89.97%。积雪覆盖初日负距平主要分布于中部及北部多个区域,占总面积的 27.16%,最小值为 23 d。积雪覆盖初日相同区域占总面积的 0.34%。积雪覆盖初日正距平区域主要分布于黑龙江省西部、北部大部以及东南部部分地区,占总面积的 72.50%,最大值为 69 d,位于大庆市中部。

6.1.4　结论与小结

采用 IMS 数据对 2005—2022 年东北亚地区积雪覆盖区域与积雪覆盖日数的时空分布特征进行分析,主要分析结果如下。

(1)2022 年东北亚区域最大积雪覆盖日数较 2021 年增加 5 d,比近 17 a 均值偏多,大部区域积雪覆盖日数增加。

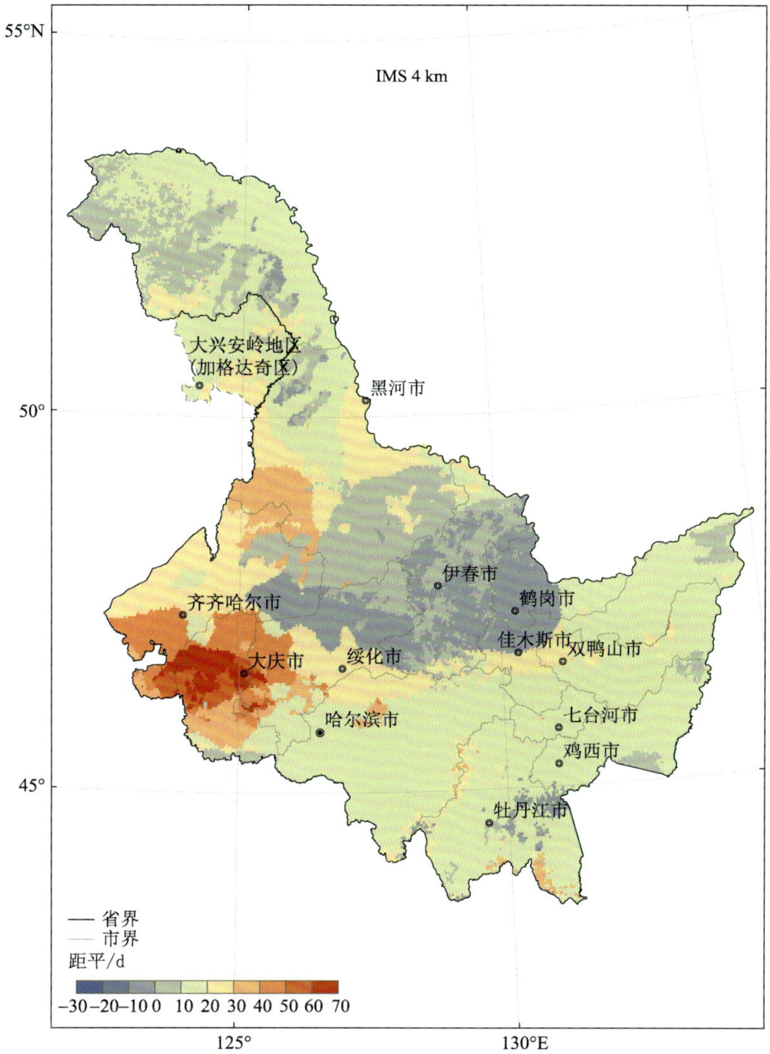

图 6.11　2022 年黑龙江省积雪覆盖初日与近 17 a 均值距平

(2)2022 年东北亚大部地区积雪覆盖日数呈正距平,占区域面积的 59.89%,积雪覆盖日数最大增加 87.7 d,位于内蒙古自治区南部。

(3)2022 年黑龙江省积雪覆盖日数较 2021 年减少,与近 17 a 均值相比大部地区积雪日数增加,占全省面积的 93.14%。

(4)2022 年黑龙江省大部地区积雪覆盖初日相对稳定,距平相差 20 d 内的区域面积占全省总面积的 89.97%。

6.2 东北亚地区冰雪资源精细化监测

6.2.1 研究背景及目的

降雪是中高纬地区冬季最常见的降水形式，又加之平均气温低，日最高气温在 0 ℃以下时，便在地面留下积雪。东北亚大部分地区冬季漫长，因此有较长的冰雪期。冰雪的存在有利有弊，一方面可以增加土壤墒情和促进冰雪旅游业发展。另一方面对交通可造成影响，如果大量冰雪在春季快速融化，甚至可造成桃花水、春汛或冰凌上岸等冰雪灾害。因此，急需利用高分卫星遥感数据对冰雪监测技术进行精细化研究，以满足业务需要。

早期的积雪监测主要依赖于地面气象台站采集信息，然而这种观测方法受地理位置的限制，对偏远地区和高海拔的冰川雪山无法进行全面监测。遥感技术是监测积雪面积的有效手段，具有大面积、实时性等优势，近 10 a 来，卫星遥感技术得到极大发展，目前黑龙江省运用最广泛的雪盖产品为 FY-3D 卫星雪盖产品，最高分辨率只有 250 m，时间分辨率为 1 d。我国高分辨率对地观测系统已于 2013 年 4 月 16 日成功发射高分一号光学卫星，空间分辨率经算法融合后为 2 m(融合产生的数据具有原始影像的优点，其可以减小识别目标的模糊性和不确定性)，时间分辨率为 4 d。陆续又发射了高分二号、高分三号、高分四号等高分卫星，随着卫星组网及协同观测技术体系的发展，高分卫星数据和气象卫星数据能够提供信息互补，为生产高时空分辨率冰雪产品提供了可能。

本节主要利用高分卫星遥感资料对冰雪精细化监测评估进行应用研究。首先通过不同的分类方法和算法提取冰雪或水体面积。其次对数据融合算法进行研究，通过提取和优化融合方法对多光谱和全色遥感数据进行融合，使新产生的高分辨率影像既能保留光谱特征，又具有高空间分辨率，满足影像上提取足够监测信息的需要。

6.2.2 数据与方法

近几年来，我国对地观测技术不断发展，特别是十米级、米级，甚至亚米级高分辨率卫星遥感应用发展十分迅速。目前，我国减灾、环保、水利、农业等多个行业部门都在加大投入，开展高空间分辨率卫星遥感资料的综合应用。高分辨率卫星技术在气象灾害监测评估、气候变化监测、防灾减灾决策、生态环境治理等方面具有显著应用潜力。气象遥感应用部门综合利用高分辨率卫星和气象卫星遥感技术开展气象服务保障的工作也越来越多，有关需求也在不断提高。近几年，黑龙江省气象部门主要利用高分一号、高分二号、高分三号(SAR)、高分四号、高分六号、欧洲航天局的哨兵 1 号(SAR)、哨兵 2 号以及美国的 Landsat 4、Landsat 5、Landsat 7、Landsat 8 等高空间分辨率卫星资料，开展东北亚地区冰雪资源精细化监测。常用到的冰雪资源监测的高分卫星数据分级分类及命名规范如表 6.3 所示，空间分辨率及数据格式如表 6.4 所示。

表 6.3 常用到的冰雪资源监测的高分卫星数据分级分类及命名规范

数据类别	一级分类	二级分类	三级分类	命名示例与规范
卫星遥感基础数据(L1\L2)	高分卫星	GF1	PMS	GF1_PMS_E114.4_N35.8_20211126105941_6081683.tif {卫星}_{传感器}_{数据区域类型}_{年月日时分秒}
	高分卫星	GF1	WFV	GF1_WFV_E114.4_N35.8_20211126105941_6081683.tif {卫星}_{传感器}_{数据区域类型}_{年月日时分秒}
	高分卫星	GF6	PMS	GF6_PMS_E131.6_N31.7_20221121109321_4236971.tif {卫星}_{传感器}_{数据区域类型}_{年月日时分秒}
	高分卫星	GF6	WFV	GF6_WFV_E131.6_N31.7_20221121109321_4236971.tif {卫星}_{传感器}_{数据区域类型}_{年月日时分秒}
	高分卫星	GF2	PMS	GF2_PMS_E114.4_N35.8_20211126105941_6081683.tif {卫星}_{传感器}_{数据区域类型}_{年月日时分秒}
	高分卫星	Landsat8	OLI	Landsat8_OLI_L1TP_123039_20180408.tif {卫星}_{传感器}_{数据级别}_{时分秒}_{年月日}

表 6.4 空间分辨率及数据格式

数据类别	一级分类	二级分类	三级分类	空间分辨率/m	时间分辨率/d	数据大小/GB	数据格式
卫星遥感基础数据(L1\L2)	高分卫星	GF1	PMS	8	4	1～10	Tif
	高分卫星	GF1	WFV	16	4	1～10	Tif
	高分卫星	GF6	PMS	8	4	1～10	Tif
	高分卫星	GF6	WFV	16	4	1～10	Tif
	高分卫星	GF2	PMS	4	5	1～10	Tif
	高分卫星	Landsat8	OLI	30	16	1	Tif

本研究首先对遥感数据进行数据挖掘及处理，包含对遥感数据进行正射校正、大气校正、数据融合、波段提取、假彩色合成、几何精纠正、图像拼接、镶嵌等处理。然后选取合适的融合算法，作为图像融合方法。经处理及融合后的影像在分辨率上明显优于融合前的多光谱影像，融合后的影像轮廓也变得更加清晰，色调明显优于融合前影像；地物特征更加鲜明，便于后期影像解译标志的建立及分类信息提取。本研究的高分数据的处理流程如图 6.12 所示。

6.2.2.1 数据处理方法——辐射校正

进入传感器的辐射强度反映在图像上就是亮度值(灰度值)，辐射强度越大，亮度值就越大。该值主要受到两个物理量影响：一是太阳辐射照射到地面的辐射强度，二是地物的光谱反射率。当太阳辐射相同时，图像上像元亮度值的差异直接反映了地物目标光谱反射率的差异。但实际测量时，传感器接收到的电磁波信息与目标物的反射光谱存在偏差。我们将这种偏差称为辐射误差，辐射误差会使影像失真，在应用遥感影像之前必须要对其进行辐射校正。因此辐射校正处理主要包括传感器辐射定标、大气校正、太阳高度角和地形校正。

6.2.2.2 数据处理方法——几何精校正

在遥感图像成图时，由于各种因素的影响，图像本身的几何形状与其对应的地物形状往往

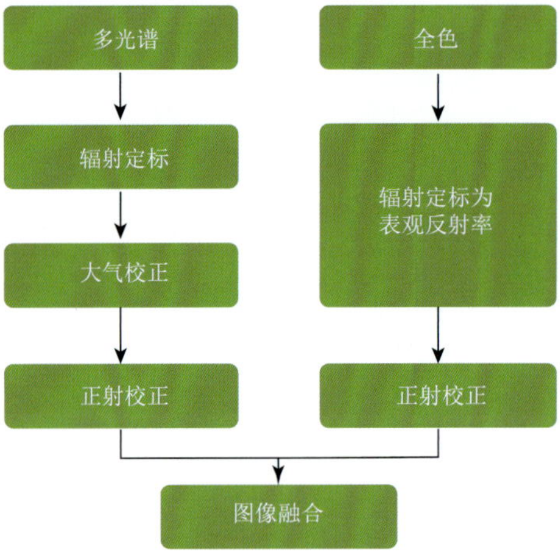

图 6.12 高分数据处理流程

是不一致的。遥感图像的几何形变是指原始图像上各地物的几何位置、形状、尺寸、方位等特征与在参照系统中表达要求不一致时产生的形变。遥感影像的总体变形(相对于地面真实形态而言)是平移、缩放、旋转、弯曲及其他变形综合作用的结果。产生畸变的图像给定量分析及位置配准造成困难,因此遥感数据接收后,需要根据遥感平台、地球、传感器的各种参数进行处理,同时需要根据使用目的的不同或投影及比例尺的不同,进一步几何校正。

引起几何形变的原因主要有系统性和非系统性两大类。系统性几何形变是有规律和可以预测的。因此可以应用模拟遥感平台及遥感器内部变形的数学公式模型来预测。比如扫描畸变,即扫描点由扫描线中心向两侧增大,一般原始遥感图像中间压缩、两边拉伸,则根据遥感平台的位置、遥感器的扫描范围、使用的投影类型,可以推算其图像不同位置像元的几何位移。本次研究使用的数据是已经根据遥感平台的各种参数进行过几何粗校正的,即已消除了系统性几何形变,但是仍不能满足要求。我们的几何精校正过程是消除由于传感器平台高度、经纬度、速度和姿态不稳定、地形的起伏、地球表面曲率和空气折射、地球自转等因素引起的非系统性几何形变,产生一幅符合地图投影或图形表达要求的新图像。

6.2.2.3 数据处理方法——正射校正

影像成像过程中,透视投影、摄影轴倾斜、大气折光、地球曲率及地形起伏等因素不仅对地物的几何形状产生畸变,而且地形也发生了变形。正射校正就是对图像空间和几何形变进行校正生成多中心投影平面正射图像处理,纠正一般系统因素产生的几何畸变和消除地形引起的几何畸变,使图像符合正射投影的要求,这一过程需要借助相应地区的 DEM(数字高程模型)数据完成。以已有的卫星影像为校正控制,采集影像校正控制点,结合高程数据,对预处理后的全色卫星影像采用物理模型或有理函数模型进行正射校正。

6.2.2.4 数据处理方法——图像融合

图像融合是指将多源遥感图像按照一定的算法,在规定的地理价值系,生成新的图像的过程。全色图像一般具有较高空间分辨率,多光谱图像光谱信息较丰富,为提高多光谱图像的空间分辨率,可以将全色图像融合进多光谱图像。通过图像融合可以提高多光谱遥感图像空间分辨率、改善配准精度、增强特征、改善分类,对多时相图像用于变化检测、替代或修补图像的缺陷。

图像融合可以分为若干层次。一般认为可分像元级、特征级和决策级。像元级融合对原始图像及预处理各阶段上所产生的信息分别进行融合处理,以增加图像中有用信息成分,改善图像处理效果。特征级融合能以高的置信度来提取有用的图像特征。决策级融合允许来自多源数据在最高抽象层次上被有效利用。

(1)像元级融合是一种低水平的融合。经过预处理的多源遥感数据直接融合,而后根据需要对融合的数据进行特征提取和属性说明。

像元级融合的优点是保留了尽可能多的信息,具有最高精度。其缺点是处理信息量大、费时、实时性较差,并且要求传感器数据是由同类传感器获取的或同单位的。若传感器数据是不同单位的,那么必须采用特征级或决策级融合。具体的算法有代数法、小波变换、主成分变换(PCT)、穗帽变换等。

(2)特征级融合是一种中等水平的融合。它先是将各遥感影像数据进行特征提取,产生如边沿、形状、轮廓、方向、区域和距离等特征矢量,而后融合这些特征矢量,以保留足够数量的重要信息和实现信息压缩。

特征级融合的优点是实现了可观的信息压缩,有利于实时处理,并且提供的特征直接与决策分析相关,因此融合的结果最大限度地给出了决策分析所需要的特征信息。目前大多数融合系统的研究都是在该层次上开展的,其缺点是比像元级融合精度差。主要算法有贝叶斯估计、神经网络法、聚类分析、熵值法、加权平均法、表决法等。

(3)决策级融合是最高水平的融合。它首先对每一数据进行属性说明,然后对其结果加以融合,得到目标或环境的融合属性说明,以便根据一定的准则和决策的可信度进行最优决策,它的融合结果直接为指挥、控制、决策系统提供依据。

决策级融合的优点是具有很强的容错性(即使在一种或几种传感器失效时也能工作)、很好的开放性、处理时间短。其缺点是需要一整套成熟的信息优化理论、特征提取方法以及丰富的专家知识,显而易见,这种方法的代价高,实现难度大。

图像融合首先要求多源图像精确配准,以正射校正后的全色影像为配准基础,选取均匀分布的配准控制点,将多光谱影像与之进行配准,并检查配准后多光谱影像与全色影像的配准精度。分辨率不一致时,要求重采样后保持一致;其次,将图像按某种变换方式分解成不同级的子图像,同时,这种分解变换必须可逆,即由多幅子图像合成一幅图像,即为整合图像。这时多幅子图像中包含了来自其他需要融合的经图像变换的子图像。

多源遥感数据融合的关键就是融合算法,根据不同的应用目的及处理对象要选择不同的算法,目前融合的算法有很多,一些常用的算法分别适用于像元级、特征级、决策级三类方法。

本研究首选 D-S 融合算法。D-S 算法是基于证据理论的一种推理算法,它由德普斯特(Dempster)首先提出,并由沙佛(Shafter)加以扩充发展,故称为 D-S 证据理论。D-S 法是目前数据融合技术中比较常用的一种方法。通常用来对于检测目标的大小、位置以及存在与否进行推断。根据人的推理模式,采用了概率区间和不确定区间决定多证据下假设的似然函数来进行推理。由各种传感器检测到的信息提取的特征参数构成了该理论中的证据,利用这些证据构造相应的基本概率分布函数,对于所有的命题赋予一个信任度。基本概率分布函数及其相应的分辨框合称为一个证据体。因此,每个传感器就相当于一个证据体。多个传感器数据融合,实质上就是在同一分辨框下利用 Dempster 合并规则将各个证据体合并成一个新的证据体。产生新证据体的过程就是D-S法数据融合。

6.2.3 特征提取方法

研究利用归一化水体指数(NDWI)和改进的归一化水体指数(MNDWI)对高分影像进行冰雪融化后的水体提取。

6.2.3.1 归一化水体指数

水体判识是水情监测的基础,水体、植被、裸土等在可见光和近红外波段的反射光谱特性有着较大的差异。水体在近红外通道有很强的吸收,反射率极低,在可见光通道的反射率较近红外通道高。植被在可见光通道的反射率较近红外通道低。在近红外通道波长范围内,植被的反射率明显高于水体,而在可见光通道波长范围内,水体的反射率高于植被。裸土的反射率在可见光通道波长范围内高于植被和水体,在近红外通道高于水体、低于植被。利用这一特点可以从可见光和近红外通道数据中提取地表水体信息。

利用水体指数进行水体区域判别,水体指数计算公式如下:

$$\mathrm{NDWI} = \frac{G - \mathrm{NIR}}{G + \mathrm{NIR}} \tag{6.1}$$

式中:NDWI为归一化水体指数,G代表绿色波段的反射率,NIR代表近红外波段的反射率。

6.2.3.2 改进的归一化水体指数

如前所述,水体的反射从可见光到中红外波段逐渐减弱,在近红外和中红外波长范围内吸收性最强,几乎无反射。而建筑物在绿光和近红外波段的波谱特征与水体几乎一致,即在绿光的反射率高于近红外波段,且有的还具有较大的反差,建筑物的反射率在中红外波段骤然转强。所以在NDWI计算公式中如果采用中红外波段替换近红外波段,则计算出来的建筑物的指数值将明显减小。反之,由于水体在中红外波段的反射率继续走低,因此替换后得出的指数值将会增大。这一增一减将使得水体与建筑物的反差明显增强,大大避免了二者的混淆,减少了背景噪音,从而有利于水体专题信息的准确提取。

利用改进的水体指数进行水体区域判别,计算公式如下:

$$\mathrm{MNDWI} = \frac{G - \mathrm{MIR}}{G + \mathrm{MIR}} \tag{6.2}$$

式中:MNDWI为改进的归一化水体指数,G代表绿色波段的反射率,MIR代表中红外波段的反射率。

6.2.3.3 监督分类

研究利用监督分类—最大似然法对高分卫星影像进行分类,进而开展对水体和冰雪的精细化识别。

选取样本时,采用真彩色、假彩色组合波段,并结合已有经验和知识选取典型样本,样本类型包括水体、雪面、冰面、建筑用地、林(草)地等,然后输入选区的样本数据,利用最大似然法进行分类。算法流程如图6.13所示。

最大似然法(Maximum Likelihood,ML)是监督分类中较为重要的算法之一。最大似然分类具有严密的理论基础,且正态分布类别判别函数易于建立,运用各个类别在影像各个波段的均值向量、方差及协方差,具有较好的统计特性。它的基本思想主要是:首先选择已知类别

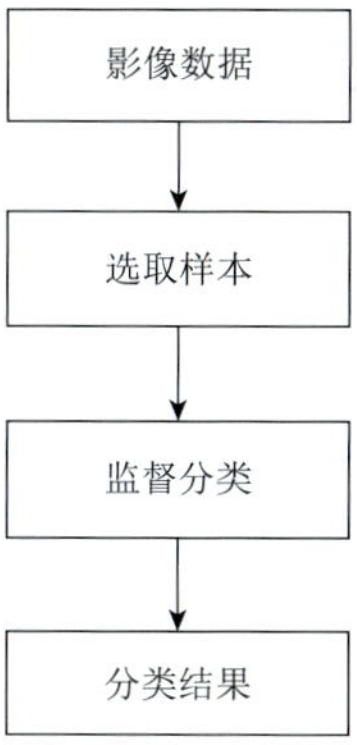

图 6.13　算法流程图

的区域为样本区，通过统计计算出每个类别的均值向量、方差等参数，从而确定判别函数；其次将选择研究区影像中每个像元代入判别函数，返回函数值最大的类别就是该像元所归属类别，进而完成分类过程。最大似然法建立在贝叶斯准则的基础上，偏重于统计特性。建立判别函数也是假定训练样本分布服从于高斯正态分布，判别公式是建立在贝叶斯公式基础上，分类错误最小、精度最高。

最大似然原理为假设 $X_1, X_2, \cdots, X_N$ 是离散随机变量，X_i 泊松分布 (θ)，其概率(P_r)质量函数定义为：

$$P_r(X_i = x_i) = \frac{\exp(-\theta)\,\theta^{x_i}}{x_i!} \tag{6.3}$$

式中：θ 是一个需要估计的未知参数。

假设一个具有未知参数 θ 的泊松分布生成了一组数据，那么观察到特定样本$\{X_1, X_2, \cdots, X_N\}$的概率$(P_r)$为：

$$P_r((X_1 = x_1) \cap \cdots \cap (X_N = x_N)) \tag{6.4}$$

样本$\{X_1, X_2, \cdots, X_N\}$的似然是关于未知参数 θ 的函数，等于联合概率(L_N)：

$$L_N(\theta; x_1, \cdots, x_N) = \exp(-\theta N) \times \theta^{\sum_{i=1}^{N} x_i} \times \frac{1}{\prod_{i=1}^{N} x_i!} \tag{6.5}$$

最大似然法判别函数：

$$g_i(x) = \ln a_i - \frac{1}{2}\ln|C_i| - \frac{1}{2}(X - \mu_i)^T C_i^{-1}(X - \mu_i) \tag{6.6}$$

式中：i 为选定的类别，共有 m 类选定分类样本；a_i 为未知像元归属于 i 类的先验概率，一般默认为 $1/m$；C_i为第 i 类作物的协方差矩阵；C_i^{-1} 为 C_i的逆矩阵；X 为待分类像元的特征向量；μ_i 为第 i 类作物的均值向量。在使用最大似然法进行作物分类时，用水体或冰雪的训练样本光谱特征的均值和协方差代替 μ_i和 C_i。

6.2.4　高分卫星积雪遥感地面检验

针对重点积雪监测时段，开展积雪产品业务化应用研究，开展成果省级本地化应用示范。根据积雪累积期和消融期积雪分布不稳定及积雪覆盖度低的特点，利用高分卫星精细化观测优势，开展高分卫星数据、气象卫星数据和融合产品与野外精细化采样数据的对比验证。

地面验证以佳木斯市桦川县野外农田区域作为采样点，进行积雪信息的精细化数据采集，在区域内采取百米级的精细化采样。采样区域选择地形宽阔、坡度平缓区域，避免地形变化较大、易产生局部积雪堆积过多的非典型值，采样工作选择在晴空少云条件下进行，采集日期为2023年2月1日，每个采样点分别记录雪深数据和环境气象数据，并利用卫星遥感雪盖判识结果与随机采样数据的统计，分析计算准确率、误判率与漏判率，并通过精度检验评价因子对实验结果进行检验。

野外积雪数据采集的地面实验场地选取区域范围为5 km×5 km，选取区域内1 km×1 km为单元，将实验场网格化为25个区域(5×5区域)，对每个单元进行数据采样，每个采样点重复观测5次，获取积雪雪深数据。对5 km×5 km样方的每个采样点的实测数据进行均值处理，获取每个样方实测雪深。

6.2.4.1　区域(5 km×5 km)数据采样点布置

区域(5 km×5 km)采样实验取雪深数据均值作为区域均值，布置图如图6.14所示，同时各子区域采样数据作为高分数据产品的实时点验证数据。

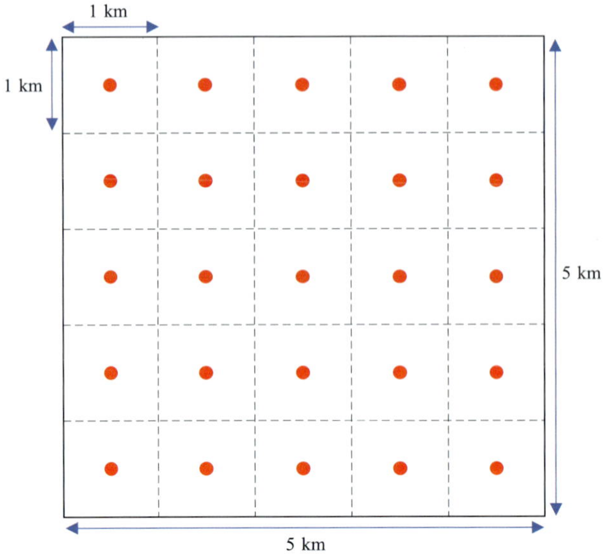

图6.14　区域实验场采样点布置图

6.2.4.2　单元(1 km×1 km)数据采样点布置

单元(1 km×1 km)采样实验场布置如图6.15所示。将场地网格化(5×5区域)进行现场数据采样，取采样点均值作为像元值，红色点为拟采样点位置。

6.2.4.3　野外地面实验场选址

实验区域主要选择地势相对平坦、不易受风吹雪影响的区域。农田区域地表覆盖一致性效果较好，强干扰因素较少。选取佳木斯市桦川县农田区域进行地面精细化实验，桦川县农田区域实地探线如图6.16所示，实验区如图6.17所示。按实验方案，将实验场布置为1C～5C共5个区域(图6.18、图6.19)，人员分为两组进行实地采样。

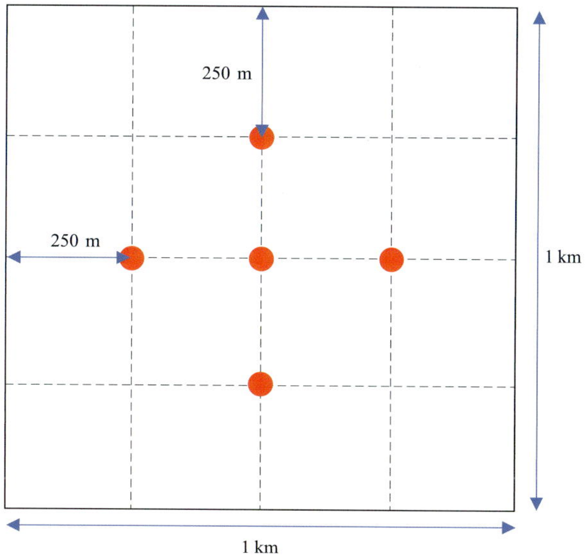

图 6.15　单元实验场采样点布置图

图 6.16　实地探线

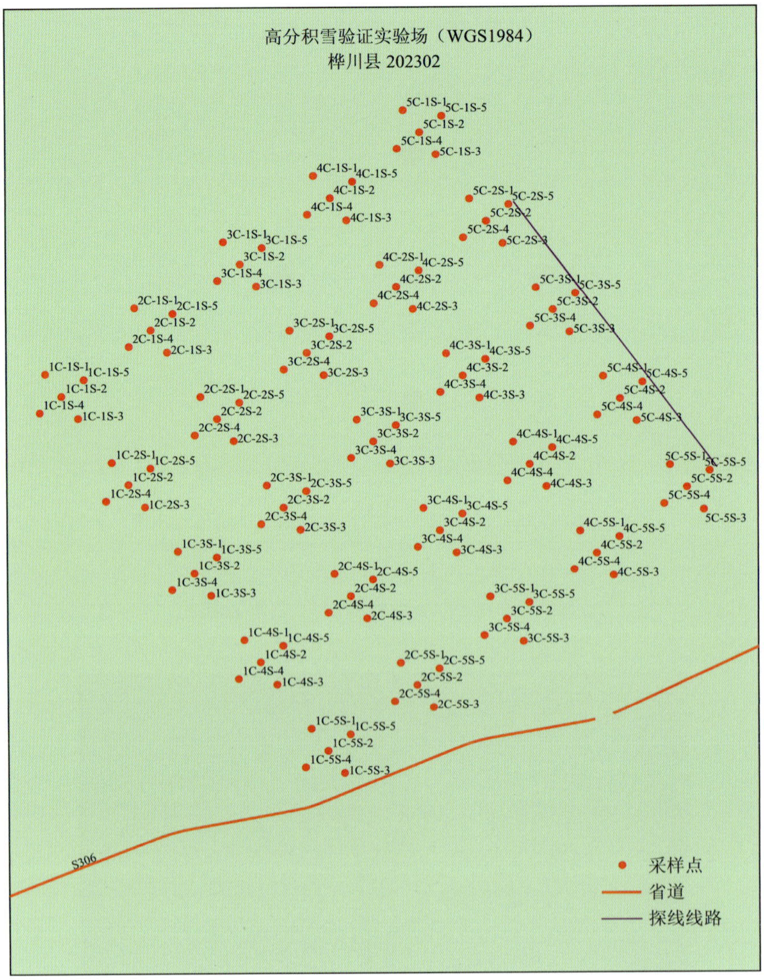

图 6.17　实验场布局图

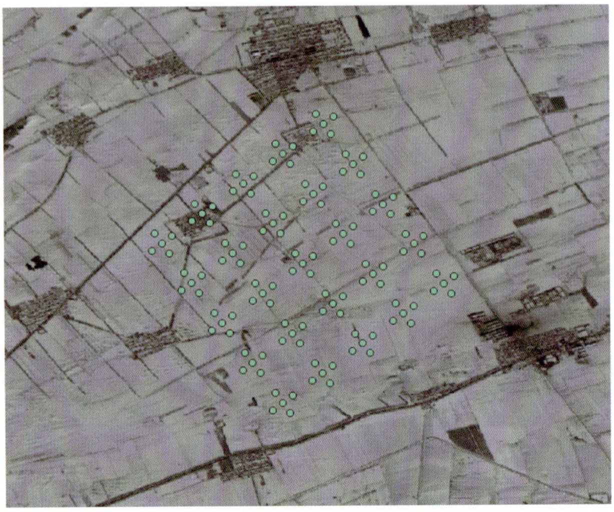

图 6.18　佳木斯市桦川县采样点设置

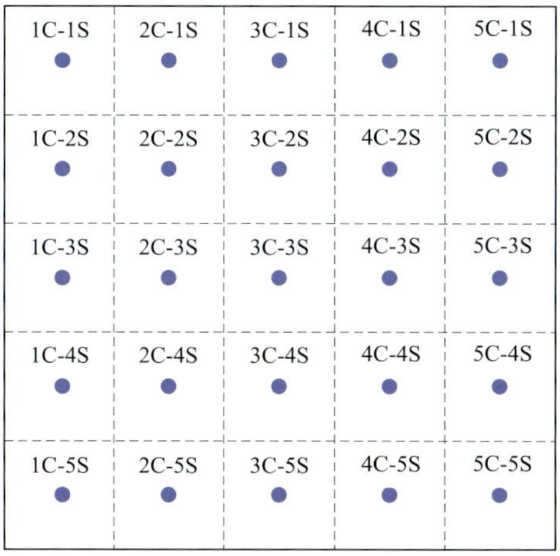

图 6.19　实验场采样区布置

6.2.4.4　积雪验证实验检验结果

以地面观测数据为基础比对卫星监测数据，统计卫星遥感雪盖判识结果与采样数据的一致性，分别统计二者相同和不同的采样点数量，主要通过积雪覆盖验证准确率、误判率、漏判率，并给出验证结果。检验数据统计情况见表 6.5。

表 6.5　检验数据统计表

积雪有无	地面观测数据（样本数）	卫星积雪判识（样本数）			准确率/%	误判率/%	漏判率/%
		一致性	多判	漏判			
1	122	113	3	9	90.4	2.4	7.2
0	3						

注：有积雪数值为 1，无积雪数值为 0。

采用精度检验评价因子对实验结果进行精度评价，精度检验评价因子：

$$A = \frac{S_b}{S_b + S_s} \tag{6.7}$$

式中：A 为积雪精度，S_b 为卫星判识与地面台站观测相同的样本数，S_s 为地面台站观测与卫星判识的差异的样本数。

通过精度检验评价因子计算得出此次实验的精度检验评价结果，如表 6.6 所示。

表 6.6　精度检验结果分类

序号	分类	精度检验评价结果
1	正确判识出积雪	0.926
2	卫星多判	0.025
3	卫星漏判	0.074
4	判识为云	

6.2.5 结论与小结

通过研究像元级、特征级和决策级 3 种多源遥感数据融合的方法可知，这 3 种融合方法都有各自的特点，在具体的应用中应根据融合目的和软、硬件条件选用。表 6.7 是对上述 3 种方法的特点综合比较。

表 6.7 3 种融合方法综合比较

融合方法	信息损失	实时性	精度	容错性	抗干扰力	工作量	融合水平
像元级	小	差	高	差	差	小	低
特征级	中	中	中	中	中	中	中
决策级	大	强	低	强	强	大	高

同时，本次研究所选取的是 D-S 融合算法，该算法解决了概率论中的两个困难问题：一是能够对“未知”给出显式的表示；二是当证据对一个假设部分支持时，该证据对假设否定的支持也能用明确的值表示出来。通过此算法进行图像融合，既提高了多光谱图像空间分辨率，又保留其多光谱特征，提高了影像的可判读性，强化了地物要素信息，便于精细化分析。

融合前后的卫星影像对比如下，图 6.20a 为融合前，图 6.20b 为融合后，融合前水库上的文字模糊，融合后清晰可见“尼尔基水利枢纽”几个字。

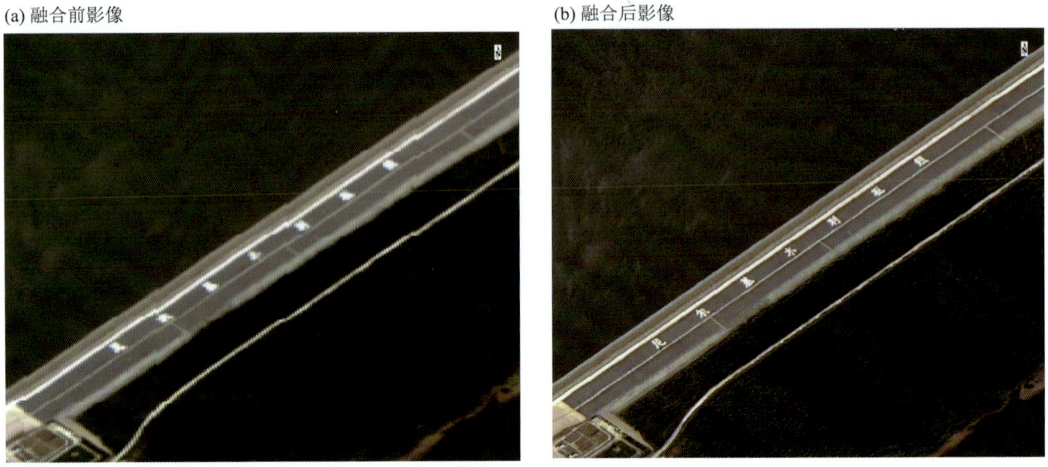

图 6.20 卫星影像融合

同时，利用本项目研究成果可对东北亚地区冰雪资源精细化监测，结合下垫面分类数据、行政区划数据、社会经济数据等背景数据，可对重要区域的冰雪影响进行综合监测分析，生成高分积雪覆盖产品、高分开江监测产品、高分冰凌监测产品及“一带一路”监测产品。相关产品如下。

6.2.5.1 密山市兴凯湖湖面冰层裂缝遥感监测

密山市兴凯湖湖面冰层裂缝遥感监测结果如图 6.21 所示。

6.2.5.2 嫩江、松花江部分江段开江遥感监测

嫩江、松花江部分江段开江遥感监测结果如图 6.22 所示。

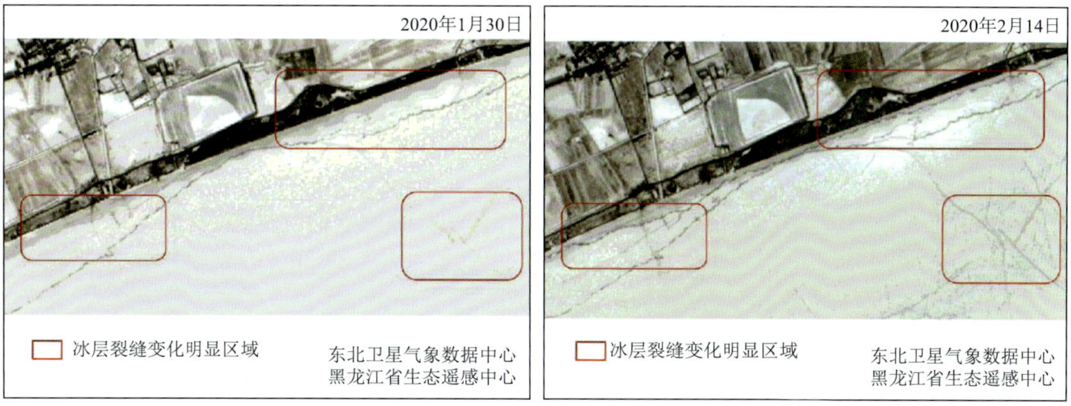

图 6.21　2020 年 1 月 30 日与 2020 年 2 月 14 日兴凯湖冰层裂缝监测图

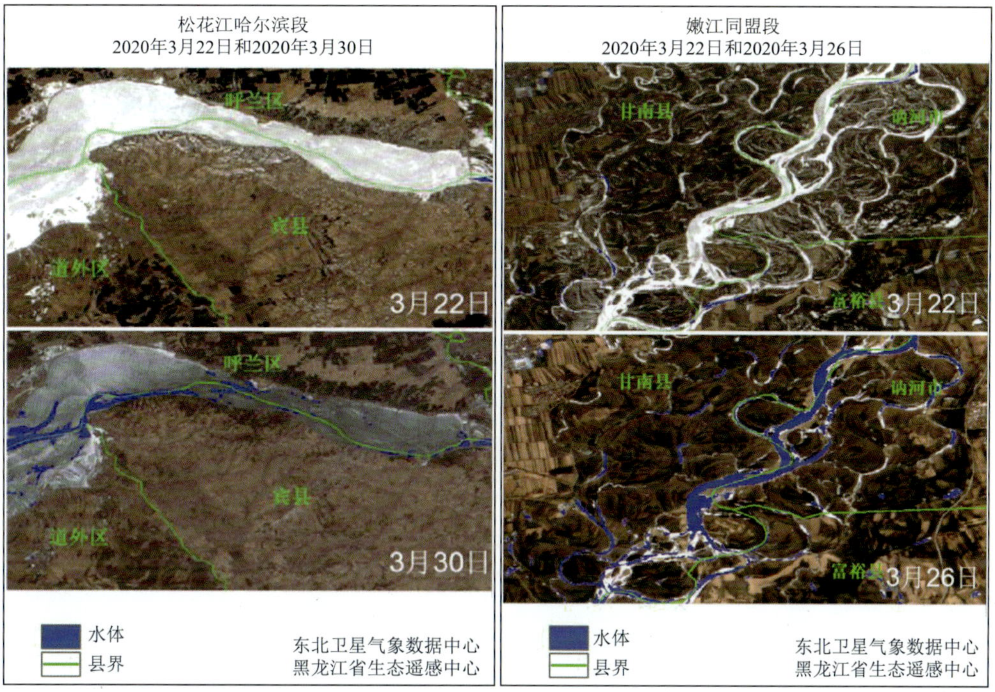

图 6.22　2020 年 3 月下旬松花江、嫩江部分江段遥感监测图

6.2.5.3　黑龙江呼玛段防凌爆破遥感监测

黑龙江呼玛段防凌爆破遥感监测如图 6.23、图 6.24 所示。

6.2.5.4　暴雪对城市铁路的影响监测

暴雪对城市铁路的影响监测结果如图 6.25 所示。

6.2.5.5　黑龙江呼玛段冰凌监测

黑龙江呼玛段冰凌监测结果如图 6.26 所示。

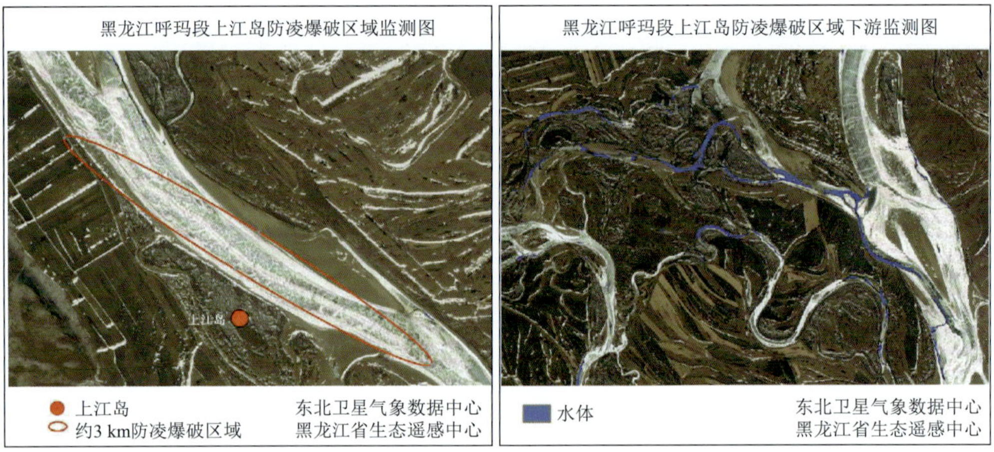

图 6.23　2020 年 4 月 3 日黑龙江呼玛段防凌爆破遥感监测图

图 6.24　2020 年 4 月 2 日黑龙江呼玛段上江岛区域爆破现场图

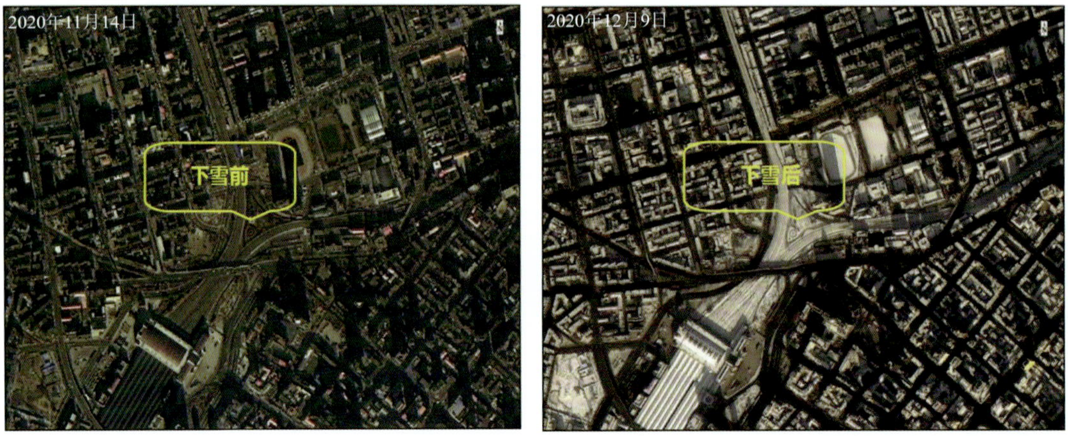

图 6.25　2020 年 11 月 14 日与 12 月 9 日高分遥感铁路监测图

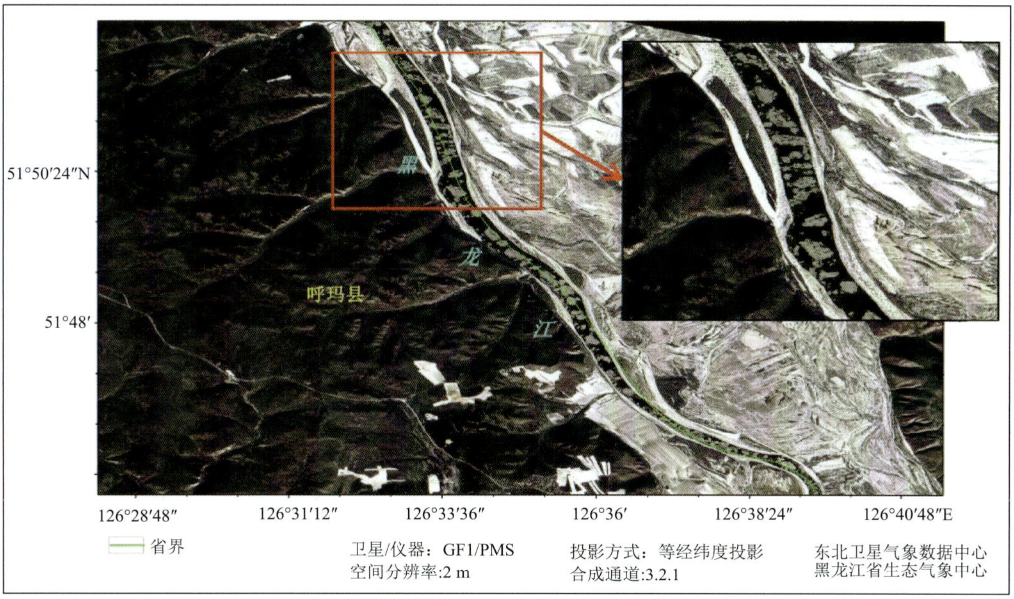

图 6.26　2021 年 12 月 1 日黑龙江呼玛段冰凌高分遥感监测图

6.2.5.6　俄罗斯谢列姆贾河阿穆尔州段下游开江监测

俄罗斯谢列姆贾河阿穆尔州段下游开江监测结果如图 6.27 所示。

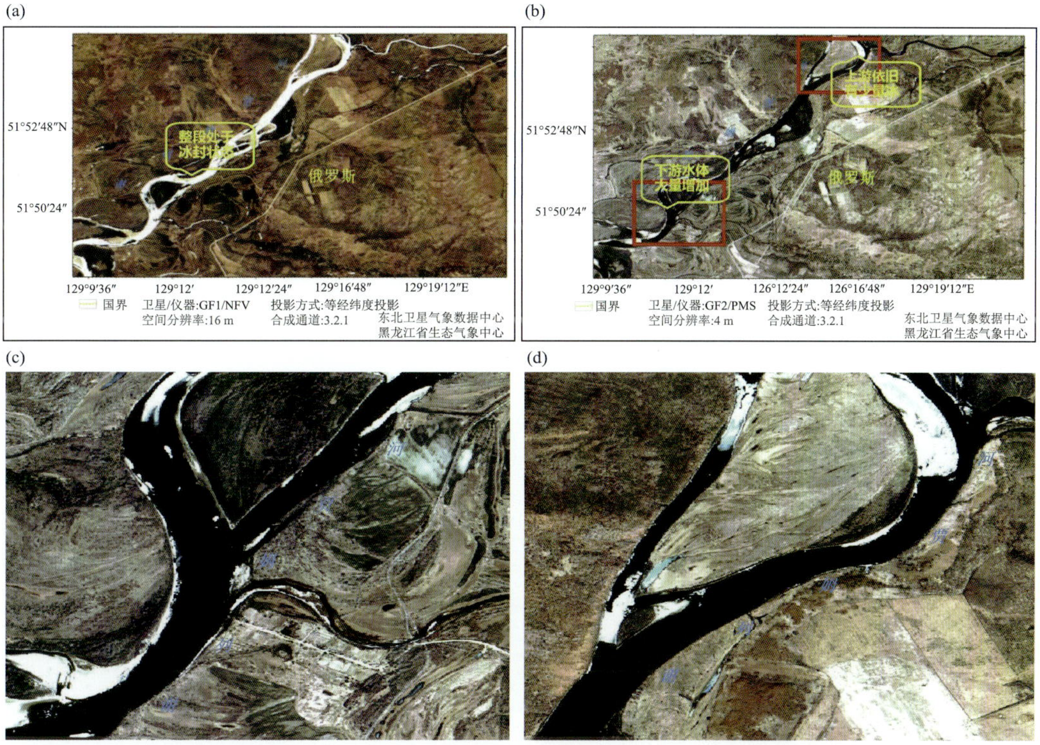

图 6.27　2022 年 4 月 2 日高分一号俄罗斯谢列姆贾河阿穆尔州段监测图(a)、2022 年 5 月 1 日高分二号俄罗斯谢列姆贾河阿穆尔州段监测图(b)、图 b 红框内下游局部放大图(c)和图 b 红框内上游局部放大图(d)

6.3 东北亚地区微波雪水当量监测评估

6.3.1 概述

卫星遥感技术可以利用微波辐射、可见光、红外线等多种波段的数据来获取积雪深度和雪水当量信息。微波辐射可以穿透积雪层，通过测量反射强度和相位差异来估算积雪深度和雪水当量。积雪深度是指积雪覆盖地表的深度，雪水当量是指单位面积积雪含水的重量，通常以厘米或毫米表示。实时、定量的积雪覆盖信息，对于防洪、评估水资源、农业生产等方面都具有重要作用。

使用国家卫星气象中心风云系列极轨卫星（FY-3C、FY-3D）微波成像仪（MWRI）遥感数据反演的雪水当量（SWE）产品，对东北亚区域（对角线经纬度为 118.6°E、38.4°N，139.7°E、57.2°N；中心经纬度为 129.15°E、47.8°N）雪水当量分布进行分析研究。

6.3.2 数据与分析方法

数据来源主要为国家卫星气象中心风云系列极轨卫星微波成像仪遥感数据反演的雪水当量产品，分辨率为 25 km。

首先，雪水当量的估算使用被动微波的水平极化亮温差数据反演雪深（SD），根据积雪时间函数计算实时积雪密度，由雪的深度和密度计算出雪水当量。其次，利用水平极化亮温差数据对计算出的雪水当量进行回归分析，得到利用被动微波亮温数据直接反演雪水当量的模型。

积雪覆盖的地表微波辐射包括两部分：积雪自身的辐射和其下垫面的辐射。对于高于 25 GHz 的频率，干雪的雪颗粒是强散射体，强烈的衰减来自雪盖下垫面的上行微波辐射，但自身对微波辐射的吸收很少，消光系数主要由散射主导，随着积雪厚度的增加，雪的散射作用增强，衰减的微波辐射就越多，辐射计探测到的微波亮温随积雪深度的增加而减小，因而这种散射作用可用于探测积雪的存在和厚度。除上述主要因素外，雪颗粒大小、液态水含量、雪密度等均对微波亮温产生影响。

研究表明，18.7 GHz 的垂直极化与 36.5 GHz 的水平极化的亮温差对雪深和雪水当量的变化更敏感。同一通道的极化差能够反映表面霜和深霜层的信息，将 89 GHz 的极化差项加入到公式中，结果也表明该项能提高回归公式的 R 值。

$$\mathrm{SWE} = -27.959 + 18.1(T_{18.7\mathrm{v}} - T_{36.5\mathrm{h}}) + 0.959(T_{89\mathrm{v}} - T_{89\mathrm{h}}), \quad R^2 = 0.656 \tag{6.8}$$

$$\mathrm{SD} = -8.475 + 0.895(T_{18.7\mathrm{v}} - T_{36.5\mathrm{h}}) + 0.345(T_{89\mathrm{v}} - T_{89\mathrm{h}}), \quad R^2 = 0.650 \tag{6.9}$$

式中：SWE 为雪水当量，SD 为雪深，$T_{18.7\mathrm{v}}$表示 18.7 GHz 的垂直极化方向亮温，$T_{36.5\mathrm{h}}$表示 36.5 GHz 的水平极化方向亮温，$T_{89\mathrm{v}}$表示 89 GHz 的垂直极化方向亮温，$T_{89\mathrm{h}}$表示 89 GHz 的水平极化方向亮温。

6.3.3 结果与分析

6.3.3.1 东北亚区域雪水当量分布

通过 FY-3D/MWRI 数据反演雪水当量数据（图 6.28）分析可知，俄罗斯境内雪水当量均值维持在 76.4 mm 左右，部分区域高于 100.0 mm，普遍高于中国的 14.4 mm 和朝鲜的 17.7 mm；东北亚区域中国区雪水当量均值最高为黑龙江省，雪水当量均值为 37.7 mm，辽宁省最低为 3.9 mm，具体统计数据见表 6.8。

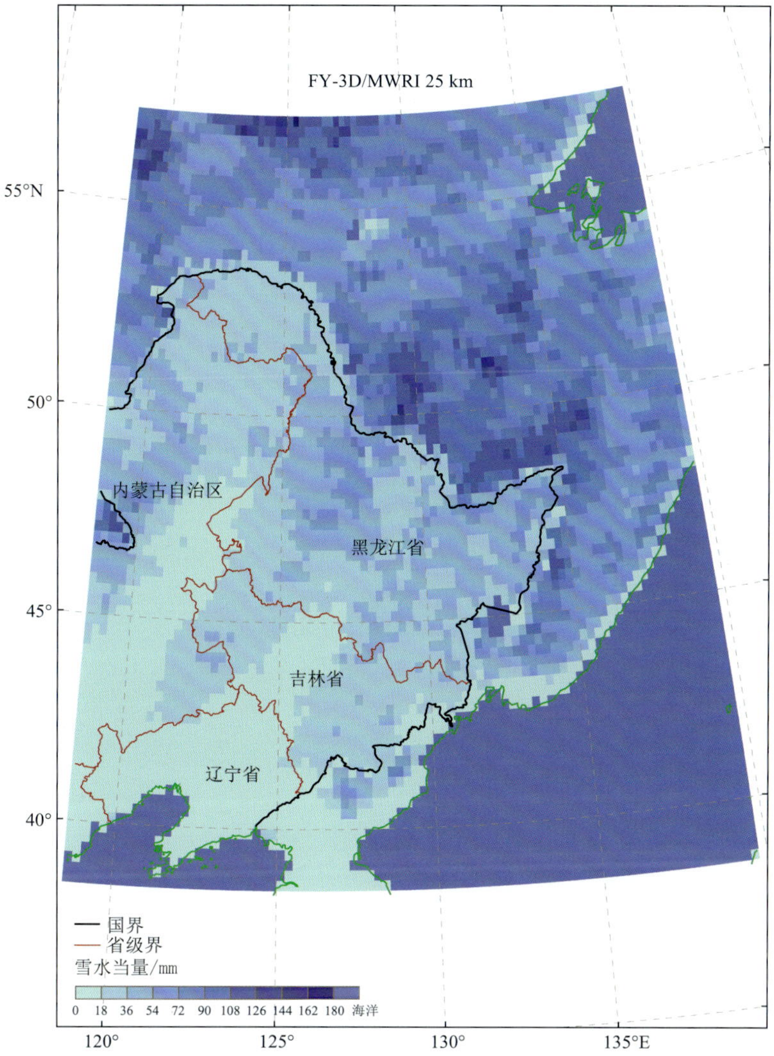

图 6.28　2022 年东北亚区域雪水当量分布

表 6.8　2022 年东北亚区域各地区雪水当量均值统计

地区	黑龙江省	吉林省	辽宁省	内蒙古自治区	俄罗斯东部	朝鲜东北部
雪水当量均值/mm	37.7	23.3	3.9	25.8	76.4	17.7

2022 年东北亚区域雪水当量与近 8 a(2014—2021 年)距平如图 6.29 所示。东北亚区域俄罗斯境内偏东南和北部地区雪水当量高于历史均值。数据统计得出，东北亚区域中国、俄罗斯、朝鲜均呈正距平，其中俄罗斯境内最高，雪水当量正距平值为 25.5 mm，明显高于中国区正距平值的 4.8 mm 和朝鲜的 9.9 mm。各地区雪水当量距平统计如表 6.9 所示。

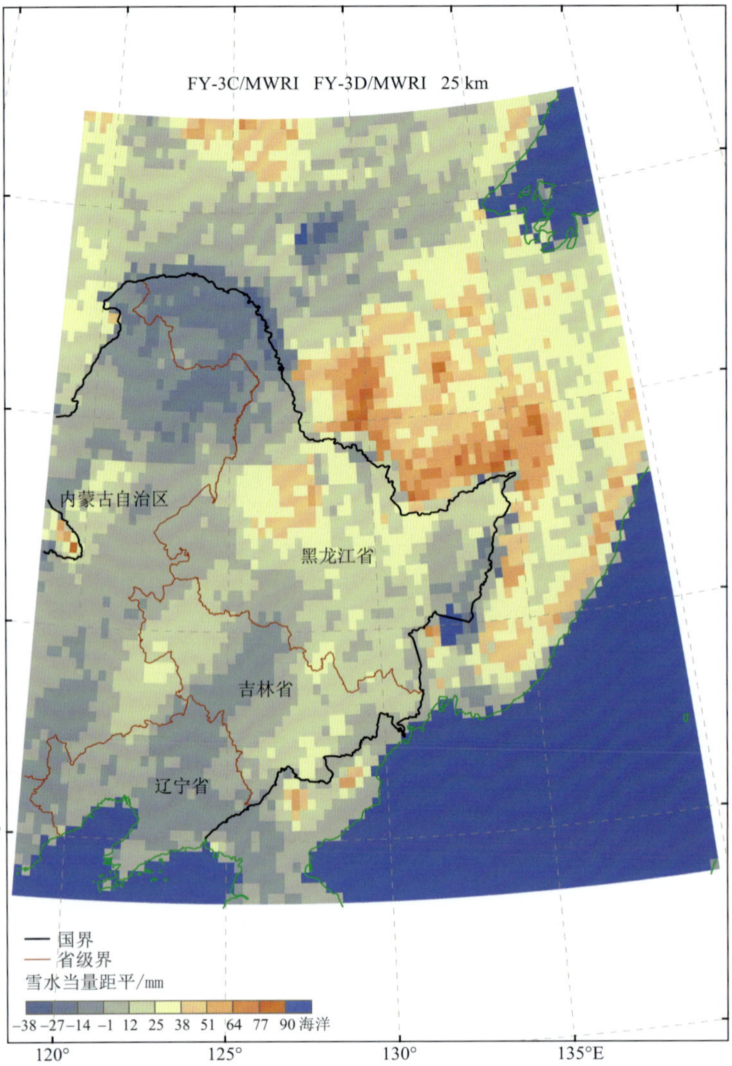

图 6.29 2022 年东北亚区域雪水当量与近 8 a 距平

表 6.9 2022 年东北亚区域各地区雪水当量与近 8 a 距平统计

地区	黑龙江省	吉林省	辽宁省	内蒙古自治区	俄罗斯东部	朝鲜东北部
雪水当量距平/mm	12.7	11.1	−1.0	2.1	25.5	9.9

6.3.3.2 东北亚区域雪水当量评估

2022 年东北亚区域雪水当量月均值统计分析显示，2022 年 1—3 月东北亚区域雪水当量整体较为充沛(图 6.30)。其中俄罗斯境内 1—3 月的雪水当量月均值达到了 62.4 mm，11 月为 22.7 mm，12 月为 53.5 mm，明显高于其他地区。

2022 年东北亚区域雪水当量月均值与 2021 年同期相比(图 6.31)，除 1 月俄罗斯地区和中国内蒙古自治区，11 月和 12 月的中国黑龙江省和吉林省明显低于 2021 年外，其他月份的各地区雪水当量月均值均高于或基本持平于 2021 年同期。

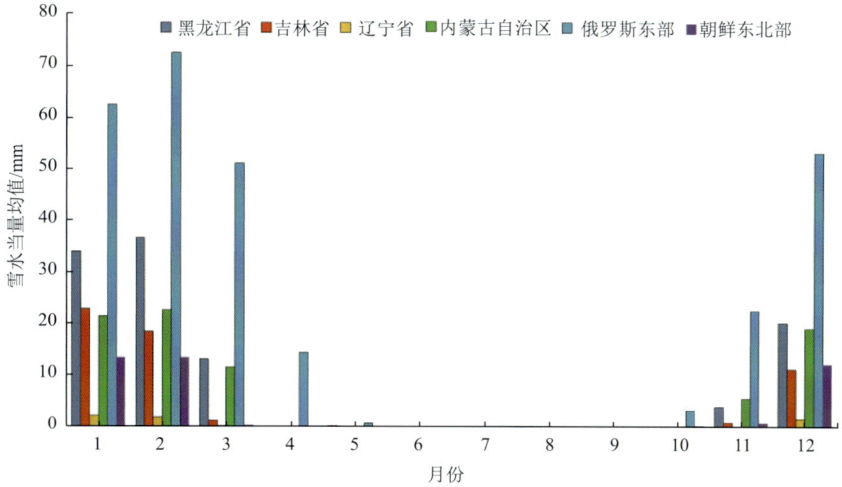

图 6.30　2022 年东北亚区域雪水当量月均值变化

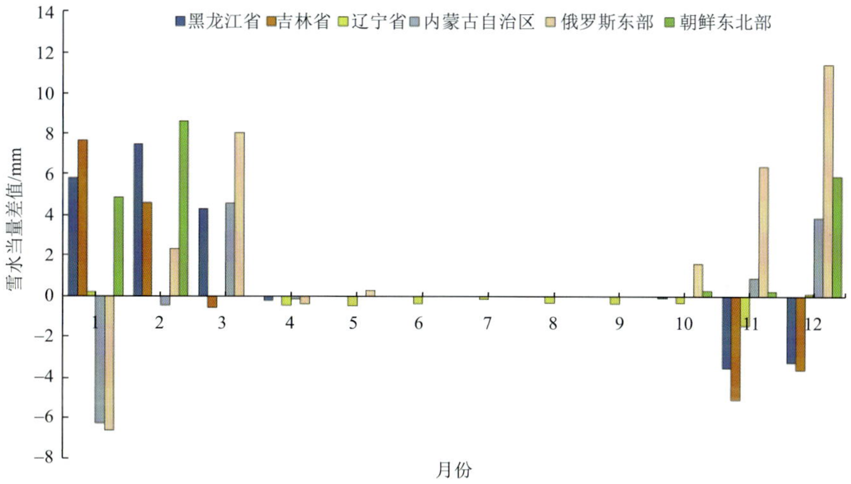

图 6.31　2022 年东北亚区域雪水当量月均值与 2021 年同期对比

6.3.3.3　东北亚区域强降雪事件分析

2022 年 11 月 25—30 日东北亚区域发生强降雪过程。图 6.32a 和图 6.32b 分别为 2022 年 11 月 24 日和 12 月 1 日东北亚区域雪水当量分布图。从图中可知此次降雪过程过后，雪水当量由北向南显著增加，特别是在黑龙江省和吉林省南部、俄罗斯滨海边疆区、朝鲜北部部分地区增加明显。

降雪过程前后各地区雪水当量均值变化如图 6.33 所示。东北亚各区域雪水当量均值均有增加。其中，增量最大地区为朝鲜，增加约 17.8 mm；增量最小的为辽宁省，增加约 1.7 mm；从雪水当量增幅上可以看出，此次降雪过程主要影响区域为黑龙江省、吉林省、俄罗斯和朝鲜地区，辽宁省和内蒙古自治区相对影响较小。

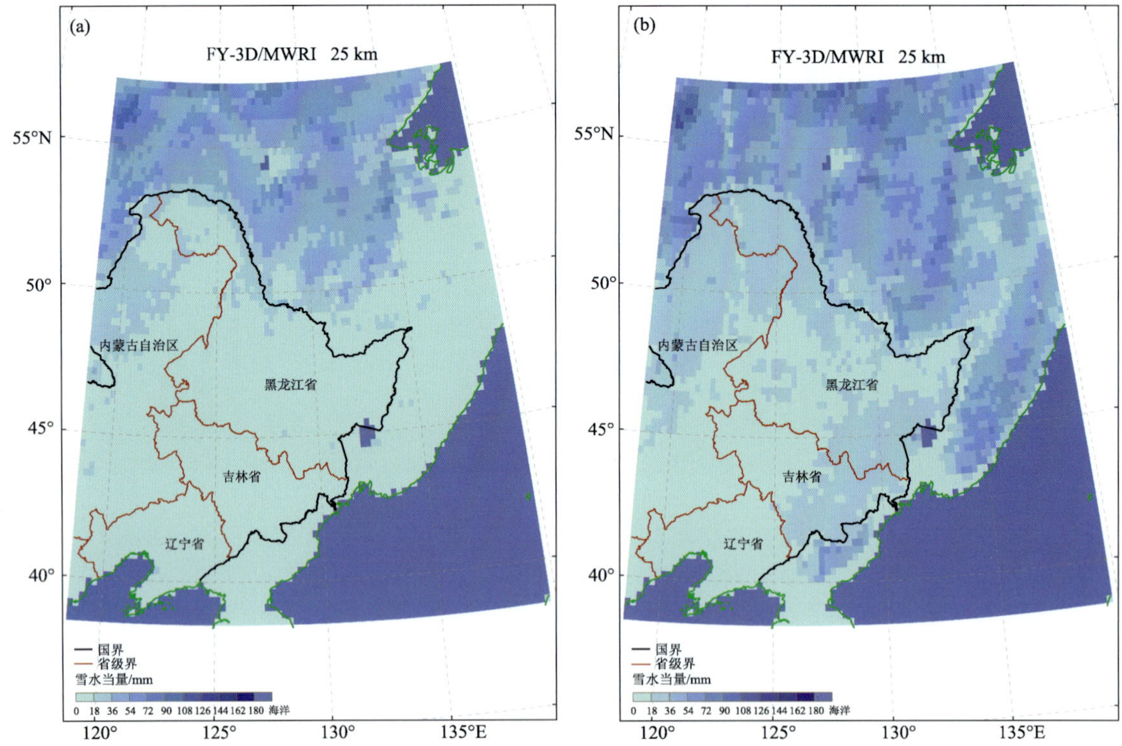

图 6.32 2022 年 11 月 24 日(a)和 12 月 1 日(b)东北亚区域雪水当量分布

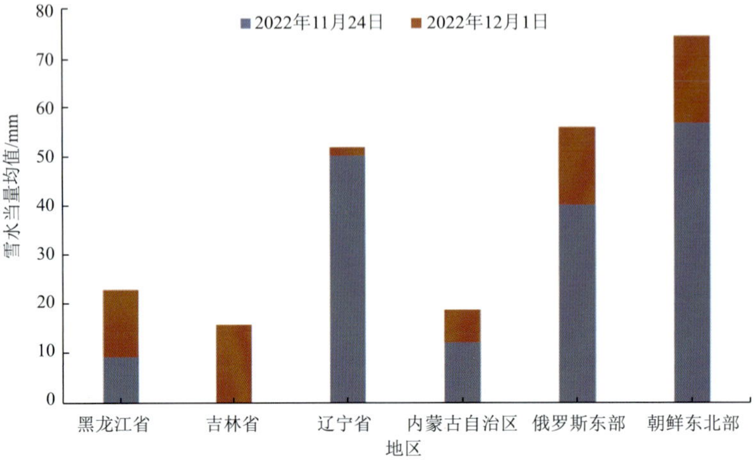

图 6.33 降雪过程前后各地区雪水当量均值变化

从降雪过程前后雪水当量差值分布(图 6.34)分析也可以看出,此次降雪过程后,东北亚区域雪水当量整体增加明显,雪水当量增幅较大区域为黑龙江省、吉林省南部以及俄罗斯滨海边疆区和朝鲜北部地区,特别是在俄罗斯滨海边疆区和朝鲜与中国接壤地区雪水当量增加超过 50 mm,部分区域超过 65 mm。

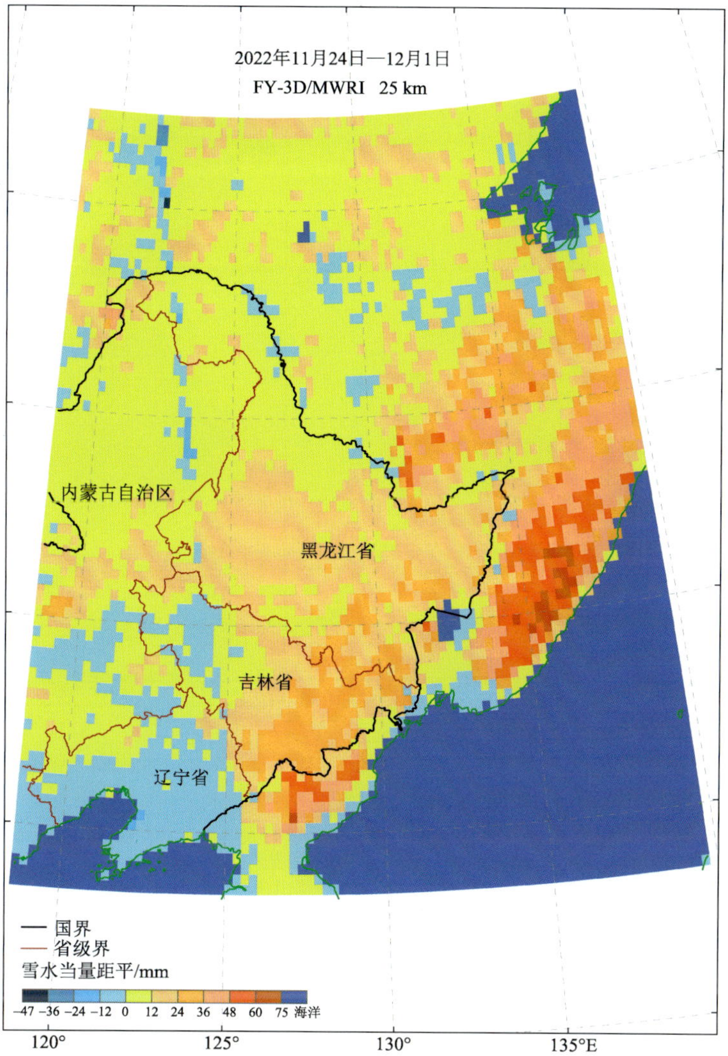

图 6.34 降雪过程前后东北亚区域雪水当量差值分布

6.3.3.4 东北亚区域强降雪事件对黑龙江省的影响

2022 年 11 月 25—30 日黑龙江省发生强降雪过程。图 6.35a 和图 6.35b 分别为 2022 年 11 月 24 日和 12 月 1 日黑龙江省雪水当量分布图。此次降雪过程结束后黑龙江省雪水当量由北向南显著增加，其中黑龙江省东部、中部、西部和南部增量明显。

降雪过程前后各市(地)雪水当量均值分布如图 6.36 所示。黑龙江省雪水当量均值整体增加约 13.5 mm，各市(地)雪水当量均值也显著增加。其中，增加最多的为牡丹江市，增加约 23.5 mm，最少的为大兴安岭地区，增加约 7.8 mm；雪水当量均值增加较多地区为牡丹江、七台河、双鸭山、鸡西，主要分布在黑龙江省东南部，与本次降雪过程的主要落区基本一致。

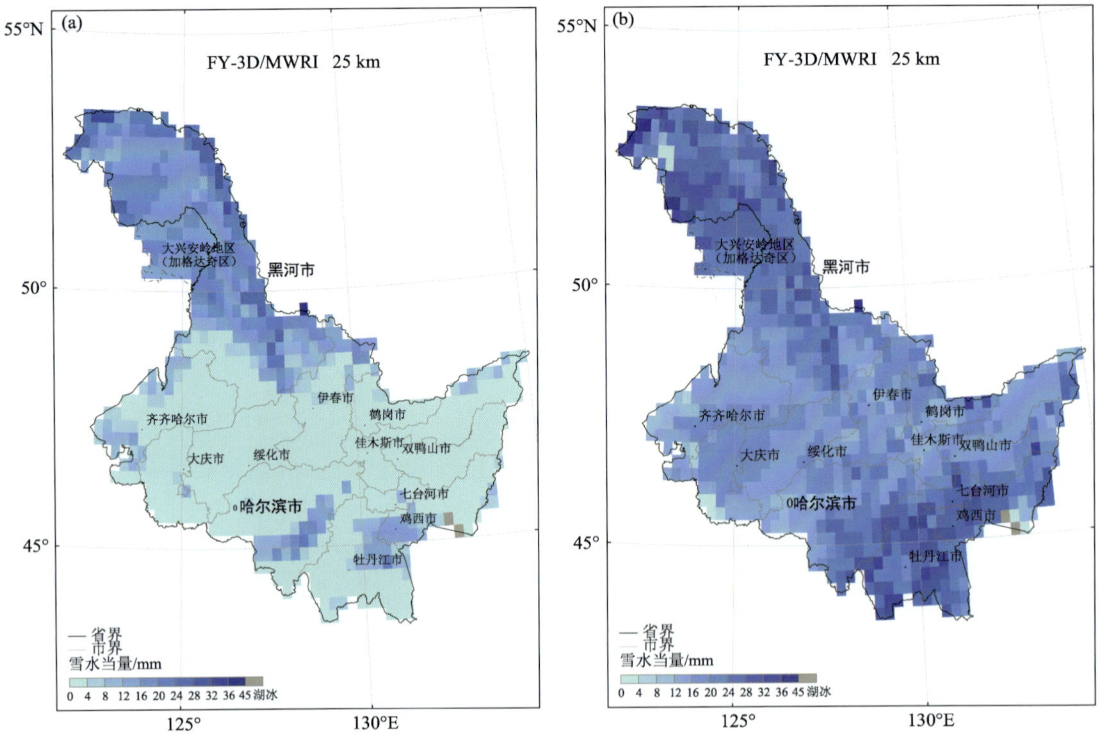

图 6.35 2022 年 11 月 24 日(a)和 12 月 1 日(b)黑龙江省雪水当量分布

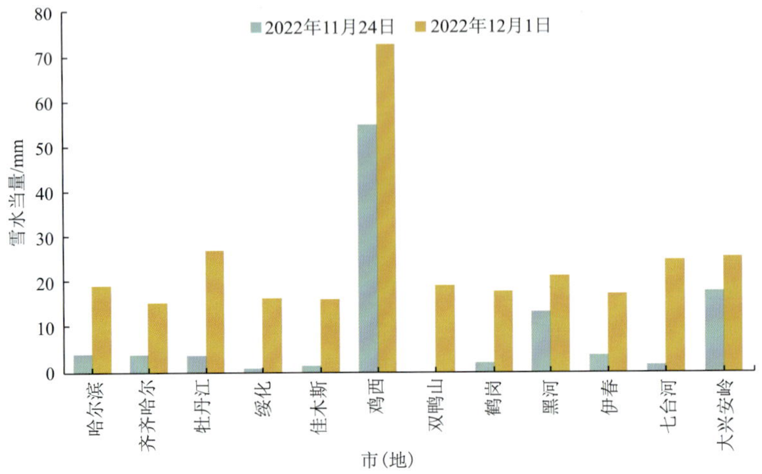

图 6.36 降雪过程前后各市(地)雪水当量均值变化

降雪过程前后黑龙江省雪水当量差值分布如图 6.37 所示。此次降雪主要影响黑龙江省东部和南部大部地区,这部分区域雪水当量增加明显,雪水当量增幅较大区域主要分布在哈尔滨市东南部、牡丹江市、七台河市与鸡西市交界等地区,该部分区域雪水当量增加超过25 mm,局部地区超过 35 mm。

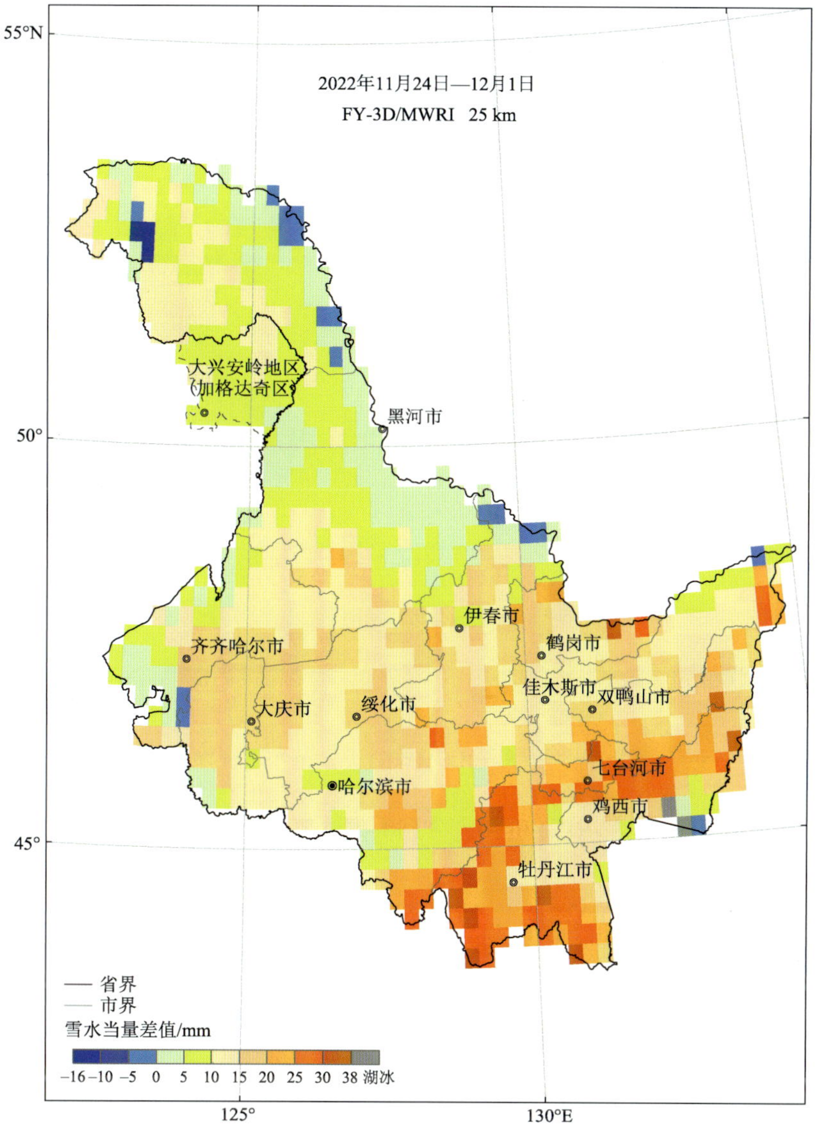

图 6.37 降雪过程前后黑龙江省雪水当量差值分布

6.3.3.5 数据融合产品分析示例

对 2021 年 12 月 7 日基于 FY-3D/MWRI 反演的积雪深度和雪水当量数据进行地理信息写入，将原本不含地理信息的 EASE-Grid（等面积可伸缩地球网络）的积雪产品（积雪深度和雪水当量）进行地理信息写入，然后采用临近差值法处理为等经纬度投影的数据，这样就得到了包含地理信息的积雪深度和雪水当量数据（图 6.38）

结合同时期的基于 FY-3D/MERSI 数据反演的归一化积雪指数（NDSI）数据（图 6.39），融合数据中需要通过 MERSI（中分辨率光谱成像仪）传感器反演的归一化积雪指数产品，其反演方法如下所示：

$$\mathrm{NDSI}=\frac{R_{\mathrm{Green}}-R_{\mathrm{Swir}}}{R_{\mathrm{Green}}+R_{\mathrm{Swir}}} \tag{6.10}$$

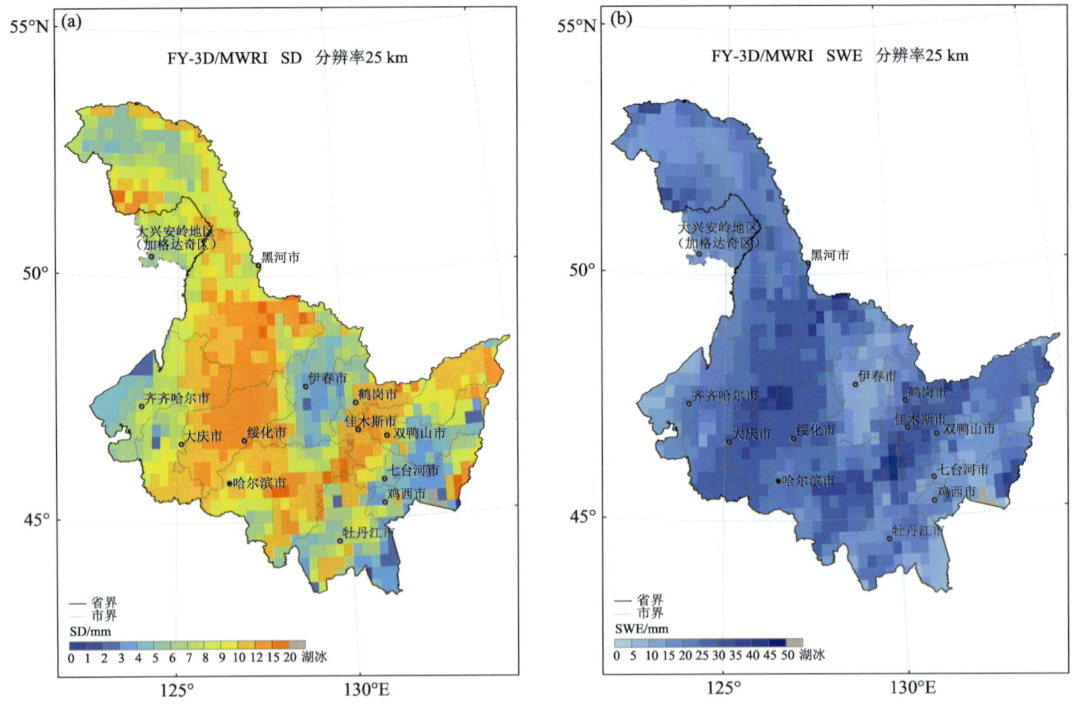

图 6.38　2021 年 12 月 7 日 FY-3D/MWRI 反演的积雪深度(a)与雪水当量(b)

式中:NDSI 为归一化积雪指数,R_{Green} 和 R_{Swir} 分别为绿光波段(0.55 μm)和近红外波段(1.60 μm)反射率。

根据积雪量守恒原理,对 FY-3D 的 MERSI 和 MWRI 数据反演的积雪产品进行融合处理。采用 MERSI 数据反演的归一化积雪指数数据,对基于 MWRI 反演的写入地理信息的积雪深度和雪水当量产品(分辨率为 25 km)进行融合,升尺度为分辨率 1 km 的融合数据产品,融合后的积雪深度和雪水当量数据产品较为清晰地呈现出降雪过程后黑龙江省各地(市)的积雪分布情况(图 6.40)。

6.3.4　结论与小结

采用风云系列极轨气象卫星,对东北亚地区积雪深度和雪水当量分布情况进行分析研究;并对典型强降雪事件过后东北亚地区和黑龙江省境内的雪水当量情况进行分析;并结合 FY-3D/MERSI 和 MWRI 传感器数据,对降雪过程后的积雪深度和雪水当量进行融合处理,得出主要结论如下。

(1)2022 年东北亚区域俄罗斯境内雪水当量相对中国与朝鲜数值较高,距平分析显示俄罗斯滨海边疆区雪水当量明显高于近 8 a 距平。

(2)2022 年 1—3 月东北亚区域雪水当量较为充沛,雪水当量月均值整体高于 2021 年同期;除中国黑龙江省和吉林省外,其他地区 2022 年 11 月和 12 月均高于或持平于 2021 年同期。

(3)典型降雪事件分析显示,2022 年 11 月 25—30 日东北亚区域发生强降雪过程,区域雪

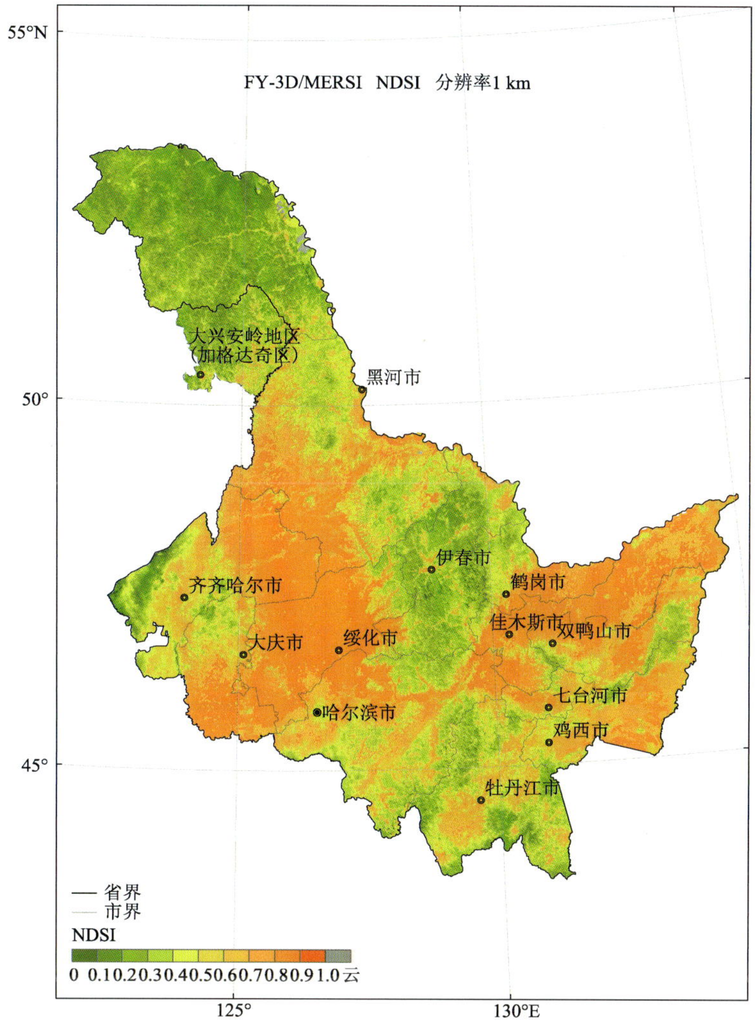

图 6.39 2021 年 12 月 7 日 FY-3D/MERSI 反演的归一化积雪指数

水当量整体显著增加。

(4)2022 年 11 月 25—30 日黑龙江省发生强降雪过程，区域雪水当量整体显著增加。

(5)基于 FY-3D/MERSI 的归一化积雪指数反演产品和 FY-3D/MWRI 的积雪深度和雪水当量反演产品进行融合，生成分辨率为 1 km 的融合雪深数据产品，融合后的产品可以清晰地呈现降雪过程后的黑龙江省积雪深度与雪水当量分布情况。

6.4 雪水当量对备春耕土壤墒情影响评估

土壤季节性冻融现象普遍存在于我国北方寒冷地区，是土壤水分时空分布剧烈变化的关键时期，土壤水是农业生产的物质基础，不同形式的水资源都必须转化为土壤水才能被作物所利用，雪水当量对积雪及冻土融化后土壤含水量有着明显的指示作用，对土壤墒情监测、预估和备春耕生产有指导作用。因此，掌握季节性冻融过程中的雪水当量和土壤水分状况以及变

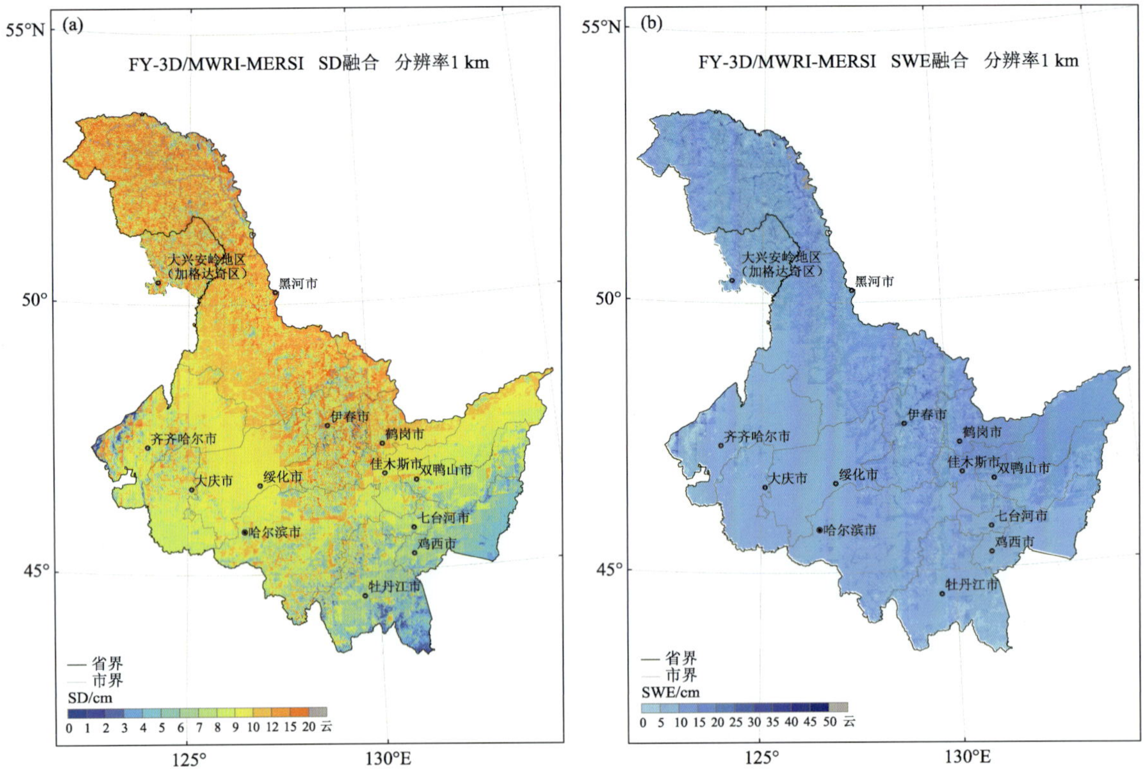

图 6.40 2021 年 12 月 7 日 FY-3D/MWRI-MERSI 积雪深度(a)与雪水当量融合(b)

化规律，对于合理确定冻融期土壤水分调控技术参数、保障作物生长发育具有重要意义。

6.4.1 概述

2010—2021 年黑龙江地区粮食产量连续 12 a 位居全国第一，堪称我国粮食的压舱石，但黑龙江省地形地貌复杂，降水时间分布不均匀，每年有半年左右的时间地表被积雪覆盖，地表冻融的变化对地表水的流动性和能量分配影响重大，地表冻融循环会改变土壤的物理属性、影响土壤和融雪之间的相互作用和土壤的水热循环。黑龙江省每年 3—4 月积雪迅速消融，伴随着冰雪地表融化，雪水的入渗会补给土壤表层水分，融雪水下渗改变了土壤原有的土水势分布，影响土壤水分在一维垂向的迁移过程，同时土壤水分通过大气和地表之间的能量交换来调节地表能量循环，为植被的蒸发、散发及光合作用提供能量。雪水当量是指当积雪完全融化后，所得到的水层的垂直深度，是地球系统研究中的关键变量之一。积雪覆盖作为季节性冻土区农田土壤的重要上边界条件，在其积累和消融中会影响积雪对下垫面土壤的水量分布，因此雪水当量的多寡是影响干旱及半干旱地区农业发展的关键性因素。

针对黑龙江省高寒地区“一年一季”的播种模式，春季农田水分的初始状况对于土壤的保肥、保墒具有重要的影响。因此，本节通过全球环境变化观测卫星(GCOM-W1)，对黑龙江省大豆、玉米、水稻产区的雪水当量和土壤含水量进行监测，并分析了 2022 年 3—4 月黑龙江省粮食主产区雪水当量与土壤含水量的变化，以期探究冻融期土壤墒情的变化特征及规律，对于农田土壤的蓄水保墒、防止春旱、春播春耕具有指导意义，将为季节性冻土区调整农业结构、合理安排作物播期、高效利用农田土壤资源、促进地区农业增产增收等问题提供理论依据及技术支撑，为寒区春季的生产实践提供科学合理的指导。

6.4.2 数据与分析方法

6.4.2.1 数据来源

数据源为全球环境变化观测卫星的 AMSR-2 微波传感器的雪水当量和土壤含水量数据产品，分辨率为 10 km。雪水当量是指当积雪完全融化后所得到的水所形成水层垂直深度，单位为毫米。土壤含水量是指 100 g 烘干土中所含水分，土壤绝对含水量为百分数。

6.4.2.2 研究区域

黑龙江省位于中国东北部，是中国纬度最高的省份，西起 121°11′E，东至 135°05′E，南起 43°26′N，北至 53°33′N，地域辽阔，积温差异显著，热量资源有限。全省耕地总面积为 2.579 亿亩，占全省土地总面积的 37%，2021 年粮食作物种植面积达到 145585.7565 km^2，粮食总产量达 7867.7 万 t，约占全国的 12.37%。黑龙江省是中国稳定积雪区之一，地处季节性冻土区，土壤类型多为黑土，年均稳定积雪天数为 60～90 d，2 月积雪深度达到最大值，3 月积雪开始融化，至 4 月中旬融化完全，而农作物播种期一般在 5 月，粮食作物以水稻、小麦、玉米和大豆为主。

6.4.2.3 分析方法

采用卫星遥感雪水当量和土壤含水量数据，对黑龙江省农区土壤墒情进行监测分析。针对黑龙江省主要粮食作物大豆、玉米、水稻产区的土壤含水量进行时空分布特征分析，采用相关性分析法对雪水当量与土壤含水量之间的关系进行分析，为春耕春播工作的顺利进行提供技术支撑。

6.4.3 分析结果

6.4.3.1 2022 年春耕春播期雪水当量与土壤含水量分布

2022 年 4 月上旬对比 3 月上旬雪水当量变化情况如图 6.41 所示。3 月上旬黑龙江省雪水当量分布如图 6.41a 所示，黑龙江省大部分地区雪水当量在 3 mm 以上，仅在齐齐哈尔西部、大庆北部、牡丹江西南部、哈尔滨和七台河小部分地区雪水当量小于 3 mm；进入 4 月，随着温度升高积雪已发生大面积融化，如图 6.41b 所示，4 月上旬雪水当量大于 3 mm 的区域仅维持在黑河、佳木斯东部、牡丹江与哈尔滨交界处及大兴安岭地区，其他区域雪水当量数值较低。

黑龙江省土壤含水量变化与雪水当量变化分布趋势相反，如图 6.42 所示。3 月上旬黑龙江省土壤含水量分布如图 6.42a 所示，黑龙江省整体土壤含水量普遍低于 2%，仅在齐齐哈尔西部、大庆北部部分地区略高；进入 4 月，随着积雪大面积融化，全省土壤含水量数值普遍提高，如图 6.42b 所示，黑龙江省土壤含水量增加区域与雪水当量减少区域基本一致。

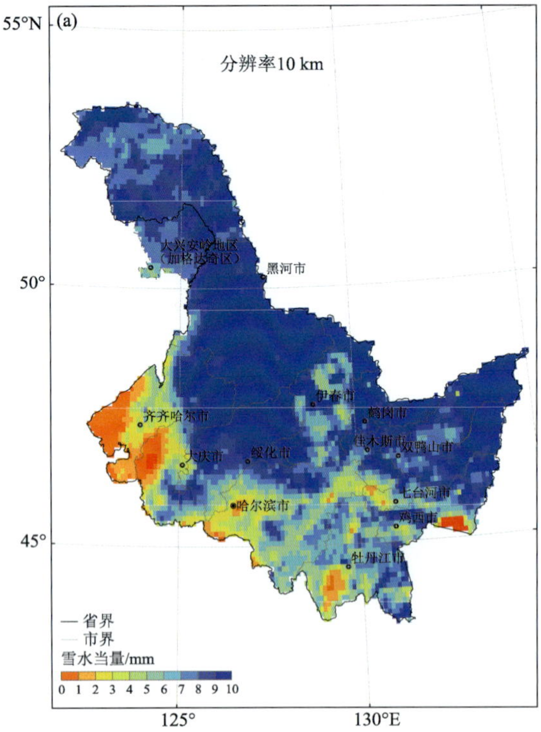

图 6.41　2022 年 4 月上旬(b)对比 3 月上旬(a)黑龙江省雪水当量分布变化

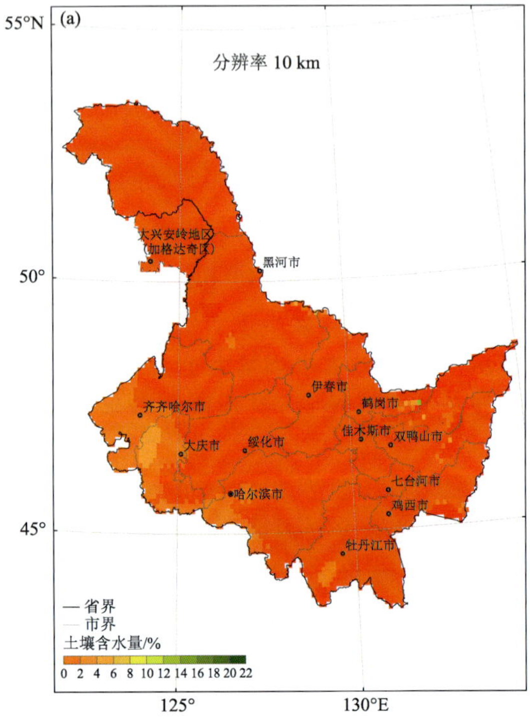

图 6.42　2022 年 4 月上旬(b)对比 3 月上旬(a)黑龙江省土壤含水量分布变化

6.4.3.2 2022 年雪水当量和土壤含水量与历史同期对比分析

对 2022 年 3 月下旬至 4 月中旬黑龙江省主要粮食产区雪水当量分析表明：3—4 月，积雪迅速消融，雪水当量迅速减小（图 6.43）。与 2021 年同期和近 9 a 均值对比显示（图 6.44、图 6.45）：2022 年 3 月下旬，黑龙江省东部、南部和齐齐哈尔西部和北部、绥化、哈尔滨大部和黑河、伊春农区明显高于 2021 年和近 9 a 平均；4 月上旬，黑河、伊春、鹤岗、佳木斯东北部农区仍高于 2021 年和近 9 a 平均；4 月中旬开始，积雪基本消融，除黑河、伊春北部等极少部分农区高于历史同期，其余与历史同期相当。

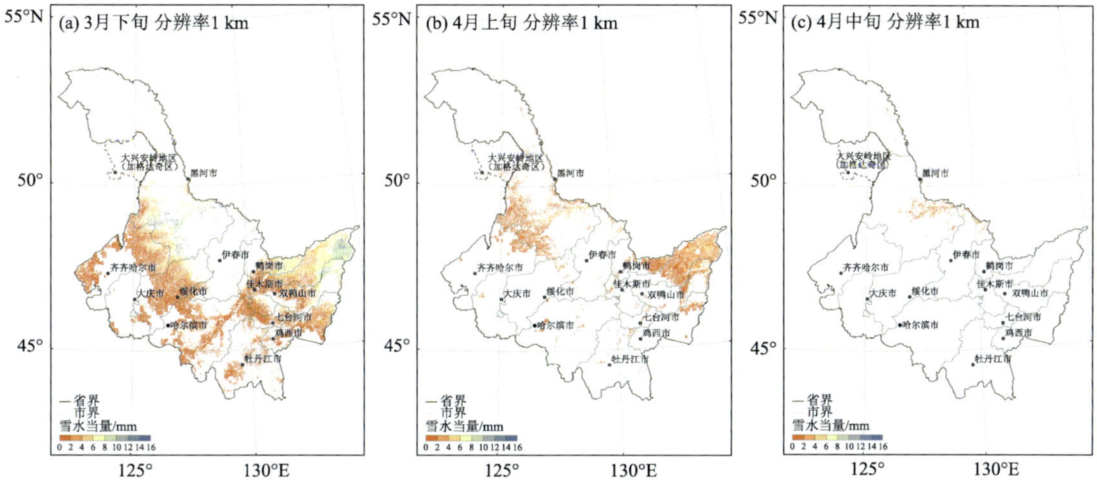

图 6.43 2022 年 3 月下旬至 4 月中旬主要粮食产区雪水当量分布

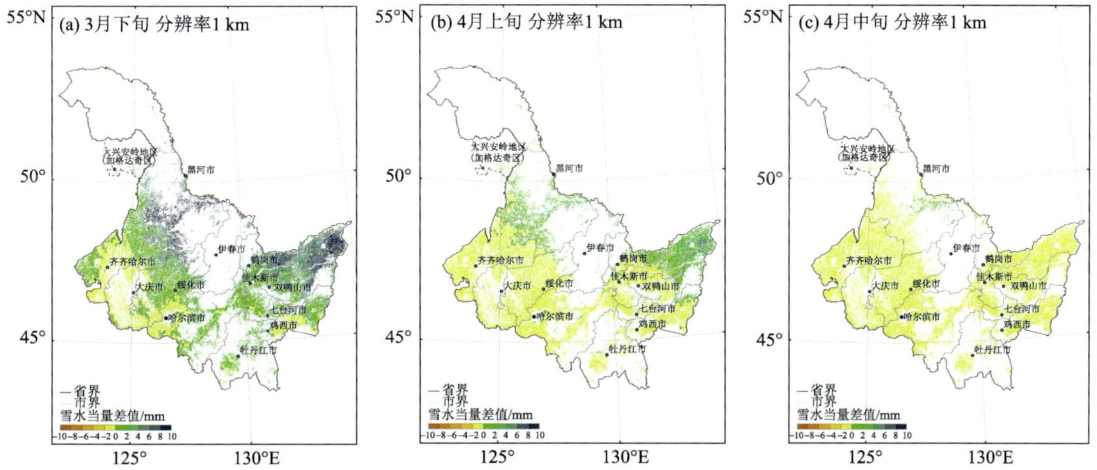

图 6.44 2022 年对比 2021 年 3 月下旬至 4 月中旬主要粮食产区雪水当量差值分布

3 月下旬至 4 月上旬，雪水当量是黑龙江省农区土壤含水量的重要来源，二者变化趋势相反，土壤表层含水量总体不高，3 月下旬，齐齐哈尔西部、大庆和绥化西南部土壤含水量高于 2021 年，佳木斯、鹤岗南部、双鸭山北部、七台河西部和鸡西东部低于 2021 年，齐齐哈尔大部、大庆、绥化大部、哈尔滨、鹤岗、佳木斯部分农区高于近 9 a 平均，其余与历史同期持平

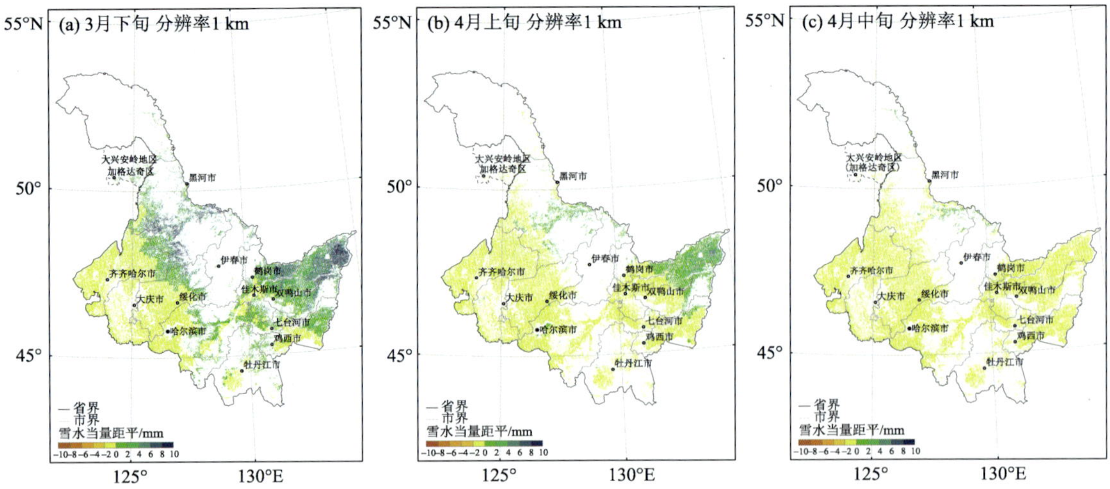

图 6.45　2022 年与近 9 a 3 月下旬至 4 月中旬主要粮食产区雪水当量距平分布

(图 6.46a、图 6.47a、图 6.48a)。

4 月上旬，随着积雪的加速融化，黑龙江省西部和东部大部分地区土壤含水量高于 2021 年；与近 9 a 平均相比，上述区域偏高的范围更多，东部三江平原少部分农区显著低于历史平均，其他与历史同期持平(图 6.46b、图 6.47b、图 6.48b)。

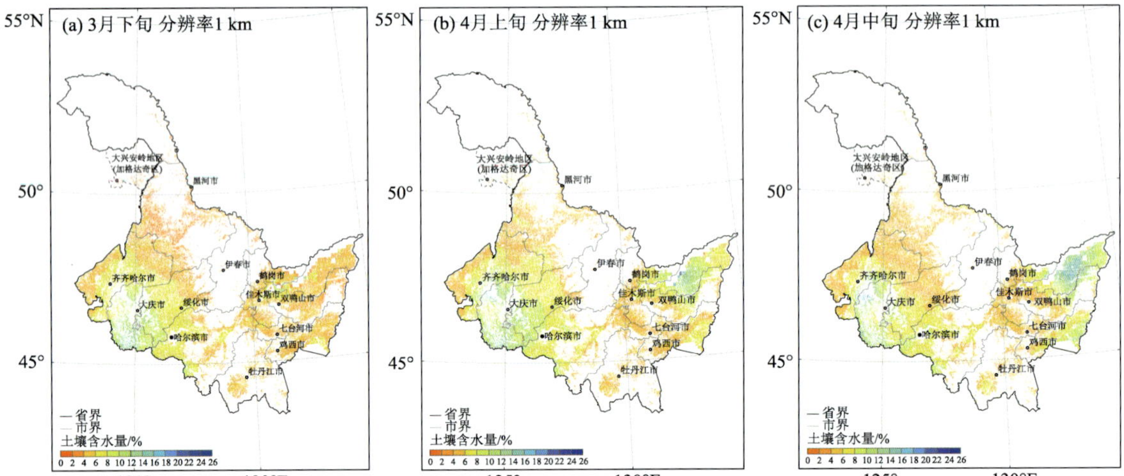

图 6.46　2022 年 3 月下旬至 4 月中旬主要粮食产区土壤含水量分布

4 月中旬，齐齐哈尔、大庆、绥化、双鸭山、佳木斯和鹤岗等部分农区土壤含水量低于 2021 年同期，哈尔滨、牡丹江、鸡西、佳木斯东北农区高于 2021 年，其余与 2021 年持平；与近 9 a 平均相比，齐齐哈尔南部、大庆和绥化西南部、七台河、鸡西和佳木斯东北农区较高，其余持平(图 6.46c、图 6.47c、图 6.48c)，与 4 月中旬后地面风速加大、地表蒸散发加强密切相关。

6.4.3.3　近 10 a(2013—2022 年)1—5 月黑龙江省主要粮食产区雪水当量变化

近 10 a(2013—2022 年)1—5 月黑龙江省主要粮食产区的雪水当量变化如图 6.49、图 6.50、图 6.51 所示。从图中可以看出，3 种主要粮食作物产区的雪水当量变化过程相似，由于

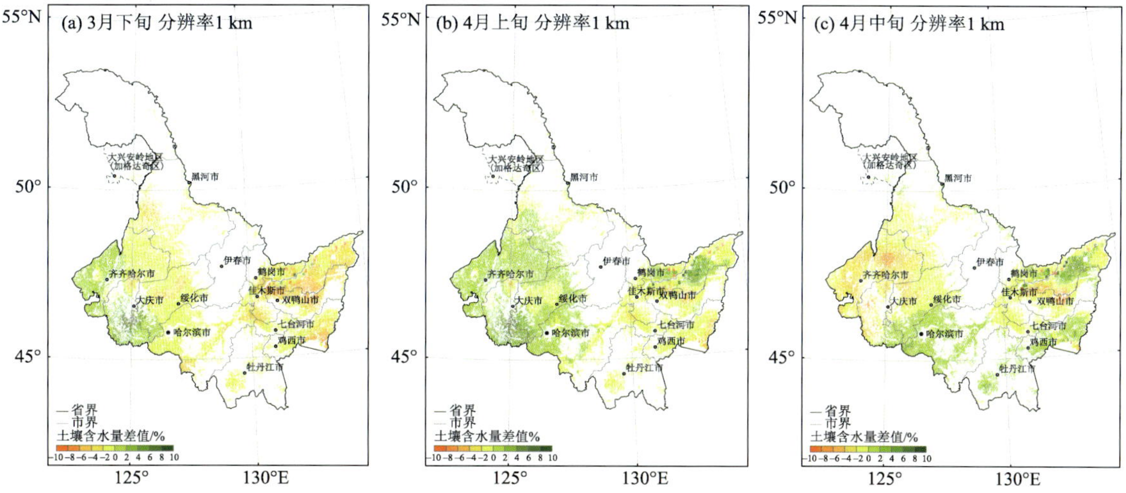

图 6.47　2022 年对比 2021 年 3 月下旬至 4 月中旬主要粮食产区土壤含水量差值分布

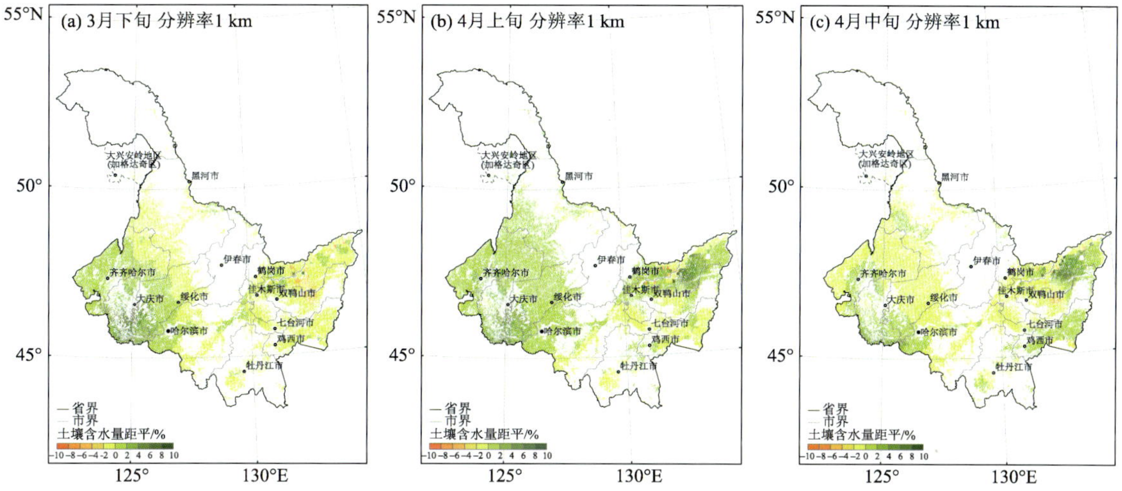

图 6.48　2022 年与近 9 a 3 月下旬至 4 月中旬主要粮食产区土壤含水量距平分布

气温较低，随着降雪过程影响，1 月开始，至 2 月中旬雪水当量数值逐渐增加，2 月下旬至 3 月上旬，雪水当量达到最大并趋于稳定；3 月下旬开始，由于气温逐渐升高，积雪逐渐融化，雪水当量数值开始迅速减少，4 月下旬至 5 月下旬逐渐趋近于 0。

6.4.3.4　近 10 a(2013—2022 年)1—5 月黑龙江省主要粮食产区土壤含水量变化

近 10 a(2013—2022 年)1—5 月黑龙江省主要粮食产区的土壤含水量变化如图 6.52、图 6.53、图 6.54 所示。从图中可以看出，3 种主要粮食作物产区的土壤含水量变化过程相似，1 月—3 月初，处于较低水平，进入 3 月中旬，粮食产区的土壤含水量开始迅速增加，并在 5 月中、下旬达到最大。

由以上分析可知，黑龙江省农区每年 4 月下旬雪水当量趋近于 0，即农区内积雪融化过程基本完成，但此时土壤含水量并未达到最高，需再经过一段时间，在 5 月中旬土壤含水量达到最高，这说明相对于雪水当量减少过程，土壤含水量增加过程存在一定的滞后性，可能与地表蒸散发过程和地表积雪消融后冻土融化过程有关。

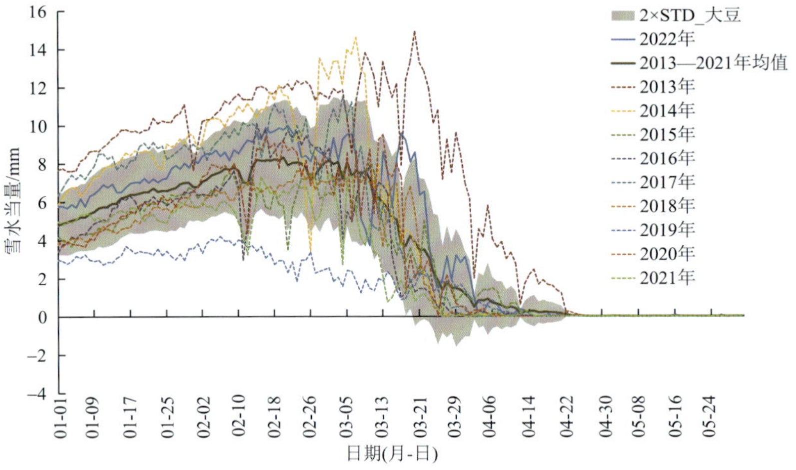

图 6.49　2013—2022 年 1—5 月大豆产区雪水当量变化

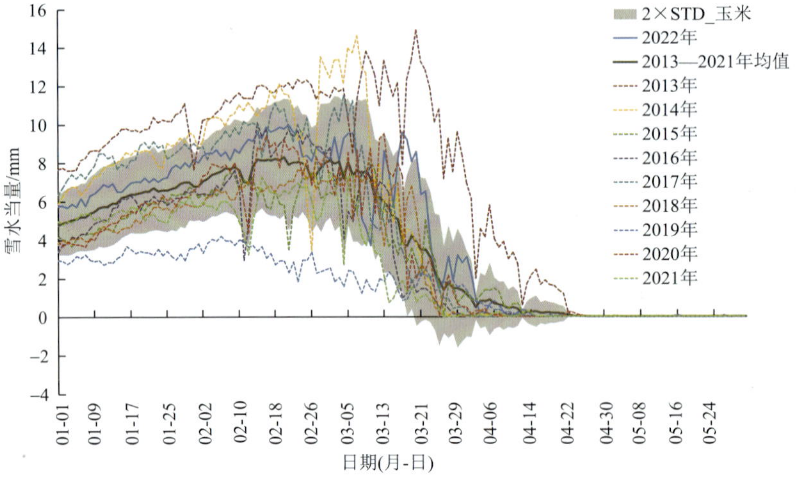

图 6.50　2013—2022 年 1—5 月玉米产区雪水当量变化

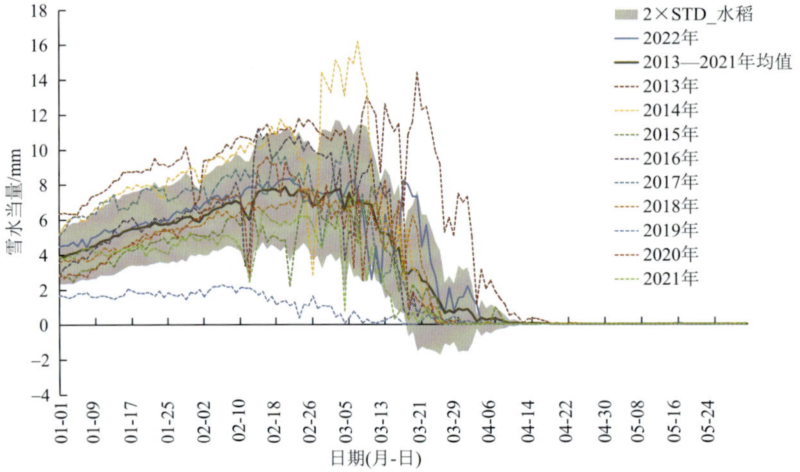

图 6.51　2013—2022 年 1—5 月水稻产区雪水当量变化

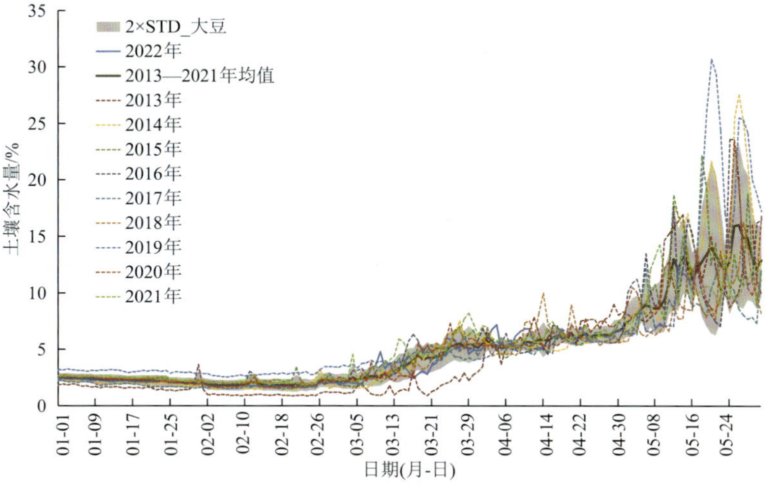

图 6.52　2013—2022 年 1—5 月大豆产区土壤含水量变化

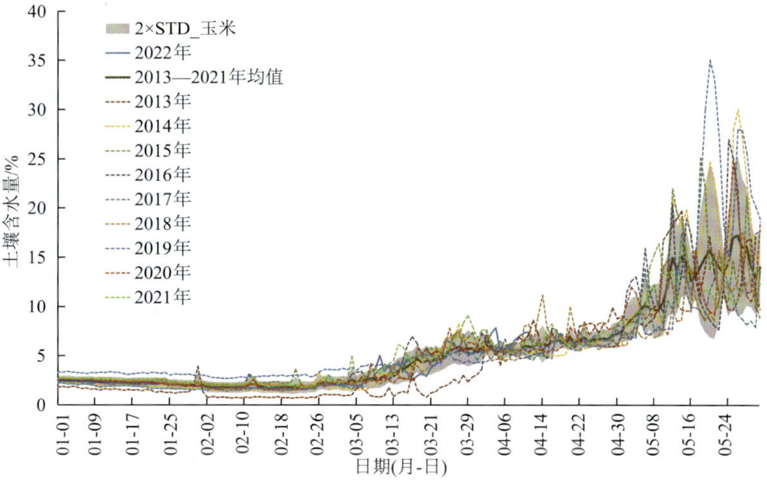

图 6.53　2013—2022 年 1—5 月玉米产区土壤含水量变化

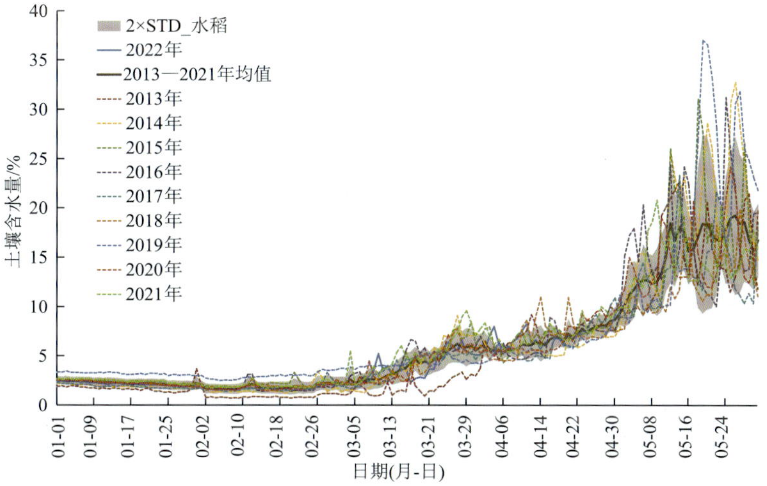

图 6.54　2013—2022 年 1—5 月水稻产区土壤含水量变化

近 10 a(2013—2022 年)1—4 月黑龙江省春耕春播期大豆、玉米、水稻作物产区的最大土壤含水量如表 6.10 所示。3 种作物中水稻产区平均最大土壤含水量为 26.97%,高于玉米产区的 23.72%和大豆产区的 21.17%。

表 6.10　2013—2022 年 1—4 月黑龙江省主要作物产区最大土壤含水量统计

作物产区	最大土壤含水量范围/%	平均最大土壤含水量/%
大豆	14.8～30.7	21.17
玉米	16.9～35.0	23.72
水稻	19.8～37.0	26.97

近 10 a(2013—2022 年)1—4 月黑龙江省三大作物产区平均最大土壤含水量空间分布如图 6.55 所示。从图中可以看出,土壤含水量低于 30%的区域,大豆产区主要分布在大兴安岭地区南部、黑河大部分地区、齐齐哈尔西部及与黑河交界区域、大庆与绥化交界区域、牡丹江地区、佳木斯与七台河交界区域等地;玉米产区主要分布在黑河地区、齐齐哈尔西部、大庆东部、绥化西部、哈尔滨中西部及东部、牡丹江地区、七台河中部、佳木斯与七台河交界地区等;水稻产区主要分布在齐齐哈尔中部、大庆北部、牡丹江地区、鸡西西部、鹤岗北部、佳木斯中部和北部部分区域。

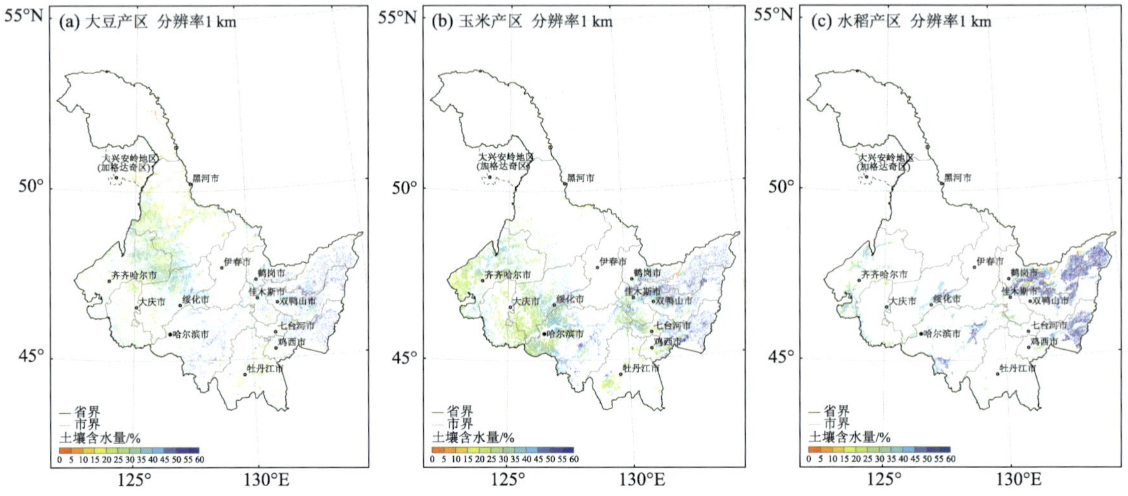

图 6.55　2013—2022 年 1—4 月黑龙江省三大作物产区平均最大土壤含水量空间分布

黑龙江省主要粮食产区土壤含水量低于 30%的区域中,大豆产区主要分布在西北部地区、玉米和水稻产区主要分布在西南部地区;对于土壤含水量低值区,应注意提前开展土壤保墒工作,从而保证春耕春播工作的顺利开展。

6.4.3.5　不同粮食产区雪水当量与土壤含水量相关性分析

不同粮食产区雪水当量与土壤含水量线性回归分析如图 6.56、图 6.57、图 6.58 所示。线性回归分析显示,3 种农作物产区的雪水当量与土壤含水量均呈负相关,其中水稻产区趋势率为−0.445,高于大豆产区的−0.404 和玉米产区的−0.435;3 种农作物产区的 R_2 值均大于 0.64($|R|>0.80$),说明在主要农作物产区雪水当量与土壤含水量均具有强相关性,其中大豆产区 R_2 值为 0.78,略高于玉米产区的 0.73 和水稻产区的 0.70,说明积雪融化对土壤含水量的增加起着积极的促进作用;3 种作物产区中,大豆产区的土壤含水量受积雪融化过程的影响最为显著。

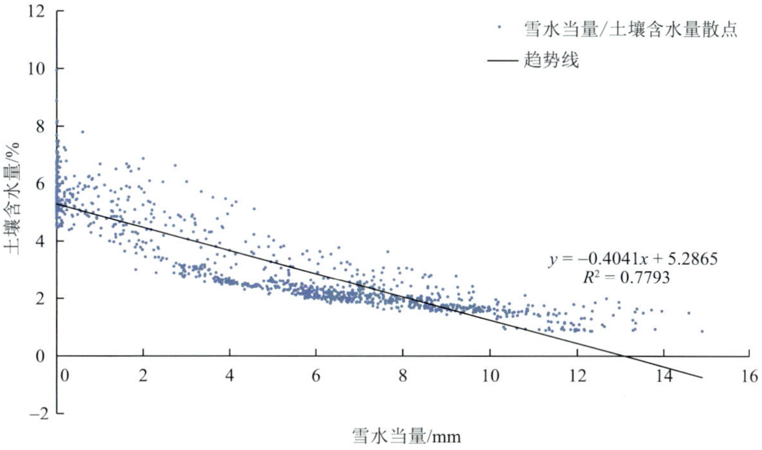

图 6.56　大豆产区雪水当量/土壤含水量线性回归分析

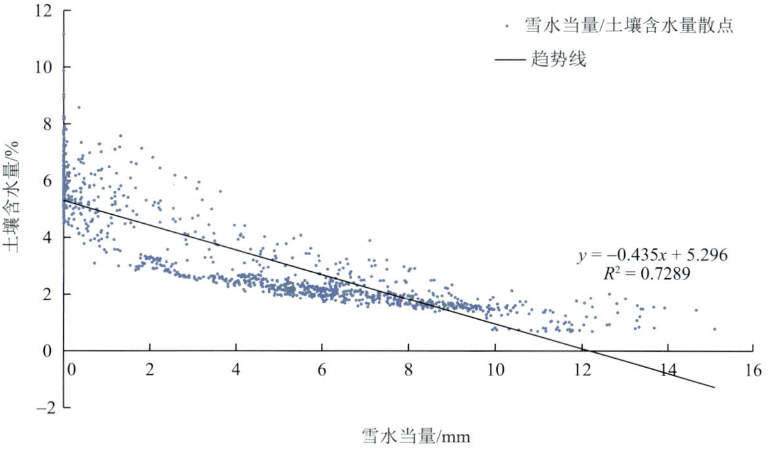

图 6.57　玉米产区雪水当量/土壤含水量线性回归分析

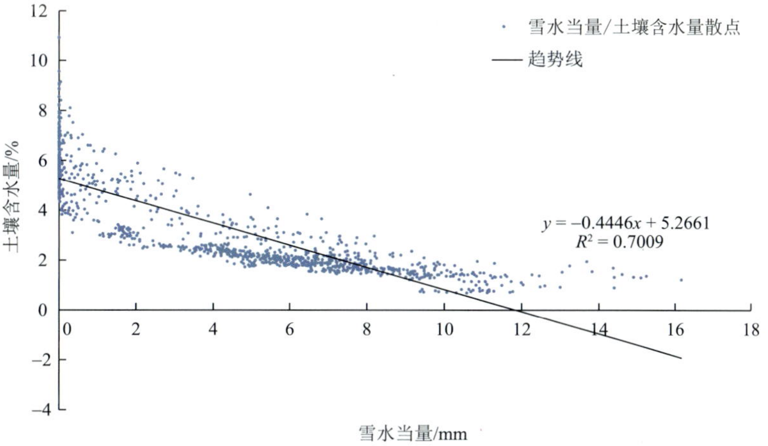

图 6.58　水稻产区雪水当量/土壤含水量线性回归分析

6.4.4 结论与小结

利用全球环境变化观测卫星微波传感器的雪水当量和土壤含水量数据产品，对黑龙江省大豆、玉米、水稻产区的雪水当量和土壤含水量进行监测分析，基于2022年黑龙江省粮食产区积雪消融期土壤含水量对雪水当量的响应，揭示了黑龙江省主要粮食产区雪水当量的变化规律及土壤含水量的变化特征，并探讨了二者的变化关系，得出以下结论：

(1)2022年3月下旬至4月中旬黑龙江省主要粮食作物产区积雪迅速融化，雪水当量迅速减小，西北、东北和南部农区雪水当量在3月下旬和4月上旬高于历史同期，后逐渐与历史持平。

(2)近9 a，粮食主产区在2月下旬至3月上旬雪水当量达到最大并趋于稳定，3月下旬开始迅速减少，4月下旬趋于0。

(3)2022年3月下旬至4月上旬，农区表层土壤含水量变化趋势与雪水当量相反，3月下旬西部农区高于历史同期，4月上旬大部农区高于历史同期，4月中旬松嫩平原西部和三江平原中西部农区失墒明显，但与近9 a平均相比仍是持平或偏高。

(4)近9 a土壤含水量在3月开始逐渐增加，相对于雪水当量减少过程，土壤含水量增加过程存在一定滞后性。

6.5 北极海冰与北极东北航道监测评估

北极海冰对日趋复杂的全球气候变化有着重要的影响，同时北极东北航道对我国还具有巨大的经济和战略价值，因此加强对北极海冰的监测具有重要意义。

6.5.1 数据与分析方法

数据来源主要包括：风云极轨气象卫星(FY-3系列)微波成像仪数据的海冰密集度(SIC)产品，分辨率为12.5 km；陆表温度(LST)产品，分辨率为25 km，美国国家冰雪数据中心(NSIDC)的海冰密集度和美国国家海洋和大气管理局海冰覆盖数据。其中，海冰密集度数据集分辨率为25 km，日海冰覆盖数据集分辨率为4 km。数据集基于多种卫星资料和地面观测数据以及海冰模型生成，主要包括：可见光和红外光谱数据、微波产品、合成孔径雷达产品、雪/冰产品。

利用多源遥感北极海冰数据，对2005—2022年的北极海冰时空变化进行分析，分析北极区域范围海冰年、月时间序列的冰龄分布和海冰面积变化，及年际海冰冰缘线变化，并对逐月海冰面积最值与均值、最大至最小海冰面积经历时间进行计算，对北极海冰的时空变化特征进行分析，对2022年和近18 a的北极东北航道融通期变化进行分析，对北极海冰面积变化与海表温度变化进行研究。

6.5.2 北极海冰分布

6.5.2.1 近18 a北极海冰分布

2005—2022年北极恒冻海冰区域如图6.59所示。恒冻海冰面积约为1.29×10^6 km^2，占北极海洋面积的10.60%。

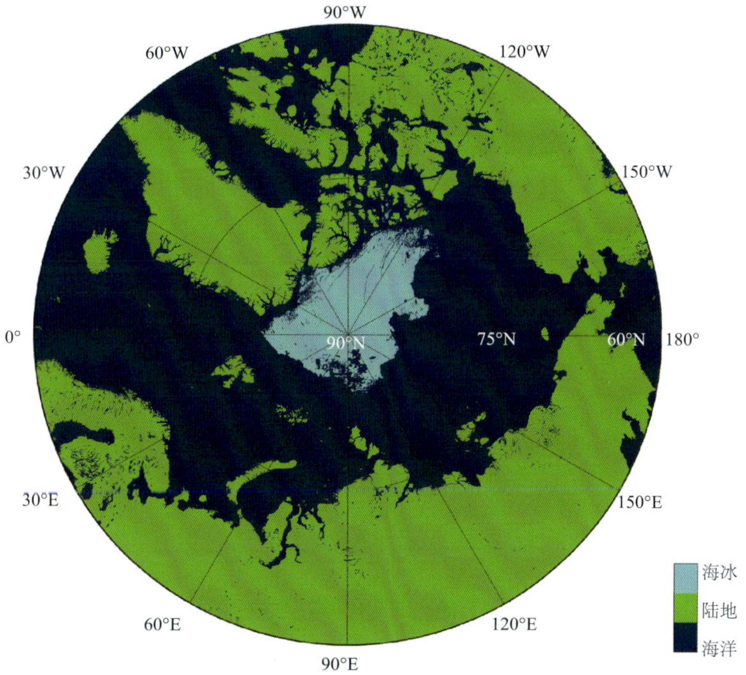

图 6.59　2005—2022 年北极恒冻海冰区域分布

年际北极海冰冰缘线分布如图 6.60 所示。2005—2022 年冰龄区域变化，从边缘至北极点海冰冰龄逐渐增长；其中，北极西北区域冰龄较大的海冰分布主要靠近格陵兰岛、埃尔斯米尔岛和伊丽莎白女王群岛等地区；相较于西北区域，东北区域距大陆较远，冰龄较大海冰主要分布在马卡罗夫海盆、索夫海岭、欧亚海盆、南森海底山脉和南森海盆等区域。

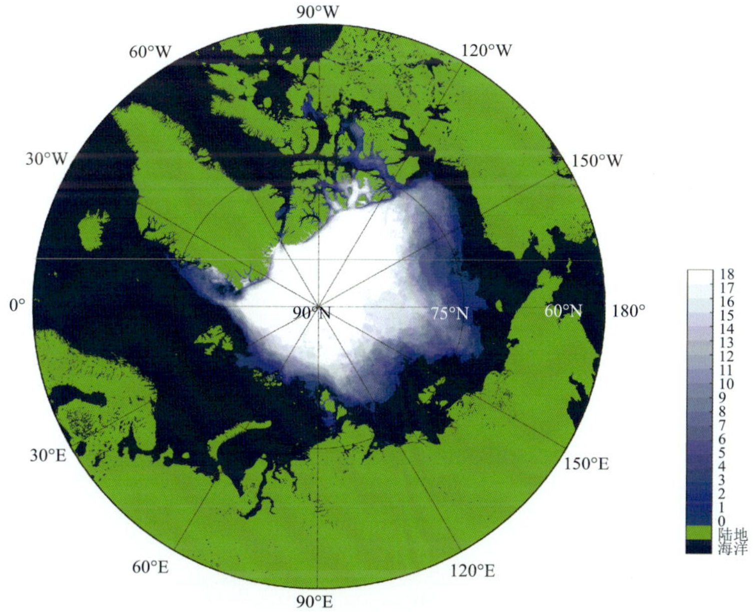

图 6.60　年际北极海冰冰缘线分布
（图例中数字代表冰龄，单位：年）

6.5.2.2　多年冰海冰面积变化

作为北极海冰的主要组成部分，多年冰面积的变化对北极海冰总量有着重要的影响。2005—2022 年多年冰面积变化如图 6.61 所示。近 18 a 中多年冰面积均值在 3.54×10^6 km²，其间共出现 4 个波峰与 4 个波谷，最高值出现在 2006 年，面积为 4.06×10^6 km²；在 2009 年、2013 年、2017 年出现 3 个波峰，海冰面积分别为 3.87×10^6 km²、4.03×10^6 km²、3.74×10^6 km²；4 个波谷分别出现在 2007 年、2012 年、2016 年和 2020 年，海冰面积分别为 2.97×10^6 km²、2.63×10^6 km²、2.92×10^6 km² 和 2.93×10^6 km²；2022 年多年冰海冰面积为 3.74×10^6 km²，处在近 18 a 历史第 6 位；分析趋势可知，多年冰面积整体呈下降趋势，年变化率为 -1.88×10^4 km²/a，北极海冰多年冰面积在持续减小。

图 6.61　多年冰海冰面积

6.5.2.3　1 a 冰海冰面积变化

2005—2022 年 1 a 冰面积呈波动变化，如图 6.62 所示。2012 年 1 a 冰面积为 1.47×10^7 km²，为近 18 a 最高；2022 年 1 a 冰面积为 1.33×10^7 km²，为近 18 a 第 10 位；分析趋势可知，北极海冰 1 a 冰面积整体呈上升趋势，以年变化率 9.91×10^3 km²/a 的速度迅速增加。

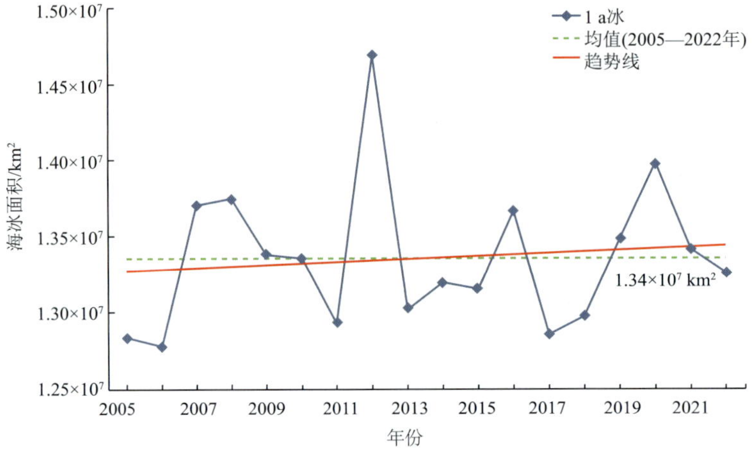

图 6.62　1 a 冰海冰面积

6.5.3 海冰面积时间序列变化

6.5.3.1 海冰面积逐月年际变化

北极海冰面积月均值年际变化如图 6.63 所示。年际海冰最大面积发生在 3 月，波动范围较小；年际海冰最小面积发生在 9 月，波动范围较大；融化过程 4—9 月，其中 6—8 月最显著；冻结过程 9 月—次年 3 月，其中 10—12 月最显著。

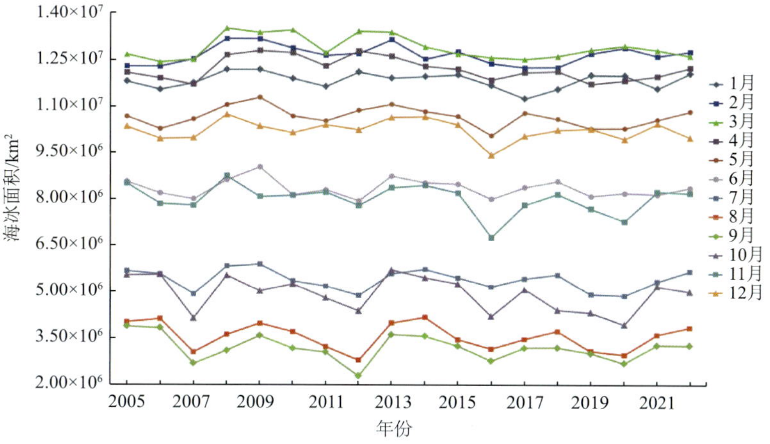

图 6.63 近 18 a 海冰面积月均值变化

海冰面积在 3 月达到最大，9 月达到最小；海冰面积月均值 RMSE(均方根误差)如图 6.64 所示，年际海冰面积 RMES 在 10 月达到最大，表明年际海冰面积变化在 10 月最不稳定。

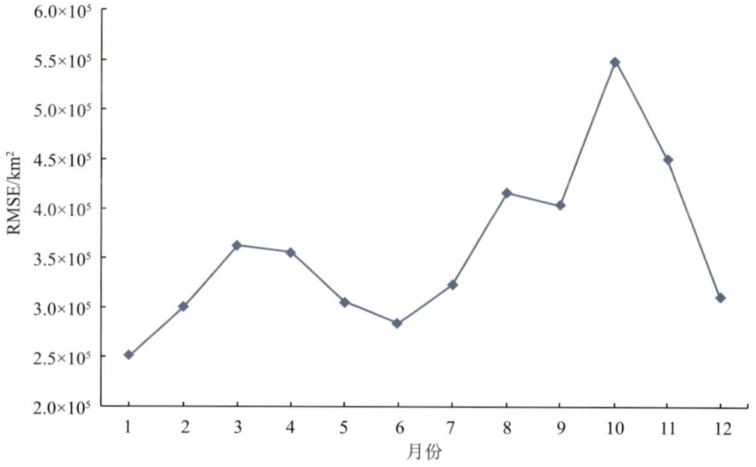

图 6.64 海冰面积逐月年际均值 RMSE

6.5.3.2 标准差分析

海冰面积与 2×STD(标准差)日变化统计如图 6.65 所示。2022 年北极海冰面积日变化较历史同期整体偏低，特别是在 7 月—10 月上旬明显低于历史均值，海冰面积一直维持在较低水平。

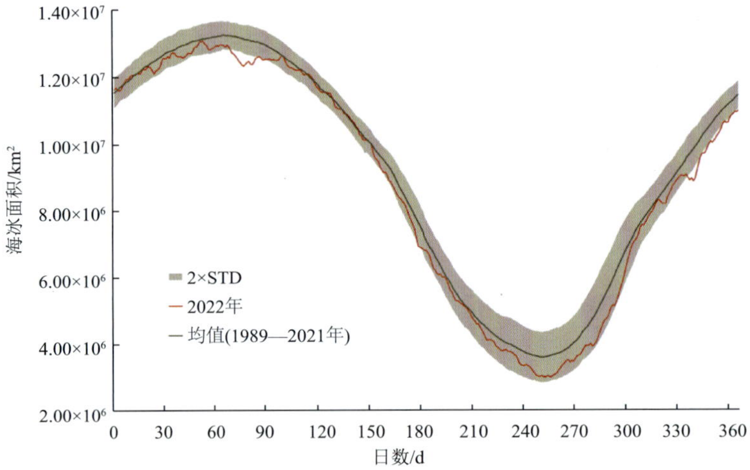

图 6.65 北极海冰面积与 2×STD 日变化

6.5.3.3 海冰面积最值变化

北极海冰面积最值变化如图 6.66 所示。2005—2010 年，海冰面积年最大值变化较为平缓；2011—2017 年，最大值出现较为剧烈的波动；2018—2020 年又再次趋于平缓；海冰面积年最小值变化与最大值类似。变化趋势显示，海冰面积年最大值与最小值均呈下降趋势，年最大值较年最小值变化相对平缓。

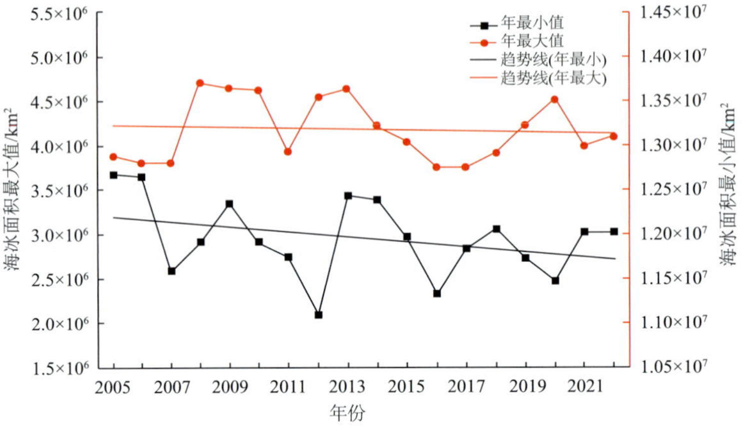

图 6.66 海冰面积最大值、最小值变化

6.5.3.4 最大至最小经历时间

海冰面积最大至最小经历时间如图 6.67 所示。近 18 a 中 2016 年的用时最短，仅为 163 d，2015 年用时最长为 205 d；从整体趋势分析，2022 年处在第 2 高位，为 202 d；海冰面积最大至最小经历时间呈下降趋势。

6.5.3.5 逐月最值与均值统计

逐月最值与均值统计如图 6.68 所示。逐月最大值、最小值及均值呈现周期性波动变化，整体均呈现减小趋势，冰冻过程的每年 12 月—次年 4 月有明显的稳定期，此时北极陆表、海洋

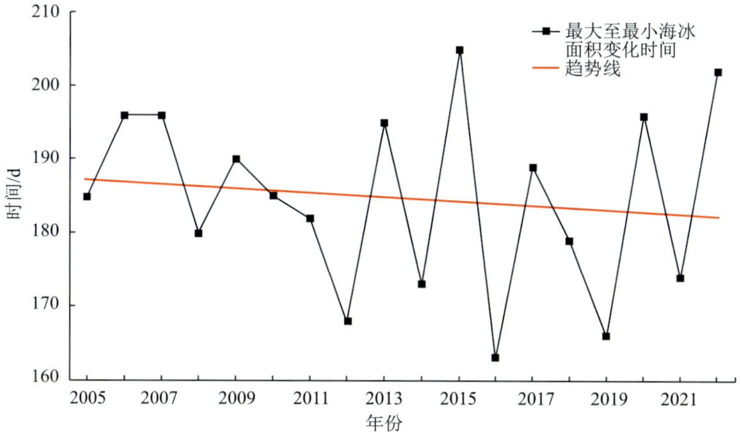

图 6.67 海冰面积最大至最小经历时间

温度均达到较低水平且变化不显著，海冰覆盖面积变化不明显；融化过程中，一般在每年 9 月达到海冰面积最小值，但进入 10 月海冰面积迅速增加，分析原因可能与大气环流热、动力和海洋变化影响等因素有关。

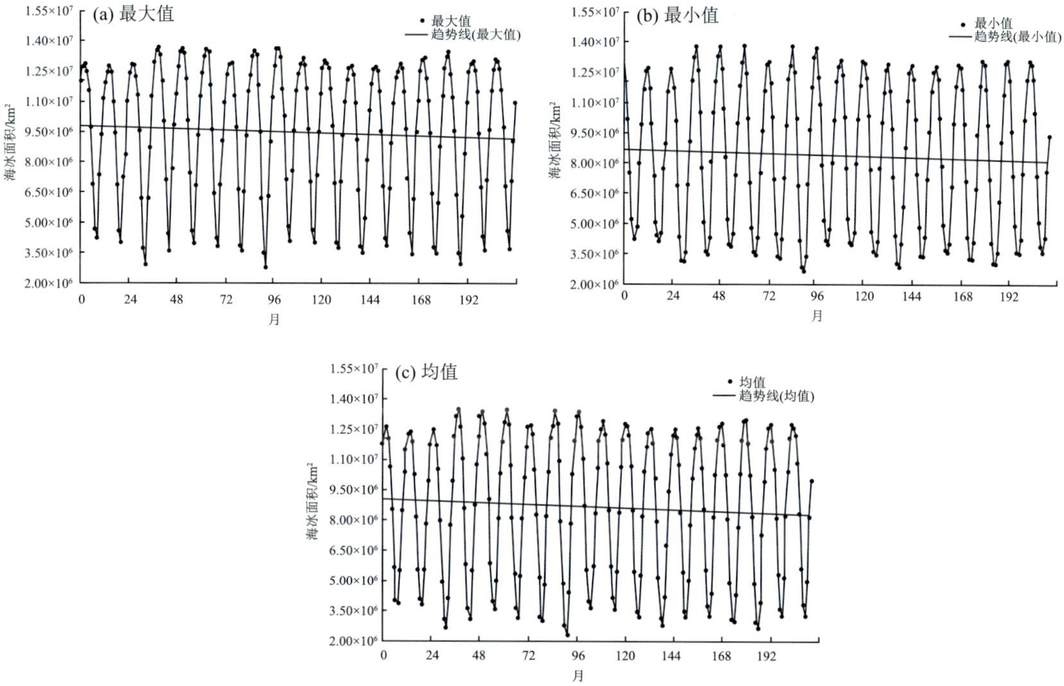

图 6.68 海冰面积最值逐月统计

6.5.4 2022 年北极海冰面积分布特征

6.5.4.1 海冰日数分布

2022 年北极海冰覆盖日数分布如图 6.69 所示，海冰覆盖日数较高的区域沿北极点向南扩展，西北区域覆盖面积较东北区域大，并且更靠近岛屿和陆地；东北区域海冰覆盖日数较高的区域距离陆地较远，主要维持在北冰洋东北海域范围。

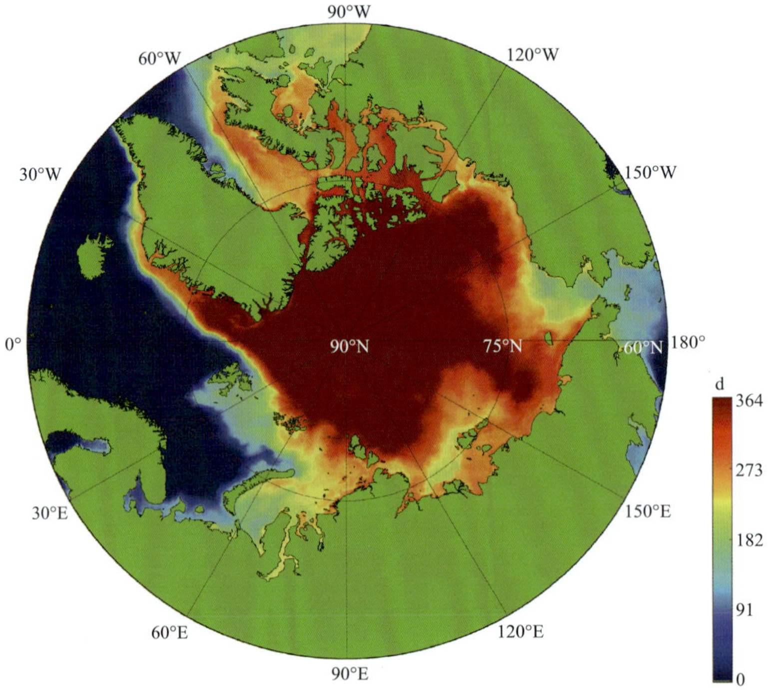

图 6.69　2022 年北极区域海冰日数分布

2022 年北极地区(＞66.57°N)海冰日数超过 200 d 的面积为 8.94×10^6 km^2，统计结果如表 6.11 所示。

表 6.11　2022 年北极圈海冰日数与面积统计

日数/d	面积/(×10^6 km^2)
≤50	0.36
50～100	0.20
100～150	0.36
150～200	0.69
＞200	8.94

6.5.4.2　冰龄分布

2022 年北极地区海冰冰龄分布如图 6.70 所示。2022 年达到最大日数 365 d 的海冰面积为 3.33×10^6 km^2，占北极地区海洋面积的 19.84%，主要分布在北极点偏西北方，靠近格陵兰岛、埃尔斯米尔岛和伊丽莎白女王群岛区域；不满 365 d 的海冰区域主要分布在北极东北方至俄罗斯、挪威等北欧国家海域。

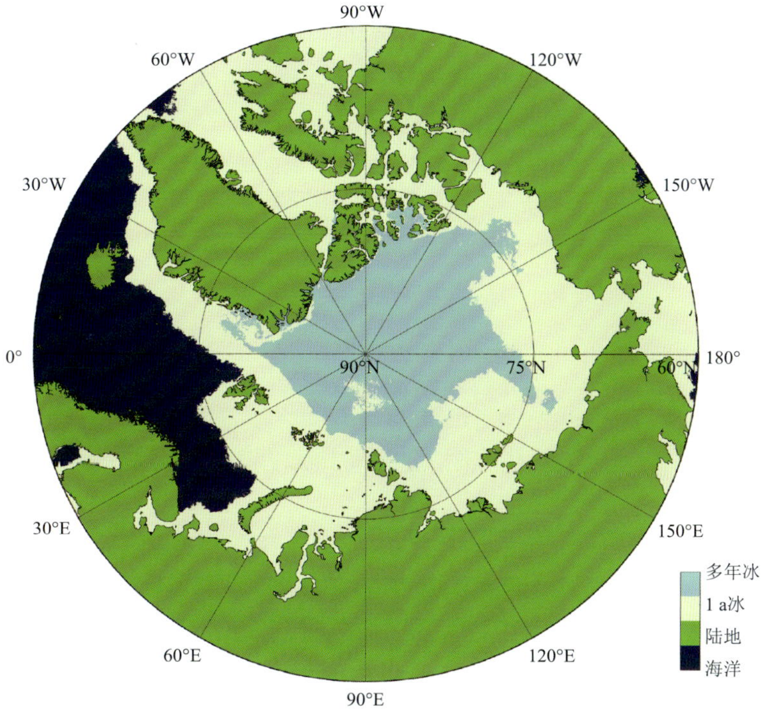

图 6.70　2022 年达到最大日数与不足最大日数海冰空间分布

6.5.5　近 18 a 北极东北航道融通期变化分析

6.5.5.1　近 18 a 北极东北航道融通期统计

2005—2022 年北极东北航道融通期如图 6.71 所示。2022 年北极东北航道融通期为 43 d,排在近 18 a 的第 7 位,低于历史均值(50.6 d)。

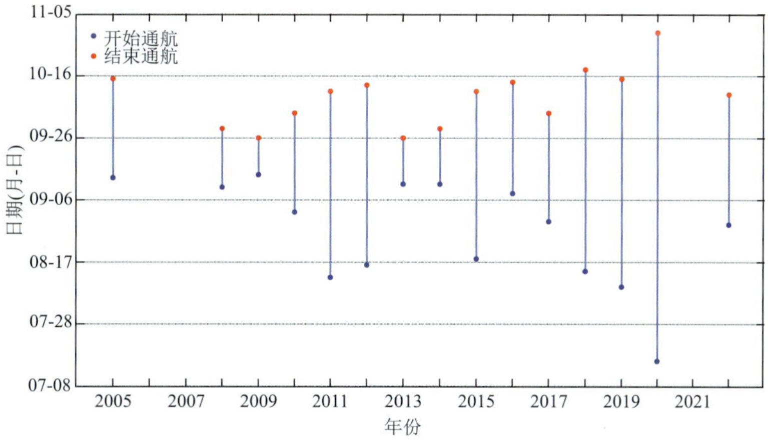

图 6.71　2005—2022 年北极东北航道融通期统计

2005—2022 年北极东北航道融通期时段如表 6.12 所示。近 18 a 中，除 2006 年、2007 年和 2021 年北极航道区域海冰未能维持稳定融通外，其他年份都实现融通，其中 2020 年融通时间最长，达到 107 d，7 月中旬就已实现融通；其他年份的融通起止时间范围一般为每年 8 月初至 10 月中旬。

表 6.12　2005—2022 年北极东北航道区域海冰融通时间

年份	融通时间	维持日数/d
2005	9 月 12 日—10 月 14 日	33
2006		
2007		
2008	9 月 10 日—9 月 29 日	20
2009	9 月 13 日—9 月 25 日	13
2010	9 月 1 日—10 月 3 日	33
2011	8 月 11 日—10 月 10 日	61
2012	8 月 16 日—10 月 11 日	59
2013	9 月 10 日—9 月 25 日	16
2014	9 月 10 日—9 月 28 日	19
2015	8 月 17 日—10 月 10 日	55
2016	9 月 8 日—10 月 14 日	37
2017	8 月 29 日—10 月 3 日	36
2018	8 月 13 日—10 月 17 日	66
2019	8 月 8 日—10 月 14 日	68
2020	7 月 16 日—10 月 30 日	107
2021		
2022	8 月 30 日—10 月 11 日	43

6.5.5.2　2022 年北极东北航道融通关键影响区

2022 年北极东北航道海冰融通与封闭前后变化如图 6.72 所示。东北航道融通关键影响区位于弗兰格尔岛与楚科奇半岛之间的德朗海峡，融通起始时间为 8 月 30 日；封闭关键影响区位于北地群岛的布尔什维克岛与泰梅尔半岛北端之间的维利基茨基海峡，封闭时间为 10 月 12 日。

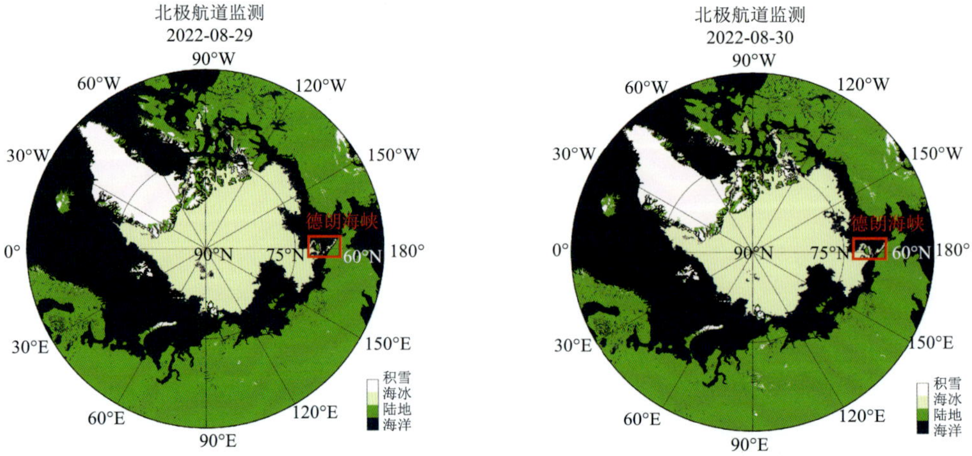

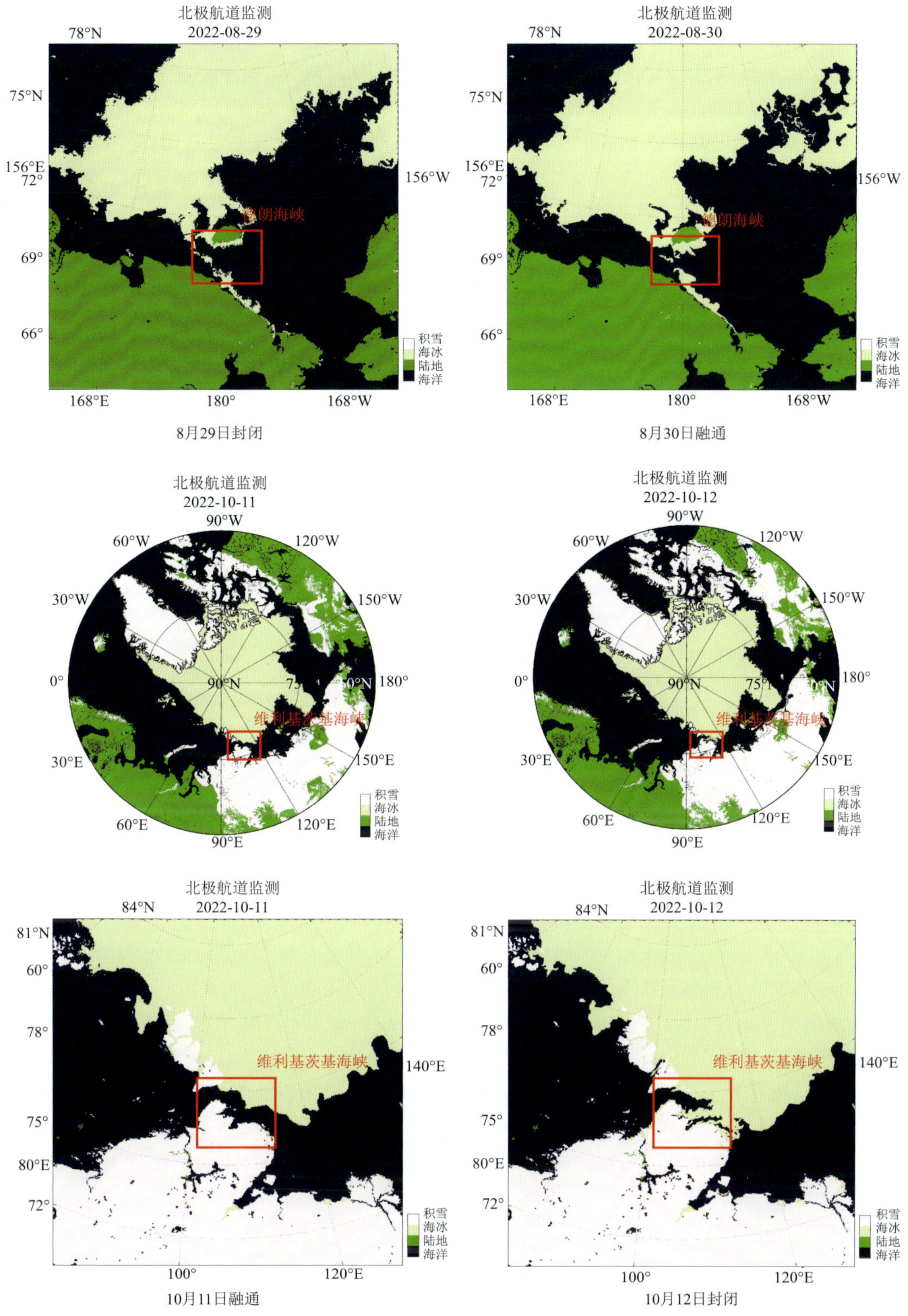

图 6.72 2022 年 8 月 30 日—10 月 11 日北极东北航道区域海冰实现融通

6.5.5.3 海冰面积与海陆表温度的关系

通过对2020年北极陆表温度(FY-3D/MWRI)日均值分析(图6.73)可知,最大值为286.96 K,最小值为256.01 K,均值为279.91 K;北极东北区域雪盖区面积较少,连续陆地面积为3.05×10^6 km²,更利于陆表升温;相较于东北区域,西北区域陆地面积较小,为9.94×10^5 km²,且部分地区以岛礁形式散布于北冰洋西北区域,这些区域不利于陆地对太阳辐射吸收和温度的保持,西北区域具有面积较大的常年雪盖区,陆表升温也相对较缓,海冰在西北区域更易于形成。

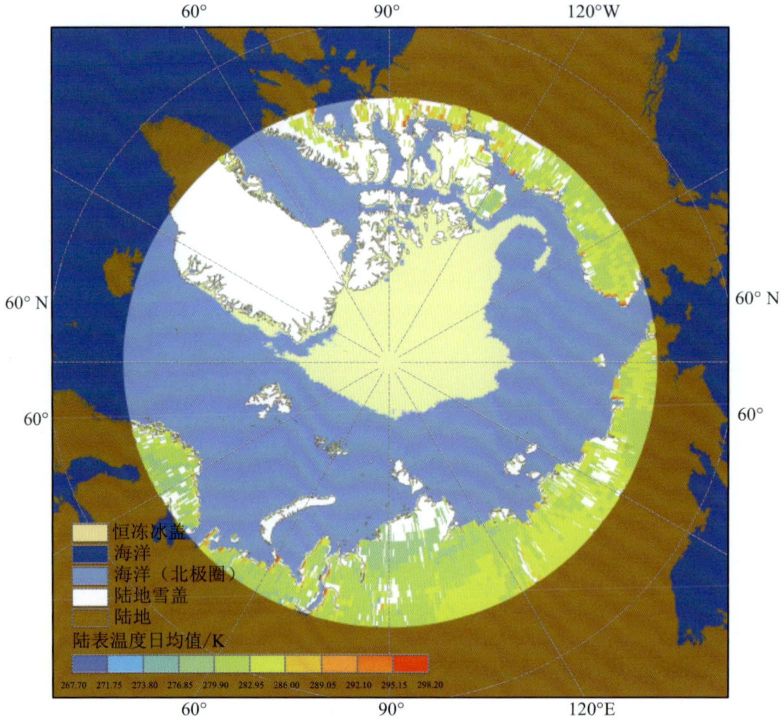

图6.73 2020年北极平均陆表温度日均值分布

从2020年北极海表温度日均值分布(图6.74)可以看出,1 a恒冻区与基于IMS数据分析得出的1 a冰龄分布一致,整体偏向北极西北地区;海表温度低值区主要分布在恒冻区与陆地之间,最大值为290.47 K,最小值为272.01 K,均值为278.06 K,低值区整体更接近恒冻区;海表温度高值区主要分布在沿海陆交界处。

北极逐日海冰面积与海表温度变化如图6.75所示。2020年北极逐日海冰面积变化在3.28×10^6~1.02×10^7 km²范围,均值为7.78×10^6 km²,其中在2—3月达到最大,在9月达到最小;逐日海表温度变化在275.73~282.03 K,均值为277.62 K,海表温度在8月初达到最高,在9—10月达到最低。

北极海冰面积相对于海表温度变化存在滞后期,即当海表温度达到最高时,海冰还在融化,海冰面积还未达到最小值;海表温度达到最低时,海冰还在冻结,海冰面积还未达到最大值,海冰面积变化滞后于海表温度变化,滞后期在30~40 d。

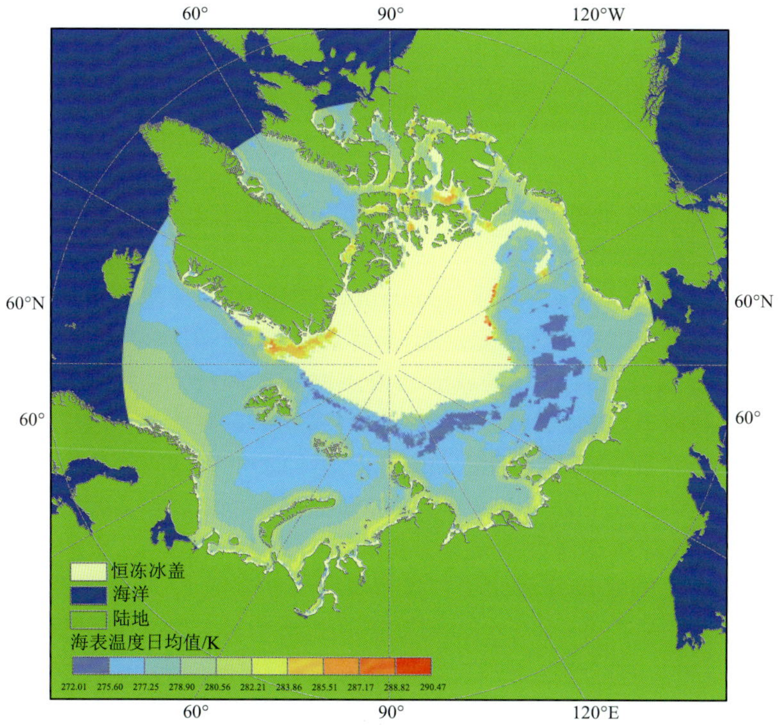

图 6.74　2020 年北极平均海表温度日均值分布

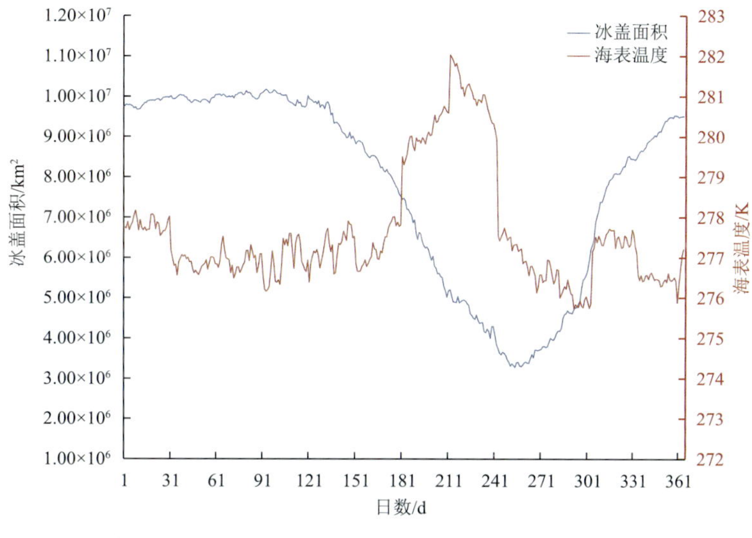

图 6.75　北极逐日海冰面积与海表温度变化

6.5.6　结论与小结

采用多源卫星遥感海冰数据对 2005—2022 年北极区域海冰数据进行分析处理，对 2022 年及 2005 年以来近 18 a 的北极海冰覆盖日数和覆盖面积进行分析，分析了海冰面积时间序列变化情况和海冰面积最值变化情况，主要分析结果如下。

(1)近 18 a 北极海冰多年冰面积呈波动变化,整体呈下降趋势,年变化率-1.88×10^4 km^2/a;1 a 冰面积逐年增大,年变化率为 9.91×10^3 km^2/a,两方面分析显示多年冰面积在持续减小。

(2)冰龄冰缘线分析显示,北极海冰冰龄沿北极点至海冰边缘逐渐减小,西北区域冰龄较大的海冰分布靠近附近群岛,东北区域冰龄较大海冰主要分布在北极点附近的北冰洋海域,且距欧亚大陆较远;海冰面积 3 月达到最大,9 月达到最小,每年 10 月为海冰面积变化最不稳定时期;2022 年北极海冰面积日变化较历史明显偏低,且海冰较历史同期存在明显的加速融合和冻结放缓的过程。

(3)逐月最值与均值分析显示,海冰月最大值、最小值及均值呈明显的周期性变化。每年 2—3 月和 8—9 月为海冰冻结和融化的稳定期;整体趋势分析,逐月最值与均值均呈下降趋势。

(4)2022 年海冰覆盖日数较高的区域沿北极点向南扩展,西北区域覆盖面积较东北区域大,并且更靠近岛屿和陆地,东北区域海冰覆盖日数较高的区域距离陆地较远,主要维持在北冰洋东北海域范围;2022 年达到最大日数 365 d 的海冰面积为 3.33×10^6 km^2,占北极地区海洋面积的 19.84%,主要分布在北极点偏西北方,靠近格陵兰岛、埃尔斯米尔岛和伊丽莎白女王群岛区域;不满 365 d 的海冰区域主要分布在北极东北方至俄罗斯、挪威等北欧国家海域。

(5)2022 年北极东北航道融通时间为 8 月 30 日—10 月 11 日,融通期为 43 d,在近 18 a 中排名第 7 位,低于历史均值(50.6 d);2022 年北极东北航道融通影响关键区为德朗海峡,融通时间为 8 月 30 日,封闭关键影响区为维利基茨基海峡,封闭时间为 10 月 12 日。

(6)北极海冰面积相对于海表温度变化存在滞后期,即当海表温度达到最高时,海冰还在融化,海冰面积还未达到最小值;海表温度达到最低时,海冰还在冻结,海冰面积还未达到最大值,海冰面积变化滞后于海表温度变化,滞后期在 30~40 d。

6.6 北半球高纬度湖泊变化气候影响评估

6.6.1 概述

在自然与人为因素的共同作用下,全球气温普遍升高(王鑫 等,2021),其中增温幅度最大的区域主要集中在北半球高纬地区(Hansen et al.,2013),加速了该区域冰川消融,造成了海平面的上升(梁丁丁,2016),同时干旱事件的加重,也驱动部分区域湖泊面积缩小。湖泊作为水圈、大气圈、生物圈的连接点,作为气候变化的指示器,必然会受到全球与区域气候变化的影响。此外,由于湖泊独特的水源涵养特性,使其成为生态环境的重要调节器(鲁安新 等,2006)。湖泊水量收支主要取决于降水、蒸发与冰川消融(李林 等,2020),气候变暖、蒸发强烈、降雨减少造成气候干旱,是湖泊普遍表现为缩小的原因。此外,随着气温上升、冰川和冻土融水的补给,也会使得湖面扩大。由于北半球高纬地区气温较低,湖泊封冻期偏长(柏钦玺 等,2018),影响机制也更为复杂,受到了国内外学者的广泛关注(祝存兄 等,2022)。

王冠等(2018)与马丙成(2017)研究发现,受气候变暖和降水减少的影响,贝加尔湖水位总体呈减少趋势,分阶段看,水位先升后降,转折点出现在 2011 年。李想等(2022)研究发现,降水多寡是影响贝加尔湖湖泊面积的最主要因素,近些年降水量的减少使得贝加尔湖趋于缩小。对比湖泊信息与气候要素的关系,可以对湖泊灾害进行预报,减轻自然灾害造成的损失,也能够为应对和适应气候变化对生态环境造成的影响提供参考与指导。金鸽等(2022)研究发现,呼伦湖区域总体呈现暖干化趋势，2012 年之前为水域面积持续缩小期，2012 年之后水域面积略有增加，夏季气温升高、蒸发量增加、相对湿度下降是影响呼伦湖水域面积变化的主要因素。王鹏飞等(2021)研究发现，2009 年人工调水实施以后水面面积逐渐恢复稳定，呼伦湖水面面积对气候突变及其周期波动存在相应的响应，人工调水实施前水面面积与气象要素的相关性较强，气候变化引起的蒸发量增大是呼伦湖水面面积减小的重要原因，人工调水严重干扰了呼伦湖水面面积对气候变化的响应。

北半球高纬地区作为气候变化的敏感带，湖泊面积的扩大与缩小态势会直接对水循环产生影响，从而对气候也存在着复杂的反馈作用。在该区域探讨气候变化对湖泊面积的影响机制，有助于提高对区域水循环与气候变化关系的认识，由于北半球高纬地区部分区域人迹罕至，获取连续可靠的水文数据难度偏大，遥感成为获取该区域湖泊多种信息的重要手段，自 1985 年起，国外学者就提出通过设置 TM7 波段阈值提取水体信息(Jupp et al.，1985)，此后还有学者采取 TM5 波段(Frazier et al.，2000)、波段比值法(Joo-Hyung et al.，2002)、归一化水体指数法(McFeeters，1996)、水体指数(Ouma et al.，2006)等方法，解决湖泊的提取问题，但存在细小水体提取欠分割、山体和云阴影的干扰等问题(Gudina et al.，2014)。因此，本研究基于卫星遥感数据，采用归一化水体指数和目视解译的方法，对长时序湖泊面积监测值的年际变化特征进行分析，对于揭示区域气候变化与典型湖泊的动态变化规律的关系意义重大。

6.6.2 数据与方法

6.6.2.1 数据来源

本研究所应用的 MOD09A1 产品来源于网站(https://www.usgs.gov/)，该产品空间分辨率是 500 m，时间分辨率是 8 d，一共包含 7 个波段，为了便于使用，产品已经过大气校正(孙芳蒂 等，2014)，因此可以直接提供水体、积雪、火情等方面的遥感监测数据(赵书慧 等，2018)。气候数据主要包括降水量、蒸发量、平均温度与风速，为了获取到研究区域长时段空间均匀格点化数据集，本研究基于纬度分辨率为 0.5°的 MERRA-2(全球陆地实际蒸散发数据集)再分析数据(Rienecker et al.，2011)，作为新一代高分辨率卫星再分析资料弥补了水循环方面的问题，已经过大量国内外学者的验证与对比，并且被广泛应用于全球气候变化影响评估领域(除多 等，2016)。

6.6.2.2 水体判识方法

基于 MOD09A1 产品数据，利用反射率高的绿光波段和吸收强的近红外波段，采取比值运算扩大两个波段的差异，凸显水体信息，构建出水体指数后，设定阈值对水体信息进行提取，国内外学者常用的水体指数有改进型组合水体指数(杨宝钢 等，2011)、归一化水体指数、高斯归一化水体指数(沈占锋 等，2013)、阴影水体指数(王瑾杰 等，2017)等，本研究选取得到广泛检验的归一化水体指数，具体计算见公式(6.11)：

$$\mathrm{NDWI} = (\mathrm{Green} - \mathrm{NIR})/(\mathrm{Green} + \mathrm{NIR}) \tag{6.11}$$

式中：NIR 和 Green 分别指的是近红外与绿光波段。

选取 0 作为阈值后发现，不同时段不同位置水体提取效果差异较大(王梦琦 等，2022)，为了进一步提高水体判识的准确度，本研究将水体指数法与目视解译法相结合，人工确定每一影像的阈值范围，对于水体信息进行提取。为了进一步验证水体判识结果的准确性，本研究选取典型时段，针对 MODIS 和风云三号卫星数据进行对比判识，评估水体提取效果。

6.6.2.3 数据分析方法

为了评估长序列数据的时间变化规律，本研究分别采用线性趋势法和 Mann-Kendall（MK）检验法，对于长序列的年际变化率以及突变特征进行分析。线性趋势法的计算公式为：

$$Y = aX + b \tag{6.12}$$

$$a = \left(\sum_{i=1}^{n} x_i y_i - n\bar{x}\bar{y}\right)/\left(\sum_{i=1}^{n} x_i^2 - n\bar{x}^2\right) \tag{6.13}$$

式中：Y 为长序列年际数据；X 是数据所对应的年份；a 是回归系数，表示序列的变化趋势；b 表示截距；$\bar{x}$ 和$\bar{y}$ 分别表示长序列数据和年份的平均值；x_i 表示 X 序列各项数值；y_i 表示 Y 序列各项数值。

当 $a>0$ 时，说明长序列数据随时间呈增加趋势；当 $a<0$ 时，说明长序列数据随时间呈减少趋势。

MK 检验法隶属于非参数检验法，优点在于可以不受异常值干扰，能够直观地表征长序列数据的长期变化趋势以及突变年份。

统计量 S_k 表示 i 时刻数据大于 j 时刻数据的累计个数，具体计算公式为：

$$S_k = \sum_{i=1}^{n} r_i (k = 2,3,\cdots,n) \tag{6.14}$$

$$r_i = \begin{cases} +1, x_i > x_j \\ 0, x_i \leqslant x_j \end{cases} (j = 1,2,\cdots,n) \tag{6.15}$$

式中：S_k 和 r_i 为统计量，x_i 和 x_j 为序列值。

UF_k统计量的计算公式为：

$$UF_k = \frac{[S_k - E(S_k)]}{\sqrt{Var(S_k)}} (k = 1,2,\cdots,n) \tag{6.16}$$

$$E(S_k) = n(n+1)/4 \tag{6.17}$$

$$Var(S_k) = n(n-1)(2n+5)/72 \tag{6.18}$$

式中：UF_k和 S_k 为统计量，$E(S_k)$和 $Var(S_k)$ 表示求平均值和方差，n 为样本数。

当 $UF_k>0$ 时，说明序列呈现递增趋势，反之，说明序列呈现递减特征，还可以根据给定的显著性水平 a 进行评估，当$UF_k>U_{a/2}$时，说明该序列的变化趋势达到显著置信水平。

X 序列逆序排列后按照同样的方式计算 UB_k：

$$\begin{cases} UB_k = -UF_k \\ k = n+1-k \end{cases} (k = 1,2,\cdots,n) \tag{6.19}$$

式中：UB_k和UF_k为统计量，n 为样本数，k 为序列号。

若 UF 和 UB 曲线存在明显交点，介于−1.96～1.96，说明该点所对应的年份就是突变开始的时间。

通过计算湖泊面积与气候要素的皮尔逊相关系数进行相关性分析，剔除与气候要素关系不显著的湖泊，筛选出与湖泊面积呈显著关系的气候要素，使用 SPSS 软件，采用逐步回归方法，可以构建气候要素与湖泊面积的多元回归模型，定量评估各因子对于湖泊面积的影响程度。

其中，多元回归模型为：

$$y = a_1 \times x_1 + a_2 \times x_2 + \cdots + a_n \times x_n + b \tag{6.20}$$

式中：a 是序列主要影响因子的回归系数，b 为常数，y 为湖泊面积，x 为气象数据。

6.6.3 小结与讨论

6.6.3.1 湖泊面积变化分析

根据湖泊面积提取数据，通过 MK 检验分析可知，本节研究的 6 个典型湖泊中，大部分湖泊呈扩大状态，只有纬度偏低的贝加尔湖，总体呈缩小趋势，2008 年存在突变，湖泊面积先增后减，2013 年之后以负距平为主，2018 年降低趋势达显著置信程度，泰梅尔湖、呼伦湖和兴凯湖略有扩大，泰梅尔湖和呼伦湖全时段变化趋势未通过显著性检验，兴凯湖 2007—2013 年增加趋势达显著置信程度，奥涅加湖面积增加速率最快，为 40.18 km^2/a，2013 年之后以正距平为主，耶谢伊湖和呼伦湖属于稳定性湖泊，无明显变化趋势特征(图 6.76)。

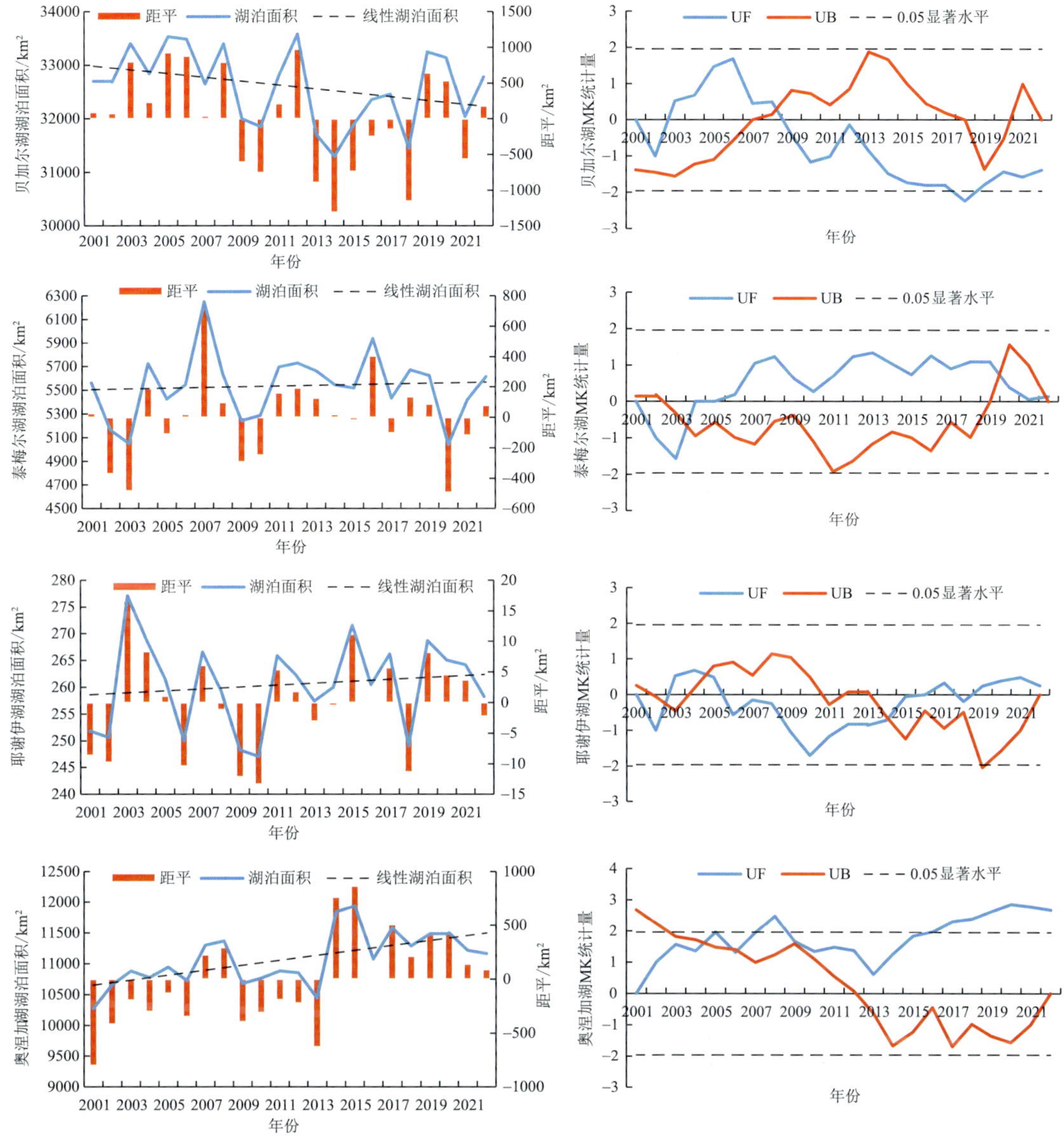

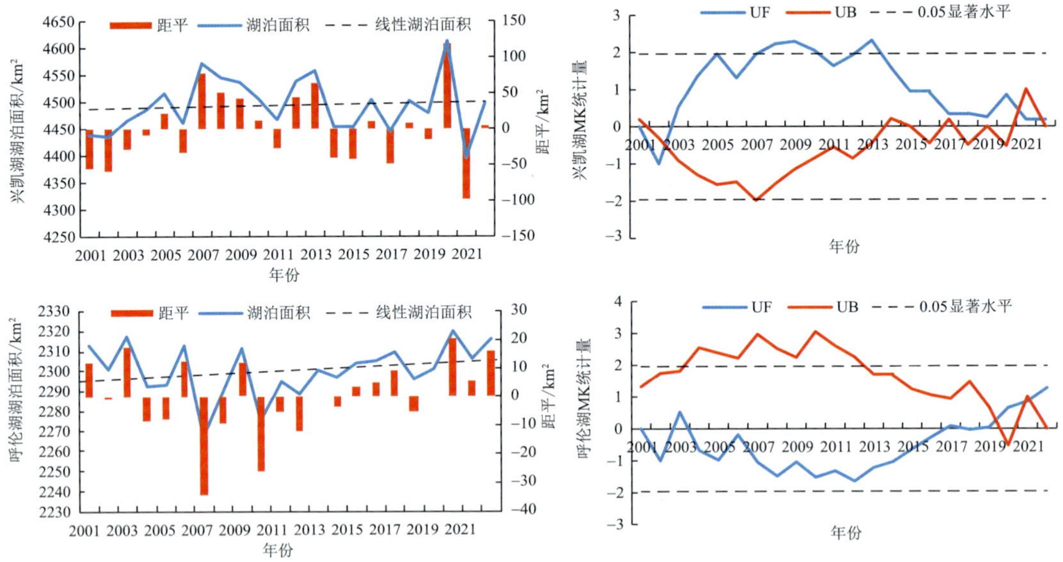

图 6.76　2001—2022 年湖泊面积变化情况图

6.6.3.2　湖泊面积对气候变化的响应

从 6 个典型湖泊的气候要素变化来看，气候条件年际变化趋势相类似，北半球高纬度地区气候条件趋于暖湿化，降水量持续增加，2004 年增加趋势达显著程度，蒸发量和平均温度在 2018 年增加趋势达显著程度，风速略有增加，但变化趋势不显著。其中，奥涅加湖、兴凯湖、呼伦湖平均温度为正，奥涅加湖呈极显著增加趋势，耶谢伊湖平均温度显著增加，奥涅加湖和兴凯湖的降水最多，奥涅加湖呈显著增加趋势，泰梅尔湖和耶谢伊湖纬度偏高，年平均温度低于 0 ℃，该区域湖泊结冰期较长(图 6.77)。2016—2018 年气候条件存在显著突变，2004 年和 2008 年存在不显著突变，可以与湖泊面积的突变点相对应，2004 年之前气候要素变化不显著，2004—2008 年降水增加，湖泊面积呈扩大趋势，兴凯湖面积增大显著，2008—2017 年降水量仍趋于增加，增加率略有降低，平均温度先降后增，贝加尔湖转为缩小，2019 年之后北半球高纬度地区暖湿化程度最强，蒸发也呈现增加的趋势，贝加尔湖缩小和泰梅尔湖扩大速度减缓，耶谢伊湖和呼伦湖略有扩大，奥涅加湖面积显著增大。

针对典型湖泊面积长序列数据与气候条件进行相关分析后发现，典型湖泊面积与降水、蒸发、温度相关关系极显著，说明湖泊面积对水热条件反应敏感(表 6.13)。因此，本研究选取降水、蒸发与温度构建多元回归模型，构建的耶谢伊湖面积估算方程 P 值小于 0.05，达显著置信程度；贝加尔湖、泰梅尔湖、奥涅加湖、兴凯湖和呼伦湖构建的多元回归方程，模拟效果强于耶谢伊湖(表 6.14)。降水多寡是湖泊面积变化的重要原因，此外，温度的普遍性升高，促使典型湖泊周围冰川积雪融化，也造成了湖泊面积的扩大，与此同时，温度和降水的增加，促使区域蒸发量增大，使得湖泊面积缩小，在相关分析中发现，蒸发与湖泊面积呈正相关关系，这是因为随着湖泊扩大，总体蒸发面积扩大，蒸发量也随之增大。

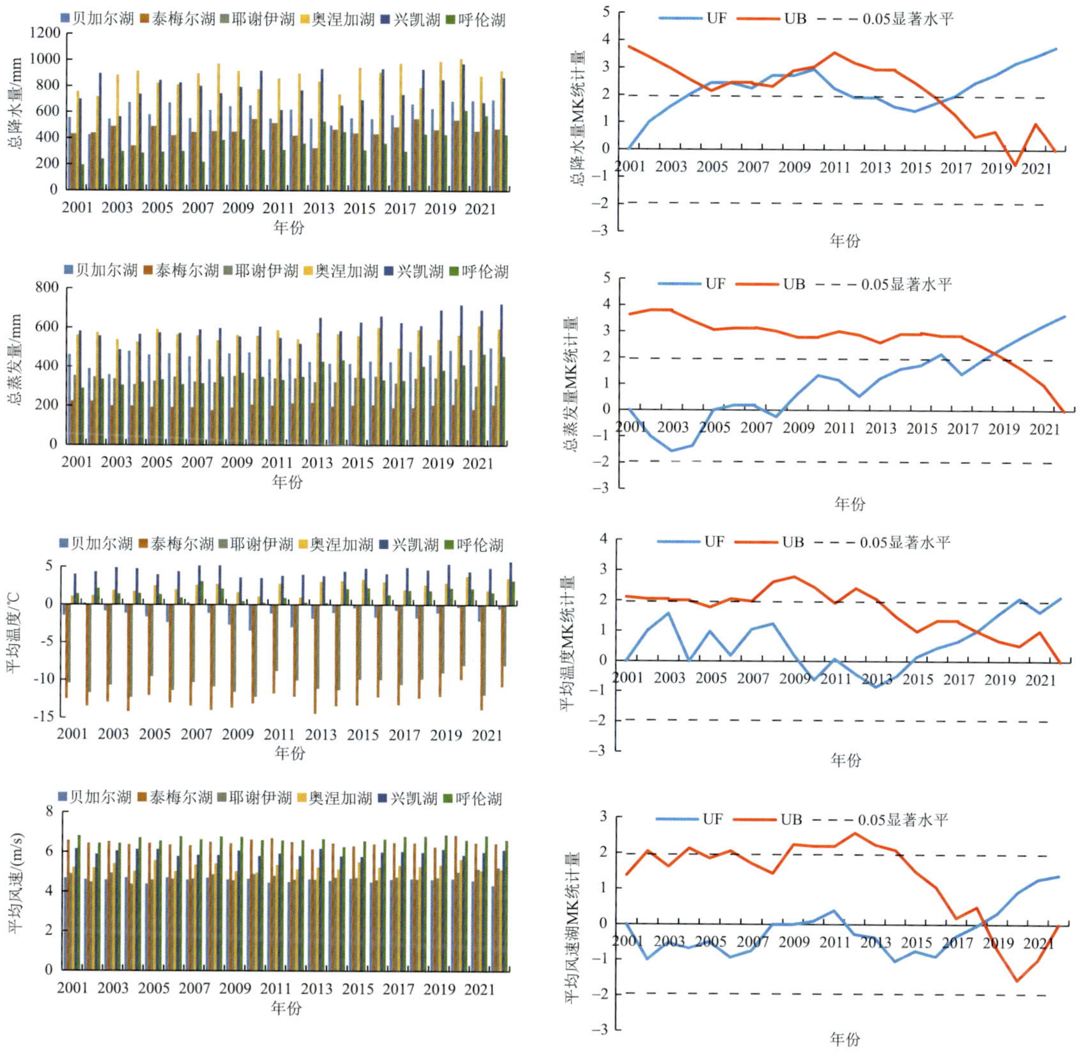

图 6.77　2001—2022 年气候条件变化情况图

表 6.13　湖泊面积变化与气象要素的相关性

湖泊名称	总降水	累计蒸发	平均温度	平均风速
贝加尔湖	0.670**	0.613**	0.638**	−0.699**
泰梅尔湖	0.397**	0.347**	0.378**	−0.111
耶谢伊湖	0.328**	0.284*	0.339**	−0.159
奥涅加湖	0.606**	0.512**	0.571**	−0.450**
兴凯湖	0.701**	0.457**	0.384**	−0.270*
呼伦湖	0.554**	0.405**	0.438**	−0.205

注：** 表示相关性极显著，* 表示相关性显著，下同。

表 6.14　湖泊面积和气象要素的响应模型

湖泊名称	响应模型	F	P
贝加尔湖	$S=31100.17+17.06P-8.76E+53.85T$	24.69	0.00
泰梅尔湖	$S=5288.37+2.93P-0.44E+5.18T$	5.29	0.00
耶谢伊湖	$S=264.71+0.05P-0.52E+0.52T$	3.78	0.01
奥涅加湖	$S=9707.39+6.16P-0.22E+31.22T$	16.40	0.00
兴凯湖	$S=4284.40+1.65P-0.64E-4.71T$	51.43	0.00
呼伦湖	$S=2346.02+0.90P-1.43E+4.38T$	31.10	0.00

6.6.3.3　未来气候变化特征及其对湖泊面积的影响

基于 CMIP6(耦合模式比较计划 6)模型模拟出的典型湖泊范围气候变化特征如图 6.78 所示。由 MK 检验可知,模拟数据 2023—2099 年的变化趋势与历史段类似,区别在于气温、降水、蒸发全时段均呈极显著增加趋势,2035 年 SSP126 情景气温显著突变由降转升。对比 SSP126、SSP245、SSP585 3 种排放情景,研究发现高排放情景下的气温、降水和蒸发量的平均值和增加率均高于低排放情景,高排放情景下降水和蒸发先降后升,低排放情景下气温先降后升。2050 年之前各排放情景差异较小,此后 3 种排放情景的水热条件差异逐年递增,2050 年之后 SSP585 排放情景下,平均温度超过 0 ℃,这一情况将对北半球高纬度地区的冰储量造成严重威胁。

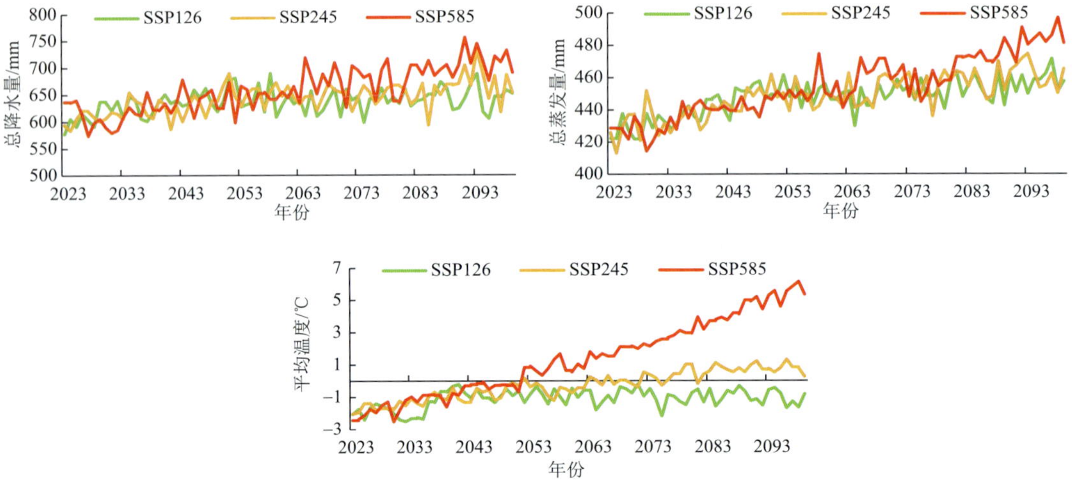

图 6.78　2023—2099 年气候条件变化情况图

将 CMIP6 气候模拟数据输入多元回归模型,可以模拟出典型湖泊面积在 2023—2099 年的变化特征(图 6.79),通过 MK 检验分析时间序列可知,2023—2099 年大部分湖泊面积都呈现极显著增加趋势,不同排放情景下,贝加尔湖的面积增加速率最大,其次是泰梅尔湖,仅有奥涅加湖在 SSP126 排放情景下面积不显著缩小,随着排放量的增加,不同湖泊面积的增加速率都随之增加(表 6.15)。

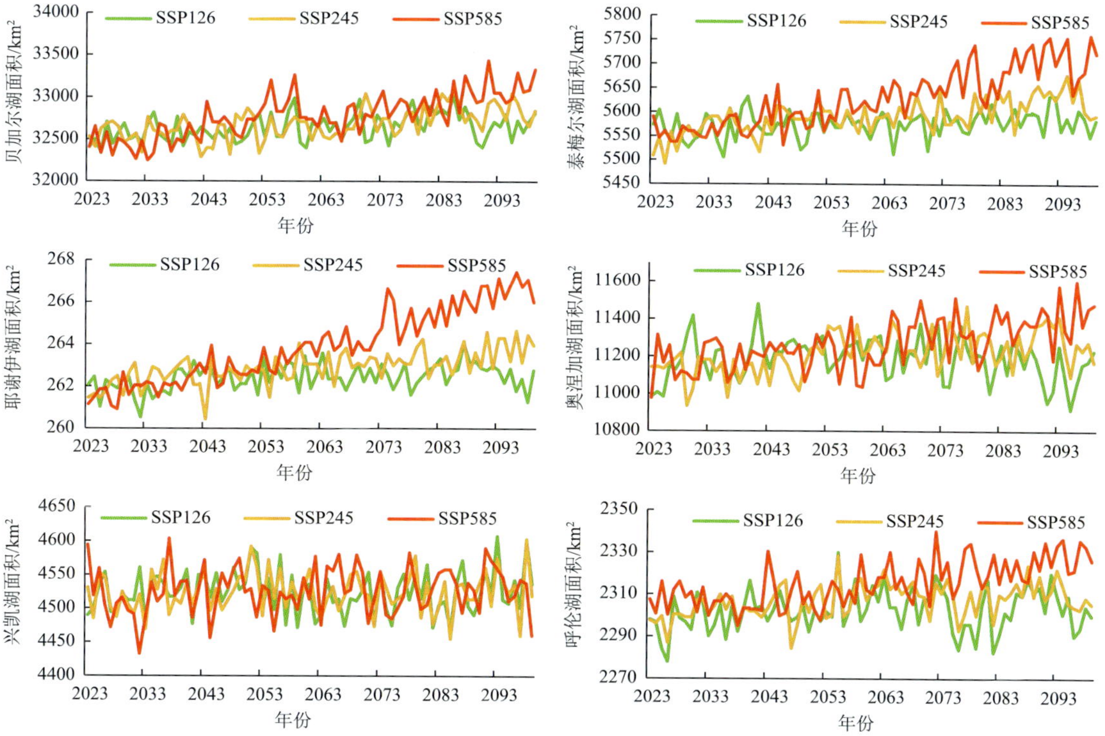

图 6.79　2023—2099 年湖泊面积预估结果变化图

表 6.15　未来北半球高纬度地区典型湖泊面积变化率

情景	时段	湖泊面积变化率/(km^2/a)					
		贝加尔湖	泰梅尔湖	耶谢伊湖	奥涅加湖	兴凯湖	呼伦湖
SSP126	2023—2099 年	2.831**	0.366**	0.010**	−0.418	0.069**	0.085**
	2023—2050 年	0.994**	0.179**	0.027**	6.470	1.038	0.308**
	2050—2099 年	0.913**	0.350**	0.001**	−2.860	0.176*	−0.060**
SSP245	2023—2099 年	4.677**	1.086**	0.024**	2.441**	0.109**	0.151**
	2023—2050 年	2.625**	2.257**	0.031**	0.122**	0.490*	0.228**
	2051—2099 年	6.682**	1.049**	0.024**	−0.255**	−0.138**	−0.022**
SSP585	2023—2099 年	9.372**	2.410**	0.074**	3.805**	0.207**	0.333**
	2023—2050 年	11.278**	1.418**	0.056**	2.534**	0.834**	0.096**
	2051—2099 年	6.937**	2.640**	0.085**	4.553**	0.270**	0.441**

对不同情景湖泊面积预估结果进行 MK 检验后发现，在 2050 年前后，湖泊面积发生突变，因此，以 2050 年为分界线评估各排放情景湖泊面积变化特征，在高排放情景下，温度整体偏高，造成冰川大范围融化，2050 年之后，泰梅尔湖、耶谢伊湖、奥涅加湖和呼伦湖扩大率进一步增大，由于贝加尔湖附近降水减少和蒸发增加，湖泊面积的扩大率有所减小。受温室效应的影响，北半球高纬度地区冰川融化，造成了普遍性的湖泊面积增加，这一点在高排放情景下体现得最为明显，SSP126 和 SSP245 情景下，冰川的融化量偏低，湖泊面积的扩大趋势有所减

缓，在奥涅加湖存在缩小的趋势。

6.6.3.4　讨论

北半球高纬度地区温度常年偏低，在全球气候变暖的背景下，气温升高幅度高于世界平均水平，气候变暖一方面对农业生产存在一定程度的气候变暖优势（廖茂林 等，2022），但另一方面也造成了森林火灾频发，以及大量冰川、积雪和冻土的融化，这将对区域基础建设形成安全隐患，此外，极端气候也会造成洪水与干旱事件的发生（尚月 等，2021）。高排放情景下，研究区域温度将达到 0 ℃以上，会造成大范围的冰川、积雪、海冰融化，释放的温室气体会加剧温室效应的影响，冰川与积雪持续消融，不仅会减少高纬度地区的冰储量，也会破坏湖泊水量补给源的平稳性，对水循环的安全稳定造成影响（祝存兄 等，2022），引发大规模的洪水，淹没人类的居住地，也会对现存物种的生存造成威胁，此外，冰川融化会造成冰层下毒株和甲烷的扩散，形成难以估量的病毒传染源，当空气中氧气含量降低至一定程度时，地球也将不再适宜人类居住（金铭，2012）。

湖泊作为生态环境中重要的一部分，具有调节区域气候和水文循环的作用，可以涵养水源、调蓄洪水、调节气候、美化环境、降低洪涝风险，还可以给陆地上的动植物提供水源，维持区域生态平衡，对于地球生物多样性的保障意义重大。气候变暖造成的冰川融化，促使湖泊面积增加，使得湖泊调节气候和涵养水源的能力增强，有利于区域生态环境的恢复以及水资源开发，但湖岸线外移也会对沿线居民生活、工程建设造成影响，会使得周边植被覆盖度降低，湖水的决堤与外溢还会造成洪灾，对于防灾减灾的工作带来压力（程俭 等，2021）。此外，温度的持续升高也会造成降水减少和蒸发增加，长远来看并不利于北半球高纬地区生态环境建设。因此，有必要以北半球高纬度地区典型湖泊面积变化作为切入点，研究如何更有效地应对气候变化问题，实现对区域湖泊治理和保护管理的目的。

研究发现，北半球高纬度地区的持续增温，促使该区域大范围冰川、积雪和海冰融化，随着融雪入湖径流的增加，湖泊面积也随之扩大，此外，部分地区降水锐减和蒸发的加剧，也同时使得部分典型湖泊扩大速率减缓，乃至趋于缩小状态。前人关于贝加尔湖的研究较多，得出的普遍结论是，受到降水减少的影响，21 世纪 10 年代湖泊水量存在由升转降的趋势，关于湖泊面积的变化特征，与本研究结论高度一致，再次证明了水体判识方法的准确性。此外，关于降水变化特征的分析结果存在差异，原因是研究所选取的时段不同，本研究发现贝加尔湖范围降水量总体增加，分阶段分析发现降水存在先增后降的趋势，通过相关分析与回归分析也发现，降水与贝加尔湖面积的相关系数达 0.66，回归系数为 19.121，均达到极显著置信程度，说明降水与贝加尔湖湖泊面积存在密切联系，与前人研究结果一致。

6.7　本章小结

本章主要采用统计分析方法，对研究区域像元进行统计分析，计算历史均值与距平，采用线性拟合方法对积雪覆盖日数进行线性回归分析，同时分析计算积雪覆盖日数与积雪覆盖初日的空间分布特征；利用高分卫星遥感资料对冰雪精细化监测评估进行应用研究，通过不同的分类方法和算法提取冰雪或水体面积，对数据融合算法进行研究，通过提取和优化融合方法对多光谱和全色遥感数据进行融合，使新产生的高分辨率影像既能保留光谱特征，又具有高空间分辨率，满足影像上提取足够监测信息的需要，针对重点积雪监测时段，开展积雪产品业务化应用研究，开展成果省级本地化应用示范，根据积雪累积期和消融期积雪分布不稳定及积雪覆盖度低的特点，利用高分卫星精细化观测优势，开展高分卫星数据、气象卫星数据和融合产品与野外精细化采样数据的对比验证；采用风云系列极轨气象卫星，对东北亚地区积雪深度和雪水当量分布情况进行分析研究，对典型强降雪事件过后东北亚地区和黑龙江省境内的雪水当量情况进行分析，并结合 FY-3D/MERSI 和 MWRI 传感器数据，对降雪过程后的积雪深度和雪水当量进行融合处理；利用全球环境变化观测卫星微波传感器的雪水当量和土壤含水量数据产品，对黑龙江省大豆、玉米、水稻产区的雪水当量和土壤含水量进行监测分析，基于 2022 年黑龙江省粮食产区积雪消融期土壤含水量对雪水当量的响应，揭示黑龙江省主要粮食产区雪水当量的变化规律及土壤含水量的变化特征，并探讨二者的变化关系；对北极海冰与北极航道监测方法进行介绍，并对 2005—2022 年北极区域海冰数据进行分析处理，对 2022 年及 2005 年以来近 18 a 的北极海冰覆盖日数和覆盖面积进行分析，分析海冰面积时间序列变化情况和海冰面积最值变化情况；降水与温度的升高促使北半球高纬度地区大部分湖泊处于增加状态，预估未来贝加尔湖、泰梅尔湖、耶谢伊湖和奥涅加湖面积进一步增加，在 SSP585 情景下增加率最高。

第7章 黑龙江省城市生态气象

7.1 黑龙江省地表温度监测评估

城市是人类生产生活的场所，也是地球能量和信息交换的媒介，而城市热环境作为地球能量交换异常所产生的一种现象，直接影响城市生态环境质量。地表温度是很多环境模型的一个重要参数，在大气与地表的物质与能量交换、天气预报、气候变化等方面有着重要的应用。

近年来，“城市气候和环境”问题引起了研究者的广泛兴趣，其中，城市热环境、城市热岛效应及其与环境的相互关系等领域是当前城市气候与环境研究的中心问题。利用热红外遥感可以在短时间内获得大范围的地表温度及其温度场空间分布信息，与传统的观测方式相比，具有速度快、便捷、观测范围大和信息连续等优点。本节利用风云三号系列卫星数据以及 MODIS 陆表温度数据对黑龙江省的陆表温度时空特征进行分析。

7.1.1 数据与方法

所用数据资料为 FY-3B/VIRR（可见光红外扫描辐射计）气象卫星晴空数据，其空间分辨率为 1000 m，FY-3B 在黑龙江省的过境时间在 12—14 时，地表温度较高的时刻，可以较好地反映由地表温度差异引起的城市热岛现象。首先对原始数据进行投影和几何校正，然后对遥感影像进行晴空数据挑选、裁切，最后进行陆表温度反演和归一化植被指数计算。对单日晴空数据进行陆表温度反演和归一化植被指数计算，获得陆表温度和归一化植被指数的单日数据，由单日数据进行像元平均值合成获得月平均陆表温度数据。

7.1.1.1 陆表温度反演

FY-3B 卫星陆表温度反演采用改进型 Becker-Li“分裂窗”算法，利用 VIRR 传感器通道 4 和通道 5 两个热红外通道的辐射亮温以及由归一化植被指数确定的地表比辐射率，采用如下分裂窗陆表温度反演算法：

$$T_s = A_0 + \frac{p(T_4 + T_5)}{2} + \frac{M(T_4 - T_5)}{2} \tag{7.1}$$

$$p = 1 + \frac{\alpha \times (1 - \varepsilon)}{\varepsilon} + \frac{\beta \times \Delta\varepsilon}{\varepsilon^2} \tag{7.2}$$

$$M = \gamma' + \frac{\alpha' \times (1 - \varepsilon)}{\varepsilon} + \frac{\beta' \times \Delta\varepsilon}{\varepsilon^2} \tag{7.3}$$

式中：A_0 为一定常数，T_4 和 T_5 分别为 VIRR 通道 4 和通道 5 两个热红外通道的亮温，p 和 M

皆为地表发射率的函数，ε 为两个热红外通道的平均比辐射率，$\Delta\varepsilon$ 为两个热红外通道比辐射率的差，T_s 为地表温度。

本算法采用基于 NDVI 的地表比辐射率估算方法。将 NDVI 按大小分为代表植被覆盖极低的裸土、植被覆盖极高的纯植被和一般植被 3 类。

当 NDVI<0.2 时，像元被认为是裸土像元，对裸土像元的地表比辐射率采用固定值，即 10.8 μm 通道 4 的裸土平均比辐射率为 0.9547，12.0 μm 通道 5 的裸土平均比辐射率为 0.9709。

当 NDVI>0.5 时，像元被认为是完全由植被覆盖，这时通常假定 VIRR 两个热红外通道的地表比辐射率均为一个常数值，采用典型值 0.99。

当 0.2≤NDVI≤0.5 时，像元是由裸土和植被所构成的混合像元，地表比辐射率根据下式来估算：

$$\varepsilon_i = \varepsilon_v p_v + \varepsilon_{s,i}(1 - p_v) + \mathrm{d}\varepsilon_i \tag{7.4}$$

式中：ε_v 为纯植被的比辐射率，即 $\varepsilon_v = 0.99$；$\varepsilon_{s,i}$ 为通道 4 裸土的平均比辐射率；$\mathrm{d}\varepsilon_i$ 为自然表面的几何分布和内部反射效应，对纯像元该项可省略，对混合像元和粗糙表面，如森林，该项值一般也极小，最大时仅为 0.02，因此本算法将其忽略；p_v 为植被覆盖度，可以通过下式来计算：

$$p_v = \left(\frac{\mathrm{NDVI} - \mathrm{NDVI}_{\min}}{\mathrm{NDVI}_{\max} - \mathrm{NDVI}_{\min}}\right)^2 \tag{7.5}$$

式中：$\mathrm{NDVI}_{\max}=0.5$，$\mathrm{NDVI}_{\min}=0.2$。

A_0、α、β、γ'、α'、β' 均为回归算法的系数，利用大气辐射传输模拟计算卫星观测辐射，结合地表实测数据，分析不同大气状况下地表比辐射率和温度对卫星的分裂窗通道辐射亮温的影响，通过 MODTRAN4.1 模式模拟数据回归，计算得到各未知参数，详情见表 7.1。

表 7.1 适用于 FY-3B/VIRR 的分裂窗算法模型参数

数据	算法参数
FY-3B/VIRR	$A_0=-0.89712$， $\alpha=0.27297$ $\beta=-0.35818$， $\gamma'=4.06068$， $\alpha'=5.918$， $\beta'=0.38843$

7.1.1.2 归一化植被指数计算

植被指数的定义方法有很多，目前已有 40 多种植被指数的定义，其中归一化差分植被指数得到了广泛应用，定义为：

$$\mathrm{NDVI} = (X_{\mathrm{NIR}} - X_{\mathrm{R}})/(X_{\mathrm{NIR}} + X_{\mathrm{R}}) \tag{7.6}$$

式中：X_{NIR}表示近红外波段地表反射率，X_{R} 表示红光波段地表反射率，分别为 FY-3B 卫星 VIRR 传感器的通道 2 和通道 1。

7.1.2 陆表温度的时空分布特性

利用 FY-3B 数据反演哈尔滨市陆表温度，2019 年 5—6 月哈尔滨市区高温(35 ℃以上)区域主要分布在双城、呼兰、阿城等周边市区，这些区域主要地表类型为农田，在植被覆盖度较低时，陆表温度高于其他地表类型；7—9 月高温区域主要分布在中心市区，因为 7—9 月植被覆盖度较高，特别是农田区域陆表温度降低，城市建筑区的陆表温度反而随着气温的升高大幅提高；10 月随着气温的降低，城建区、农田区域陆表温度均降低(图 7.1)。

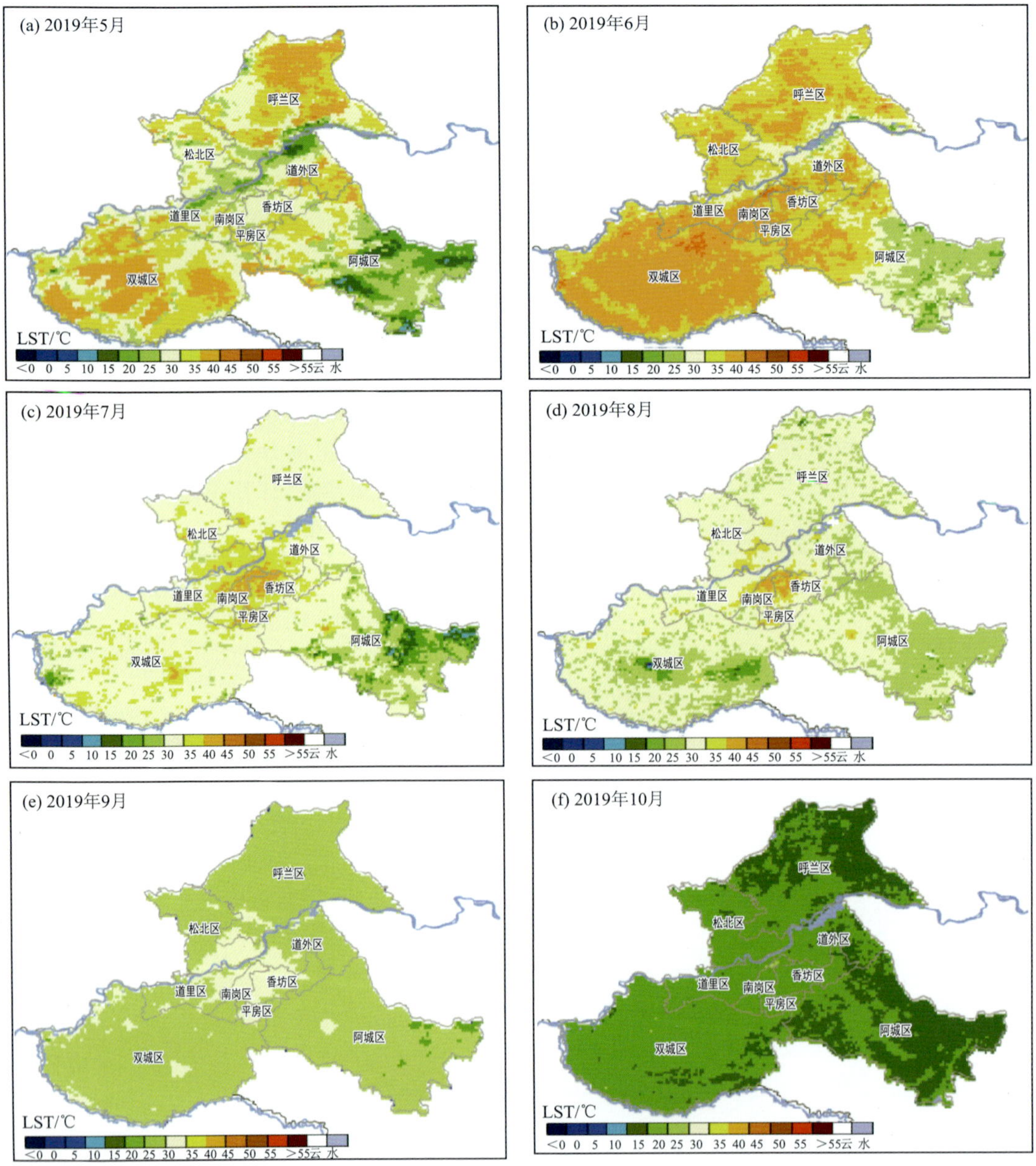

图 7.1 2019 年 5—10 月哈尔滨市陆表温度分布图

7.1.3 LST 与 NDVI 的相关性分析

为了对 NDVI 和 LST 进行准确定量分析，排除云干扰，选择 2019 年 5 月 21 日、6 月 24 日、7 月 28 日、8 月 2 日、9 月 18 日以及 10 月 18 日的单日晴空数据，分别进行 LST 反演和 NDVI 值计算，对 LST 和 NDVI 使用同一网格点进行空间均匀分布采样（采样空间为 1398 像元），根据对应采样数据制作 LST-NDVI 散点图，建立相应的统计回归方程和拟合系数（图 7.2）。定量分析结果显示，LST 与 NDVI 在 5—9 月呈现显著负相关关系（$r>0.6$），10 月存在低度负相关关系（$r=-0.33$）。7 月和 8 月 LST 和 NDVI 的拟合判定系数值都比较高（$r^2>0.5$），说明 LST 与 NDVI 具有较好的拟合度，NDVI 与 LST 的负相关关系说明植被有降低陆表温度的作用，在哈尔滨市区，随着农区 NDVI 的增加，LST 降低，城建区 NDVI 变化不大，LST 基本不变，因此，7—9 月城建区与农区的陆表温差增大，城市热岛现象增强，5—6 月由于受城市绿化植被与水体等因素影响，城镇建筑区的陆表温度低于裸地状态的农田区域，导致农田区域出现热岛现象。

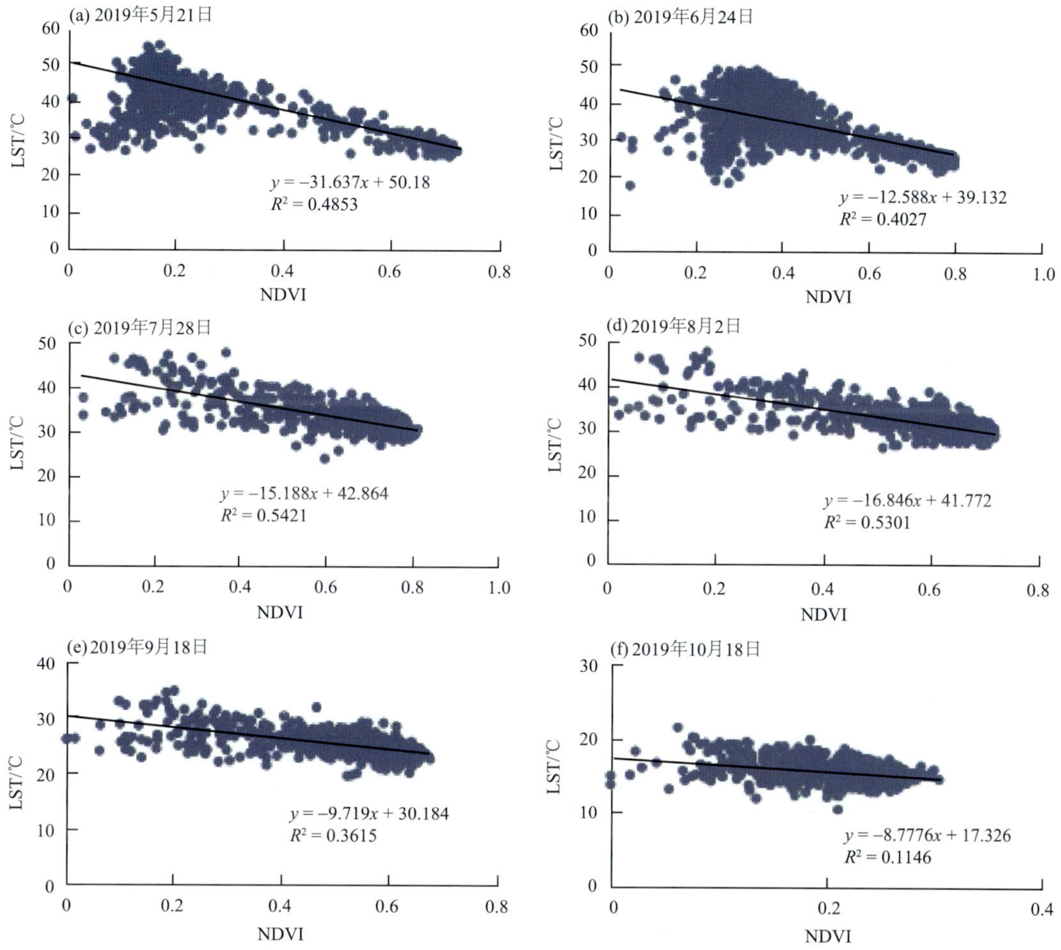

图 7.2 2019 年 5—10 月哈尔滨市陆表温度与 NDVI 散点图

7.1.4 LST与地表类型空间分布的相关性分析

地表非均质性导致地表温度的空间差异。利用MODIS不同时期的陆表温度数据与地表类型数据进行相关分析。分别选取哈尔滨市区主要地表类型城建区、林地、草地、湿地、水体与陆表温度制作散点图，建立相应的一元回归模型（图7.3）。定量分析结果显示，LST与城建区的分布呈现显著正相关关系（$r>0.6$），LST与林地的空间分布存在中度负相关关系（$0.34<r^2<0.46$），LST与水体、草地和湿地均存在低度负相关关系。

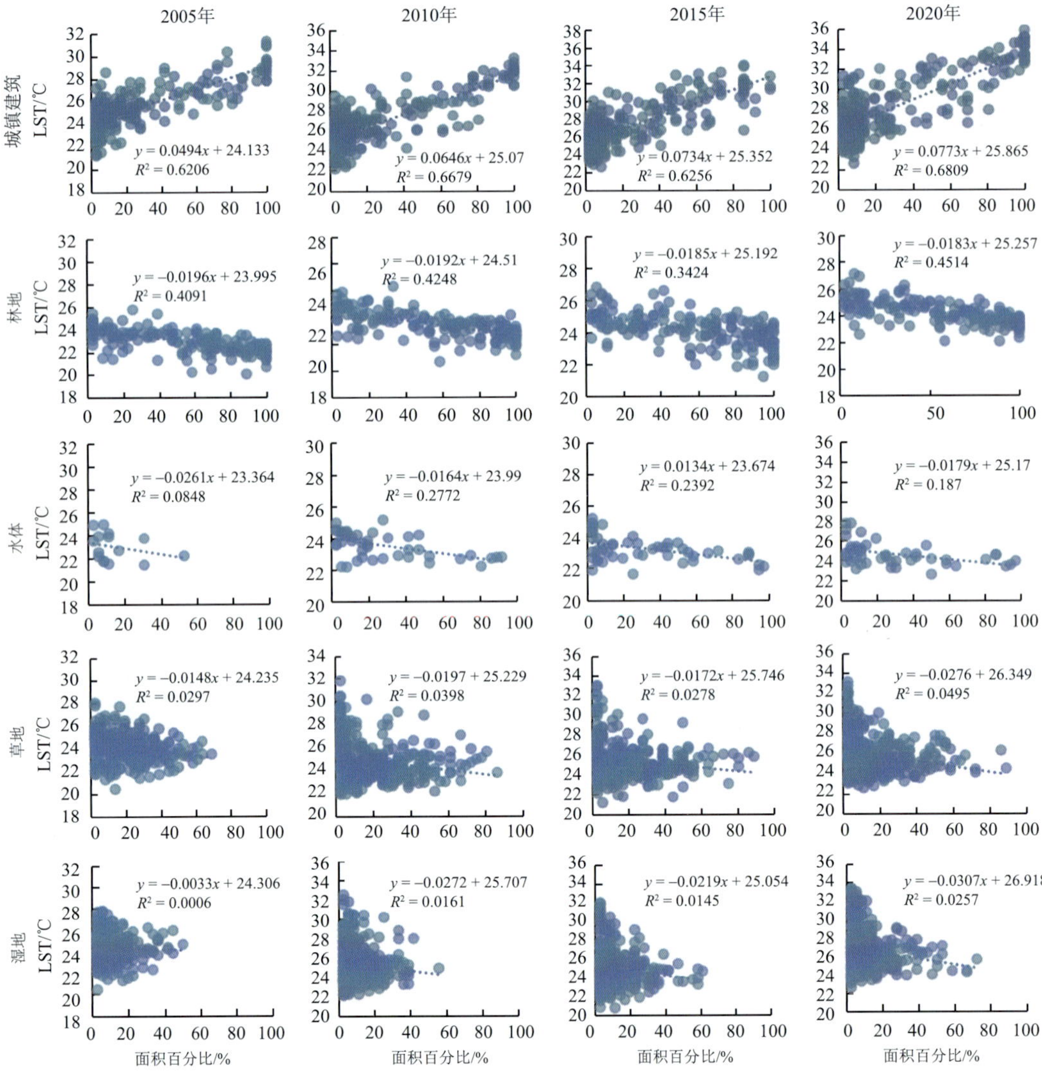

图7.3 LST与各类地表空间分布的散点图

7.1.5 小结

综上所述，城市热环境与地表类型有着密切的关系。因此，改变不合理的用地结构，协调好城市用地与城市热环境的关系，提高人居质量和环境指数是生态环境可持续发展的关键。

为此，定量研究城市热环境与城市不同土地利用类型之间的关系，对于改善城市热环境，实现城市宜居生态环境具有重要意义，同时可为城市新一轮土地优化利用提供理论参考。

7.2 黑龙江省城市热岛效应监测评估

城市热岛是城市内部气温比周围郊区高的现象，它是城市气候中最典型的特征之一。在近地面温度图上，郊区气温变化很小，而城区则是个高温区，就像突出海面的岛屿，由于这种岛屿代表高温的城市区域，所以就被形象地称为城市热岛。夏季，海岛上的地面气温高于周围海上气温，并因此形成海风环流以及海岛上空的积云对流，这是海洋热岛效应的表现。类似的，由于城市人口集中、工业发达、交通拥堵、大气污染严重，且城市中的建筑大多由石头和混凝土构成，它的热传导率和热容量都很高，加上建筑本身对风的阻挡或减弱作用，使得城市的年平均气温比郊区高出许多，在温度的空间分布上，城市犹如一个温暖的岛屿，从而形成了城市热岛效应。

城市热岛效应的加剧会造成城市酷热天气的增加，加剧城市大气污染，造成局部地区的自然灾害，导致气候与物候失常等，会严重影响城市生态环境，城市热岛效应已成为城市规划的重要参考因素。本节结合风云三号系列卫星数据、MODIS地表温度数据等对哈尔滨市的城市热岛时空特征进行分析。

7.2.1 城市热岛的定量分析

通常，城市热岛的强弱一般用城市气温与郊区同期气温差值的大小来表示，称为"城市热岛强度"。

城市热岛强度(Urban Heat Island Intensity，UHII)采用城市热岛强度指标及等级划分来估算遥感地表热岛强度，城市热岛强度根据城市陆表温度与郊区背景陆表温度之差计算，其公式为：

$$\mathrm{UHII}_i = T_i - \frac{1}{n}\sum_{i=1}^{n} T_{\mathrm{sub}}(i) \tag{7.7}$$

式中：UHII_i 为图像上第 i 个像元所对应的热岛强度，T_i 是第 i 个像元陆表温度，n 为郊区内的有效像元数，T_{sub} 为郊区内的陆表温度。

按不同时间尺度，把地表城市热岛强度划分为7个等级：强冷岛、较强冷岛、弱冷岛、无热岛、弱热岛、较强热岛和强热岛，分别赋值为1、2、3、4、5、6和7，具体等级划分参见表7.2。

表7.2 遥感地表城市热岛强度划分及含义

等级	UHII/d	含义
1	<−7.0	强冷岛
2	[−7.0,−5.0]	较强冷岛
3	(−5.0,−3.0]	弱冷岛
4	(−3.0,3.0]	无热岛
5	(3.0,5.0]	弱热岛
6	(5.0,7.0]	较强热岛
7	>7.0	强热岛

计算卫星观测地表热岛强度的关键技术点是郊区背景的划定，本节根据城乡二分法，利用

选择指标法来确定郊区背景。以高程、NDVI、夜间灯光、土地利用类型 4 项指标来确定郊区背景范围，根据土地利用类型和高程数据，计算哈尔滨市城区平均高程为 145.30 m。按照同时满足以下 4 个指标提取背景区域。

(1)平原区指标(城市与平原海拔差小于 50 m)；

(2)农田类型指标；

(3)植被覆盖指标(NDVI≥0.7)；

(4)夜间灯光指数指标(灯光强度≤15 W/(cm^2 · sr))。

使用 GIS，将 4 个指标数据进行叠加，得到符合条件的郊区背景区域，在提取的农田郊区背景中选择 3 个 20×20(因为 FY-3B 的分辨率为 1000 m，在郊区背景中的像元个数为 5×5)的像元区制作哈尔滨市区的郊区背景 SHP 文件(图 7.4)。

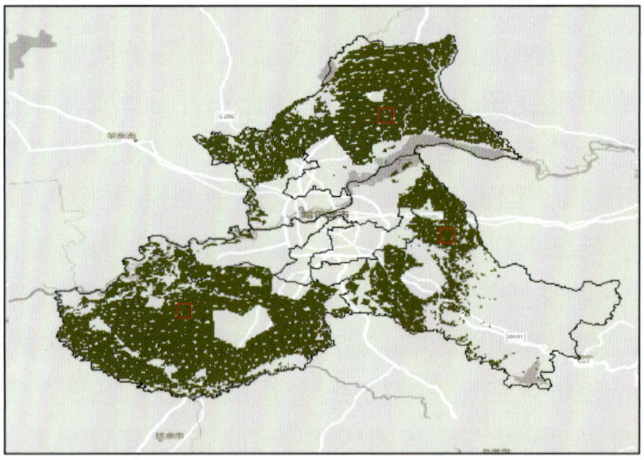

图 7.4　确定的郊区背景区域
(图中绿色为背景区域，红色框为选择的 3 个像元)

7.2.2　哈尔滨市城市热岛特征分析

7.2.2.1　区域概况

哈尔滨市区位于 125°42′—130°10′E、44°04′—46°40′N，总面积约 2.2 万 km^2。哈尔滨市的城镇建筑分布较为集中，有主要河流贯穿市中心，周边有大量的农田和林地(图 7.5)。

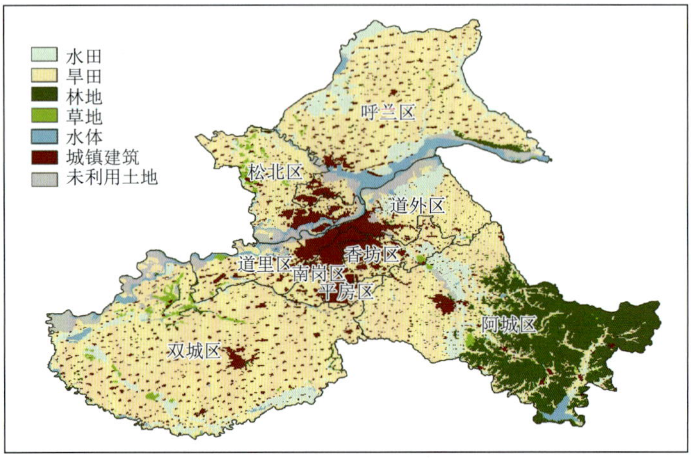

图 7.5　哈尔滨市土地利用类型分布

7.2.2.2　哈尔滨市城市热岛的空间分布特征

利用 FY-3B 卫星 VIRR 数据计算哈尔滨市区城市热岛强度分布，结果显示，5 月在农区出现弱热岛现象，城镇建筑区与林区主要为冷岛现象，6 月在农区出现较强热岛和弱热岛现象，7 月出现明显的强热岛、较强热岛和弱热岛，强热岛和较强热岛主要分布区域基本与城镇建筑区域吻合，在农区仍存在部分弱热岛，8 月城镇建筑区的强热岛分布范围较 7 月有所缩小，农区的弱热岛基本消失，9 月城镇建筑区热岛强度逐渐减弱，范围逐渐缩小，10 月城镇建筑区的强热岛消失，存在局部较强热岛和小范围的弱热岛（图 7.6）。

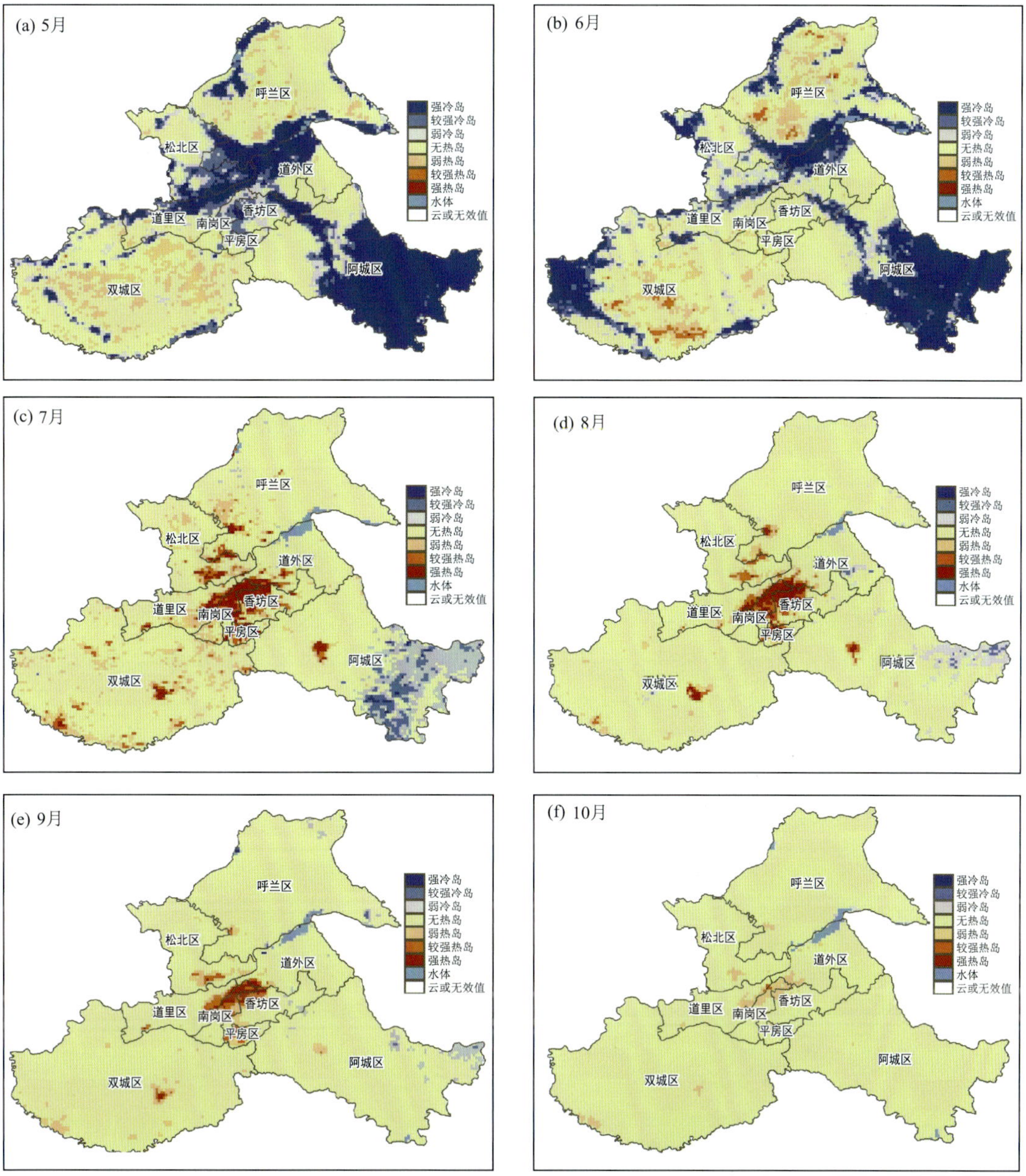

图 7.6　2018 年 5—10 月哈尔滨市区城市热岛强度分布

利用 FY-3B 卫星 VIRR 数据计算哈尔滨市区的 NDVI，结合土地利用类型分布进行分析，结果显示，2018 年 5 月哈尔滨市农区的 NDVI 小于 0.20。基本属于裸土像元，6 月农区 NDVI 略有提高，但大部分仍属于裸土像元，7 月大幅提高至 0.45～0.70，基本属于完全植被覆盖，8 月达到最大值，已属于完全植被覆盖状态，9 月略有下降，10 月急剧下降至 0.40 以下；城镇建筑区的 NDVI 在 5—9 月变化不大，在 0.20～0.50，属于混合像元，10 月急剧下降至 0.20 以下；林区的 NDVI 在 5—9 月变化不大，均在 0.50 以上，基本属于完全植被覆盖状态，

10 月明显下降至 0.25～0.40，具体内容见表 7.3。哈尔滨市城市热岛的时空分布特征与当地农作物生长期和郊区背景的选取有很大关系。从城市地表温度与土地覆盖定量研究结果来看，建筑用地和裸地陆表温度的贡献最大，植被可以显著降低陆表温度；选择农田作为郊区背景区域，6—9 月农作物生长季，农田从裸土到完全植被覆盖这一变化过程，陆表温度变化很大，城建区的植被所占比例较小，陆表温度变化也较小，因此造成城市热岛的明显变化。

表 7.3　NDVI 分区统计

	农区 NDVI	城镇建筑区 NDVI	林区 NDVI
2018 年 5 月	＜0.20	0.20～0.50	＞0.50
2018 年 6 月	0.20～0.35	0.20～0.50	＞0.50
2018 年 7 月	0.45～0.70	0.20～0.50	＞0.50
2018 年 8 月	0.45～0.85	0.20～0.50	＞0.50
2018 年 9 月	0.35～0.70	0.20～0.50	＞0.50
2018 年 10 月	0.25～0.40	＜0.20	0.25～0.40

7.2.2.3　哈尔滨市城市热岛的时间分布特征

利用 FY-3D 卫星遥感共 32 d 的晴空遥感影像数据，对 2020 年 5—10 月哈尔滨市区的城市热岛进行监测分析。结果显示，2020 年 5 月在双城区南部农区出现强热岛现象，在哈尔滨市中心城区出现明显的冷岛现象；6—9 月在哈尔滨市中心城区出现明显的城市热岛现象，且在 7—8 月出现强热岛现象，热岛面积明显增大；10 月中心城区城市热岛现象基本消失，在南部农区出现弱热岛现象(图 7.7)。2020 年 6—10 月哈尔滨市区城市热岛面积先增后减，热岛面积在 7 月达到最大值 1345.74 km^2；强热岛现象出现在 7—8 月，7 月达到最大值 283.75 km^2。

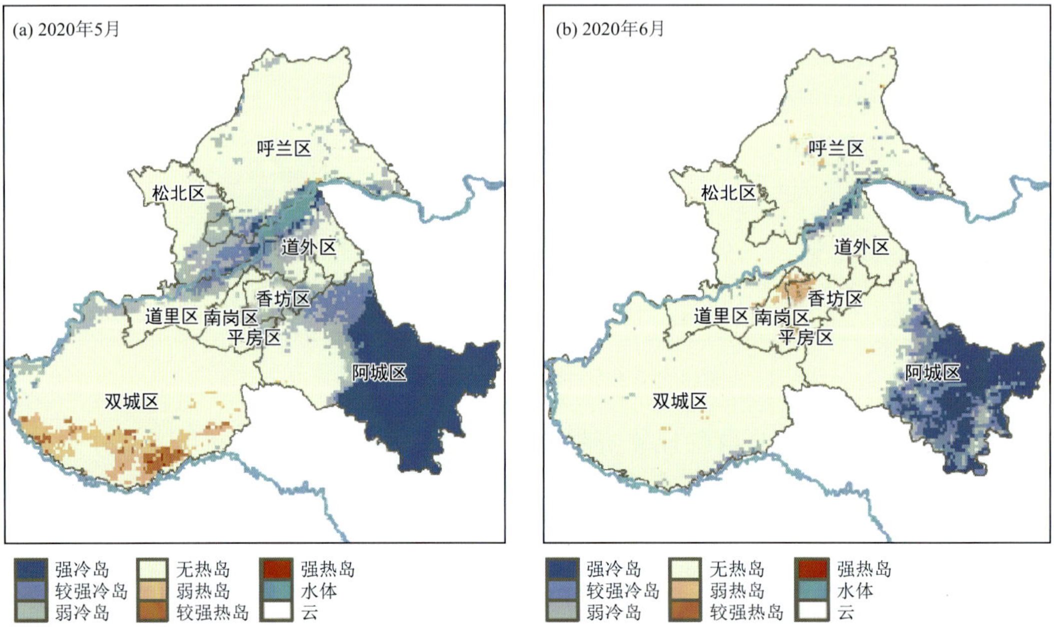

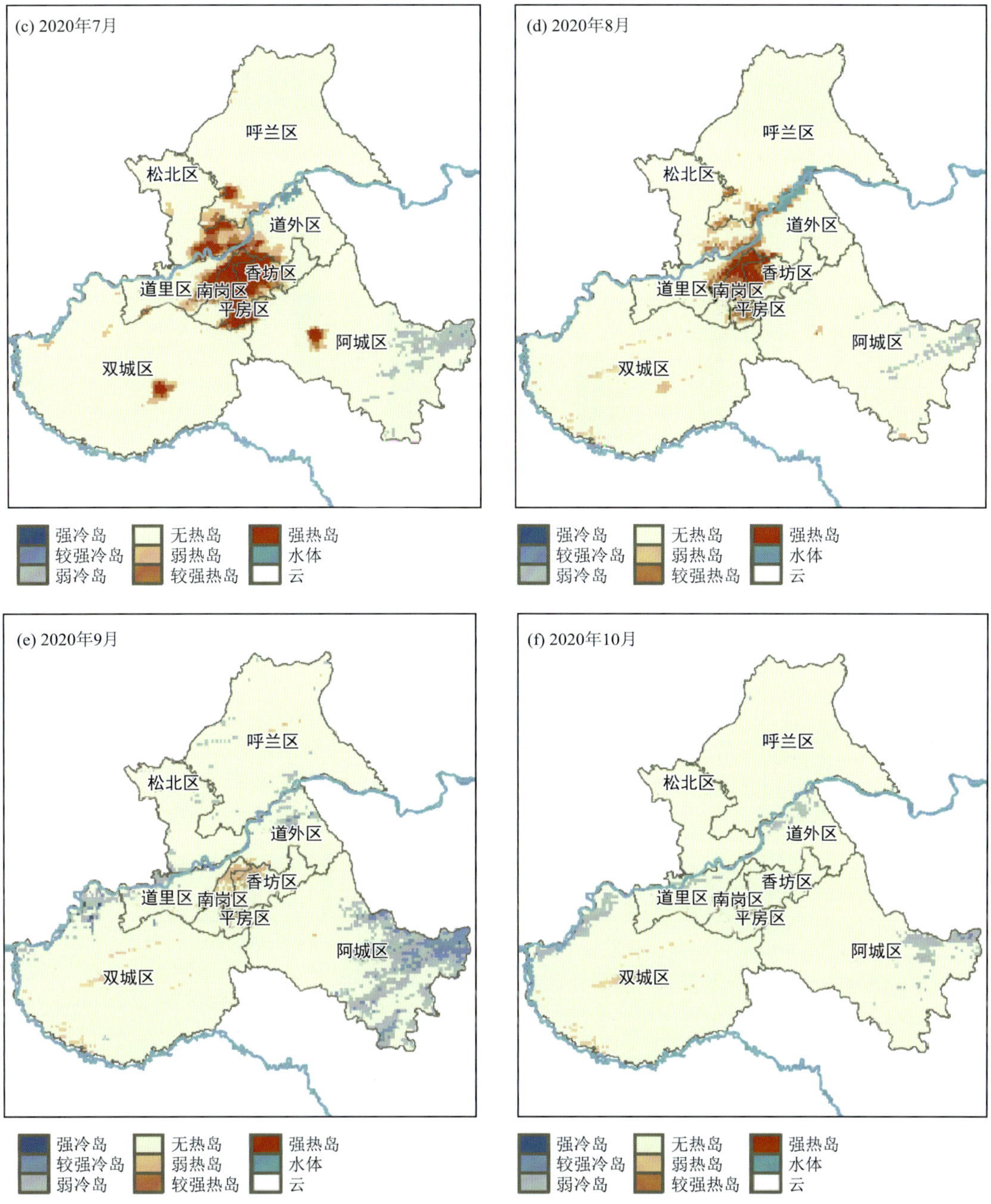

图 7.7　2020 年 5—10 月哈尔滨市区热岛分布图

2020 年 5—10 月哈尔滨市总热岛面积相比 2019 年同期略有减小，减小了 42.6 km^2；其中 5 月、7 月、10 月热岛面积比 2019 年明显偏大，6 月、8 月、9 月热岛面积分别比 2019 年同期偏小；2020 年夏季(6—8 月)的热岛面积比 2019 年同期偏小，减小了 5.7%(图 7.8)。

根据土地类型，对 2020 年 5—10 月和 2019 年 5—10 月哈尔滨市区各热岛进行分类统计，2020 年 5 月耕地热岛面积比率最大，其次是草地、城镇建筑和水域，2019 年同期在耕地和城镇建筑区有极小面积的热岛现象；2020 年 6—9 月城镇建筑区热岛面积比率比其他土地类型明显偏大，与 2019 年同期城镇建筑区热岛面积比率相比，6 月、7 月偏大，8 月、9 月偏小；2020 年 10 月耕地与城镇建筑区热岛面积比率基本持平，且与 2019 年同期相比略偏大(图 7.9、图 7.10)。

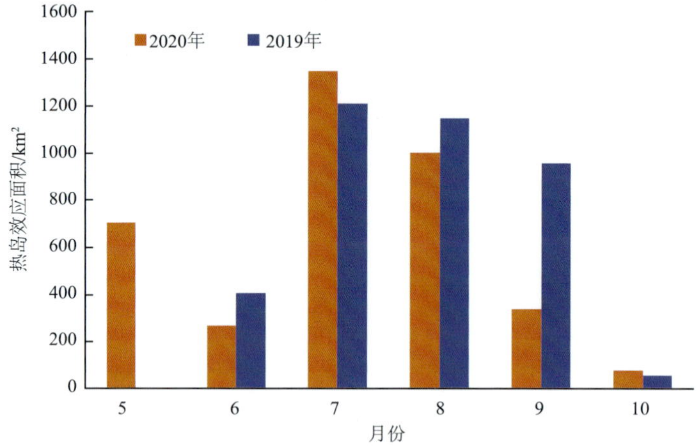

图 7.8　2020 年 5—10 月哈尔滨市区热岛面积与 2019 年同期对比统计

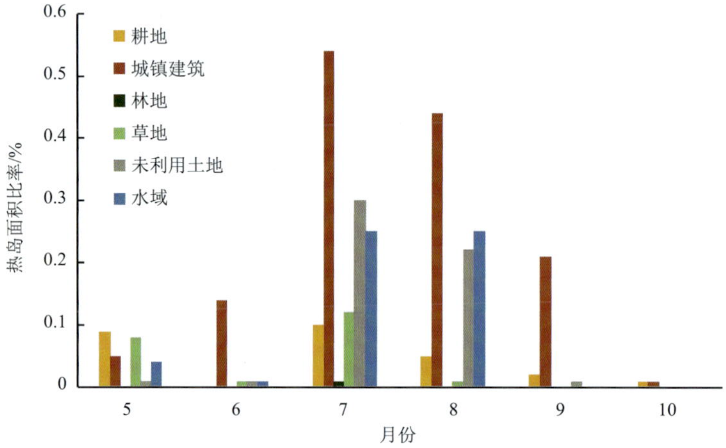

图 7.9　2020 年 5—10 月哈尔滨市区各种土地类型热岛面积比率统计

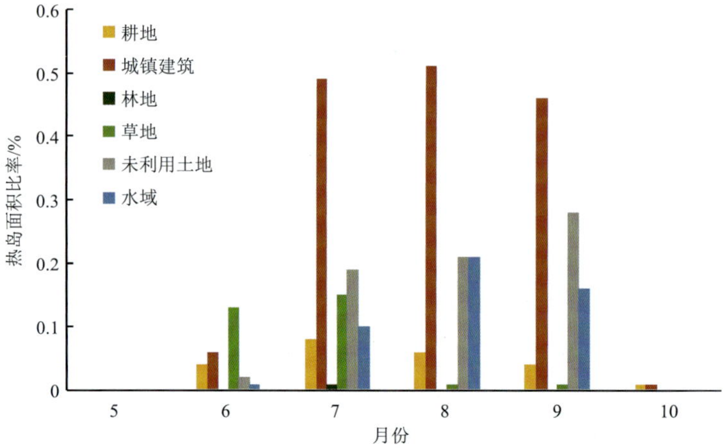

图 7.10　2019 年 5—10 月哈尔滨市区各种土地类型热岛面积比率统计

利用2001—2020年的MODIS/LST长时间序列数据对哈尔滨市区夏季(6—8月)城市热岛效应面积进行统计分析,2001—2015年哈尔滨城市热岛效应面积呈增长趋势,到2015年达到最大值,2015—2019年呈逐年下降趋势(图7.11)。

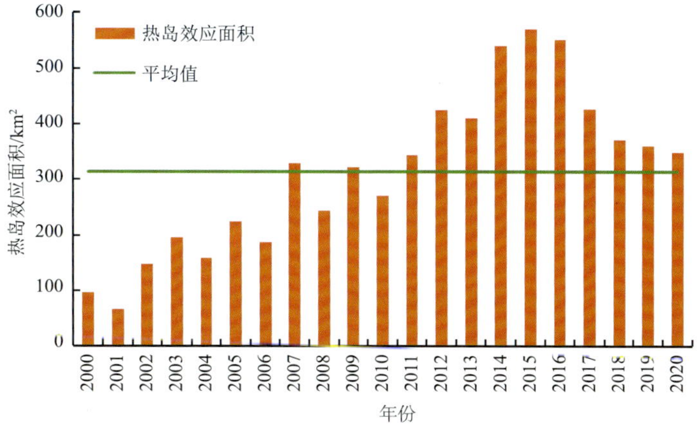

图7.11　2001—2020年哈尔滨市区夏季热岛面积统计

7.2.3 小结

一方面,由于城市化建设造成城市不透水面积增加,水体、农田、林地、草地等面积减小,导致城市与郊区温差较大;另一方面,随着人类消费水平的提高,城市夏季用电量以及城市用车数目增加,这些都是导致2000—2015年哈尔滨市城市热岛现象增强的主要原因。2015年之后,城市绿化面积增加,植被覆盖度提高,对城市热岛现象起到很好的缓解作用,也可以反映出当地政府生态文明建设的成效显著,2020年夏季相比2019年同期平均气温略偏低,降水偏多,导致热岛现象略有降低。

7.3 黑龙江省城市灯光指数遥感监测评估

城市夜间的灯光可以直接反映一个城市的繁华程度,灯光指数值越高代表城市的繁华程度越高,灯光指数变化率越大说明城市经济、城市建设发展越快。夜间灯光遥感能获取夜间无云条件下地表发射的可见光—近红外电磁波信息。相比于普通的遥感卫星影像,夜间灯光遥感所使用的夜间灯光影像记录的地表灯光强度信息更能直接反映人类活动差异,因此被公认为大范围同步监测社会经济活动的良好数据来源,已在人口估算、经济估计、城市化监测、环境与能源消费研究等领域得到广泛应用。

目前,基于夜间灯光数据的研究主要是DMSP/OLS和NPP/VIIRS两种夜间灯光影像。与DMSP搭载的业务型线性扫描传感器(OLS)获取的数据相比,美国国家极地轨道合作卫星(NPP)搭载的可见光红外成像辐射仪(VIIRS)获取的日夜波段(Day and Night Band,DNB)继承并优化了前者的微光探测能力,消除了像元饱和,减少了溢出现象。NPP/VIIRS夜间灯光数据有效弥补了DMSP/OLS夜间灯光数据在空间分辨率、时间分辨率和辐射分辨率等方面的短板,极大地拓展了研究方向和应用领域。自美国国家地球物理数据中心(NGDC)下属地球观测小组(EOG)向大众发布夜间灯光影像数据开始,围绕夜间灯光数据的图像处理、信息提取、数据挖掘等研究如雨后春笋般接踵而至,夜间灯光数据的出现为研究人类活动及城市化进程提供了一种独特的视角和稳定便捷的途径。可以用来研究人类活动的空间分布,例如能源消费模式、勾勒城市边界,很多研究表明灯光的面积或亮度与人口密度、GDP(国内生产总值)、能源消耗、碳排放、贫困分布、不透水表面密度分布图、粮食需求分布图、城市建设中的钢铁使用情况分布、自然灾害、地区武装冲突等有很高的相关性,可以利用夜间灯光数据进行预测分析。

近几十年,学者们在利用夜间灯光数据进行 GDP 的空间化研究方面已经形成了一个相对完善的研究体系。研究发现,夜间灯光面积与 GDP 存在显著线性关系。基于 NPP/VIIRS 夜间灯光数据的 GDP 空间化研究也逐步展开并取得了一系列成果,对比分析 DMSP/OLS 夜间灯光数据与 NPP/VIIRS 夜间灯光数据在参与 GDP 空间化及估算过程中的精度差异,部分学者选取了多个灯光指标与 GDP 进行相关性分析,结果表明,NPP/VIIRS 夜间灯光数据在 GDP 空间化过程中具有更高的准确性。

本节以 NPP/VIIRS 长时序灯光影像数据为数据源,分析黑龙江省 2014—2019 年的夜间灯光的空间分布特征。通过夜间灯光的空间化结果进行时空分析,可从地理学角度了解黑龙江省各个城市的经济发展运行规律。

7.3.1 黑龙江省城市夜间灯光的空间分布特性

根据 NOAA NPP/VIIRS 的 DNB 夜间灯光月度影像数据分析,2014—2019 年黑龙江省灯光总辐射度呈现逐年递增趋势,夜间灯光覆盖面积大小有所波动,整体呈现增大趋势,2019 年黑龙江省夜间灯光强度比 2018 年有所增加,夜间灯光覆盖面积略有缩小。

哈尔滨作为省会城市,其夜间灯光强度和覆盖度居于首位,通过对 2019 年 4 月 NPP/VIIRS 的 DNB 夜间灯光月平均数据分析发现,黑龙江省西部、南部、中东部地区的夜间灯光强度明显高于北部地区(图 7.12)。

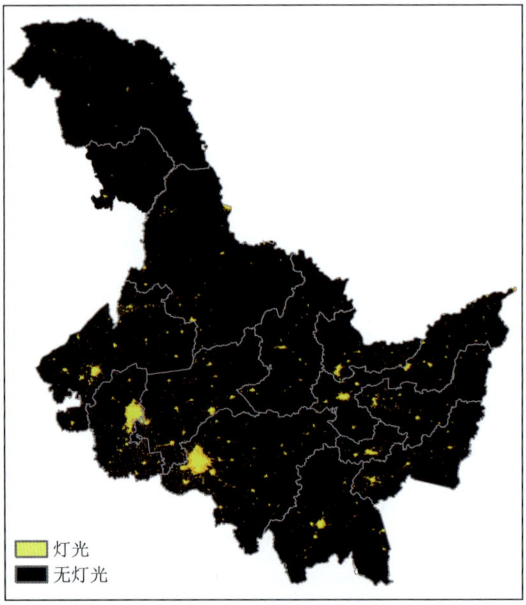

图 7.12　2019 年黑龙江省夜间灯光月平均强度分布图

灯光覆盖面积在一定程度上反映了一个城市的城区面积大小，根据黑龙江省 13 个市(地)的夜间灯光覆盖面积统计，哈尔滨作为省会城市夜间灯光覆盖面积最大，居首位，其次是大庆、齐齐哈尔、佳木斯，由于大兴安岭地区为大面积林区，人口居住稀疏，因此灯光覆盖面积最小(图 7.13)。

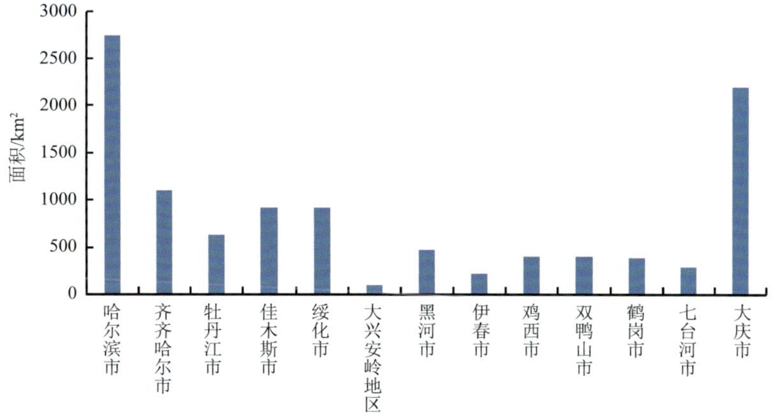

图 7.13　2019 年黑龙江省各市(地)灯光覆盖面积统计图

灯光辐射值的大小能反映灯光的强弱，根据黑龙江省 13 个市(地)的夜间灯光总辐射值的统计，哈尔滨市仍然是最亮的城市，总辐射值远高于其他城市。其次是大庆、齐齐哈尔、佳木斯等(图 7.14)。

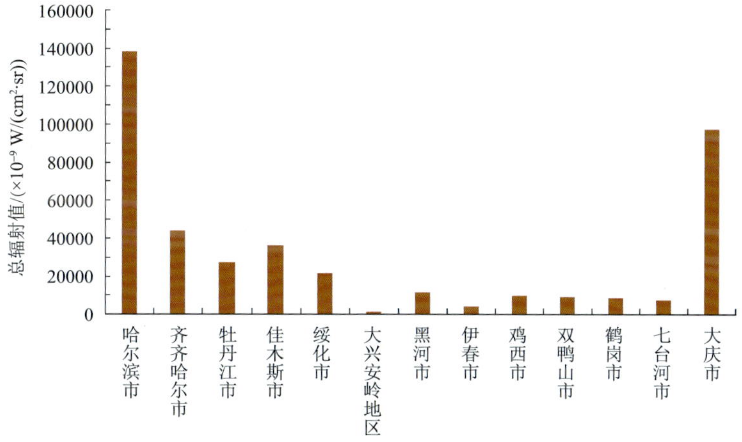

图 7.14　2019 年黑龙江省各市(地)灯光总辐射值统计图

7.3.2　黑龙江省城市夜间灯光的时间分布特性

2019 年与 2018 年夜间灯光月均值相比，黑龙江省夜间灯光总覆盖面积缩小约 330 km^2，夜间灯光总辐射值比 2018 年增加约 2.994×10^{-6} W($cm^2\cdot sr$)。哈尔滨、齐齐哈尔、大庆和牡丹江主城区夜间灯光较 2018 年明显增强，其中大庆、齐齐哈尔、牡丹江局部灯光有减弱现象(图 7.15、图 7.16)。

哈尔滨、齐齐哈尔、大庆和牡丹江 4 个城市的夜间灯光总辐射值均高于 2018 年同期，哈尔滨增高幅度最大，其次是齐齐哈尔、牡丹江、大庆（图 7.17）。从面积变化百分比来看，2019 年哈尔滨灯光增强的面积占本市总灯光区域的 32.7%，其次是大庆，灯光增强面积占本市总灯光面积的 20.9%，牡丹江灯光减弱面积占比最大，为 12.5%（图 7.18）。

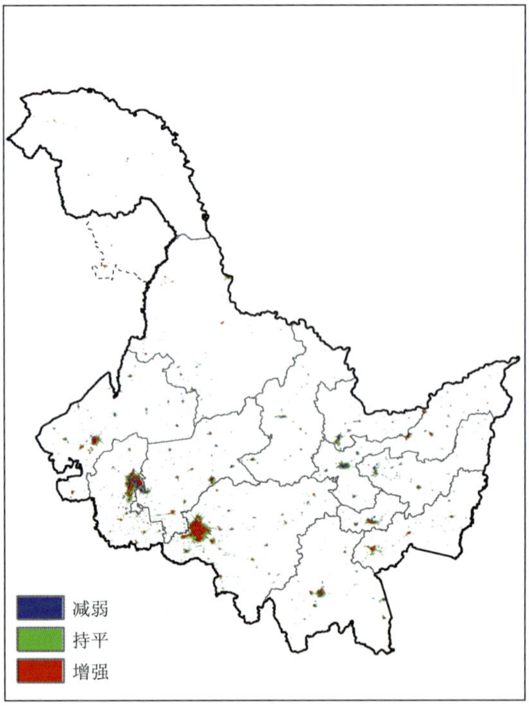

图 7.15　2019 年与 2018 年黑龙江省夜间灯光均值对比图

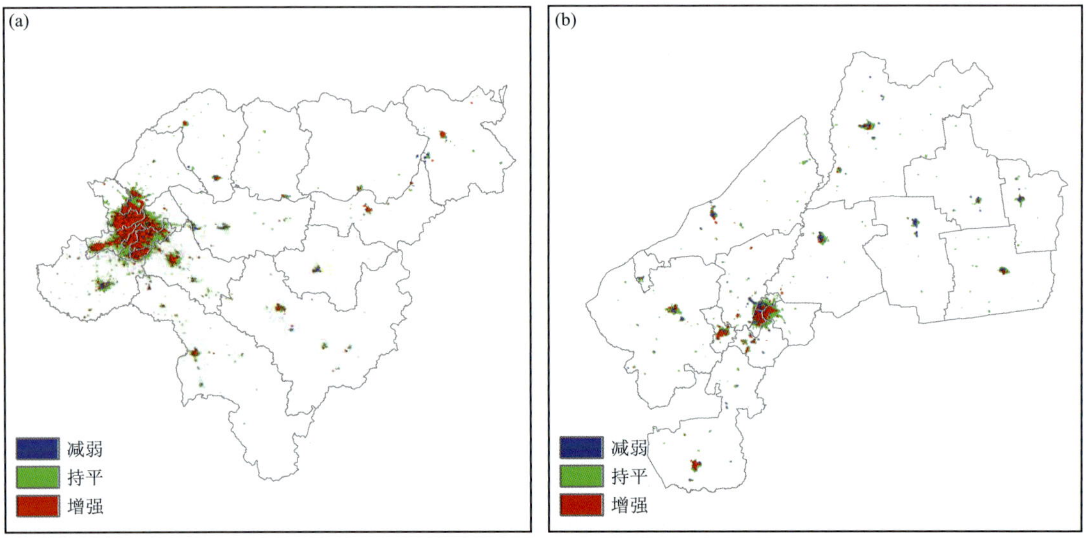

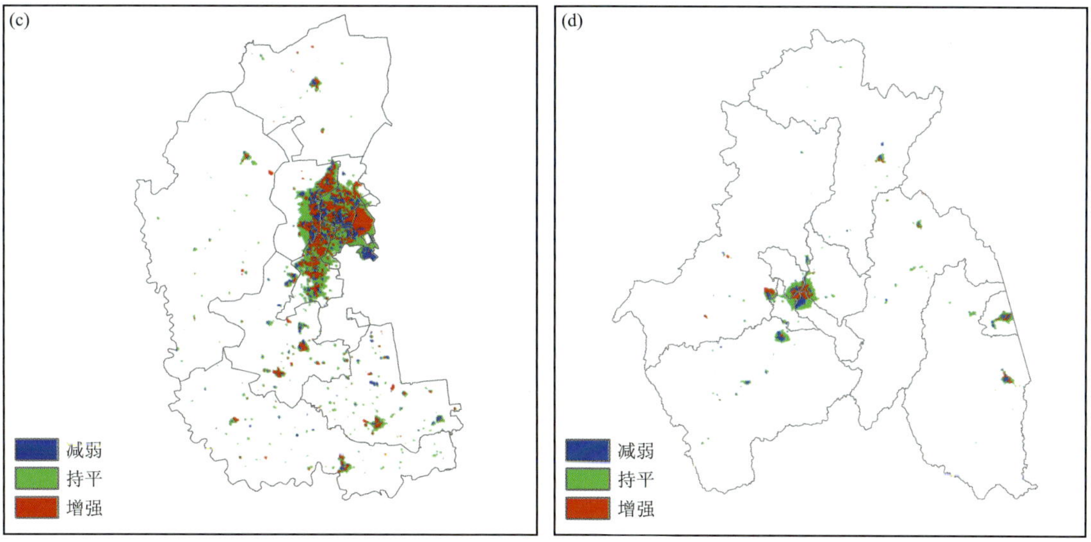

图 7.16 2019 年与 2018 年哈尔滨市(a)、齐齐哈尔市(b)、大庆市(c)、牡丹江市(d)夜间灯光对比图

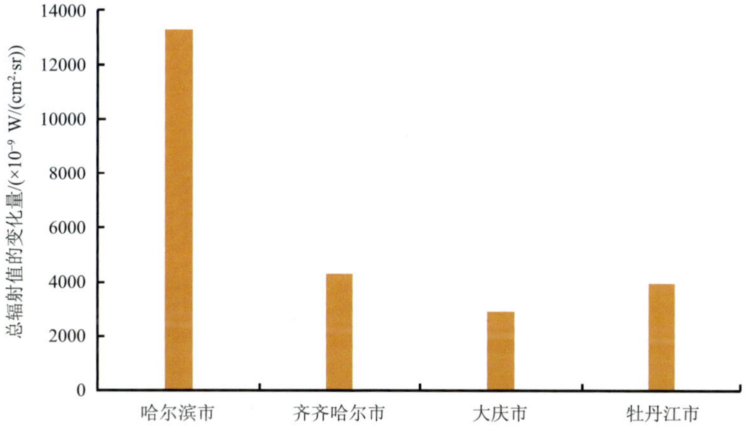

图 7.17 2019 年与 2018 年 4 个主要城市总辐射值对比变化统计图

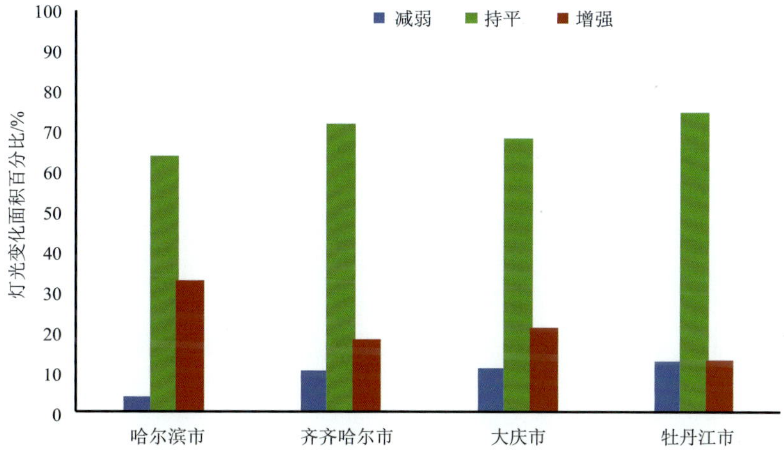

图 7.18 2019 年与 2018 年 4 个主要城市夜间灯光变化面积百分比统计图

2014—2019 年黑龙江省的夜间灯光总辐射值呈逐年递增趋势(图 7.19);2014—2019 年黑龙江省的夜间灯光覆盖面积呈波动性增长趋势(图 7.20),2018 年覆盖面积最大,2014 年覆盖面积最小。灯光数据可以作为反映城市建设和经济发展的指标之一,所以从上述灯光数据可以看出黑龙江省近年城市建设发展呈现向好态势。

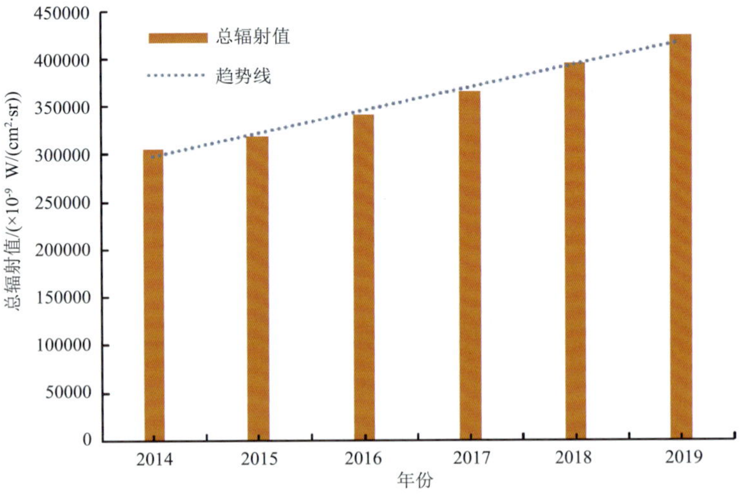

图 7.19　2014—2019 年黑龙江省夜间灯光总辐射值变化统计图

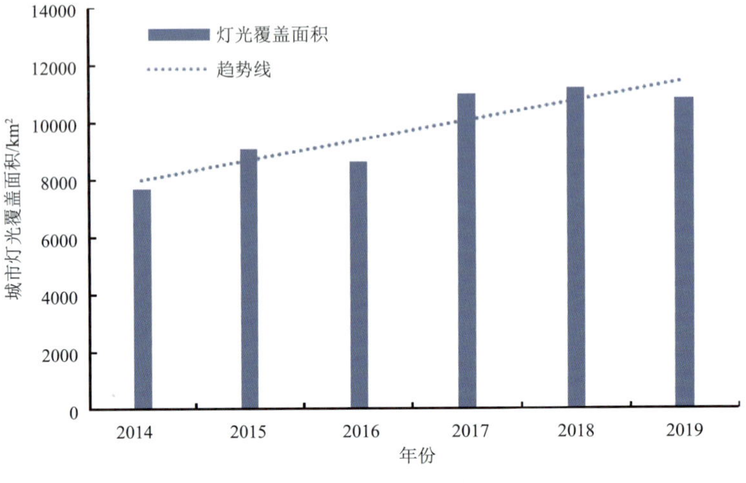

图 7.20　2014—2019 年黑龙江省夜间灯覆盖面积变化统计图

7.3.3　异常事件监测

夜间灯光数据常被用来监测异常突发事件引起的城市用电情况,利用 NOAA 的 NPP-VIRRS 夜间灯光遥感数据对黑龙江省 2020 年 1 月、2 月的夜间灯光情况进行分析,2020 年受春节和疫情影响,2 月的夜间灯光强度低于 1 月(图 7.21);2019 年受春节影响,2 月夜间灯光强度高于 1 月(图 7.22)。与 2019 年同期相比,2020 年 1 月的灯光总辐射强度更高,2020 年 2

月的灯光总辐射强度更低；2020 年 1 月灯光覆盖面积大于 2019 年同期，2020 年 2 月灯光覆盖面积小于 2019 年同期(图 7.23)。

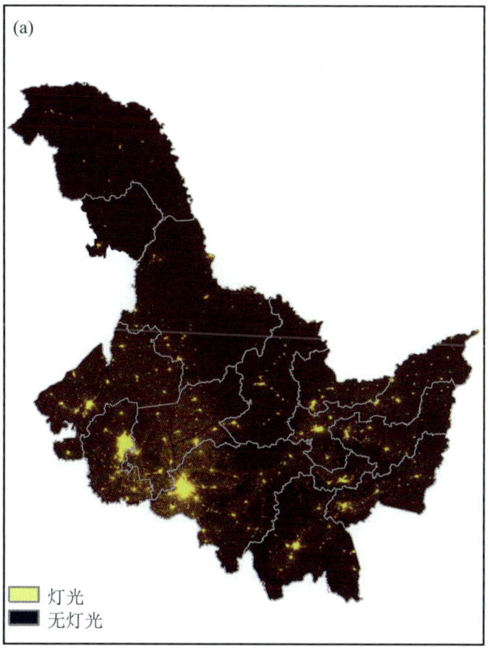

图 7.21　黑龙江省 2020 年 1 月(a)、2 月(b)夜间灯光分布

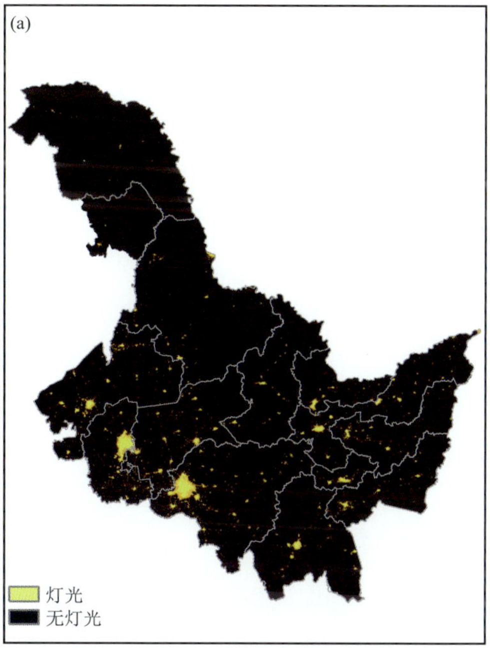

图 7.22　黑龙江省 2019 年 1 月(a)、2 月(b)夜间灯光分布图

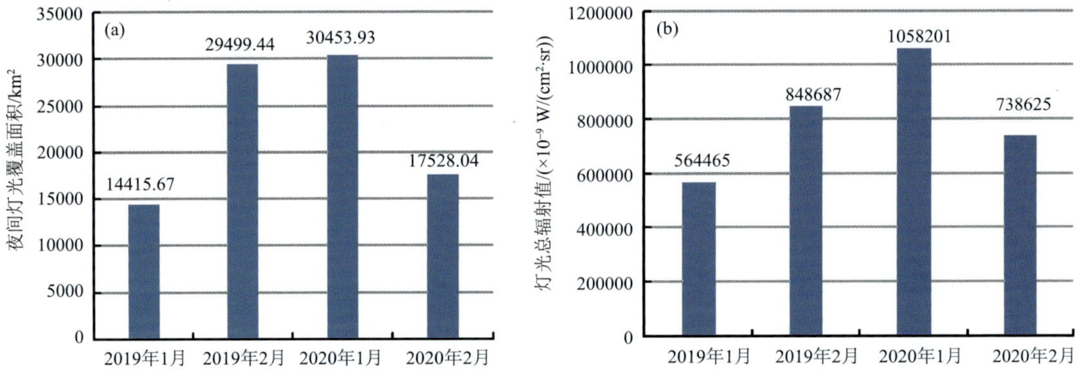

图 7.23　黑龙江省夜间灯光覆盖面(a)、灯光总辐射强度(b)统计图

7.3.4　小结

从分析结果来看，2014—2019 年黑龙江省灯光总辐射度呈现逐年递增趋势，夜间灯光覆盖面积大小有所波动，整体呈现增大趋势，2019 年黑龙江省夜间灯光强度比 2018 年有所增加，夜间灯光覆盖面积略有缩小。2014—2019 年黑龙江省夜间城市灯光强度逐年增强，城市建设发展呈现向好态势。

从分析结果来看，2020 年 2 月黑龙江省的灯光总辐射强度以及灯光覆盖面积均小于 2019 年同期，黑龙江省 2020 年 2 月受疫情影响明显。

7.4　本章小结

综上所述，随着城市化进程的不断加速，城市建成区的不断扩张改变了城市陆表分布，加剧了城市热岛的形成。城市热岛监测与分析技术的发展和进步，可为城市建设和规划提供重要依据。

夜间灯光数据作为一种定量表征城市空间发展、人类活动的数据源，可以用来评估城市建成区的扩张及城市经济发展情况，可以辅助决策者制定城市发展规划，研究因突发事件引起的人类活动变化。

第 8 章
黑龙江省生态气象灾害

8.1 森林草原农田火情监测

8.1.1 概述

火灾是陆地生态系统碳循环的重要影响因子，它改变着整个系统的碳循环过程与碳分布格局，同时也是危害人民生命财产安全的重要灾害之一，严重的森林草原火灾、大范围的秸秆焚烧等火情事件，会对生态环境造成各种重要影响。近几年来，受气候变化、人为因素等影响，火情高发，全球极端高温天气持续出现，亚洲、欧洲、北美洲等地森林火灾频发。2019 年以来，全国多处出现林火，重大的森林火灾及秸秆焚烧对各地造成严重的人员伤亡、财产损失和资源破坏，以及大范围的烟霾天气等影响，引起广泛的社会关注。黑龙江省农林资源丰富，拥有大小兴安岭等宝贵的森林资源，在为全国人民提供丰富农林资源保障的同时也时刻面临着森林火灾和秸秆焚烧等火情事件的严峻考验。1987 年在大兴安岭发生特大森林火灾，导致几万人流离失所，大兴安岭五分之一左右林区被烧毁，直接经济损失 5 亿多元，间接经济损失 60 多亿元。2018 年 6 月发生于内蒙古大兴安岭汗马国家级自然保护区的林火，参与扑火的人员达 3600 余人。

卫星遥感在火情监测、火蔓延预测中具有不可替代的作用。随着新一代极轨气象卫星风云三号、静止气象卫星风云四号的发射和运行，以及卫星遥感技术的不断增强，卫星遥感火情监测、火蔓延预测等成果在防灾减灾、环境保护、气候变化等领域得到广泛应用。

8.1.2 数据与方法

8.1.2.1 火情监测原理

遥感火点判识主要依靠温度升高导致热辐射增强，以及不同热红外通道增长幅度差异这两个条件。自然界的不同物体，由于自身温度及物理化学性质的不同，具有不同的波谱特性。当生物质燃烧时，主要的辐射源是火焰和具有较高温度的碳化物、水蒸气、烟等。根据斯蒂芬-玻尔兹曼定律，温度变化十分有利于判识高温热源。根据维恩位移定律，常温地表辐射峰值波长在 11 μm 左右，当生物质燃烧时，温度可达 750 K 以上，辐射峰值波长位于 4 μm 左右。以物体未发生燃烧时的辐射温度为背景辐射温度，利用燃烧辐射温度与背景辐射温度的差异，可以从卫星遥感信息中及时发现火灾。

根据维恩位移定律：

$$T \times \lambda_{\max} = 2897.8(\mathrm{K} \cdot \mu\mathrm{m}) \tag{8.1}$$

黑体温度 T 和辐射峰值波长 λ_{max} 成反比，即温度愈高，辐射峰值波长愈小，常温（约 300 K）地表辐射峰值波长在远红外通道波长范围左右，林火燃烧温度一般在 600 K 以上，其热辐射峰值波长靠近中红外通道，通过热红外物理特性，可以提取热异常的火点像元（包括焖烧火和明火）。明火（火焰火）的温度范围在 800～1200 K，辐射峰值波长靠近短波红外通道，可以反映高强度的明火。

卫星观测到的某像元辐射率是像元范围内各部分地物辐射率累加的加权平均值，如下式：

$$N_t = \sum_{i=1}^{n}(S_i \times N_{T_i})\Big/S \tag{8.2}$$

式中：N_t 为卫星观测到的该像元辐射率，t 为辐射率 N_t 对应的亮温，S_i 为像元中第 i 个小子区面积，N_{T_i} 为该子区的辐射率，T_i 为该子区温度，S 为像元总面积。

当观测像元内出现火点时，由于火点处辐射率急剧增高，即便火点面积远远小于像元分辨率，仍将引起中红外波段混合像元亮温增量迅速增高，远红外通道混合像元亮温也有所增高，但远低于中红外波段，因此中红外波段通道混合像元亮温将明显高于背景像元，而远红外通道混合像元亮温与背景像元亮温的差异一般远没有中红外波段通道明显。火点所在像元中小子区 i 的高温在中红外波段通道引起的辐射率增量将大大高于远红外通道，使得各通道在该像元的辐射率加权平均值增量及亮温增量也不同，从这一差异可以分析提取火点信息。

8.1.2.2 火情监测方法

火情监测主要包括火点判识、火点强度等级判识等处理过程。

（1）火点判识

①判识算法

（a）生成像元标记图

云区像元标记：

若像元满足 $R_{VIS} > R_{VIS\_TCTH}$ 且 $T_{FIR} < T_{FIR\_TCTH}$，标记为云区像元。

R_{VIS} 为可见光反射率，R_{VIS_TCTH} 为可见光反射率阈值，T_{FIR} 为火像元亮温，T_{FIR_TCTH} 为火像元亮温阈值。R_{VIS_TCTH} 参考值为 20%；T_{FIR_TCTH} 参考值为 270 K。

水体像元标记：

若像元满足 $R_{NIR} < R_{NIR\_TWTH}$ 且 $(R_{NIR} - R_{VIS}) < 0$，标记为水体像元。

R_{NIR} 为近红外反射率，R_{NIR_TWTH} 为近红外反射率阈值。R_{NIR_TWTH} 参考值为 10%。

荒漠区像元标记：

若像元所在的土地利用类型为荒漠区，标记为荒漠区像元。

耀斑区像元标记：

若像元满足 $S_{glint} \leqslant 15°$，标记为耀斑区像元。

低温像元标记：

若像元满足 $T_{MIR} < T_{MIR\_TLOWTH}$，标记为低温区像元。

T_{MIR} 为中红外亮温，T_{MIR_TLOWTH} 为中红外亮温阈值。T_{MIR_TLOWTH} 参考值为 265 K。

晴空植被像元标记：

若像元不是云区、水体、荒漠区、耀斑区、低温像元，标记为晴空植被像元。

（b）背景温度计算

背景区像元选择如下。

判断疑似高温像元。若探测像元周边邻域内的晴空植被像元满足以下条件，将其作为疑似高温像元：

$T_{MIR}>(T_{MIR\_AVG}+\Delta T_{MIR})$，且 $T_{M-F}>(T_{M-F\_AVG}+8\ K)$，或 $T_{MIR}>T_{MIR\_WM}$

式中：T_{MIR_AVG}为探测像元中红外通道周边7×7像元中晴空植被像元亮度温度平均值，单位为K；T_{M-F_AVG}为探测像元周边7×7像元中晴空植被像元中红外通道与远红外通道亮度温度差异平均值，单位为K。ΔT_{MIR}参考值为10 K，T_{MIR_WM}参考值为330 K。

挑选背景区像元。参考像元标记图，挑选探测像元周边7×7像元邻域内的晴空植被像元和非疑似高温像元作为背景区像元。若背景区晴空植被像元数不足邻域像元数的20%，邻域扩大为9×9，11×11，…，19×19像元。若仍不满足条件，放弃该像元的判识处理。

背景区平均温度和标准差计算如下。

计算T_{MIRBG}、T_{FIRBG}、T_{M-FBG}：

$$T_{MIRBG}=\frac{1}{n}\sum_{n=1}^{n}T_{MIR,i}$$

$$T_{FIRBG}=\frac{1}{n}\sum_{i=1}^{n}T_{FIR,i} \tag{8.3}$$

$$T_{M-FBG}=\frac{1}{n}\sum_{i=1}^{n}(T_{MIR,i}-T_{FIR,i})$$

计算δT_{MIRBG}、δT_{FIRBG}：

$$\delta T_{MIRBG}=\sqrt{\frac{1}{n}\sum_{i=1}^{n}(T_{MIR,i}-T_{MIRBG})^2}$$

$$\delta T_{FIRBG}=\sqrt{\frac{1}{n}\sum_{i=1}^{n}(T_{FIR,i}-T_{FIRBG})^2} \tag{8.4}$$

计算δT_{M-FBG}：

$$\delta T_{M-FBG}=\sqrt{\frac{1}{n}\sum_{i=1}^{n}(T_{MIR,i}-T_{FIR,i}-T_{M-FBG})^2} \tag{8.5}$$

标准差修正：

当δT_{MIRBG}小于δT_{bgmin}时，设置δT_{MIRBG}为δT_{bgmin}；当δT_{FIRBG}小于δT_{bgmin}时，设置δT_{FIRBG}为δT_{bgmin}；当δT_{M-FBG}小于δT_{bgmin}时，设置δT_{M-FBG}为δT_{bgmin}。δT_{bgmin}参考值为2 K，当太阳天顶角大于87°时，δT_{bgmin}参考值为1.5 K。

当δT_{MIRBG}大于δT_{bgmax}时，设置δT_{MIRBG}为δT_{bgmax}；当δT_{FIRBG}大于δT_{bgmax}时，设置δT_{FIRBG}为δT_{bgmax}；当δT_{M-FBG}大于δT_{bgmax}时，设置δT_{M-FBG}为δT_{bgmax}。δT_{bgmax}参考值为3 K，当太阳天顶角大于87°时，δT_{bgmax}参考值为2.5 K。

(c)火点像元确认

如果一个像元满足以下条件，可将该像元初步认定为火点像元：

极轨卫星，$T_{MIR}\geqslant(T_{MIRBG}+4\delta T_{MIRBG})$，且$T_{M-F}\geqslant(T_{M-FBG}+4\delta T_{M-FBG})$；

静止卫星，$T_{MIR}\geqslant(T_{MIRBG}+3\delta T_{MIRBG})$，且$T_{M-F}\geqslant(T_{M-FBG}+3\delta T_{M-FBG})$。

如果初步认定的火点像元满足以下云污染条件之一，将之排除为火点像元，否则，将之确认为火点像元：

$R_{VIS}>(R_{VISBG}+10\%)$，且$T_{MIR}<T_{MIRTC}$；

T_{MIRTC}初值为 330 K。

$T_{FIR}<(T_{FIRBG}-\Delta T_{FIR\_TCR})$；

ΔT_{FIR_TCR}初值为 5 K。

$R_{VIS}>R_{VISBG}$，且 $T_{FIR}<T_{FIRBG}$，且 $T_{MIR}<(T_{MIRBG}+6\delta T_{MIRBG})$，且 $T_{M\text{-}F}<(T_{M\text{-}FBG}+6\delta T_{M\text{-}FBG})$。

②火点像元可信度分级

可信度按以下步骤分为四级：

(a)当$(T_{MIR}-T_{MIRBG})\geqslant 15$ K，且$(T_{M\text{-}F}-T_{M\text{-}FBG})\geqslant 15$ K 时，为一级火点像元，也称确认火点像元；

(b)当$(T_{MIR}-T_{MIRBG})<15$ K，或$(T_{M\text{-}F}-T_{M\text{-}FBG})<15$ K 时，为二级火点像元，也称疑似火点像元；

(c)满足(a)或者(b)，且火点像元周边相距 2 个像元以内(包括 2 个像元)有云区像元时，为三级火点像元，也称云区边缘火点像元；

(d) 当该火点像元周边的 8 个像元均不是火点像元，且$(T_{MIR}-T_{MIRBG})>20$ K 时，为四级火点像元，也称噪声火点像元。

③火点像元分区

将相邻的火点像元划分为同一火区，并按从北向南、从西向东顺序编号。与上一时次位置相同的火点，或实际火场位置相同的火点，火区的编号相同。

④火点判识处理流程

如图 8.1 所示，判识步骤如下：

(a)数据前期处理，包括局域图像地图投影、定位校正等；

(b)建立像元标记图，确定云区、水体、荒漠地带、耀斑区、低温区、晴空植被像元；

(c)逐像元判识火点；

(d)参考像元标记图中的晴空植被像元，逐像元计算背景温度，包括中红外、远红外、可见光等通道的平均值、标准差等；

(e)初步确认火点像元；

(f)判识并去除云污染像元；

(g)人机交互火点判识验证和修正；

(h)火点像元分区；

(i)火点可信度分级；

(j)火点判识结果生成。

(2)火点强度估算

①亚像元火点面积比例估算方法

若$T_{MIR}\geqslant T_{MIRth}$，则中红外通道亮度温度已饱和，选择远红外通道数据估算。否则，选择中红外和远红外通道(即双通道)数据，利用牛顿迭代法估算；若牛顿迭代法不收敛，选择中红外通道数据估算。T_{MIRth}计算见公式(8.6)：

$$T_{MIRth}=\frac{C_2 V_{MIR}}{\ln\left(1+\dfrac{C_1 V_{MIR}^3}{N_{MIRCA}}\right)} \tag{8.6}$$

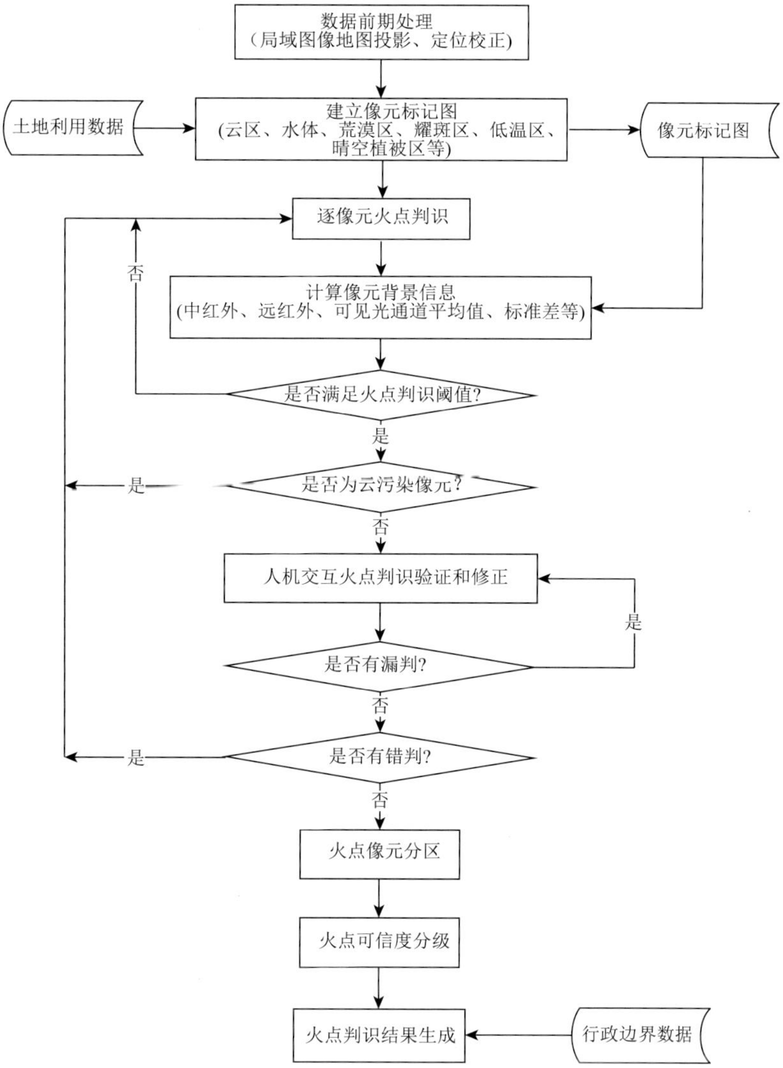

图 8.1　火点判识处理流程

中红外通道估算见公式(8.7),远红外通道求解见公式(8.8),其中,T 设置为 750 K:

$$p = (N_{MIR} - N_{MIRbg})/(N_{MIRt} - N_{MIRbg}) \tag{8.7}$$

其中,$N_{MIRt} = \dfrac{C_1 V_{MIR}{}^3}{e^{C_2 V_{MIR}/T} - 1}$。

$$P = (N_{FIR} - N_{FIRbg})/(N_{FIRt} - N_{FIRbg}) \tag{8.8}$$

其中,$N_{FIRt} = \dfrac{C_1 V_{FIR}{}^3}{e^{C_2 V_{FIR}/T} - 1}$。

②火点强度计算

火点强度由式(8.9)得到:

$$FRP = S_f \times \sigma T^4 \tag{8.9}$$

式中:FRP 为像元内明火辐射功率,即火点强度,单位为 W;σ 为斯蒂芬-玻尔兹曼常数,σ=

5.6704×10^{-8} W/($m^2 \cdot K^4$)；S_f为亚像元火点面积，单位为 m^2。

$$S_f = P \times S \tag{8.10}$$

式中：S 为火点像元面积。

③火点强度等级划分

火点强度等级划分定义见表 8.1。

表 8.1 火点强度等级划分定义

火点强度等级	火点强度/($\times 10^6$ W)	火点强度等级	火点强度/($\times 10^6$ W)
1 级	FRP<5	6 级	150≤ FRP<250
2 级	5 ≤ FRP<15	7 级	250≤ FRP<350
3 级	15≤ FRP<50	8 级	350≤ FRP<700
4 级	50≤ FRP<100	9 级	700≤ FRP<1200
5 级	100≤FRP<150	10 级	FRP ≥1200

④火点强度估算处理流程

卫星遥感火点强度处理步骤如下。

(a)获取火点像元和背景亮温。

(b)亚像元火点面积比例和火点温度估算：

选择红外通道，若中红外通道亮温达到上限，则使用远红外通道估算 P 值；

若中红外通道亮温未达到亮温上限，则使用双通道数据，利用牛顿迭代法估算；

若牛顿迭代法迭代不收敛，则使用中红外通道估算 P 值。

(c)计算亚像元火点面积 S_f。

(d)计算火点强度 FRP。

(e)根据 FRP 划分火点强度等级。

卫星遥感火点强度处理流程见图 8.2。

8.1.3 小结与讨论

火灾极大影响黑龙江省生态安全，造成生态平衡严重破坏，威胁生物多样性，严重损害人民生命财产安全。先进的卫星遥感技术是进行大范围地表火灾监测的有效手段，可对森林、草原、农田火灾实现监测与定位。2022 年，利用风云三号气象卫星并结合自主研发的黑龙江省卫星遥感火情监测预警平台，对黑龙江省森林、草原、秸秆清理火点进行全天候、多角度监测，结果显示，2018 年以来黑龙江省森林、草原和秸秆清理火点数量呈明显下降趋势，2022 年为近 5 a 第二低值。

8.1.3.1 火点数量低于近 5 a 均值

2022 年，风云三号气象卫星共监测黑龙江省火点 396 个，主要分布在大兴安岭地区、黑河市、齐齐哈尔市、大庆市、绥化市、哈尔滨市、伊春市、双鸭山市等地(图 8.3)。卫星监测不同下垫面火点占比为草原火点 15%、森林火点 46%、秸秆清理火点(耕地)39%(图 8.4)。2018 年以来，黑龙江省火点数量呈明显下降趋势，2022 年较近 5 a 均值减少 65.3%，为近 5 a(2018—2022 年)第二低值(图 8.5)。

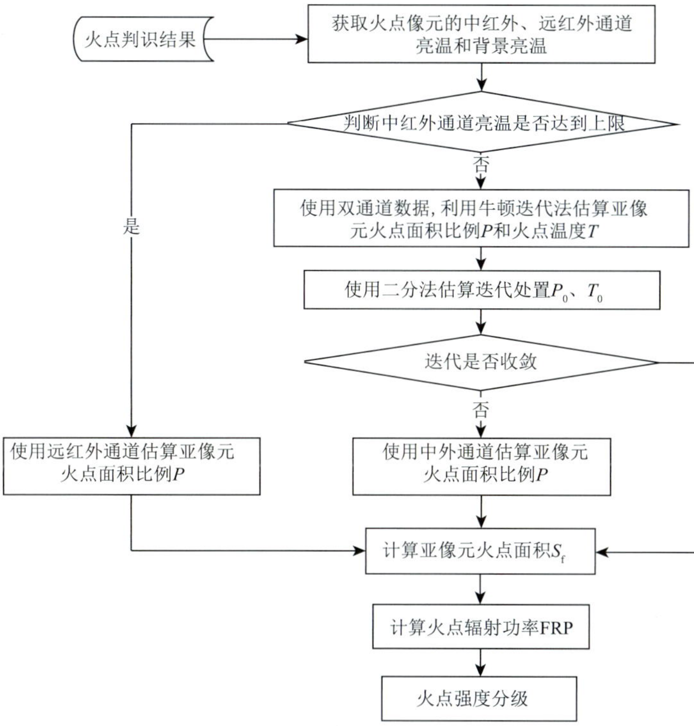

图 8.2　卫星遥感火点强度估算处理流程

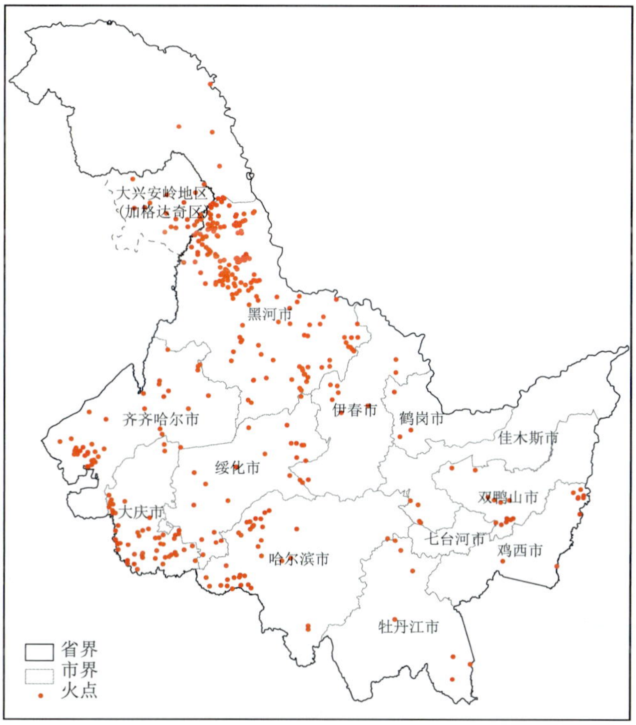

图 8.3　2022 年黑龙江省火点空间分布图

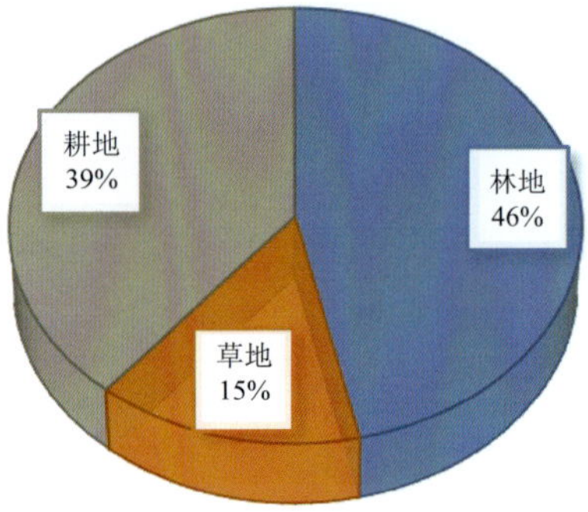

图 8.4　2022 年黑龙江省不同下垫面火点占比

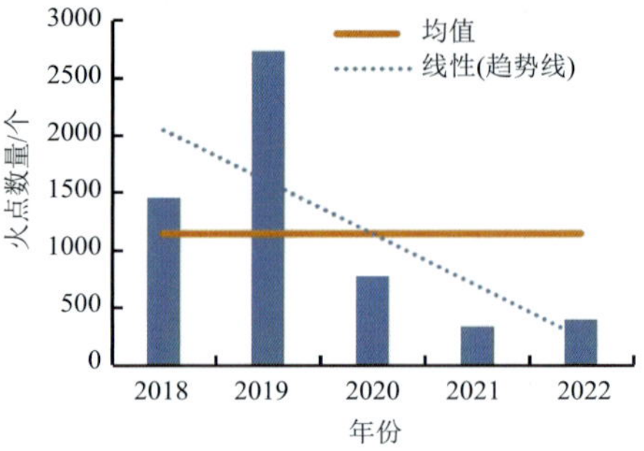

图 8.5　2018—2022 年黑龙江省火点统计图

8.1.3.2　森林火点数量为近 5 a 最低，草原火点数量较近 5 a 均值明显减少

2022 年，风云系列极轨气象卫星共监测黑龙江省森林火点 184 个。从时间分布看，火点发生在 3 月、4 月、5 月、10 月、11 月，主要集中在 10 月，占全年的 63.6%（图 8.6）；2018 年以来，森林火点数量持续减少，2022 年较近 5 a 均值减少约 40.2%，为近 5 a 最低（图 8.7）。从空间分布看，森林火点主要分布在大兴安岭地区、黑河市、伊春市等林区（图 8.8a）。

2022 年，黑龙江省共监测草原火点 58 个。时间分布分析显示，火点发生在 3 月、4 月、5 月、10 月、11 月，主要集中在 10 月，占全年的 62.0%（图 8.6）；2022 年草原火点较 2018 年大幅下降，较近 5 a 均值减少约 60.0%，为近 5 a 第二低值（图 8.7）。空间分布分析显示，草原火点主要分布在黑河市、绥化市等地（图 8.8b）。

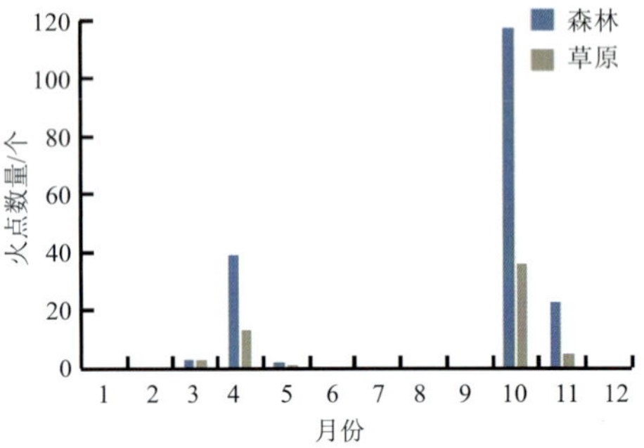

图 8.6　2022 年逐月黑龙江省森林、草原火点统计图

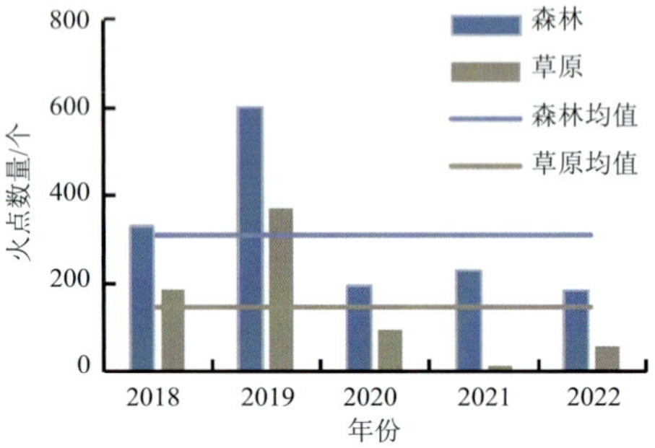

图 8.7　2018—2022 年黑龙江省森林、草原火点统计图

8.1.3.3　秸秆清理火点低于近 5 a 均值，4 月火点较为集中

2022 年，黑龙江省秸秆清理火点大幅减少，明显低于近 5 a 均值。利用黑龙江省生态气象中心基于“云＋端”技术架构开发的黑龙江省卫星遥感火情监测预警平台，实时自动监测到 4 月 18 日、19 日秸秆清理火点骤增。

风云三号系列极轨气象卫星共监测黑龙江省秸秆清理火点 154 个。时间分布分析显示，火点发生在 3 月、4 月、10 月、11 月，主要集中在 4 月，占全年的 46.8%；近 5 a 秸秆清理火点均集中在 4 月（图 8.9）；秸秆清理火点较 2018 年明显减少，较近 5 a 均值减少约 77.7%（图 8.10）。空间分布分析显示，秸秆清理火点主要分布在黑河市、齐齐哈尔市、大庆市、绥化

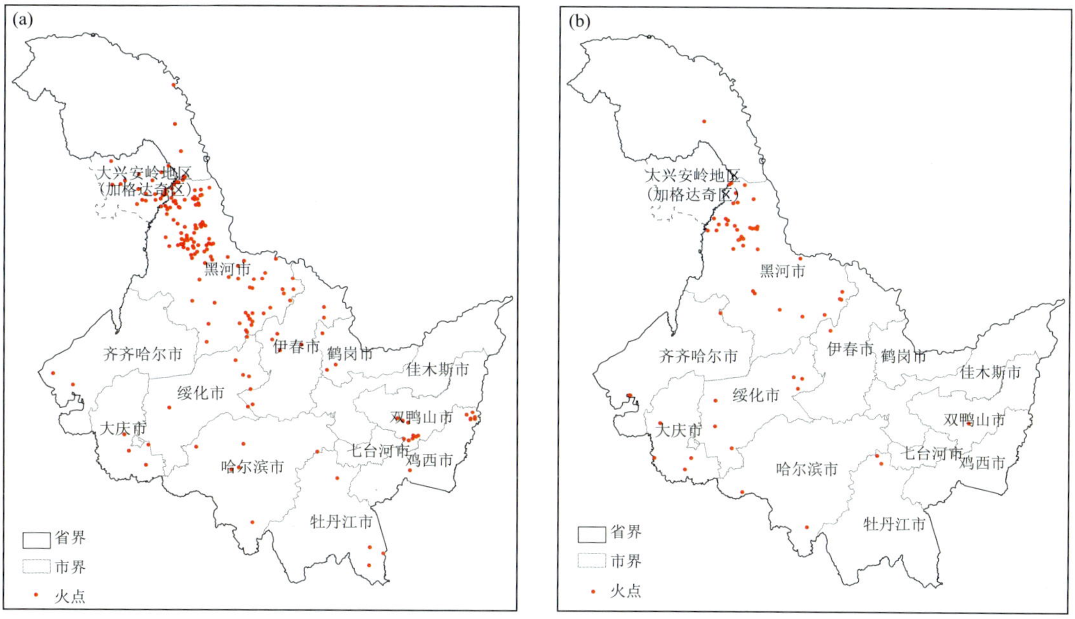

图 8.8　2022 年黑龙江省森林(a)、草原(b)火点空间分布图

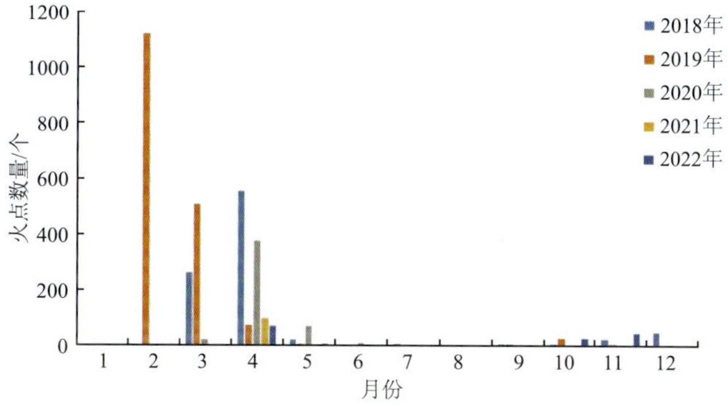

图 8.9　2018—2022 年逐月黑龙江省秸秆清理火点统计图

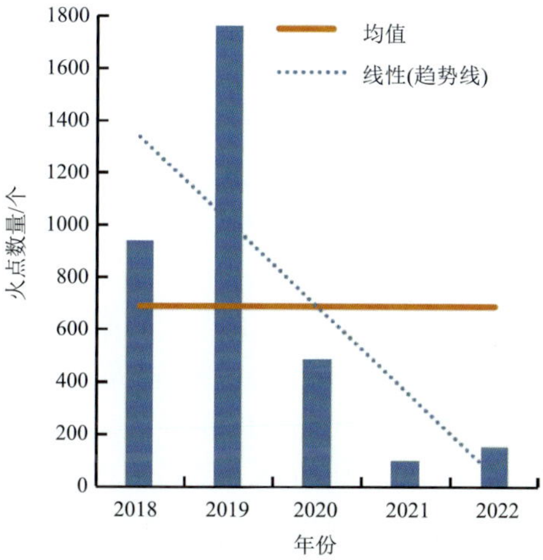

图 8.10　2018—2022 年黑龙江省秸秆清理火点统计图

市、哈尔滨市等农区(图 8.11)。

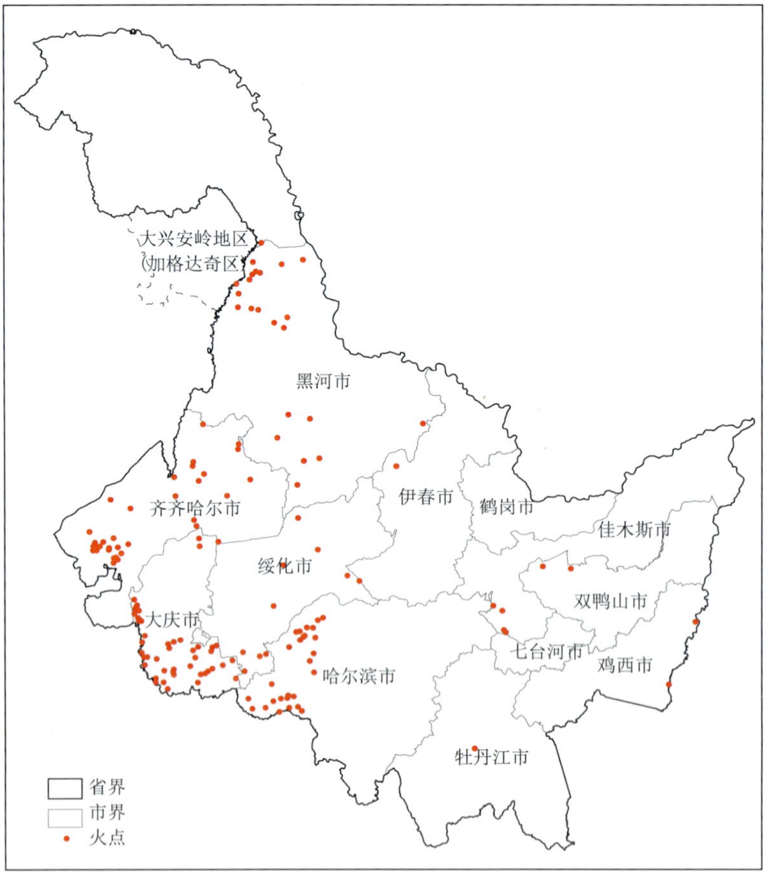

图 8.11　2022 年黑龙江省秸秆清理火点空间分布图

黑龙江省卫星遥感火情监测预警平台利用极轨和静止等多源卫星资料，每 10 min 扫描一次火点，24 h 不间断自动监测，结果显示，4 月 18 日、19 日秸秆清理火点骤增，累计火点超过 7000 个，主要分布在黑龙江省西部和南部农区(图 8.12)。

8.1.3.4　结论

本节主要介绍了森林、草原、农田火点监测数据及判识方法。卫星遥感在火情监测、火蔓延预测中具有不可替代的作用。随着新一代极轨气象卫星风云三号、静止气象卫星风云四号的发射和运行，以及卫星遥感技术的不断增强，卫星遥感火情监测、火蔓延预测等成果在防灾减灾、环境保护、气候变化等领域得到广泛应用。

2022 年，利用风云三号气象卫星，并结合自主研发的黑龙江省卫星遥感火情监测预警平台，对黑龙江省森林、草原、秸秆清理火点进行全天候、多角度监测，结果显示，2018 年以来黑龙江省森林、草原和秸秆清理火点数量呈明显下降趋势，2022 年为近 5 a 第二低值。

2022 年，风云三号气象卫星共监测黑龙江省火点 396 个，主要分布在大兴安岭地区、黑河市、齐齐哈尔市、大庆市、绥化市、哈尔滨市、伊春市、双鸭山市等地。卫星监测不同下垫面火点占比为草原火点 15%、森林火点 46%、秸秆清理火点 39%。

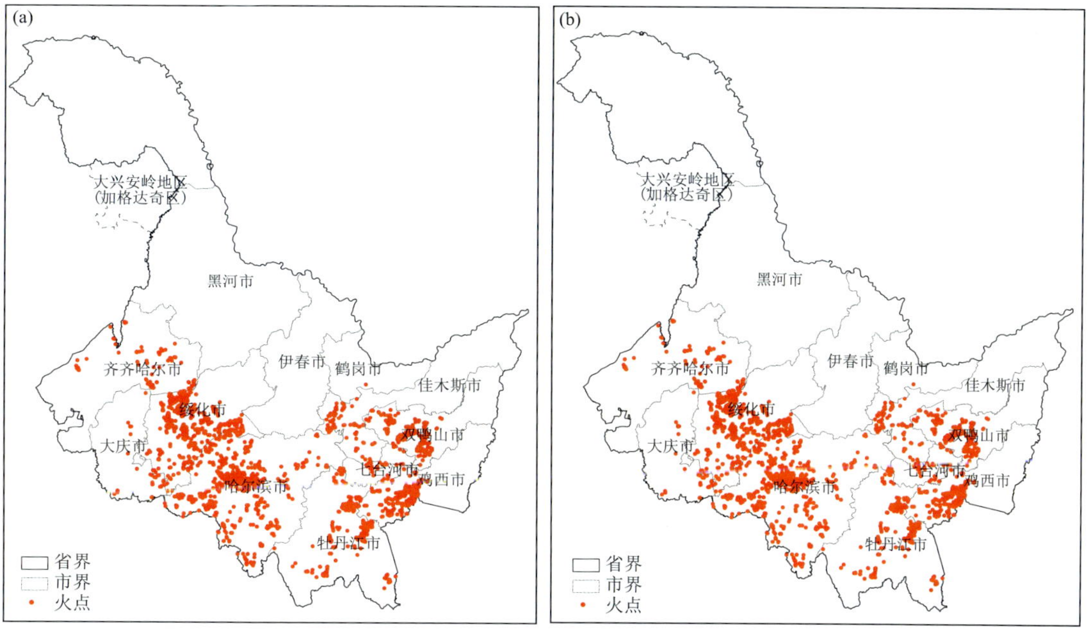

图 8.12　2022 年 4 月 18 日(a)、19 日(b)黑龙江省秸秆清理火点空间分布图

森林火点数量为近 5 a 最低，草原火点数量较近 5 a 均值明显减少；秸秆清理火点低于近 5 a 均值，4 月火点较为集中。

8.2　火点烟尘传输路径影响评估

8.2.1　概述

随着中国生态文明建设的不断发展，生态环境问题成为民生优先领域，空气质量逐渐成为人们关注的焦点。空气质量指数(AQI)的好坏反映了空气的污染程度，它是依据空气中污染物浓度的高低来判断的。空气污染是一个复杂的现象，在特定时间和地点，空气污染物浓度受到许多因素影响。来自固定和流动污染源的人为污染物排放大小是影响空气质量的最主要因素之一，其中包括车辆、船舶、飞机的尾气，工业污染以及生物质燃烧等。黑龙江作为中国的农业大省，每年秋收农作物的秸秆焚烧成为生物质燃烧的重要组成部分，远高于草原和森林燃烧比例。农作物秸秆燃烧时，会产生大量的 PM_{10}(可吸入颗粒物)、$PM_{2.5}$(细颗粒物)、氮氧化物等多种有害气体，不仅直接对人体健康产生危害，而且会造成空气污染、降低能见度，影响陆地交通、飞机航运等，引发交通事故，降低运输效率，对人的生命安全及城市经济发展造成一定影响。

HYSPLIT(Hybrid Single Particle Lagrangian Integrated Trajectory Model)即拉格朗日混合单粒子轨道模型。HYSPLIT-4 模型是由 NOAA 的空气资源实验室和澳大利亚气象局在过去 20 a 联合研发的一种用于计算和分析大气污染物输送、扩散轨迹的专业模型。该模型具有处理多种气象要素输入场、多种物理过程和不同类型污染物排放源功能的较为完整的输送、扩散和沉降模式，已经被广泛应用于多种污染物在各个地区的传输和扩散研究中。

本节将 GIS 工具与 HYSPLIT 模型相结合，增强 HYSPLIT 模型气流轨迹的可视化信息。对秸秆焚烧期间城市污染进行溯源分析，并结合卫星遥感秸秆火点数据，对秸秆焚烧的烟尘轨迹进行预测分析。

8.2.2 数据与方法

HYSPLIT 使用的气象数据是三维网格格式的气象数据。资料来自全球资料同化系统(Global Data Assimilation System，GDAS)，包括 6 h 一次的实况再分析资料以及 3 h 一次的预报资料。在垂直方向有 21 层数据，包括位势高度、温度、经向风、纬向风、比湿以及垂直速度等。NOAA 的 ARL(Air Resource Laboratory)将其处理为 HYSPLIT 模式可用格式作为模式主要输入资料。资料为正形投影的全球 $1°\times1°$数据插值网格数据。数据从 2005 年 1 月至今，每 7 d 资料约 571 Mb，每月更新。GDAS 资料按每个月的 5 个星期进行保存。需要注意的是，下载的 GDAS 资料为 UTC(世界协调时)。

卫星遥感秸秆火点数据使用新一代静止卫星 Himawari-8(葵花 8 号)的遥感资料 ，Himawari-8 静止气象卫星具有高时空分辨率特点，其 10 min 一次监测周期为连续动态监测提供了重要的数据支持。

霾监测数据以及气溶胶光学厚度(AOD)数据使用 FY-3D/MERSI 卫星遥感日监测产品数据，AQI 监测数据来自中国环境监测总站。

HYSPLIT 模拟气流轨迹的基本方法。风的平均平流作用在时间步长($t+\Delta t$)处计算的新位置决定了粒子或烟团将遵循的轨迹。换句话说，位置向量 P_{mean} 随时间的变化是根据初始位置和初步猜测位置处的三维速度矢量 $\mathbf{V}$ 的平均值计算的。位置向量 P_{mean} 计算公式如下：

$$P_{\text{mean}}(t+\Delta t)=P_{\text{mean}}(t)+\frac{1}{2}[\mathbf{V}(P_{\text{mean}},t)+\mathbf{V}(\{P_{\text{mean}}(t)+[\mathbf{V}(P_{\text{mean}},t)\Delta t]\},t+\Delta t)]\Delta t \tag{8.11}$$

方程(8.11)是 HYSPLIT 中轨迹计算的基础。运行轨迹仅考虑平流分量。仅需要湍流分散分量来描述 3D 颗粒和烟团的大气传输和混合过程，详细介绍见官网(https://journals.ametsoc.org/view/journals/bams/96/12/bams-d-14-00110.1.xml)。

HYSPLIT 模型官方系统对模拟结果的可视化效果较差；而 GIS 具有强大的空间及属性数据存储管理能力和空间表现能力，将 GIS 与大气扩散模型进行结合，将模型模拟的气流轨迹矢量数据，以及卫星遥感秸秆火点数据在 GIS 系统叠加显示，转化 UTC 为北京时间，并标注小时结点，可以强化不同高度气流轨迹的动态传输过程的可视化效果，很好地弥补扩散模型的上述不足。

利用农田秸秆焚烧火点数据和气象数据，通过拉格朗日混合单粒子轨道模型模拟秸秆焚烧期间哈尔滨市的烟尘气流输送轨迹。轨迹模拟主要有 2 种形式——后向传输模型和前向扩散模型。后向模拟是模拟目标地区的气流来源，主要用来解释目标地区气体或者颗粒污染物是由于什么来源造成的影响，用来解释污染源的问题。前向模拟是模拟火点聚集地烟尘未来的输送轨迹，主要用来解释秸秆焚烧烟尘的途经地以及途经时间，可对秸秆焚烧周边地区的环境影响进行预测评价。利用小时气象数据模拟小时传输轨迹，对目标地的气流轨迹进行动态监测，进而实现对目标地空气质量影响的动态预测，最后结合卫星遥感霾监测数据以及气溶胶光学厚度数据、环境观测站点 AQI 监测数据，对模拟秸秆烟尘的输送轨迹进行综合评价分析。

8.2.3 小结与讨论

每年的春、秋季节黑龙江省处于农田秸秆火点多发期。本节以 2022 年 4 月 20 日、11 月 7 日出现的两次大范围的空气污染事件为例，利用 FY-3D/MERSI 卫星遥感霾监测影像、HYSPLIT 模型气流输送轨迹、FY-3D/MERSI 气溶胶反演数据、静止卫星火点监测数据以及环境观测站点数据，分别对两次较严重的空气污染过程进行污染溯源及烟尘输送预测的综合分析。

8.2.3.1 烟尘轨迹预测

从 2022 年 4 月 20 日的 FY-3D/MERSI 卫星遥感多通道合成图中可以清晰地看出，黑龙江省西北大部有云覆盖，在可见处(无云区)哈尔滨北部、伊春、鹤岗、佳木斯、双鸭山、鸡西等地有大范围霾覆盖(图 8.13)。

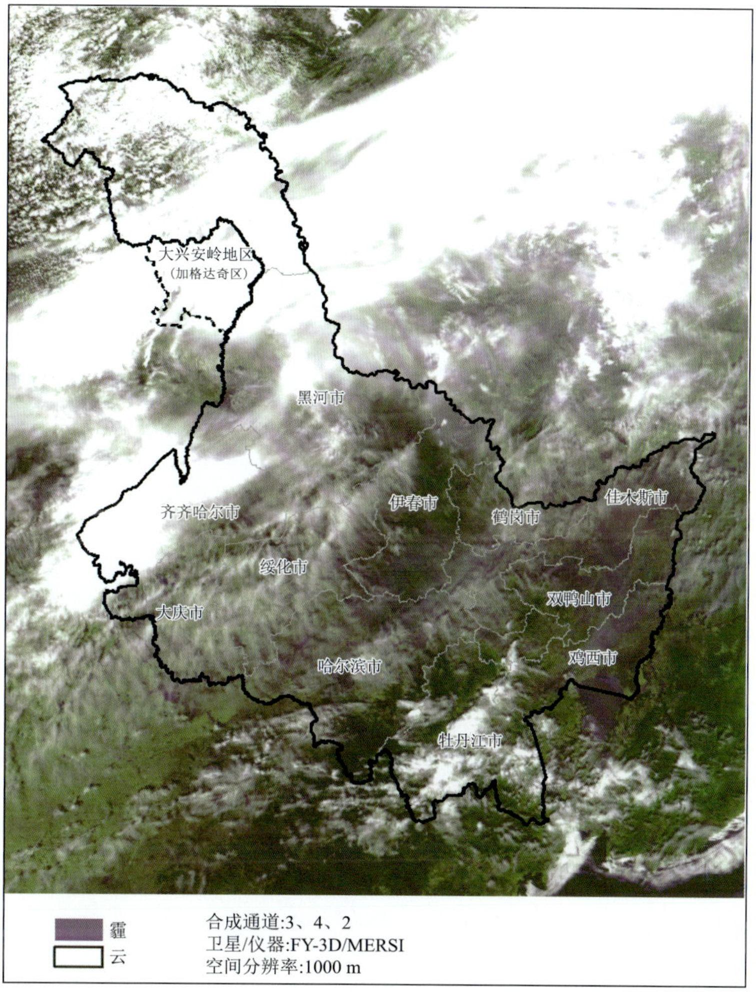

图 8.13　2022 年 4 月 20 日 FY-3D 霾监测多通道合成图

从 2022 年 11 月 7 日的 FY-3D/MERSI 卫星遥感多通道合成图中可以清晰地看出，黑龙江省东部部分及中部局部地区有云覆盖，可见处（无云区）哈尔滨中部、绥化北部以及佳木斯、伊春、鹤岗大部有霾覆盖（图 8.14）。

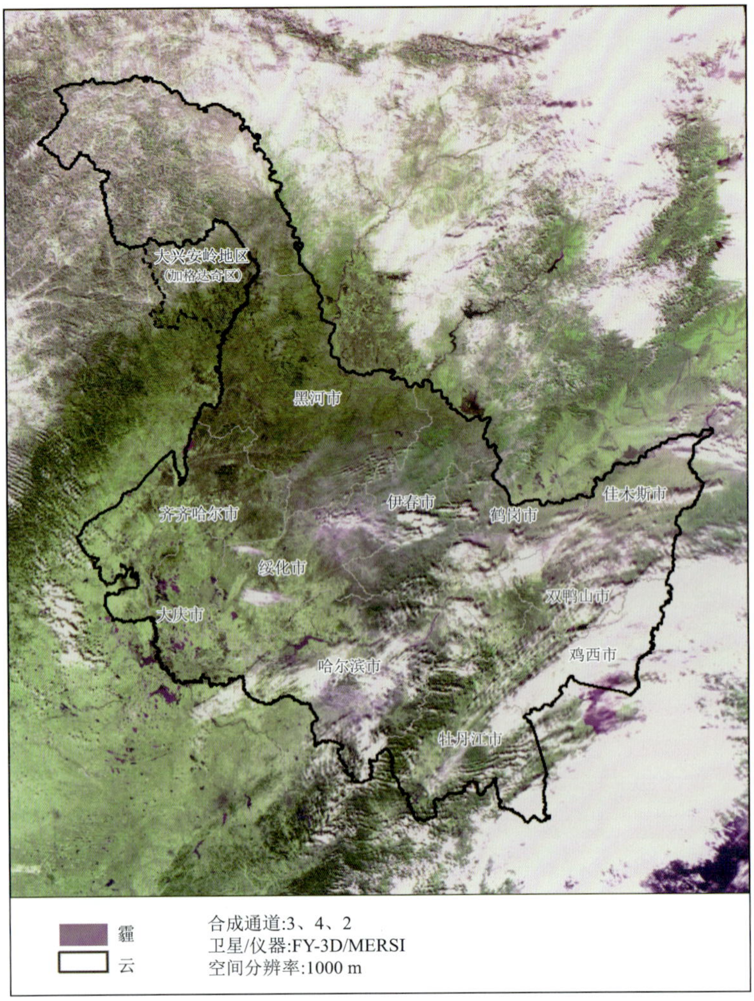

图 8.14　2022 年 11 月 7 日 FY-3D 霾监测多通道合成图

以哈尔滨市区为中心，采用 HYSPLIT 模型进行不同高度（300 m、500 m、1000 m），24 h 后向气流轨迹模拟，使用 GIS 绘制不同高度逐小时气流输送轨迹图，图中显示：2022 年 4 月 19 日 12 时—20 日 12 时，哈尔滨市大气输送主要来源于黑龙江省外西南方向，该方向上有大量燃烧火点分布，含有火点烟尘的气流大概在 20 日 11 时开始影响黑龙江省大气环境，且高层大气输送滞后于低层（图 8.15）。

以哈尔滨市区为中心，采用 HYSPLIT 模型进行不同高度（300 m、500 m、1000 m），24 h 后向气流轨迹模拟，使用 GIS 绘制不同高度逐小时气流输送轨迹图，图中显示：2022 年 11 月 6 日 08 时—7 日 08 时，哈尔滨市大气输送主要来源于西北方向的内蒙古自治区呼伦贝尔市、黑龙江省绥化市、大庆市以及齐齐哈尔市，该方向上气流输送途经范围有大量火点分布，烟尘气流大约在 7 日 05 时进入哈尔滨市主城区影响哈尔滨市大气环境，高层大气输送滞后于低层（图 8.16）。

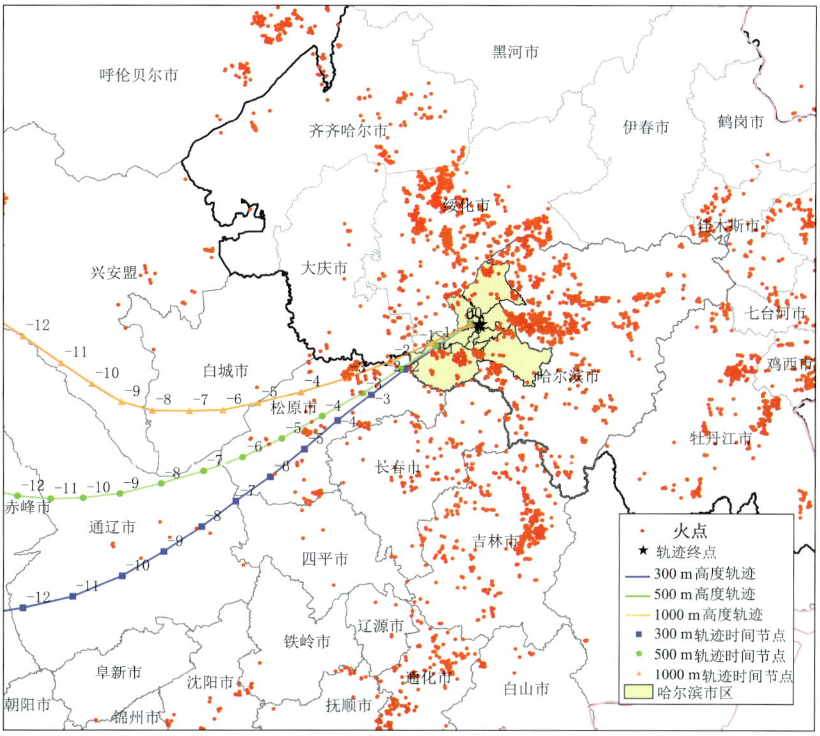

图 8.15　2022 年 4 月 19 日 12 时—20 日 12 时哈尔滨市 24 h 后向气流轨迹

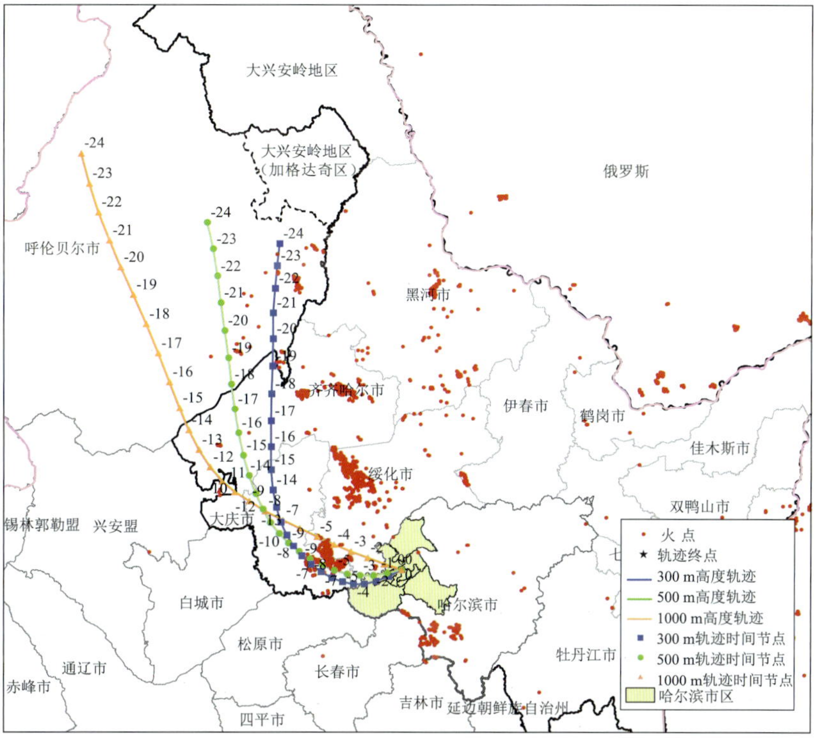

图 8.16　2022 年 11 月 6 日 08 时—7 日 08 时哈尔滨市 24 h 后向气流轨迹

2022 年 4 月 20 日哈尔滨市 24 h AQI 监测值显示，哈尔滨市空气污染情况从 09 时开始加重，与当日气流输送轨迹进入哈尔滨市区时间节点接近(图 8.17)。2022 年 11 月 7 日哈尔滨市 AQI 监测数据显示，哈尔滨市空气污染情况从 09 时开始加重，与当日气流输送轨迹进入哈尔滨市区时间节点接近(图 8.18)，由此分析哈尔滨市此次空气污染源主要来自周边区域秸秆焚烧。

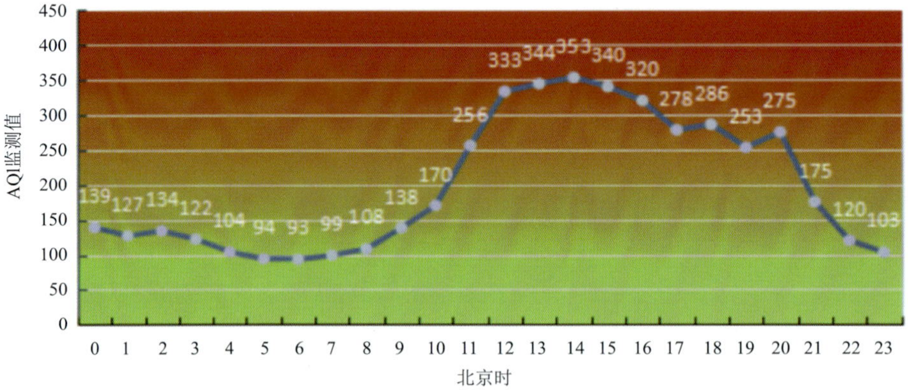

图 8.17　2022 年 4 月 20 日哈尔滨市 24 h AQI 监测值

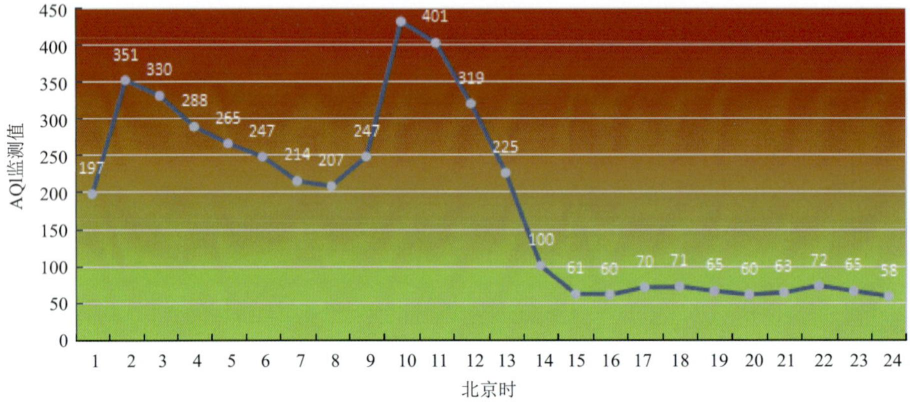

图 8.18　2022 年 11 月 7 日哈尔滨市 24 h AQI 监测值

8.2.3.2　污染溯源分析

根据 2022 年 4 月 19 日 12 时—20 日 12 时黑龙江省火点分布情况，在 3 处火点较集中区域进行 500 m 高度 24 h 前向气流轨迹模拟分析，使用 GIS 绘制不同高度逐小时气流输送轨迹图，图中显示：黑龙江省火点区域大气向东北方向输送，途经绥化、伊春、鹤岗、佳木斯、双鸭山、鸡西等区域，在 20 日 15—19 时影响到黑龙江省外(图 8.19)。根据前向轨迹分析，伊春、鹤岗、佳木斯等地的空气污染主要受黑龙江省南部地区秸秆焚烧烟尘影响。

根据 2022 年 11 月 6 日 12 时—7 日 12 时黑龙江省火点分布情况，在 3 处火点较集中区域进行 500 m 高度 24 h 前向气流轨迹模拟分析，使用 GIS 绘制不同高度逐小时气流输送轨迹图，图中显示：黑龙江省南部火点区域大气向东北输送，途经哈尔滨、绥化、伊春、鹤岗等地区(图 8.20)。根据前向轨迹分析，伊春、鹤岗等地的空气污染主要受黑龙江省南部地区秸秆焚烧烟尘影响。

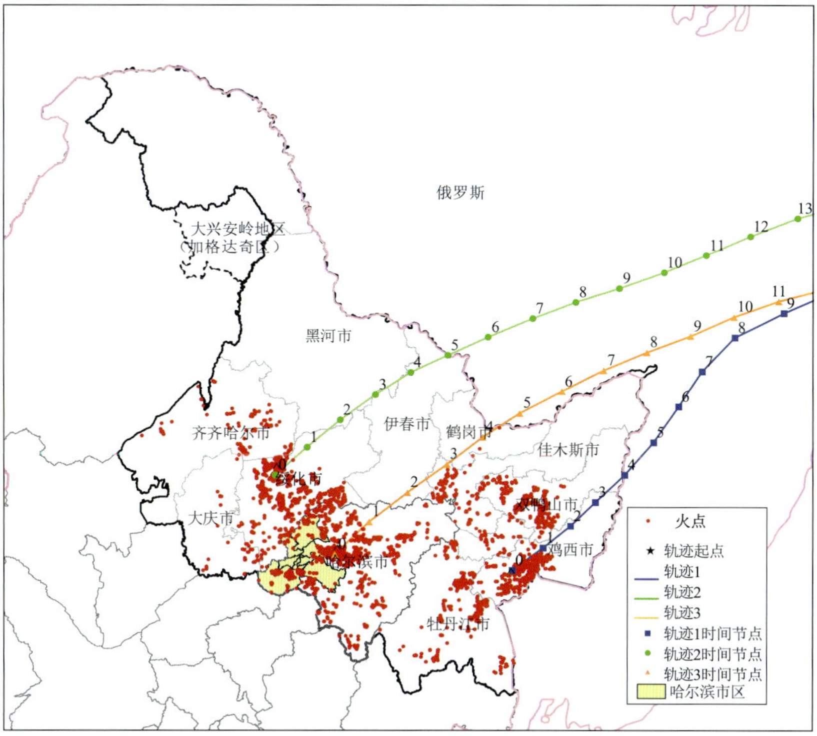

图 8.19　2022 年 4 月 19 日 12 时—20 日 12 时黑龙江省秸秆烟尘 24 h 前向气流轨迹

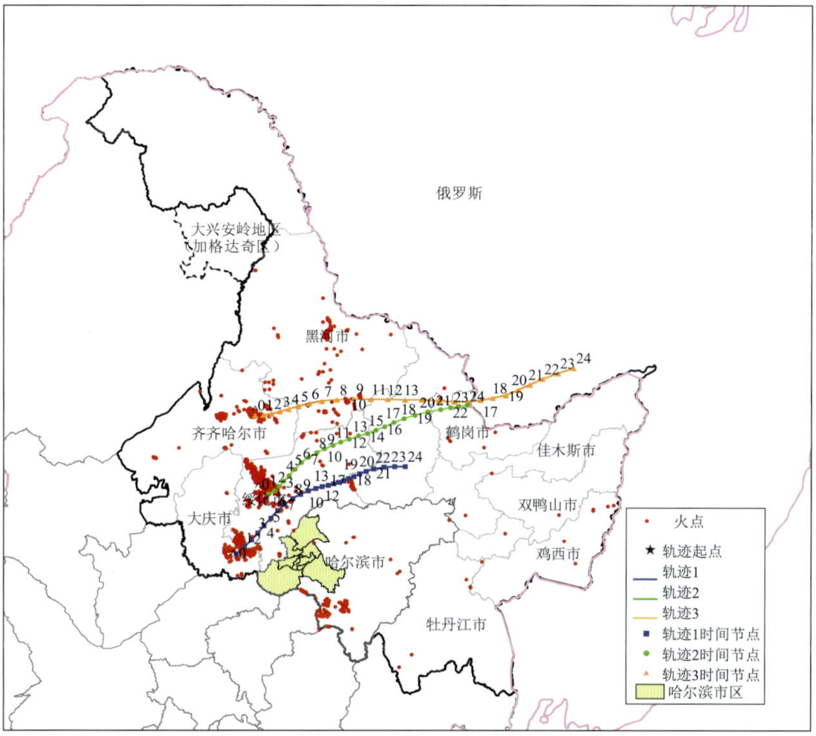

图 8.20　2022 年 11 月 6 日 12 时—7 日 12 时黑龙江省秸秆烟尘 24 h 前向气流轨迹

结合 2022 年 11 月 7 日 FY-3D 气象卫星数据反演气溶胶光学厚度空间分布信息，可以看出 2022 年 11 月 7 日 12 时的黑龙江省大气环境情况，此时哈尔滨中部、绥化北部、伊春南部、鹤岗局部区域 AOD 较高，AOD 大于 0.8。其高值区域空间分布与火点烟尘输送轨迹高度重合（图 8.21），说明火点烟尘水平输送和垂直扩散明显，导致大气能见度降低，出现霾天气。

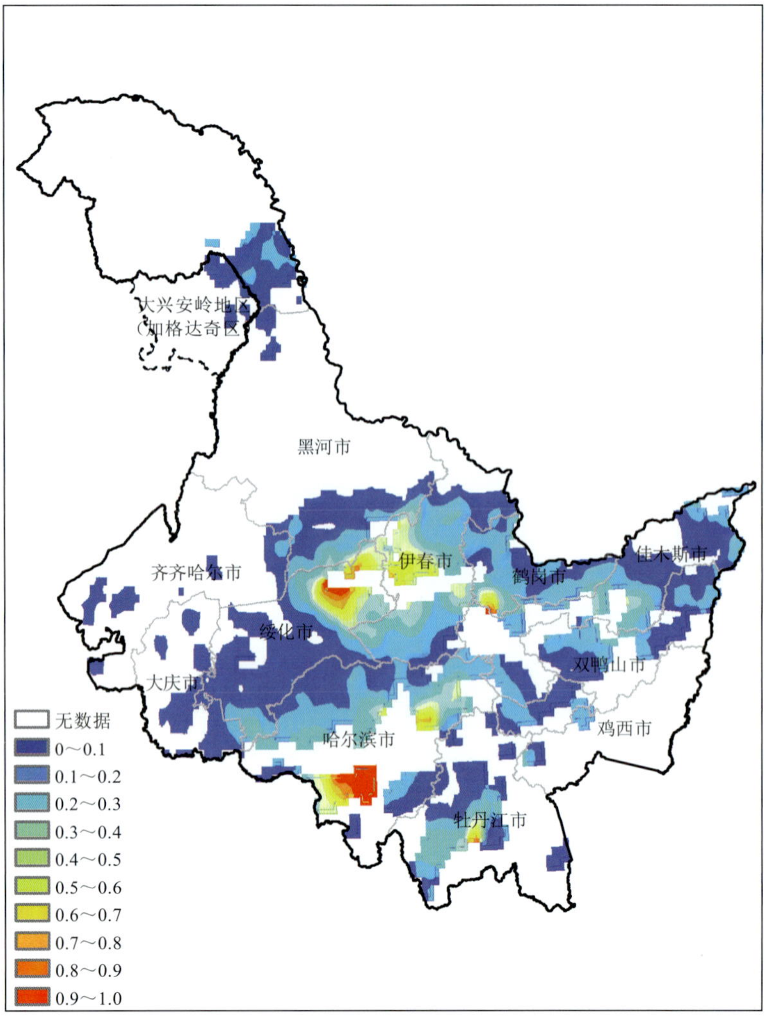

图 8.21　2022 年 11 月 7 日黑龙江省 FY-3D 卫星遥感 AOD 空间分布

8.2.3.3　结论

综合以上分析，在黑龙江省使用 GDAS 气象数据，通过 HYSPLIT 模型可以较好地模拟农田火点烟尘的输送轨迹。通过 GIS 可视化处理可以更直观地展示逐小时的污染物来源轨迹和去向轨迹，实现烟尘气流轨迹的动态监测。结合 FY-3D/MERSI 卫星遥感霾监测影像、静止卫星火点监测数据信息可以更好地解释环境空间污染来源，根据 FY-3D/MERSI 气溶胶反演数据可以更好地解释烟尘的空间分布情况。

8.3 主要江河流域洪涝灾害监测评估

8.3.1 概述

中国地域辽阔，自然地理和气候条件复杂，各地自然灾害频繁发生，其中，洪涝灾害占有很大的比重。洪涝灾害作为中国主要的自然灾害之一，已成为制约社会经济可持续发展的重要因素。洪涝灾害是突发性事件，具有持续时间短、危害大等特征。为了有效地预防和控制洪涝灾害，必须迅速准确地了解水情、水势的进展情况，并及时进行洪涝调控。而传统基于人工为主的信息采集手段、过程与水平已经很难满足防洪抗涝的需要。20 世纪 60 年代发展起来的遥感技术，具有观测范围大、获取信息量大、速度快、实时性好、动态性强等优势，因此在防洪减灾中发挥着越来越大的作用。

黑龙江省地处中国的东北边疆地区，属温带和寒温带气候。受大陆季风气候和近 30 a 来气候变暖影响，极端天气、灾害气候频繁发生，特别是洪涝灾害的发生给国民经济带来很大损失。1991 年和 1998 年黑龙江省发生特大洪水，全省经济损失分别达 49 亿元和 296 亿元。1971—2005 年，洪涝发生年数为 13 a(次)，发生频率达 37%。因此，洪涝灾害监测评估对避免和减少经济损失都具有重大意义。

洪涝灾害监测评估总体技术思路为：利用遥感技术获取淹没区的本底信息以及洪涝灾害淹没范围。遥感技术对空间信息的获取具有非常强的优势，目前所拥有的高、中、低等不同分辨率可见光、近红外，雷达等不同种类的遥感数据，可以在洪涝灾害损失评估中的空间信息获取方面发挥重要作用，如土地利用信息的获取以及洪水淹没范围、淹没历时等信息的获取。

8.3.2 数据与方法

8.3.2.1 洪涝灾害监测数据源及预处理

不同类型的遥感数据源在洪涝灾情信息提取中具有各自的优势和特点，在洪涝灾害遥感监测中，地表水体遥感监测数据源的选择，应综合考虑监测目标面积、空间特征、地域特征、空间分辨率、监测时间周期、经济成本等因素。应用比较广泛的光学数据主要有风云气象卫星、Landsat/TM、高分系列卫星、Terra/MODIS、NPP 等，微波遥感数据主要有 GF-3、哨兵 1 号等。

(1)光学卫星

①气象卫星

由于具有覆盖范围大、回访周期高、成本低等特点，对大面积水域开展监测可考虑选用风云气象卫星等影像数据，主要包括 FY-3D、FY-3E、FY-4A、FY-4B 等。

FY-3D/MERSI-Ⅱ是风云三号 D 星的主要载荷之一，共配备 25 个通道，包括 16 个可见光—近红外通道、3 个短波红外通道和 6 个中长波红外通道。FY-3E 卫星是全球首颗民用晨昏轨道气象卫星，与在轨的 FY-3C 卫星和 FY-3D 卫星组网运行，FY-3E/MERSI-Ⅱ具备晨昏轨道上的微光和红外探测能力，共设置 7 个通道，其中包括 1 个微光通道、6 个热红外通道，其中，2 个红外分裂窗通道空间分辨率为 250 m，其余通道空间分辨率为 1000 m。

作为风云四号系列首颗业务星，FY-4B 的成功发射实现了中国静止气象卫星观测业务的升级换代，建立了中国新一代静止轨道气象卫星“双星运行、在轨备份”的业务格局。静止气象卫星的主要优点是观测频次高。FY-4A 成像仪 AGRI 共有 14 个观测通道，覆盖波长范围 0.45～13.8 μm，其中，有 6 个可见光/近红外通道(1～6 通道)，8 个红外通道(7～14 通道)。

②高分卫星

由于具有覆盖范围小、精度高、成本较高等特点，对较小面积水域开展高精度监测可考虑选用高分系列卫星，主要包括 GF-1、GF-2、GF-4、GF-6 等。GF-1 卫星除了搭载两台 2 m 分辨率全色/8 m 分辨率多光谱相机(PMS)外，还搭载了四台 16 m 分辨率多光谱相机(WFV)。GF-2 搭载有两台高分辨率 1 m 全色、4 m 多光谱相机。GF-6 配置 2 m 全色/8 m 多光谱高分辨率相机，观测幅宽 90 km；16 m 多光谱中分辨率宽幅相机，观测幅宽 800 km。GF-6 与 GF-1 组网运行后，将使遥感数据获取时间从 4 d 缩短到 2 d。

高分数据预处理主要包括辐射定标、大气校正、正射校正等流程，在遥感图像处理平台 ENVI5.3.1 中进行预处理操作。辐射定标是一种转化关系，是根据元数据把图像上的数值(DN)转成辐射亮度值的过程。继续进行大气校正的目的是去除大气中气溶胶对影像的影响，提高影像质量。为了消除地形起伏而引起的偏移，正射校正利用数字高程数据对影像进行地形变形纠正。

(2)雷达卫星

洪水区域监测的目标是对洪水多发区或洪水淹没区水体的自动提取，基于丰富的光谱信息，利用光学卫星影像多种水体提取算法可以组合搭配应用，但是光学卫星影像受到环境的影响较大，使得单纯应用光学卫星影像监测洪水受到一定的限制。星载合成孔径雷达不受天气影响，获取的 SAR 图像中水体后向散射系数相对较低(图像上表现为黑色)，星载雷达遥感是目前洪涝灾害水情监测的重要技术手段之一。常用的数据源包括 GF-3、Sentinel-1 等。目前 SAR 数据格式主要有两种：单视复数(SLC)和强度数据(PWR)。SLC 数据通过多视处理可以得到雷达强度数据，技术流程如图 8.22 所示。

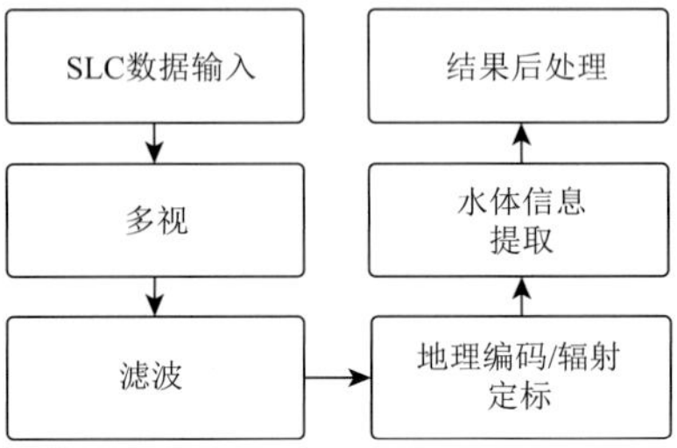

图 8.22　SAR 处理与分析流程图

①高分三号

高分三号(GF-3)卫星搭载的传感器是 C 频段多极化合成孔径雷达，是迄今为止世界上成像模式最多的星载合成孔径雷达，该雷达具有全极化电磁波收发功能，并涵盖了诸如条带、聚束、扫描等 12 种成像模式。空间分辨率 1～500 m，幅宽 10～650 km。

高分三号单通道数据的处理包括数据导入、多视、滤波、地理编码。

②哨兵 1 号

哨兵 1 号(Sentinel-1)是由 A、B 两颗同轨极轨卫星组成的星座，是欧洲航天局“哥白尼计划”地球观测卫星系列之一。单颗星轨道周期为 12 d，两颗星组网常规重访周期为 6 d，最快重访时间为 1～3 d。搭载一台 5.404 GHz 的 C 波段合成孔径雷达，最大覆盖幅宽为 400 km，包含 4 种成像模式：SM(Stripmap)、IW(Interferometric Wide swath)、EW(Extra-Wide swath)和 WV(Wave)。Sentinel-1 数据产品分为 Level-0、Level-1、Level-2，其中，Level-1 数据包含单视复数影像和地距影像(GRD)。GRD 产品包含经过多视处理、采用 WGS84 椭球投影至地距的聚焦数据，相对于 SLC 数据，GRD 数据消除了热噪声，以提高图像质量。

目前，Sentinel-1 卫星数据常规获取方式有 3 种，欧洲航天局网站(https://scihub.copernicus.eu/)、美国 NASA 地球数据中心(https://search.asf.alaska.edu/#/)和谷歌云计算平台(https://earthengine.google.com/)。

欧洲航天局提供了处理 Sentinel-1 的专业软件 SNAP，主要有辐射定标、地形校正与地理编码、滤波处理。

8.3.2.2 水体信息提取方法

利用遥感数据进行水体信息提取的数据源主要包含雷达遥感数据、光学遥感数据以及两者的结合数据。对不同的数据源采用不同的分析方法，进而完成水体信息的提取。

(1)水体的光谱特征分析

水体自身的光谱特征以及其在不同遥感数据上的光谱特性，是遥感数据定量反演水体信息的理论基础。黑龙江省洪涝灾害主要发生在作物生长旺盛季节，这一阶段植被茂盛，气象卫星观测的下垫面类型主要有植被、土壤、水体等。水体、植被、陆地(裸土)等在可见光和近红外波段的反射光谱特性上有着较大的差异(图 8.23)。水体在近红外通道有很强的吸收，反射率极低，在可见光通道的反射率较近红外通道高。植被在可见光通道的反射率较近红外通道低。在近红外通道波长范围内，植被的反射率明显高于水体，而在可见光通道波长范围内，水体的反射率高于植被。陆地的反射率在可见光通道波长范围高于植被和水体，在近红外通道高于水体，低于植被。因此，对于近红外通道和可见光通道的反射率比值，在水体部分小于 1，在植被部分大于 1，而在植被稀少的裸土地带，将处于 1 左右。利用这一特点，可以从可见光和近红外通道数据中提取地表水体信息。

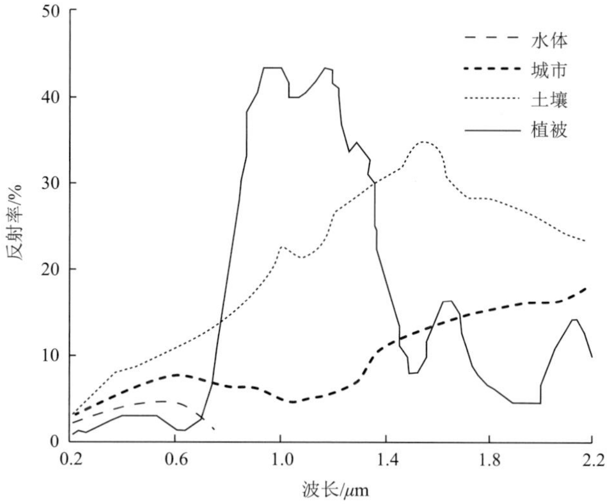

图 8.23　几种典型地物的光谱特征曲线

水体的光谱特性主要由水本身的物质组成决定，同时又受到各种水状态的影响。其主要来自水的表面反射、水体底部物质的反射和水中悬浮物质的反射3个方面的贡献。图8.24是清澈水体和浑浊水体的光谱曲线图，横轴代表波长，纵轴代表反射率。可以看出，清澈水体的反射率总体比较低，波长为0.4 μm时反射率最高，之后随波长增大逐渐下降，到0.6 μm处为2%～3%；当波长超过0.75 μm时，几乎全部吸收了入射能力，其中水体在蓝光范围内(0.43～0.47 μm)的反射率最高，并具有明显的散射作用，绿光(0.50～0.56 μm)次之，红光(0.62～0.76 μm)弱。而对于浑浊的水体来说，光谱曲线整体高于清水，且光谱反射峰值向红外波段方向偏移。

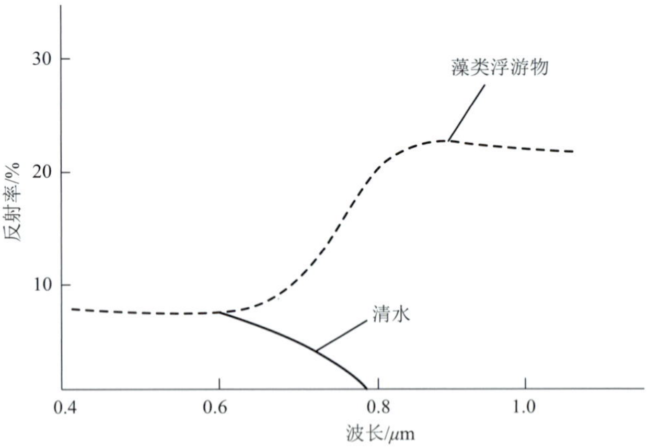

图8.24 水体反射光谱曲线

(2)基于光学遥感数据的提取方法

水体判识是洪涝监测的基础。根据水体、植被、陆地和云区在可见光、近红外以及红外通道的光谱特性差异，利用多通道彩色合成图可以清楚地反映江河、湖泊等水体信息。在水体判识前，首先生成可见光、近红外、红外通道彩色合成图，作为水体判识区域选取和结果验证标准。通道合成方式为：可见光(蓝色)、近红外(绿色)、红外(红色)，红外通道的选取优先考虑用短波红外通道。通道合成前需要对各通道进行增强处理，突出地表特征的细节。

白天观测资料的水体判识主要有3种情况：晴空条件、薄云覆盖条件、水面覆盖雾条件，其中大多数情况是晴空条件。夜间水体判识主要根据水面和周围地表温度差异，利用红外通道提取水体信息。对于较厚云层覆盖水体的情况，由于水面向上辐射无法穿透云层，因此无法进行水体判识。

常用的水体提取方法主要有如下几种：

①多波段阈值法，主要适合白天晴空下水体信息提取，见式(8.12)：

$$R_{VIS} \leqslant R_{VISth}，且 R_{NIR} \leqslant R_{NIRth}，R_{NIR} - R_{VIS} \leqslant RD_{NVth} \tag{8.12}$$

式中：R_{VIS} 指可见光波段反射率，R_{VISth} 为对应的阈值，R_{NIR} 指近红外波段的反射率，R_{NIRth} 为对应的阈值，RD_{NVth} 为 R_{NIR} 与 R_{VIS} 差值对应的阈值。由于各地地理条件和卫星过境时间可能有所不同，阈值的选取需根据具体情况而定。参考初始阈值为：R_{VISth} 参考值为18%，R_{NIRth} 参考值为10%，RD_{NVth} 参考值为0。

②比值法，主要适合薄云覆盖条件下的水体判识，当水面有薄云覆盖时，由于云的反射率高于陆地，使用近红外通道无法正确提取水体。在薄云覆盖条件下的水体判识可通过对可见

光和近红外通道反射率的比值计算，滤掉薄云信息的影响，提取水体信息，见式(8.13)：

$$\frac{R_{\mathrm{NIR}}}{R_{\mathrm{VIS}}} \leqslant R_{\mathrm{N/Vth}} \tag{8.13}$$

式中：$R_{\mathrm{N/Vth}}$ 为 R_{NIR} 与 R_{VIS} 比值对应的阈值，参考值为 0.7。

③归一化差值水体指数法，主要适用于白天晴空或者薄云条件下（地势平坦区）的水体信息提取，见式(8.14)：

$$\frac{R_{\mathrm{GRE}} - R_{\mathrm{NIR}}}{R_{\mathrm{GRE}} + R_{\mathrm{NIR}}} \geqslant R_{\mathrm{G\_Nth}} \tag{8.14}$$

式中：R_{GRE} 为绿光波段的反射率；$R_{\mathrm{G\_Nth}}$ 为水体指数对应的阈值，参考值为 0。

④红外差值法，适合水面覆盖有雾条件下的水体信息提取，在白天水面覆盖有雾情况下，覆盖有雾的水体（简称水面雾）像元的可见光和近红外通道反射率相近，均高于陆地反射率，此时无法应用晴空条件下的水体判识方法。但雾表面的温度与周围陆地温度相近，由于太阳辐射反射的影响，中红外通道和远红外通道在雾表面的亮温差异将高于其在周围陆地的亮温差异，因此可以用中红外通道和远红外通道亮温差异判识水体信息，式(8.15)：

$$T_{\mathrm{MIR}} - T_{\mathrm{TIR}} \geqslant T_{\mathrm{M\_Tth}} \tag{8.15}$$

式中：T_{MIR} 为中红外波段的等效黑体辐射亮温；T_{TIR} 为热红外波段的等效黑体辐射亮温；$R_{\mathrm{M\_Tth}}$ 为 T_{MIR} 与 T_{TIR} 差值的水体判识阈值，参考值为 10 K。

⑤热红外阈值法，适合夜间水体的信息提取，由于水体热容量与周边陆地表面热容量的差异，夜间水面温度一般大于周边陆面温度。因此，夜间红外通道在水面的亮温将大于周边陆面亮温。利用这一差异，可在夜间没有可见光信息的情况下，使用红外通道资料提取水体信息，见式(8.16)：

$$T_{\mathrm{TIR}} \geqslant T_{\mathrm{TIRth}} \tag{8.16}$$

式中：T_{TIRth} 为 T_{TIR} 的水体判识阈值。判识阈值根据不同季节、不同地区的地面温度变化加以确定，该阈值宜利用人机交互方式选取。

(3)基于雷达遥感数据的提取方法

基于 SAR 数据提取水体的方法主要包括阈值法、决策树法、深度学习、面向对象法等（表 8.2）。

①阈值法提取水体，使用阈值法提取水体主要是利用水体在 SAR 图像上后向散射系数小的原理，对 SAR 图像进行密度分割，经过目视对比得到合适的分割阈值，再将分割结果保存为分类结果文件，对分类结果进行后处理，人机交互删除误提图斑，最终得到水体信息的过程。根据数据获取的情况，可以对单极化灰度图直接进行密度分割，如 VV 或 HV，如果有多种极化方式的数据，也可以先计算出水体指数，再对水体指数图进行分割。水体指数计算方法如下。

基于 HV 和 VV 后向散射系数，计算用于提取水体的指数，模型为：ln(10×HV×VV)−8，bandmath 公式为：alog(10×*b*1×*b*2)−8。*b*1 和 *b*2 分别是 HV 和 VV 后向散射系数。得到的结果：水体和非水体区分明显，直方图呈现双峰。阈值分割法提取水体，在平原区域效果良好，几乎不需要人工编辑，但是在山区，阴影都被提取出来了，需要使用分类后处理的工具进行人机交互处理。

②决策树法提取水体，单使用 SAR 数据提取水体无法避免山区山体阴影的干扰，可加入

DEM 数据，使用坡度数据构建决策树，对水体指数图像运用阈值法之后，再利用坡度条件将坡度大的区域剔除，可一定程度避免山体阴影的干扰。

③深度学习法提取水体，使用深度学习的方法，选择水体样本，进行模型训练，提取水体信息。其中，要点是水体样本的选择和模型训练的参数。由于水体在不同的区域颜色有差异，又加之需要和山体阴影区分，故选择样本时要覆盖这些区域，对子区域的数据分别进行水体提取。

④面向对象法提取水体，使用基于规则的面向对象的方法，对单极化 SAR 数据（也可用水体指数图像）进行对象分割、设置规则提取水体，如使用 HH 极化数据，设置平均灰度值、面积两个规则，该方法可直接得到水域边界 shapefile。

表 8.2　基于雷达遥感数据的提取方法简介

方法	说明
阈值分割法	在平原区域效果良好，几乎不需要人工编辑，但是在山区，阴影同时都被提取出来了，需要使用分类后处理的工具进行人机交互处理
决策树分类方法	可有效避免山区阴影的混淆，对于坡度大的区域效果显著。后期仍然需要一定量的人工编辑，但工作量较阈值法小
深度学习方法	效果良好，需要前期进行充分的影像中水体特征分析，表现为选择若干有代表性的子区域，可有效区分山体阴影和水体，前期工作量较大，优势是训练好的水体提取模型可以用于同类型多幅影像、多个地区的水体提取，适用于批量处理
面向对象方法	可直接获取水域边界，若加入 DEM 作为辅助数据，对山体阴影的抑制也有作用

（4）淹没水深提取研究

淹没水深是评价洪涝灾害损失的重要指标。由于卫星遥感难以直接穿透水体测得水深，因此，目前针对洪水淹没水深的计算都是在 DEM 数据基础上，通过水面高程与地面高程之差获取的。利用 GIS 计算水深，通常是基于较高精度的 DEM 数据，采用种子算法进行领域搜索比较，根据一定的条件来判定边界及内部洼地，从而得到水体范围及深度，该类方法多针对动态水流，适用于小范围水体。也有研究将淹没区视为静态水面分布，将其与 DEM 叠加，得到相对平滑的水陆边界高程，再采用双线性插值计算水深分布，该方法可运用于较大范围水域淹没水深计算。顾及流速和淹没时间的自适应逐点水位修正法，在 DEM 坡面流模拟的基础上，根据洪水水流特性、地形、边界变化、水流速度、水深变化以及淹没点的淹没时间，计算水位修正值，对洪水演进过程中每个格网点的水位进行修正，可较好地进行洪水淹没范围、水深及历时的实时计算模拟。

由于洪水泛滥时，水面并非简单的水平面，特别是河滩地，洪水与河流水体连为一体，形成倾斜平面或复杂曲面，处理后得到的水面高程可能是离散的，采用各向异性的空间插值技术和 GIS 中邻近性分析方法可以较好地加以解决。可以认为，如何在高分辨率遥感资料的基础上运用 GIS 技术获取高精度的 DEM 数据，将成为未来洪灾水深提取研究的趋势之一。

8.3.2.3　洪涝水体监测方法

（1）洪涝水体判定方法

洪涝水体监测是基于对异常增大水体的判定，异常增大水体指的是超出正常水面范围的水体，一般为泛滥水体。许多湖泊及河流的水体范围随季节及降水的影响变化较大，某一时期水体范围的相对增大并不是洪涝泛滥所致。建立警戒水体范围数据集可用于判断卫星观测的水体范围是否超出正常水体范围的最大限度。警戒水体数据的建立可利用重点江河流域处于警戒水位时期的历史卫星资料，提取当时的水体边界范围，作为警戒水体数据。通过对不同时次卫星图像监测水体的比较，可以区分水体的变化部分，判断泛滥水体范围及位置。用警戒水体作为背景，洪涝发生后水体与之相比的扩大部分一般为泛滥水体；用洪涝严重时期监测的水体作为背景，退水期间水体与之相比的缩小部分一般为退水范围。

(2)洪涝水体面积计算方法

估算洪涝水体面积即为计算洪涝水体中所有单个像元面积的总和。

对于等经纬度投影图像的单个像元面积计算，先求出单个像元面积 ΔS：

$$\Delta S = N_{\mathrm{P}} \times N_{\mathrm{L}}$$

式中：N_{P} 为该像元纬度方向距离，N_{L} 为经度方向距离，单位为 km^2。

泛滥水体面积为所有像元面积的总和：

$$S = \sum_{i=1}^{n} \Delta S_i$$

式中：i 为洪涝区内的像元序号，n 为洪涝区的像元总数。

(3)洪涝区边缘像元水体面积估算方法

由于卫星资料分辨率的限制，图像中洪涝水体边缘的像元实际上并未完全被水面覆盖，对边缘像元的水体面积估算可利用亚像元水体面积估算方法。设洪涝区中完全充满水体像元的近红外通道反射率为 R_{NIRW}，周边完全被陆地覆盖的像元反射率为 R_{NIRL}，洪涝区边缘像元的反射率为 R_{NIRM}，该像元反射率包括像元内水体和陆地的贡献。设近红外通道像元内水体面积占像元面积百分比为 P，则：

$$R_{\mathrm{NIRM}} = P \times R_{\mathrm{NIRW}} + (1 - P) \times R_{\mathrm{NIRL}}$$

$$P = (R_{\mathrm{NIRL}} - R_{\mathrm{NIRM}})/(R_{\mathrm{NIRL}} - R_{\mathrm{NIRW}})$$

由像元面积 ΔS 和水体面积比例 P 可得混合像元中的水体面积：

$$\Delta S_{\mathrm{w}} = \Delta S \times P$$

式中：ΔS_{w}为亚像元水体面积。

(4)基于遥感的洪涝灾害评估

在洪涝灾害风险评价中，历史洪涝水体淹没频次在很大程度上决定洪涝灾害风险的大小，人口密度和 GDP 数据可较好地反映洪涝灾害的暴露程度，耕地分布、老人小孩人口比重等指标可较好地反映洪涝脆弱性，防洪标准、监测预警能力、医救能力等可较好地反映防灾减灾能力等。利用连续时间序列的 NOAA/AVHRR、MODIS 等遥感影像提取像元内的洪水淹没范围，通过叠加分析可得到有遥感资料以来的洪水淹没次数，此外，大量的历史文献记录的洪涝灾害资料数据进行空间化后可扩展研究区洪水淹没频次的时间跨度，从而有利于更加精确地确定危险性等级高值区的主要分布区域。在此基础上，借助于社会经济数据及基础地理信息数据构成的 GIS 数据集，将较长时间序列的各种洪涝灾害信息空间化，分析灾害空间分布规律，进行洪涝灾害风险评估与区划，可形成基于县(市)行政单元和格网单元两种尺度的评价结果，并预测洪涝灾害的变化趋势。

8.3.3 小结与讨论

黑龙江省每年进入汛期后，强对流天气易发多发，洪涝、风雹、地质灾害风险增大，需要注意防范阶段性强降水引发城市内涝、山洪地质灾害和中小河流、水库塘坝洪涝灾害。本节分别应用气象卫星数据、高分辨率卫星数据以及雷达卫星分析黑龙江省重点流域的水体监测个例。

8.3.3.1 基于气象卫星的洪涝灾害监测

气象卫星具有重复周期短、时间分辨率高的优点，所以用其可及时准确地获取洪涝区的遥感数据图像，对洪水进行动态宏观监测。

(1)嫩江尼尔基水库面积监测

利用2021年6月13日、22日、25日、26日、28日的风云三号气象卫星数据对嫩江尼尔基水库进行遥感监测，从多通道合成图可以看出水体较其他地物色调偏暗，较为突出，易于区分；同时，水体提取结果显示嫩江尼尔基水库水体面积逐渐增大，呈线性增加趋势，其中，6月28日与6月13日相比增加约80.13 km^2，增加约22.33%(图8.25、图8.26)，增加区域均匀分布在尼尔基水库周围，说明水体面积在整体扩大，没有出现局部明显增加的现象。

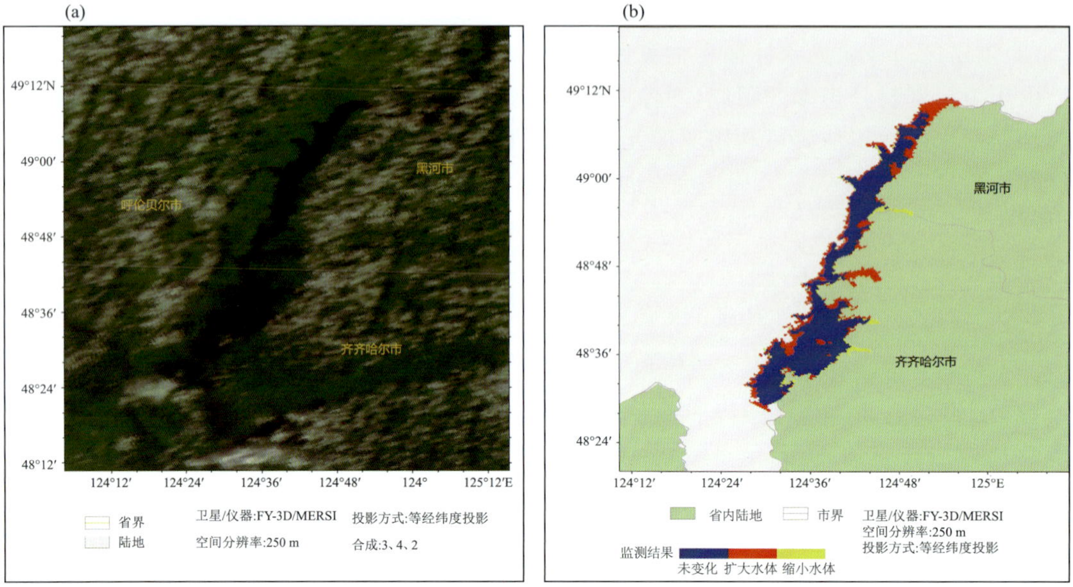

图8.25 嫩江尼尔基水库水体监测图

(a)2021年6月28日气象卫星水体多通道合成图；(b)2021年6月28日与6月13日水体面积扩大缩小专题图

(2)2015—2020年黑龙江省重点水体监测

2015—2020年黑龙江省汛期(6—9月)重点水体面积变化如图8.27所示。从年内变化看，各流域6月水体面积普遍较小，进入7—8月，水体面积普遍上涨，并在9月维持在较高水平。从年际变化看，各流域水体面积均在2019年达到最大，这可能与2019年黑龙江省汛期的强降水有关。

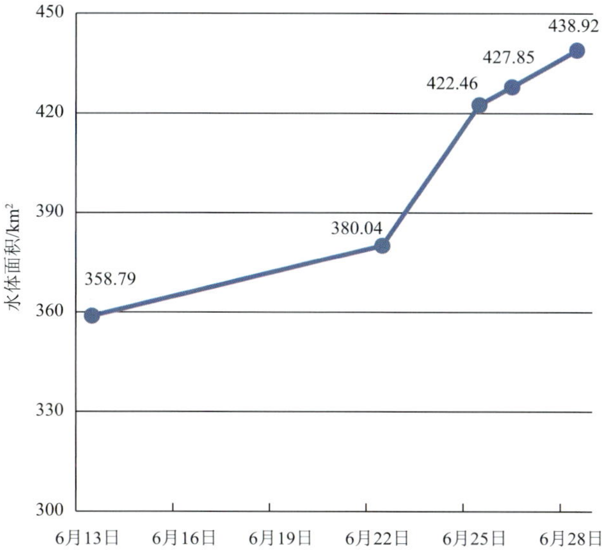

图 8.26　嫩江尼尔基水库面积统计图

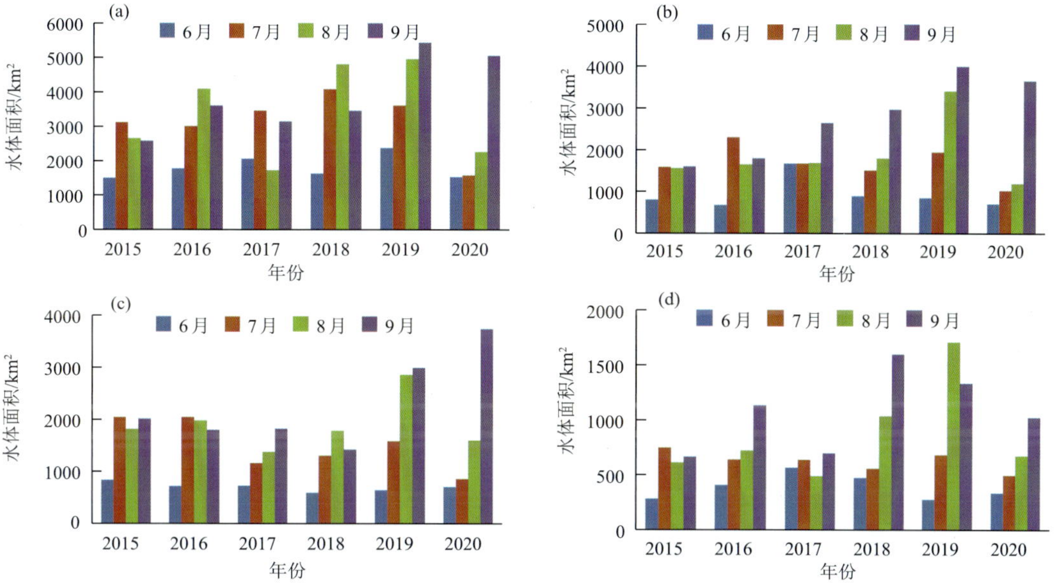

图 8.27　黑龙江省重点水体监测

(a)黑龙江；(b)松花江；(c)嫩江；(d)乌苏里江

8.3.3.2　基于高分辨率卫星的洪涝灾害监测

高分卫星具有覆盖范围小、精度高的特点，对较小面积水域开展高精度监测可考虑选用高分卫星，可实现精细化监测。

(1)黑龙江省呼玛县水体监测

利用高分卫星数据(GF-1)对黑龙江省呼玛县段鸥浦水文观测站至三道卡水文观测站之间的水体进行遥感监测对比分析。图 8.28a 为三道卡水文观测站周边局部放大图，图 8.28b

为鸥浦水文观测站周边局部放大图(红色区域为新增水体)。监测结果显示,2021 年 6 月 24 日与 6 月 8 日相比,黑龙江省呼玛县段鸥浦水文观测站至三道卡水文观测站水体面积明显增大,经估算水体面积增加约 358 km²(图 8.28c)。

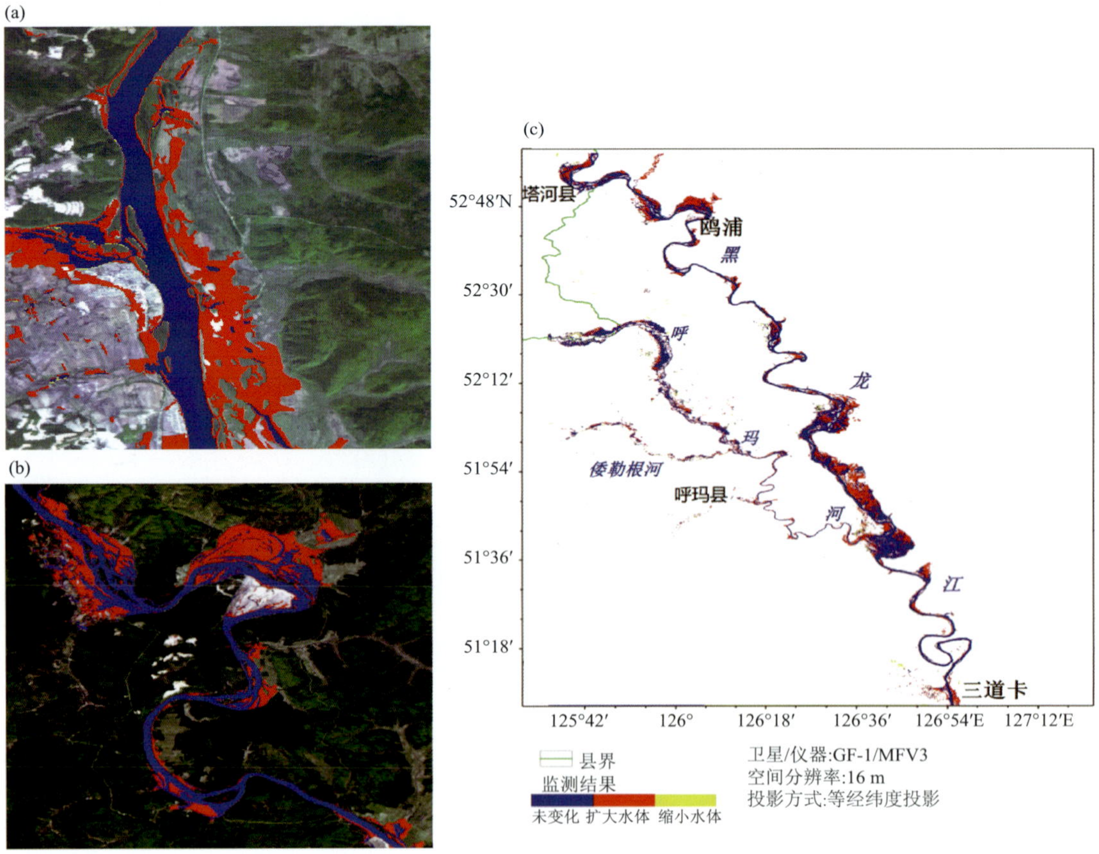

图 8.28 三道卡水文观测站周边局部放大图(a)、鸥浦水文观测站周边局部放大图(b)和 2021 年 6 月 24 日与 2021 年 6 月 8 日水体面积对比专题图(c)
(红色区域为新增水体)

(2)1977—2020 年镜泊湖水体面积监测

镜泊湖是中国最大、世界第二大高山堰塞湖,位于中国黑龙江省牡丹江市宁安市西南部的松花江支流牡丹江干流上。利用高分卫星实现对镜泊湖水体面积变化的快速提取,为区域防灾减灾与水资源调节利用提供参考依据。利用历史遥感数据对镜泊湖水体进行监测分析,1977 年镜泊湖水体面积约为 63.95 km²,1985 年水体面积约为 77.37 km²,1996 年水体面积约为 75.38 km²,2006 年水体面积约为 85.79 km²,2014 年水体面积约为 81.17 km²,2020 年水体面积约为 81.02 km²(图 8.29)。

1977—2020 年镜泊湖水体面积经历了一个明显的先增加后平稳的过程,1977—2006 年镜泊湖水体面积增加约 34.15%,2006—2020 年镜泊湖水体面积变化较小,均维持在 80 km² 以上,整体趋势平稳(图 8.30),确保了镜泊湖水力发电厂的水能储备,及镜泊湖开辟为旅游区以来,旅游业的稳定发展。

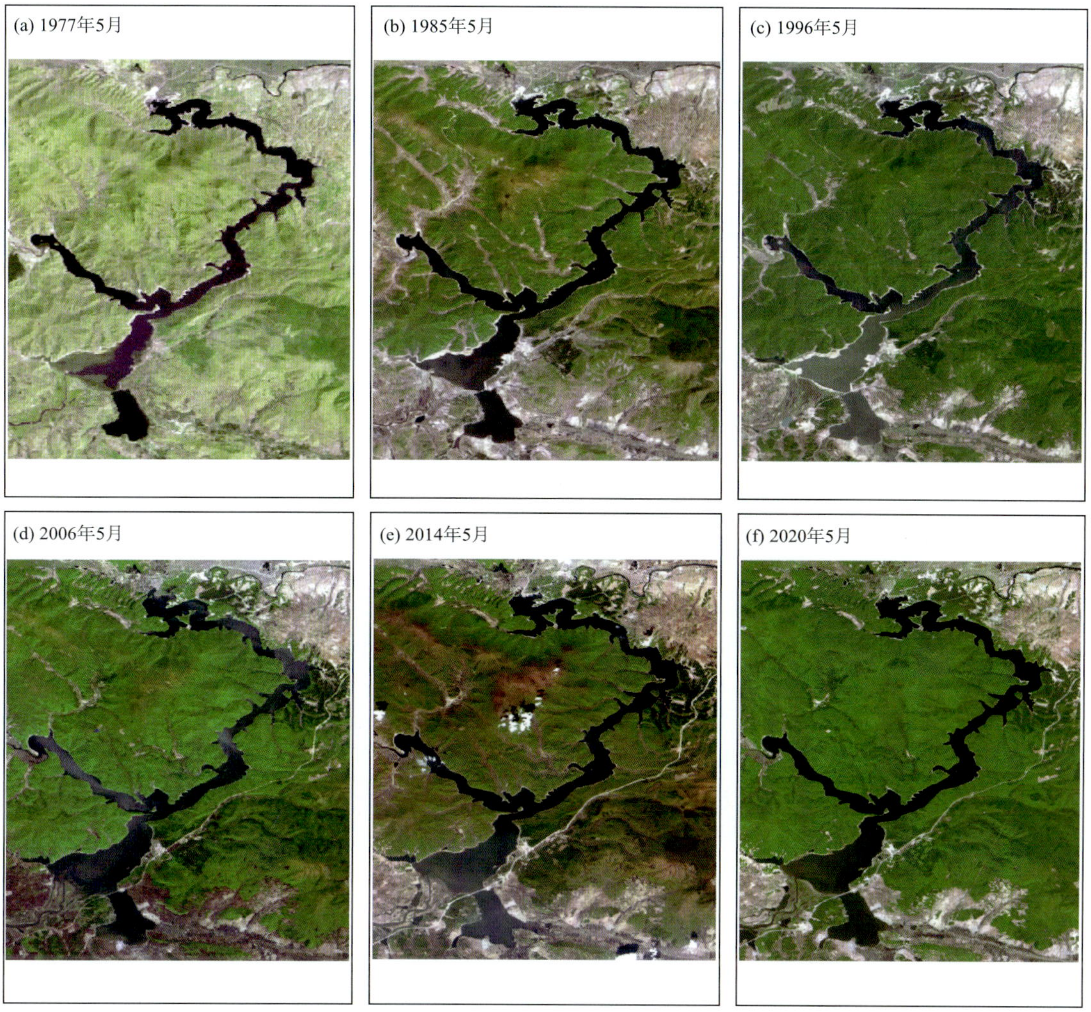

图 8.29　1977—2020 年高分卫星遥感镜泊湖水体面积监测图

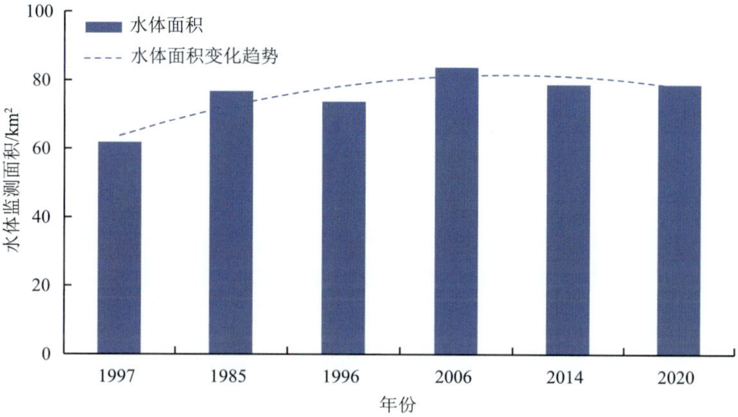

图 8.30　1977—2020 年镜泊湖水体面积变化图

8.3.3.3　基于雷达卫星的洪涝灾害监测

随着技术的成熟，高分辨率 SAR 卫星已经能较精确地观测地物，例如 Sentinel-1a 分辨率可达 5 m；SAR 卫星的重访周期缩短，特别是多颗星组成的星座能将重访周期缩短至一周内，例如 Sentinel-1 双星重访周期最短为 5 d 且数据免费提供，其默认工作模式 TAPS 的影像幅宽为 250 km，适合于大范围地表覆盖情况监测，也适用于灾害的应急响应。

阈值分割法是应用最为广泛的雷达水体提取方法，其原理是设定阈值分割雷达影像，将图像中小于阈值部分标记为水体，大于阈值部分标记为背景，获得水体范围二值图。为了验证雷达水体提取算法的有效性，随机选取了河流区进行实验，得到 VV 和 HV 极化的地理坐标系的后向散射系数，如图 8.31 所示。对比 VV 极化和 HV 极化的数据，水体区域的后向散射系数小，都呈暗色，局部地区同区域 VV 极化的后向散射要比 HV 极化的强一些，颜色稍亮。

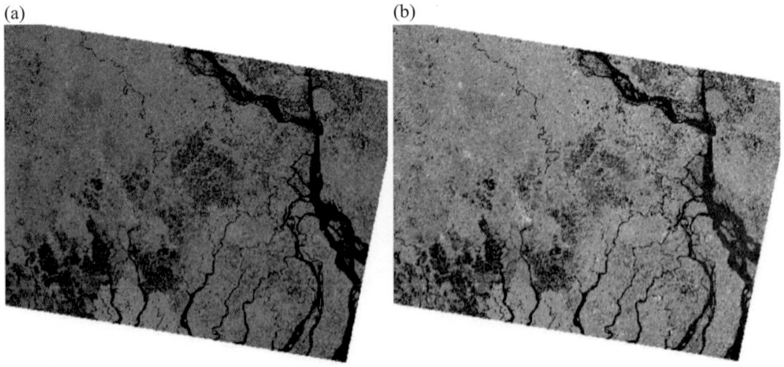

图 8.31　HV 极化(a)和 VV 极化(b)

通过构建水体指数，以扩大水体与其他地物之间的差异，从而进行水体信息的提取，图 8.32 是水体指数直方图，直方图呈现典型的双峰特征分布，水体和背景像元被自动化寻找的阈值有效分割，初始阈值可以选择 8。水体指数值主要分布在 6～9，而像素值在 8 左右的位置刚好出现了波谷，初步判断取值 8 是水陆分界线。

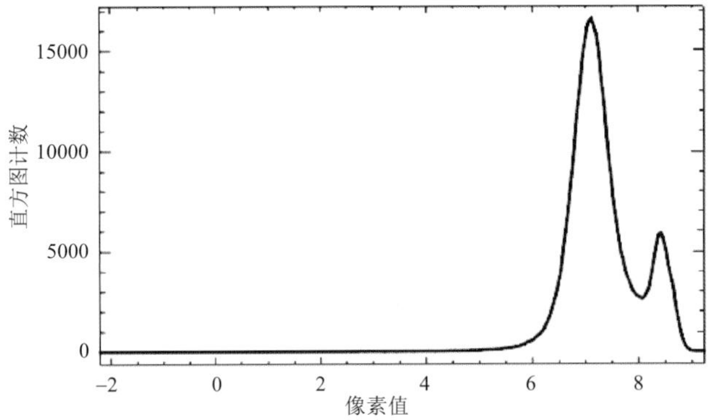

图 8.32　水体指数直方图

利用欧洲雷达卫星哨兵 1 号遥感影像(20 m 空间分辨率)，对 2021 年 8 月 25 日松花江哈尔滨段水体进行监测分析(图 8.33a)。与 8 月 13 日相比，8 月 25 日松花江哈尔滨段有部分水体略有增多(图 8.33b),分别位于通河县、方正县(图 8.33c、图 8.33d 红圈所示)。

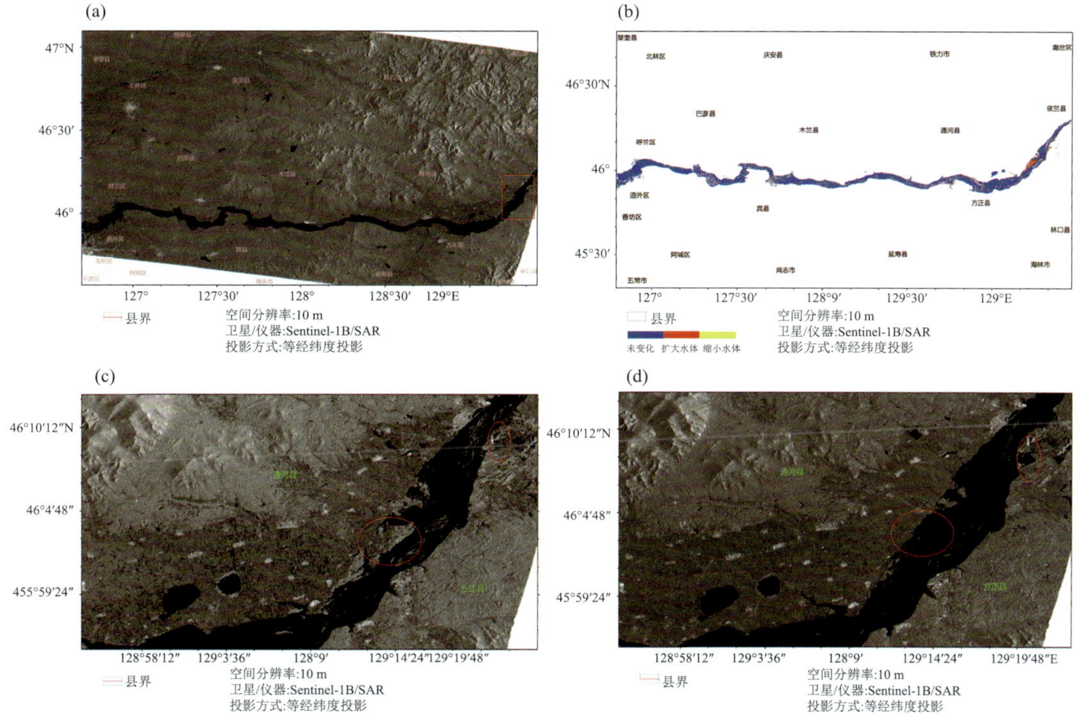

图 8.33 2021 年 8 月 25 日哨兵 1 号雷达卫星松花江哈尔滨段水体监测图(a)、2021 年 8 月 25 日与 8 月 13 日松花江哈尔滨段水体面积对比专题图(b)、2021 年 8 月 13 日哨兵 1 号雷达卫星松花江通河县、方正县段(红圈所示)水体监测图(c)和 2021 年 8 月 25 日哨兵 1 号雷达卫星松花江通河县、方正县段(红圈所示)水体监测图

8.3.3.4 结论

本节重点介绍了黑龙江省洪涝灾害监测中应用较为广泛的卫星遥感数据及水体提取方法。针对光学卫星提出了多种条件下的水体识别方法以及具体应用个例,综合利用重复周期短、时间分辨率高的气象卫星和覆盖范围小、精度高的高分卫星,可及时准确地获取洪涝区的水体分布,对洪水进行动态宏观监测。今后将进一步研究适用于不同水体类型的提取方法,提高复杂区水体提取的精度,并探索适用于多源遥感数据的水体提取方法。

另外,不受云雨影响的雷达卫星资料可以实现全天候的洪涝水体监测,如 Sentinel-1 雷达数据具有全天时、全天候对地观测能力,且数据时空分辨率高、可免费获取,非常适合对重点区域水体进行连续动态变化监测。水体在 SAR 影像上的后向散射系数值低于土壤和植被这一特性,利用双极化数据相乘来增强水体的这一特征,同时减弱土壤和植被的特征,提出以此为基础的水体信息提取方法,并分析最初阈值的选取合理性。在后续的研究中还应该考虑如何去除山体阴影对水体提取的影响,以便提供更好、更合理的方法来提取水体信息。

目前,中国正逐步构建更为完善的高时空分辨率遥感综合观测体系,如国产高分卫星系列和风云气象卫星系列,可为今后提供更有力的数据保障。如何加强多源遥感资料的融合应用,实现洪涝淹没范围、淹没时长及深度等多维度洪涝灾情监测与评价,还有许多科学技术问题亟待解决。

8.4 干旱综合监测及影响评估

8.4.1 概述

中国是一个典型的农业大国，从历史时期就把农业作为国民经济的主要基础。但是中国农业及其生产对气象环境的依赖性很大，气象灾害始终是制约和影响农业生产及粮食安全的主要因素，特别是干旱灾害。据不完全统计，公元前206年—公元1949年的2155 a，中国发生过较严重的灾害共1056次，差不多两年一次。1951—1980年，干旱、台风、低温冷冻、洪涝、干热风5种气象灾害中，除干热风外，其余气象灾害的发生频率都呈上升趋势，其中干旱发生的次数最多。

从水资源占有量的角度来分析，随着中国人口的不断增长，人均水资源占有量必然随之降低，而中国人均水资源占有量和每公顷耕地水资源占有量原本就在世界上居于落后地位。人类对水的需求量不断增加，然而水的相对供应量却不断减少，这无疑使得供需关系日趋紧张，导致干旱灾害的发生更趋严重。在这种情况下，干旱与水资源短缺必将成为我们长期面对的问题。干旱频繁发生不仅会严重破坏农作物的正常生长机制，改变土壤结构，导致土壤退化，引发沙漠化和土壤盐碱化现象，影响土地利用，还会影响到河流，减少河流正常径流量，降低河水自净能力，污染水质。干旱受天、地、气等多种复杂因素的影响，它还具有高维性、复杂性、动态性及开放性等特征。干旱不同于其他气象灾害，常常在大面积范围内发生，并持续时间较长，而且干旱灾害还具有后延性特征，从而造成的影响和损失就更为严重。严重的干旱灾害将直接影响中国农作物的产量，致使农业经济运行混乱，同时还威胁到人民的生产、生活质量和生命财产安全，并间接地影响第二、三产业中相关行业的发展，对中国的经济、社会和环境的可持续发展产生十分不利的影响。因此，进行旱情的监测、预警和评估，为食物安全以及社会经济决策提供有用的信息，从而保证中国农业生产的安全性是十分必要而且急需的。

黑龙江省地处中国东北部，其北部、东部与俄罗斯隔江相望，西部与内蒙古自治区相邻，南部与吉林省接壤，是中国最北端及最东端的省级行政区，介于121°11′—135°05′E、43°26′—53°33′N，辖区总面积47.3万km^2，居全国第6位。边境线长2981.26 km。黑龙江省农业资源丰富，全省现有耕地2.579亿亩，占全国1/9，位居全国之首。地处世界三大黑土带之一，典型黑土耕地面积占全国典型黑土区耕地面积的56.1%，耕地平坦、集中连片、耕层深厚、土质肥沃，土壤有机质平均含量36.2 g/kg，适于大机械作业和规模化生产。境内河流众多、水系发达、水质优良，水资源总量达810亿m^3，居东北、华北和西北各省(市、区)之首，是中国北方地区水资源最丰富的省份。属中温带、寒温带大陆性季风气候，常年有效积温1600～2800 ℃·d，无霜期100～150 d，年降水量370～670 mm，光、热、水同季，适于农作物生长，一年一熟。黑龙江是中国农业大省，是全国最重要的商品粮基地和粮食战略后备基地，农业特别是粮食生产在全国占有重要的战略地位，肩负着保障国家粮食安全、生态安全的重任。习近平总书记给予黑龙江省“中华大粮仓”“维护国家粮食安全‘压舱石’”的高度评价。全省粮食综合产能、农机化建设、规模化生产、绿色食品产业等领域全国领先。

8.4.2 数据与方法

风云三号气象卫星是中国第二代极轨气象卫星，其目标是实现对全球大气和地球物理要素的全天候、多光谱、三维观测，主要向中期数值天气预报提供卫星观测数据，监测生态环境和大范围自然灾害；同时为全球环境变化、全球气候变化研究以及海洋、农业、林业、航空和军事等部门提供卫星气象信息。

中分辨率光谱成像仪Ⅱ型(MERSI-Ⅱ)是风云三号D星的主要载荷之一，共配备25个通道，包括16个可见光—近红外通道、3个短波红外通道和6个中长波红外通道；25个通道中，250 m地面分辨率通道6个，1000 m地面分辨率通道19个。MERSI-Ⅱ主要任务是动态监测地球海洋、陆地、大气等环境要素，特别是云特性、气溶胶、陆地表面特性、海洋表面特性、低层水汽等重要大气和环境参数的监测。MERSI-Ⅱ的在轨运行可以提高中国在天气预报、气候变化研究和地球环境监测等方面的卫星遥感观测能力。

MERSI由中国科学院上海技术物理研究所研制。搭载于前3颗FY-3系列卫星上的第一代MERSI传感器，共有20个通道，其中19个为太阳反射通道(0.4～2.1 μm)，1个为红外发射通道(10.0～12.5 μm)。搭载于FY-3D的MERSI-Ⅱ型在对地成像观测几何上与第一代MERSI相同。MERSI用45°扫描镜并在消旋K镜协同下观测地球，每次扫描提供约2900 km(跨轨)×10 km(沿轨，星下点)刈幅带，结合卫星绕地球运行，实现对全球表面的每日覆盖。它采用多探元(10个或40个)并扫，其星下点地面瞬时视场为250 m或1000 m。它有5个通道星下分辨率为250 m，其余15个通道空间分辨率为1000 m。FY-3D/MERSI-Ⅱ型有6个通道星下点分辨率为250 m，其余19个通道为1000 m。表8.3列出了MERSI的通道信息。

表 8.3 中分辨率光谱成像仪(MERSI)通道主要用途和性能要求

通道编号	中心波长 /μm	光谱带宽 /nm	空间分辨率 /m	典型辐射值 (Ltyp/Ttyp) /(W/(m² · μm · sr))	信噪比或噪声等效温差	动态范围 (最大反射率、最高温度)
1	0.470	50	250	35.3	100	90%
2	0.550	50	250	29.0	100	90%
3	0.650	50	250	22	100	90%
4	0.865	50	250	25	100	90%
5	1.38	30	1000	6	100	90%
6	1.64	50	1000	7.3	200	90%
7	2.13	50	1000	1.2	100	90%
8	0.412	20	1000	44.9	300	30%
9	0.443	20	1000	41.9	300	30%
10	0.490	20	1000	32.1	300	30%
11	0.555	20	1000	36.8	500	30%
12	0.670	20	1000	27.8	500	30%
13	0.709	20	1000	19.2	500	30%
14	0.746	20	1000	24	500	30%

续表

通道编号	中心波长 /μm	光谱带宽 /nm	空间分辨率 /m	典型辐射值 (Ltyp/Ttyp) /(W/(m^2·μm·sr))	信噪比或噪声等效温差	动态范围 (最大反射率、最大温度)
15	0.865	20	1000	17.8	500	30%
16	0.905	20	1000	22.2	200	100%
17	0.936	20	1000	20	100	100%
18	0.940	50	1000	15.0	200	100%
19	1.03	20	1000	5.4	100	100%
20	3.8	180	1000	300 K	0.25 K	200～350 K
21	4.050	155	1000	300 K	0.25 K	200～380 K
22	7.2	500	1000	270 K	0.30 K	180～280 K
23	8.550	300	1000	270 K	0.25 K	180～300 K
24	10.8	1000	250	300 K	0.4 K	180～330 K
25	12.0	1000	250	300 K	0.4 K	180～330 K

8.4.2.1 地表温度

FY-3/MERSI 热红外继承了 FY-1 的单窗特点，即只有一个热红外通道，所以采用了普适性较强的单通道算法进行地表温度反演，具体计算公式如下：

$$T_s = \gamma[\psi_1 L_\lambda^{\text{at-sensor}} + \psi_2)/\varepsilon + \psi_3] + \sigma \tag{8.17}$$

$$\gamma = [\frac{L_\lambda^{\text{at-sensor}} C_2}{T_b^3}(\frac{\lambda^4}{C_1} L_\lambda^{\text{at-sensor}} + \lambda^{-1})]^{-1}] \tag{8.18}$$

式中：T_s 为地表温度，T_b 为亮度温度，λ 为有效波长，$L_\lambda^{\text{at-sensor}}$ 为传感器接收到的热辐射亮度，C_1、C_2 为系数，ε 为地表比辐射率，ψ_1、ψ_2、ψ_3 分别为大气水汽含量及有效波长的函数。

8.4.2.2 归一化植被指数

归一化植被指数，其计算公式为：

$$\text{NDVI} = (\rho_{\text{NIR}} - \rho_R)/(\rho_{\text{NIR}} + \rho_R) \tag{8.19}$$

式中：ρ_{NIR} 为近红外波段反射率，ρ_R 为红光波段反射率。

8.4.2.3 温度植被干旱指数

基于温度植被干旱指数的黑龙江省林区干旱监测，估算土壤水分的方法，利用全遥感数据，不需要借助其他任何地面实测资料，通过归一化植被指数和地表温度，计算温度植被干旱指数(TVDI)：

$$\text{TVDI} = (T_s - T_{\text{smin}})/(T_{\text{smax}} - T_{\text{smin}}) \tag{8.20}$$

式中：T_s 是影像中任意像元对应的地表温度；T_{smin} 是影像中同一 NDVI 值对应的最低地表温度，$T_{\text{smin}} = a_1 + b_1 \times \text{NDVI}$，其中 a_1 和 b_1 为 TVDI 湿边方程的系数；T_{smax} 是影像中同一 NDVI 值对应的最大地表温度，$T_{\text{smax}} = a_2 + b_2 \times \text{NDVI}$，其中 a_2 和 b_2 为 TVDI 干边方程的系数。TVDI 的取值范围为 0～1，TVDI 越小代表土壤含水率越大，反之，代表土壤含水率越小。

8.4.2.4 植被供水指数

基于植被供水指数(Vegetation Supply Water Index，VSWI)法的黑龙江省林区干旱监测的原理是：当作物供水正常时，卫星遥感的植被指数在生长期内保持在一定的范围内，而卫星遥感的作物冠层温度也保持在一定的范围内；如果遇到干旱，作物供水不足，一方面作物的生长受到影响，卫星遥感的植被指数将降低，另一方面作物的冠层温度将升高，这是由于干旱造成作物供水不足，作物没有足够的水供给叶子表面的蒸发，被迫关闭一部分气孔，致使植被冠层温度升高。国家卫星气象中心定义的植被供水指数计算公式为：

$$\mathrm{VSWI} = \mathrm{LST}/\mathrm{NDVI} \tag{8.21}$$

式中：LST 为地表温度，NDVI 为归一化植被指数。

8.4.2.5 改进型能量指数

基于能量指数(EI)法的黑龙江省林区干旱监测根据土壤热力学理论：地球表面接收太阳短波辐射的同时，也以长波辐射的形式向外发射能量，根据斯蒂芬-波尔兹曼定律，地表发射长波辐射的强度与地表绝对温度的四次方成正比。能量指数模式的基本思路是：地球表面单位面积上得到的短波辐射为$(1-A_1)$，土壤越干燥，地表和植被冠层温度的增幅越大，向外发射的长波辐射的强度越大；相反，因为土壤或植被中的水分吸收了一部分太阳辐射，土壤越湿润，地表和植被冠层温度就越低，经过转换向外放出的长波辐射就越弱。能量指数表达式为：

$$\mathrm{EI} = (1-R)/T \tag{8.22}$$

式中：R 为近红外通道反射率，T 为远红外通道亮温。

将上式中 LST 算法替代 T，获得改进型能量指数(MEI)，计算公式为：

$$\mathrm{MEI} = (1-\mathrm{NIR})/\mathrm{LST} \tag{8.23}$$

式中：NIR 为近红外通道反射率，LST 为地表温度。

8.4.2.6 垂直干旱指数

植物叶片中的叶绿素对红光和蓝紫光吸收程度较大，对近红外反射程度较大。而对于裸土，从红光到近红外，反射率增加幅度低，但是基数高。所以植被覆盖度越高，其近红外波段反射率越大，红色光波段反射率越小。

干旱指数(Perpendicular Drought Index，PDI)，即垂直干旱指数，用来监测土壤的干旱情况。在 NIR-Red(红光—近红外)二维散点图上(图 8.34)，影像各处的像元点的分布接近于一个三角形，该空间上任一点到土壤基线的垂直距离代表该点的植被覆盖情况，离土壤基线越远代表其植被覆盖程度越高，如 A 点所对应的遥感图像的像素点即为植被的完全覆盖，E 点为部分覆盖，D 点为裸土，即无植被覆盖。图 8.34 中直线 L 是土壤基线的法线，且该法线经过坐标原点；PDI 是该法线的垂线，描述了含水量在该特征空间上的分布规律，离土壤基线的法线(直线 L) 越远表示越干旱，越近越湿润。

NIR-Red 三角形特征空间上任取一点 $E(R_{\mathrm{Red}},R_{\mathrm{NIR}})$，从该点到土壤基线的法线(直线 L)的距离 EF 即为所求垂直干旱指数(PDI)。PDI 以该特征空间中任一点 $E(R_{\mathrm{Red}},R_{\mathrm{NIR}})$到该法线的距离 EF 来表征区域干旱状况，图 8.34 中，EF 距离即为 E 点的 PDI 值。

计算公式为：

$$\mathrm{PDI} = \frac{R_{\mathrm{Red}} + M \times R_{\mathrm{NIR}}}{\sqrt{M^2+1}} \tag{8.24}$$

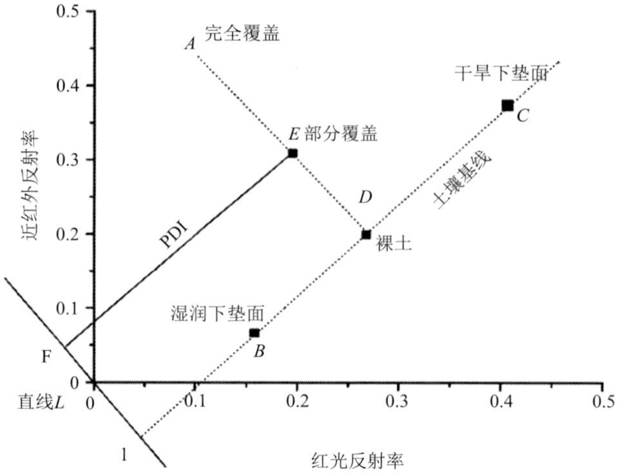

图 8.34 红光—近红外图

式中：R_{Red}和 R_{NIR}分别是大气校正后的红光与近红外波段反射率；M 为土壤线斜率，通过 R_{NIR}和 R_{Red}线性拟合计算得到。

8.4.2.7 植被垂直干旱指数

随着 PVI(垂直植被指数)增加，植被覆盖度增加，PDI 变化范围逐渐向中间压缩，最终趋于一点 A。实地调查发现：对于植被覆盖区的混合像元，等量 PDI 变化所反映的干湿变化，要比裸土区像元更大；尤其对于 A 点附近的像元，干燥土壤与湿润土壤的 PDI 差别很小，土壤干湿变化难以体现在 PDI 的变化上。导致这种情况的原因主要是混合像元中植被的光谱信息所占比重不断增大，掩盖了部分土壤的光谱信息。当 PVI 到极值时，像元反映的几乎全是植被的光谱信息，此时的 PDI 反映的不是实际的土壤湿度，而是植被光谱折算的土壤湿度。将 A 点视为植被覆盖量最大的情况，那么植被覆盖对 PDI 造成的误差就相当于对真实湿度的裸土像元的反射率以一定比率叠加 A 点的光谱反射率造成的误差。考虑到 A 点的 PDI 数值介于 B 点与 C 点的 PDI 之间，因此，PDI 在植被区的误差应该具有以下规律：在土壤湿度较大时，PDI 估计值较实际土壤湿度偏小；而在土壤湿度较小时，PDI 估计值比实际土壤湿度偏大。

因此，引入垂直植被指数(PVI)，对 PDI 进行改进，得到植被垂直干旱指数(VPDI)，计算公式为：

$$\mathrm{VPDI} = \mathrm{PDI}(A) - \frac{|\mathrm{PDI}(A) - \mathrm{PDI}(X)| \times \mathrm{PVI}(A)}{\mathrm{PVI}(A) - \mathrm{PVI}(X)} \tag{8.25}$$

$$\mathrm{PVI} = \frac{|\mathrm{NIR} - M \times \mathrm{RED} - I|}{\sqrt{M^2 + 1}} \tag{8.26}$$

式中：PDI(X)的计算见公式(8.24)；PDI(A)为 PVI(A)所在位置的值；RED 和 NIR 分别是大气校正后的红光与近红外波段反射率；M 为土壤线斜率；I 为截距，通过 NIR 和 RED 线性拟合计算得到。

8.4.3 小结与讨论

8.4.3.1 春耕期(4—5 月)干旱监测结果

使用 2022 年和 2023 年春耕期间(4—5 月)FY-3D/MERSI 1 km 分辨率数据，对黑龙江省干旱进行监测，根据各监测方法的原理和适用性，4 月和 5 月使用不同方法实现土壤墒情监测，其中，4 月使用 PDI，5 月使用 TVDI，监测结果显示：4 月全省农区土壤墒情空间分布差异不明显，干旱指数取值在 0.2 左右；5 月土壤墒情空间分布差异明显，三江平原和松嫩平原土壤墒情明显低于其他地区，三江平原和松嫩平原大部分区域 TVDI＞0.8(图 8.35)。

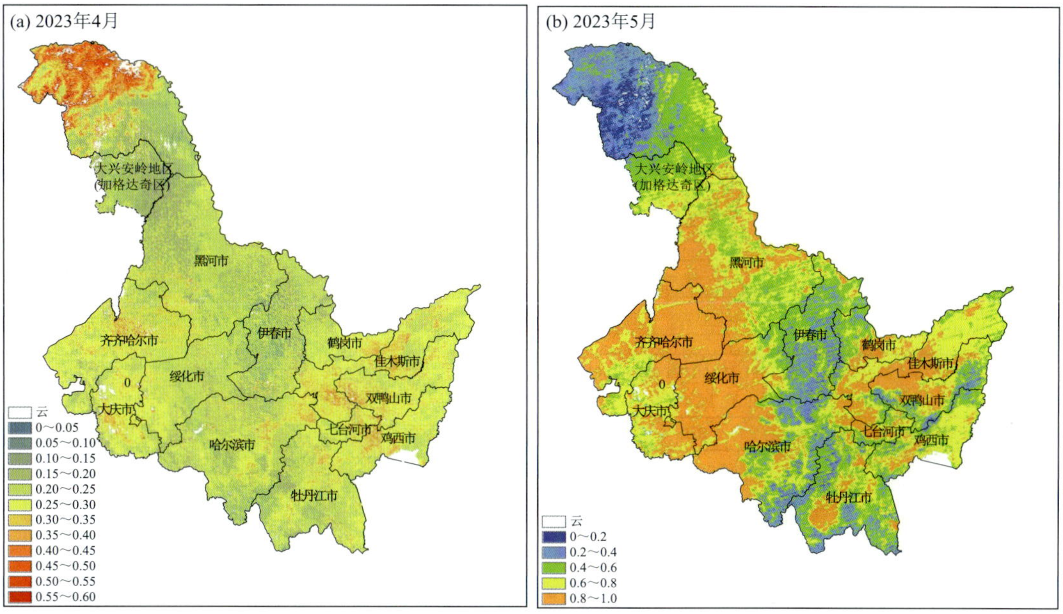

图 8.35　2023 年 4—5 月黑龙江省农区干旱监测结果

2023 年 4 月与 2022 年同期相比，全省大部分地区土壤墒情持平；5 月松嫩平原和三江平原大部分地区干旱指数升高，其他大部分地区干旱较 2022 年减小(图 8.36)。

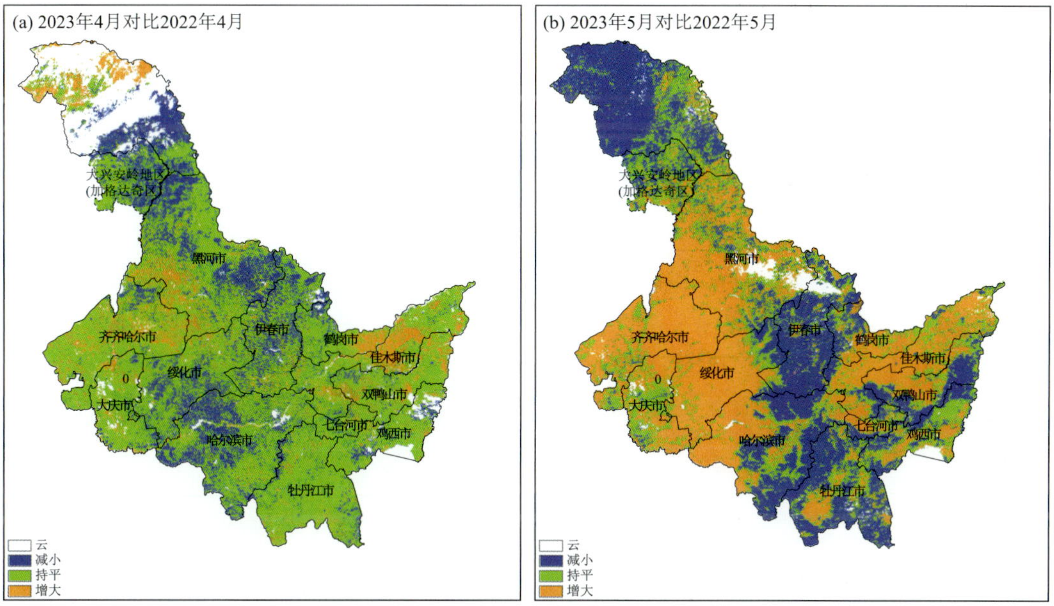

图 8.36　2023 年 4—5 月黑龙江省农区干旱情况与 2022 年同期对比结果

8.4.3.2 生长季(6—10 月)干旱监测结果

使用 2022 年和 2023 年作物生长期(6—10 月)FY-3D/MERSI 1 km 分辨率数据，对黑龙江省土壤墒情进行监测，根据各监测方法的原理和适用性，6—9 月使用 TVDI，10 月使用 VPDI。监测结果显示：6 月全省农区土壤墒情空间分布差异显著，松嫩平原和三江平原土壤墒情整体偏低，TVDI 取值范围均为 0.6～1.0；7 月土壤墒情空间分布较一致，较 6 月整体升高，但松嫩平原北部土壤墒情仍明显偏低；8 月松嫩平原南部干旱明显升高，TVDI 取值范围均为 0.6～1.0；9 月土壤墒情空间异质性明显，黑龙江省北部地区干旱指数较低，松嫩平原南部和三江平原干旱指数较高；10 月松嫩平原和三江平原干旱指数高于其他地区(图 8.37)。

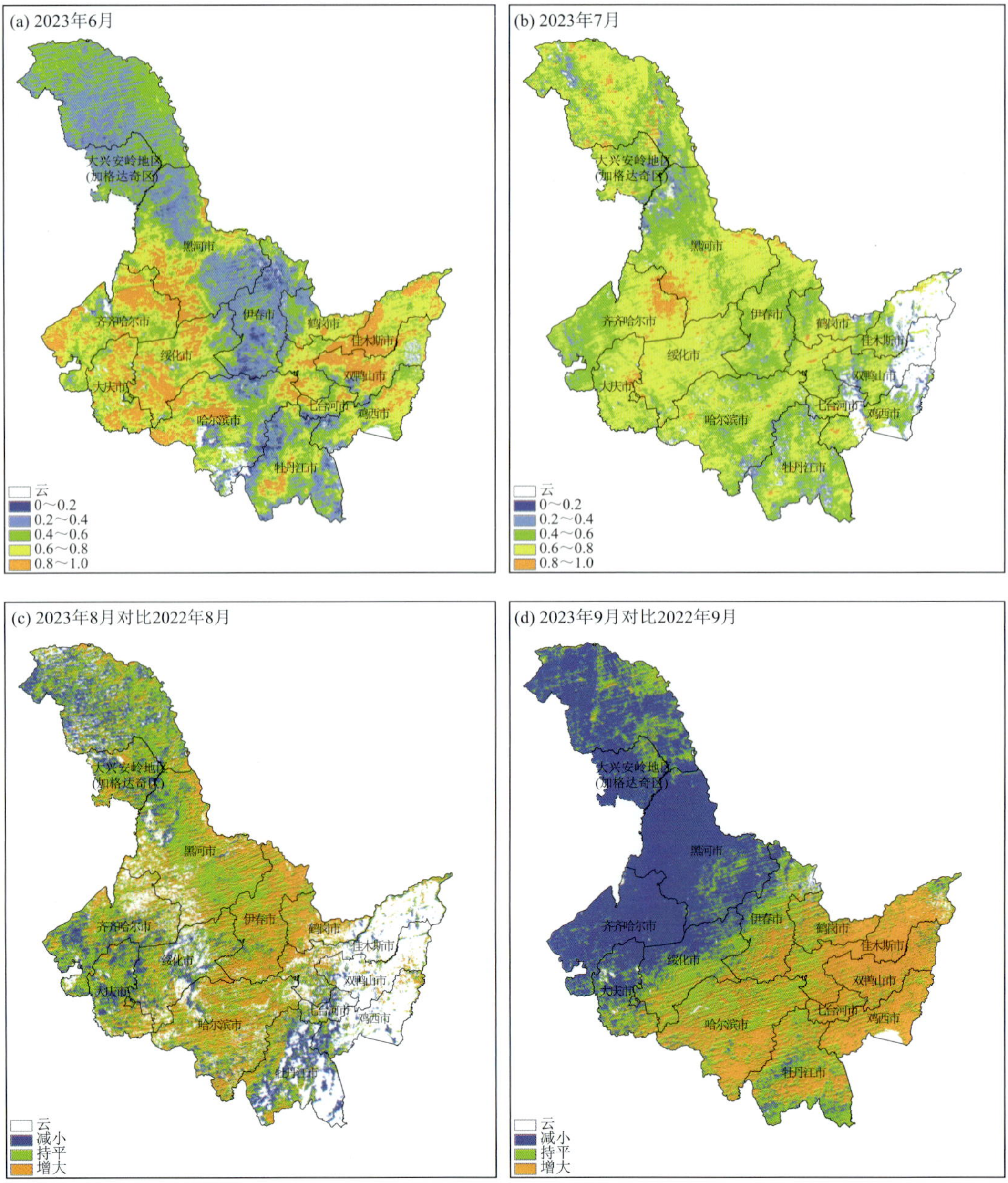

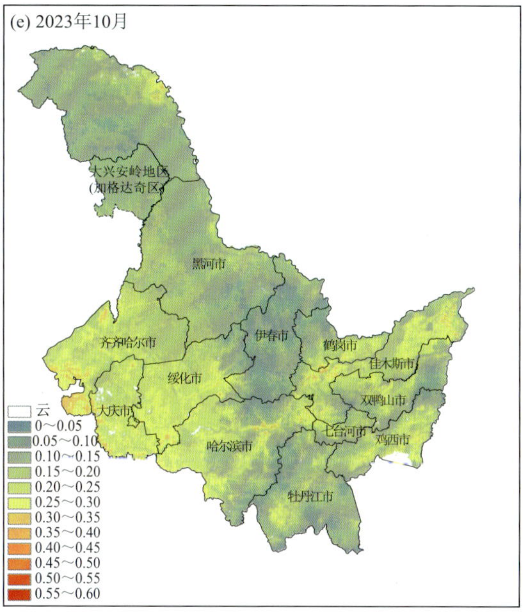

图 8.37　2023 年 6—10 月黑龙江省农区干旱监测结果

2023 年 6 月干旱指数与 2022 年同期相比，黑龙江省东部和中部地区明显减小，北部地区明显增大。7 月大部分地区土壤墒情与 2022 年同期持平，黑龙江省西部地区干旱指数减小。8 月与 2022 年同期相比大部分地区持平，西部和北部局部地区减小。9 月黑龙江省北部地区干旱指数明显减小，其他地区明显增大。10 月黑龙江省大部分地区干旱指数与 2022 年同期相比持平(图 8.38)。

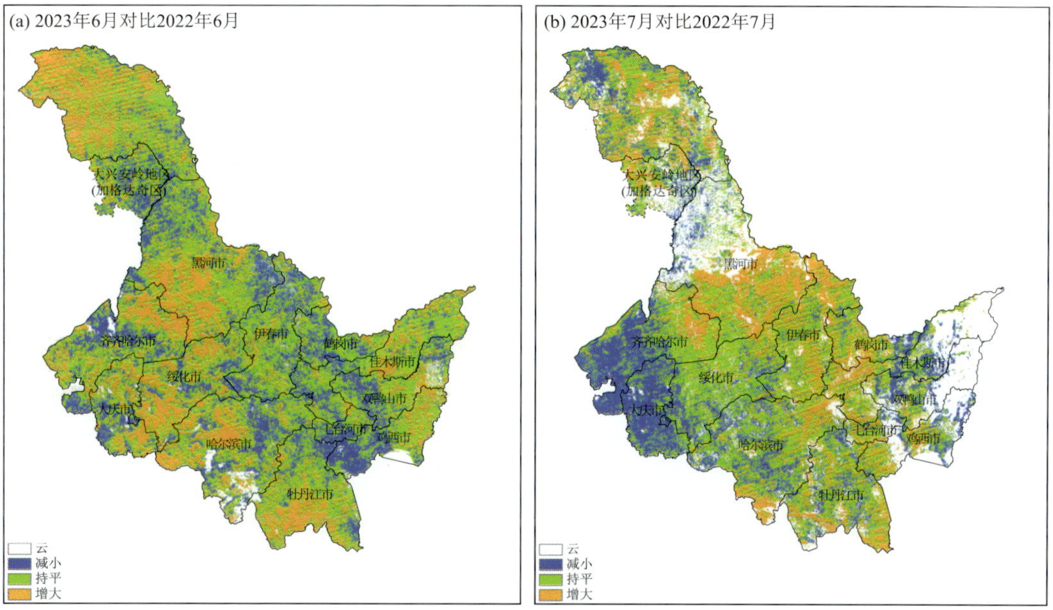

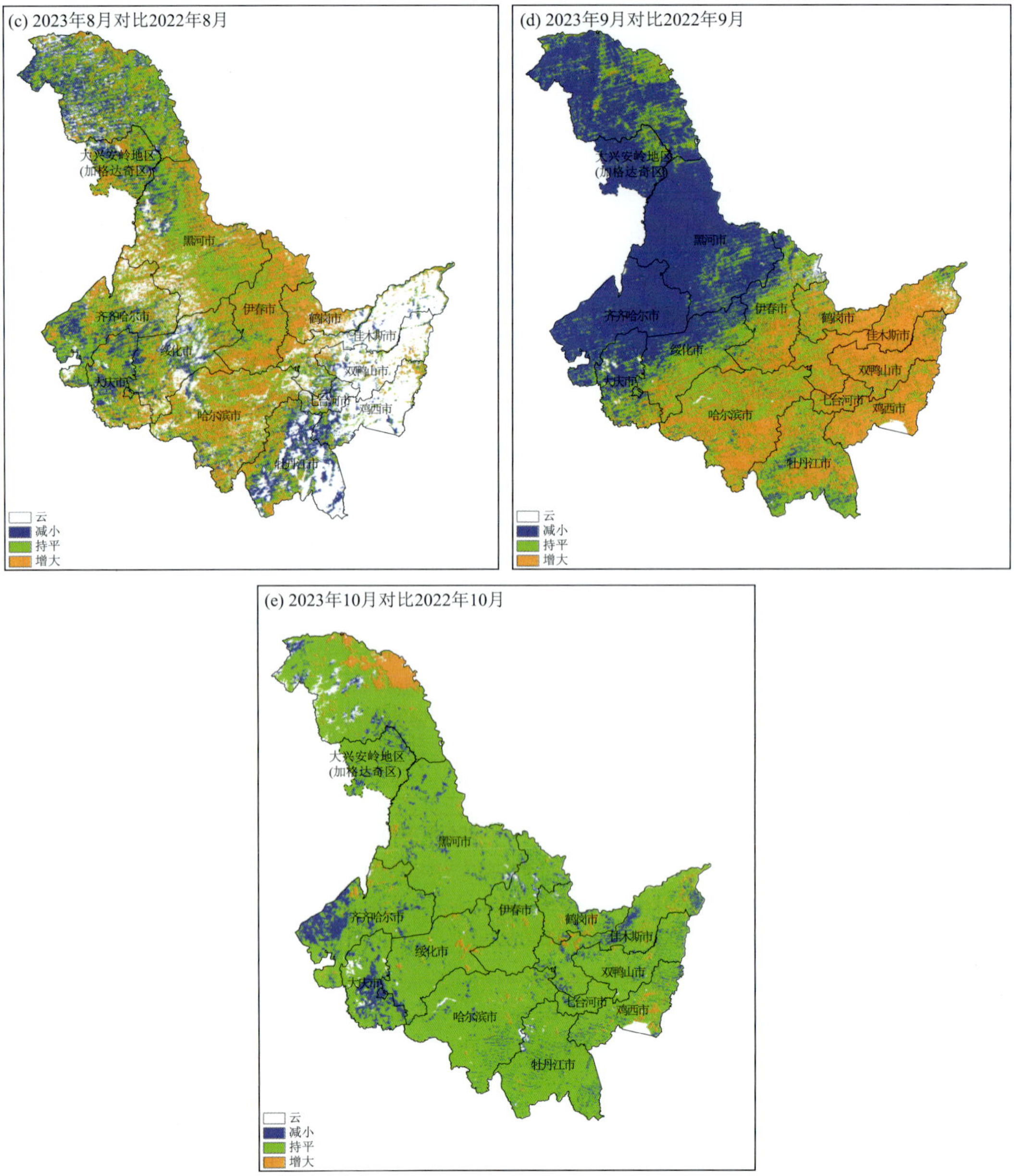

图 8.38　2023 年 6—10 月黑龙江省逐旬农区干旱情况与 2022 年同期对比结果

8.4.3.3　讨论

(1)2023 年黑龙江省春耕期(4—5 月)松嫩平原土壤墒情整体偏低，与 2022 年同期相比，松嫩平原土壤墒情整体升高或持平。

(2)2023 年黑龙江省作物生长期(6—10 月)松嫩平原土壤墒情整体偏低，9 月中、下旬土壤墒情明显低于 2022 年同期。

8.5 本章小结

2018 年以来，黑龙江省森林、草原和秸秆清理火点数量呈明显下降趋势，2022 年为近 5 a 第二低值。HYSPLIT 前向轨迹模拟可以较好地模拟火点聚集地烟尘未来的输送轨迹，可以预测秸秆焚烧烟尘的途经地以及途经时间，可对秸秆焚烧周边地区的环境影响进行预测评价。综合利用多源卫星数据，提出效果更好的水体信息提取方法，考虑如何去除山体阴影对水体提取的影响，有利于探索更好、更合理的方法来提取水体信息。2023 年黑龙江省春耕期松嫩平原土壤墒情整体偏低，与 2022 年同期相比，松嫩平原土壤墒情整体升高或持平；作物生长期(6—10 月)松嫩平原土壤墒情整体偏低，9 月中、下旬土壤墒情明显低于 2022 年同期。

第9章 黑龙江省碳达峰碳中和气象监测评估

9.1 黑龙江省陆地生态系统碳汇评估

9.1.1 概述

碳元素在海洋、大气、生物与陆地之中,良好而稳定地交换循环(汪品先,2002),是生态环境与人类生存环境稳定的基础(Norby,1997),植被光合作用是碳循环之中的重要组成部分,也是反映生态环境情况的重要指示物(Schoen,1997)。通过分析陆地生态系统各级生产力的时空分布及长期动态演变特征,可以全面检测植被光合作用固碳释氧过程,探究陆地生态系统碳循环机制(Jong et al.,2012),还可以为碳循环气候影响评估提供数据基础(Vitousek et al.,1997;Cramer et al.,1999;Meyerson et al.,2005)。

陆地生态系统各级生产力可以表征陆地生态系统能量流动和生态功能(Roxburgh et al.,2004),是反映区域与全球生态系统功能结构、可持续性和碳循环情况的关键指标(Running et al.,2004),主要包括总初级生产力(GPP)、净初级生产力(NPP)、净生态系统生产力(NEP)。其中,陆地植被固定碳素总量称为GPP,GPP高表示固碳能力强(邵佩佩 等,2018);GPP扣除自养呼吸部分消耗的碳,剩余部分称为NPP(Kumar et al.,2019),NPP可以表征从大气进入陆地生态系统的碳通量;NPP扣除凋落物分解和土壤呼吸部分的消耗,剩余的固碳量是NEP(Zhang et al.,2019),可以表征生态系统所属碳源汇情况,NEP大于0 g(C)/(m^2·a)表示这部分区域属于碳汇,即吸收大气中的CO_2,NEP小于0 g(C)/(m^2·a)表示这部分区域属于碳源,即向大气排放CO_2(Tian et al.,2011)。

在当前全球气候变化和双碳目标的背景下,为了维持全球碳平衡,减缓气候变化的多方面影响,在实行生态系统保护修复和节能减排政策的同时,更应针对碳循环规律、分布格局、增汇潜力等方面展开更加全面系统的研究。然而,受模型参数、模型结构、输入数据的影响(Verbeeck et al.,2006),不同模型对陆地生态系统碳汇的时空模拟存在较大差异(Cramer et al.,2010;Murakami et al.,2010;张梅 等,2020)。同样针对全球尺度,有研究成果表明全球NPP持续增加,也有学者发现增长趋于减缓(朱文泉 等,2007)。此外,全球陆地生态系统碳循环研究极其复杂(Ji et al.,2020;Liu et al.,2022),有必要深入开展特定区域的陆地生态系统生产力研究。因此,有必要利用已验证的碳循环模型(Boreal Ecosystem Productivity Simulator,

BEPS)，针对植被资源丰富的黑龙江省，建立碳循环机理模型参数优化方案，采用多模态数据时-空-谱特征融合技术，以及遥感波谱信息和地面调查数据，提升遥感数据集质量，改进碳循环机理模型模拟能力，开展黑龙江省陆地植被固碳能力时空演变格局研究，这一研究可为东北森林带碳收支及其潜力评估提供数据支撑，为“双碳”目标生态气象服务提供技术支撑，也为“碳达峰、碳中和”目标的实现提供科学参考（Andersson et al.，2009）。

9.1.2 数据与方法

9.1.2.1 数据来源

本研究所使用的数据包括BEPS驱动数据、黑龙江省DEM高程数据、黑龙江省土地覆盖类型数据，以及用于对照BEPS模拟效果的多源NPP数据。其中，黑龙江省DEM高程数据，来源于SRTMDEMUTM 90 m分辨率数字高程数据产品，简称SRTM DEM产品，该产品由美国、德国和意大利航空航天部门，以及美国图像测绘局，共同利用航天飞机雷达获取得到的独立栅格像元文件数据（张会平 等，2006），空间分辨率达90 m。土地覆盖类型数据来源于2020年国家基础地理信息中心全球地表覆盖数据产品GlobeLand30数据集，空间分辨率30 m，这一数据集结合陆地卫星和中国环境减灾卫星，采用像素分类—对象提取—知识检核的方法研制得到（陈军 等，2015）。为了检验BEPS模型对陆地生态系统的模拟效果，本研究选择经过广泛使用检验、可信程度较高的碳循环模型（Carnegie-Ames-Stanford Approach，CASA）模拟的NPP进行检验。此外，BEPS模拟所需驱动数据较多，主要包括气候数据（降水量、太阳辐射、最高温度、最低温度、相对湿度、多年平均温度）、叶面积指数数据、CO_2浓度数据、氮沉降数据、土壤质地数据、地表覆盖类型数据。本研究所选用的驱动数据来源以及时空分辨率如表9.1所示。

表9.1 驱动数据介绍

驱动数据	数据来源	时间分辨率	空间分辨率
气候数据	日本再分析数据（1901—2020年）、 气象台站观测数据（2021—2022年）、 西北农林科技大学水土保持研究所研发的 中国1981—2015年平均气温数据集	逐日	0.5°（1901—2020年）、 /（2021—2022年） 1 km
叶面积指数数据	AVHRR（1981—1999年）、 MODIS（2000—2020年）、 FY-3D（2021—2022年）	逐8 d	1 km
CO_2浓度数据	NOAA Global Monitoring Laboratory 整理的采样站数据（1871—2022年）	逐月	
氮沉降数据	南京大学国际地球系统科学研究所 （1871—2020年）	逐年	0.5°
土壤质地数据	中国科学院南京土壤研究所		
地表覆盖类型数据	MCD12Q1产品（2001—2020年）	逐年	500 m

9.1.2.2 驱动数据的处理方法

由于驱动数据要求的时间序列较长，且要求逐日气候数据和逐8 d叶面积指数数据空间分辨率达到 1 km，因此直接获取满足要求的数据集难度较大，只能选择可信的多源长序列数据集，经过合理插值以及一致性处理后，才能组合形成满足条件的可用驱动数据集。气候数据由 1901—2020 年日本再分析数据，以及 2021—2022 年气象台站观测数据组合而成，本研究分别采取双线性插值和反距离插值的方法，对日本再分析数据和黑龙江省 491 个国家站气象观测数据进行插值，形成 1 km 空间分辨率的插值数据集。各个国家站海拔高度存在差异，忽略台站海拔高度差异，直接对气温处理后的插值结果与日本再分析数据差别较大，因此采用 DEM 订正的方法，对最高气温和最低气温数据进行一致性处理。

双线性插值方法如式(9.1)、式(9.2)、式(9.3)所示(王森 等，2008)，反距离插值方法如式(9.4)、式(9.5)、式(9.6)所示(冯锦明 等，2004)：

$$z(x,y_1)=\frac{x_2-x}{x_2-x_1}\times z(x_1,y_1)+\frac{x-x_1}{x_2-x_1}\times z(x_2,y_1) \tag{9.1}$$

$$z(x,y_2)=\frac{x_2-x}{x_2-x_1}\times z(x_1,y_2)+\frac{x-x_1}{x_2-x_1}\times z(x_2,y_2) \tag{9.2}$$

$$z(x,y)=\frac{y_2-y}{y_2-y_1}\times z(x,y_1)+\frac{y-y_1}{y_2-y_1}\times z(x,y_2) \tag{9.3}$$

$$d_i=\sqrt{(x-x_i)^2+(y-y_i)^2} \tag{9.4}$$

$$w_i=\frac{1/d_i}{\sum_{i=1}^{n}1/d_i} \tag{9.5}$$

$$z(x,y)=\sum_{i=1}^{n}w_i\times z(x_i,y_i) \tag{9.6}$$

式中：x 和 y 表示插值点的横纵坐标；x_1、x_2、y_1、y_2、x_i、y_i 表示已知点的横纵坐标；$z(x_1,y_1)$、$z(x_1,y_2)$、$z(x_2,y_1)$、$z(x_2,y_2)$、$z(x_i,y_i)$ 为已知点的值，位置如图 9.1 所示；$z(x,y_1)$ 和 $z(x,y_2)$ 为插值点同一横坐标位置的插值；d_i 表示插值点到已知点的距离；w_i 表示已知点的权重；$z(x,y)$ 为插值点的值。

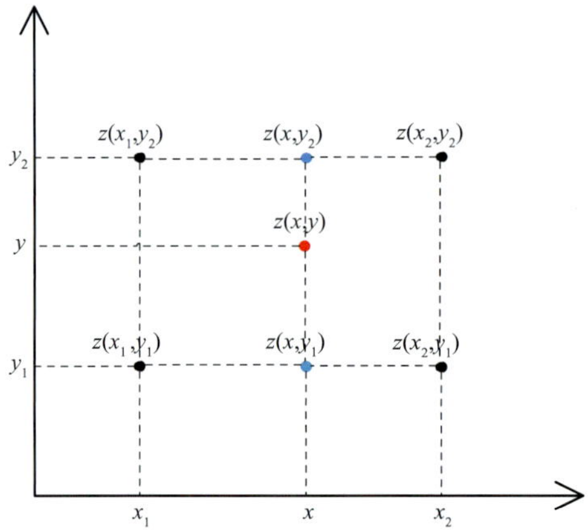

图 9.1　双线性插值示意图

DEM 方法指的是根据 DEM 栅格数据和国家气象台站的经纬度信息，通过空间匹配确定各台站的海拔高度，按照公式(9.7)计算得到各台站在海平面的温度，并基于这一数据进行反距离插值，得到海平面理论温度值，之后再通过公式(9.7)，将各像元理论温度值订正至相应的海拔高度(冉琼 等,2005)。

$$T_h = 0.006 \times h + T_{sl} \quad (9.7)$$

式中:h 为站点对应的海拔高度,T_h 是该海拔高度站点的实测温度,T_{sl} 是该站点的海平面理论温度值。

由于数据来源不同,叶面积指数数据整体存在较大差别,为了保证模拟结果无异常断点,本研究选用偏差订正方法对 MODIS 叶面积指数产品进行处理,采用随机森林回归法对 FY-3D LAI 产品进行订正。

偏差订正方法如式所示,随机森林回归方法如式(9.8)、式(9.9)所示:

$$\overline{R_{\mathrm{AVHRR}}} - \overline{R_{\mathrm{MODIS}}} = \mathrm{error} \quad (9.8)$$

$$R_{\mathrm{NMODIS}} = R_{\mathrm{MODIS}} + \mathrm{error} \quad (9.9)$$

式中:R_{MODIS}、R_{AVHRR} 和R_{NMODIS} 分别为 MODIS 叶面积指数产品、AVHRR 叶面积指数产品和订正后的叶面积指数产品,error 为偏差。

由于气候条件、海拔高度和土地覆盖类型都会对叶面积指数产生影响,选择温度、降水、相对湿度、太阳辐射、DEM、土地利用类型数据,采用随机森林回归的方法,建立 FY-3D 叶面积指数产品与 MODIS 叶面积指数产品之间的非线性关系,如式(9.10)所示,通过拟合结果得到订正后的叶面积指数产品。

$$f(R_{\mathrm{NFY3D}}) = f(R_{\mathrm{FY3D}}, \mathrm{TEM}, \mathrm{PRE}, \mathrm{RH}, \mathrm{SR}, \mathrm{DEM}, \mathrm{LC}) \quad (9.10)$$

式中:R_{FY3D} 和R_{NFY3D} 分别为 FY-3D 叶面积指数产品和订正后的叶面积指数产品,TEM、PRE、RH、SR、DEM、LC 分别表示气温、降水、相对湿度、太阳辐射、海拔高度、土地覆盖类型。

9.1.2.3 BEPS

BEPS 是以遥感数据驱动的陆地生态系统碳循环机理模型,这一典型的生物地球化学循环模型(王秋凤 等,2004),实现了遥感数据与观测数据的兼容(李世华 等,2005),将机理模型与遥感数据结合,是得到广泛应用的陆地生态系统碳汇估算途径。BEPS 主要包括碳循环子模型、水循环子模型、能量传输子模型和生理调节子模型(王培娟 等,2009),模拟方法是将冠层分为阴叶和阳叶,在叶片尺度上通过光合模型、气孔光合同化模型进行尺度转化(张方敏 等,2012),通过模拟植被的光合作用、呼吸作用、碳分配、水分与能量平衡,从而实现日碳吸收量模拟,由此对 4 个植被子碳库和 9 个土壤子碳库进行更新,之后再逐日进行碳循环模型和碳库更新。因此,通过气候数据、叶面积指数数据、CO_2 浓度数据、氮沉降数据、土壤质地数据、地表覆盖类型数据的驱动,BEPS 可以计算得到陆地生态系统 GPP、NPP、NEP 栅格像元文件数据,计算公式如下:

$$\mathrm{NPP} = \mathrm{GPP} - R_{\mathrm{a}} \quad (9.11)$$

$$\mathrm{NEP} = \mathrm{NPP} - R_{\mathrm{h}} \quad (9.12)$$

式中:GPP、NPP、NEP 分别为总初级生产力、净初级生产力和净生态系统生产力,R_{a} 和 R_{h} 分别为自养呼吸和异氧呼吸消耗的碳。

9.1.2.4 BEPS 模拟效果检验方法

由于黑龙江省内通量站数据较少,因此本研究选用 CASA 与 BEPS 同年黑龙江省模拟结果进行交叉对比,选择相对误差和相关系数指标,针对 BEPS 在黑龙江省区域的应用效果进行量化评估。相对误差和相关系数计算公式如下:

$$\mathrm{RE}=\frac{|x_i-y_i|}{x_i} \tag{9.13}$$

$$r=\frac{\sum_{i=1}^{N}(x_i-\overline{x})(y_i-\overline{y})}{\sqrt{\sum_{i=1}^{N}(x_i-\overline{x})^2}\times\sqrt{\sum_{i=1}^{N}(y_i-\overline{y})^2}} \tag{9.14}$$

式中：RE 和 r 分别表示相对误差和相关系数，x_i 为 BEPS 模拟结果，y_i 为 CASA 模拟结果，N 为检验样本点个数。

9.1.3 小结与讨论

9.1.3.1 BEPS 对黑龙江省区域模拟精度研究

2020 年黑龙江省 BEPS 和 CASA 模拟的 NPP 产品的空间对比情况见图 9.2。BEPS 与 CASA 模拟的空间分布特征一致，都能够模拟出黑龙江省 NPP 在林区较高、农区较低的空间分布特征。与 CASA 模拟结果相比，黑龙江省 77.3%的区域 BEPS 模拟的 NPP 偏低，在三江平原和松嫩平原地区偏低最为明显，大部分地区相对误差高于 50%，大小兴安岭地区两个模型的模拟结果较接近，大部分区域相对误差低于 10%。

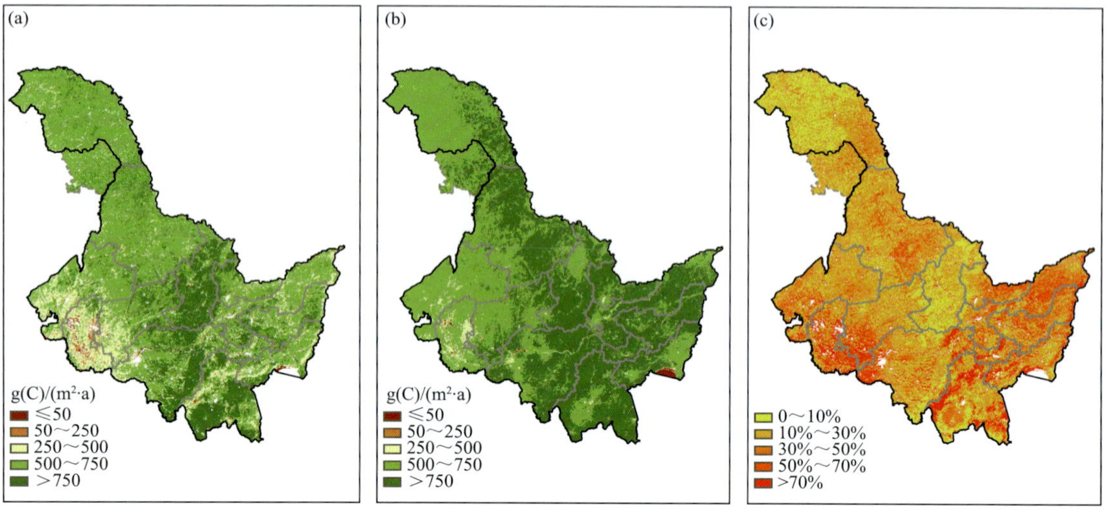

图 9.2 2020 年 BEPS(a)、CASA(b)NPP 产品以及二者相对误差(c)

图 9.3 为 2020 年黑龙江省 BEPS 和 CASA 模拟栅格数据散点图，BEPS 模拟的 NPP 介于 0～1800 g(C)/(m^2 · a)，主要集中在 400～800 g(C)/(m^2 · a)，CASA 模拟的 NPP 介于 0～1200 g(C)/(m^2 · a)，主要集中在 600～1000 g(C)/(m^2 · a)，各像元点模拟数值相近，相关系数达 0.32，再次说明 BEPS 模拟结果可信度较高，可以应用 BEPS 进行黑龙江省陆地生态系统碳汇能力评估。

9.1.3.2 黑龙江省净初级生产力评估

BEPS 模拟的黑龙江省不同陆地生态系统 NPP 年际变化特征以及 MK 检验结果见图 9.4。NPP 表示的是光合作用固定的所有碳，在扣除自养呼吸释放的碳后，得到的植被净固碳

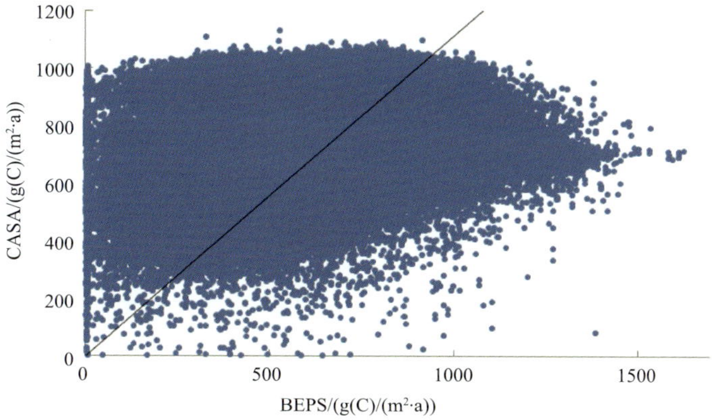

图 9.3　2020 年 BEPS、CASA NPP 产品散点图

量，可以直接反映植被碳汇能力。1961—2022 年黑龙江省植被 NPP 总体呈极显著增加趋势，平均每年增加 1.5 g(C)/(m^2 · a)，2010 年前全省植被 NPP 稳定在 500 g(C)/(m^2 · a)，之后 NPP 极显著增加，平均每年增加 7.5 g(C)/(m^2 · a)，2022 年黑龙江省植被 NPP 达极大值。通过 MK 检验可知，黑龙江省植被 NPP 无显著的突变点，在 1986 年之后增加趋势达显著置信程度，2022 年增加趋势最显著。各主要生态系统类型的植被 NPP 变化趋势基本与全省一致，都呈极显著增加趋势，其中森林生态系统的平均 NPP 最高，草地、耕地次之，湿地偏低。

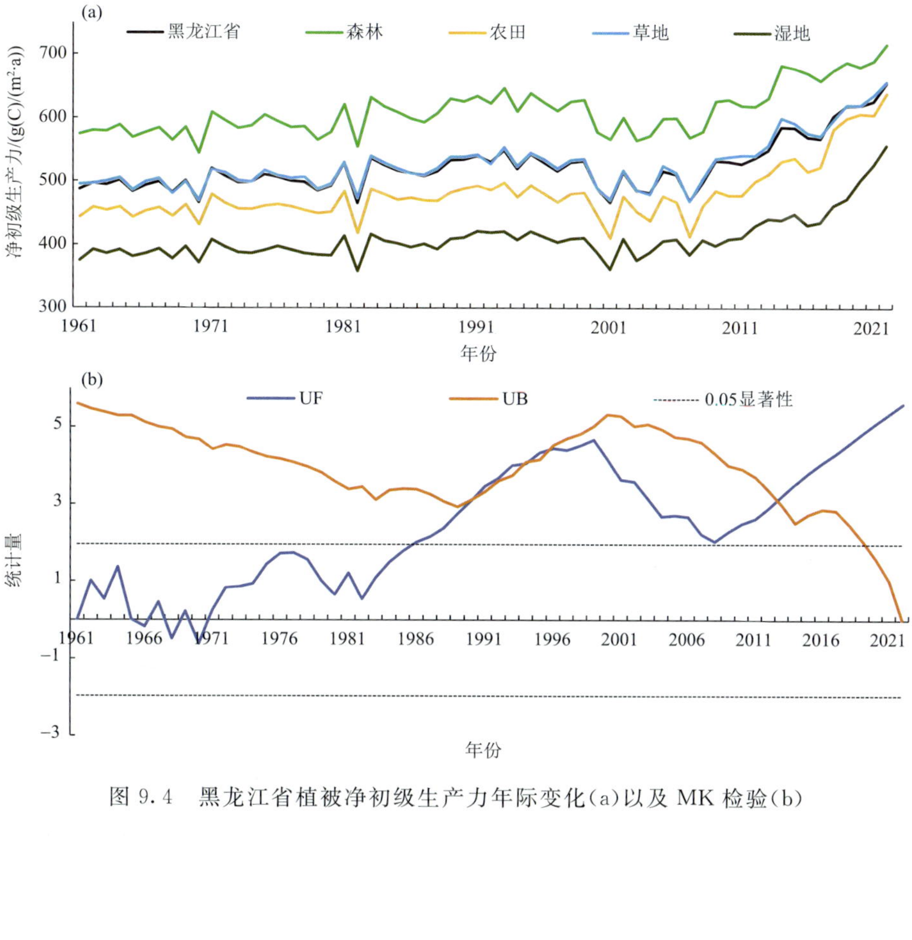

图 9.4　黑龙江省植被净初级生产力年际变化(a)以及 MK 检验(b)

为了明晰黑龙江省植被 NPP 的时空变化特征，本研究针对黑龙江省植被 NPP 空间变化趋势率，以及 1961 年、1986 年、2000 年、2010 年、2022 年植被 NPP 空间分布特征进行分析（图 9.5）。1961—2022 年，黑龙江省 91.7%的地区植被 NPP 呈增加趋势，其中西部松嫩平原农区增加最为明显，多年植被 NPP 空间分布类似，大小兴安岭和南部林区的 NPP 最高，其次是东部三江平原农区，西部松嫩平原偏低；1961—2000 年，植被 NPP 高于 750 g(C)/(m^2 · a)的地区略有增加，其他地区变化较小；2000—2022 年，黑龙江省植被 NPP 在全区明显增加，小兴安岭和南部林区植被 NPP 增加至 750 g(C)/(m^2 · a)以上，东部三江平原农区增加至 500 g(C)/(m^2 · a)以上，西部松嫩平原低于 250 g(C)/(m^2 · a)的地区急剧减少，只零散分布于大庆市。

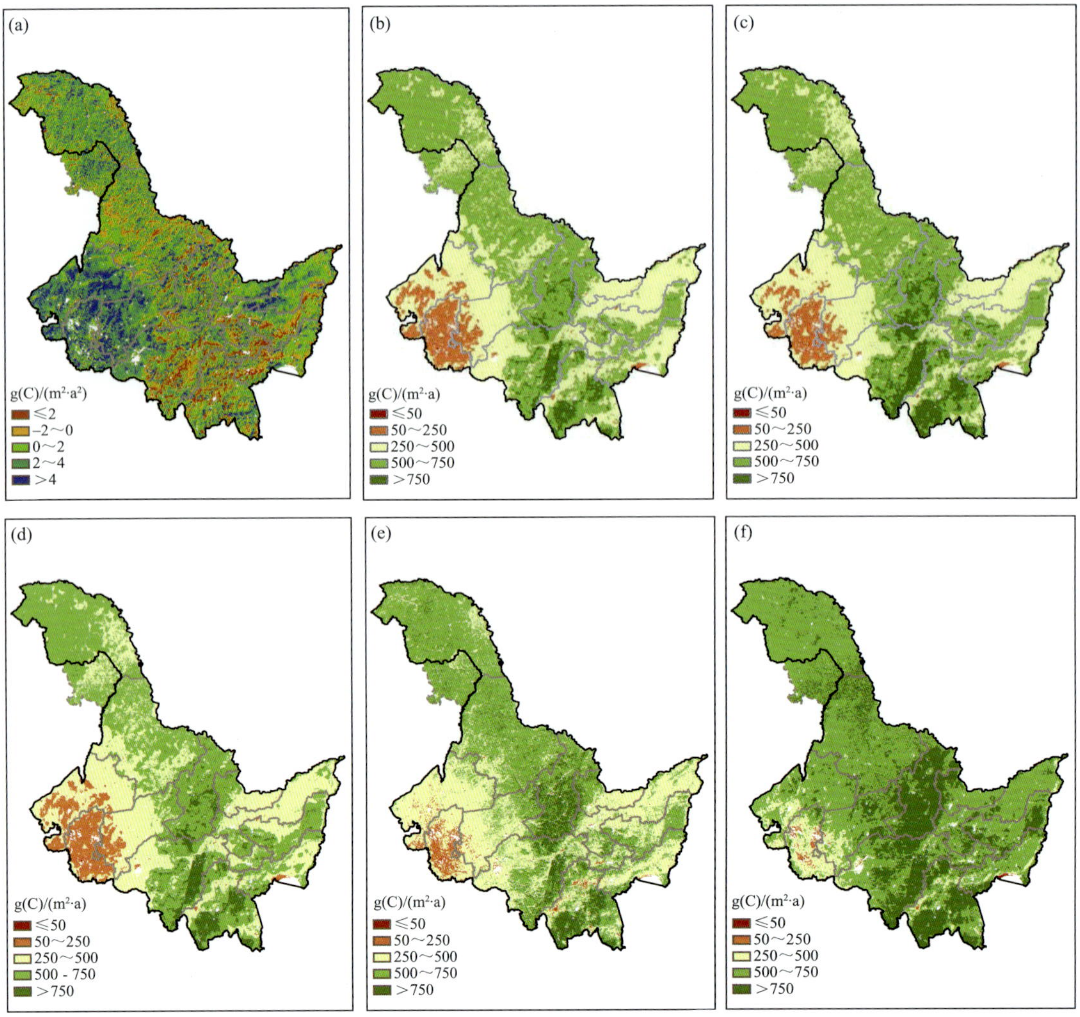

图 9.5　黑龙江省植被净初级生产力趋势率(a)以及 1961 年(b)、1986 年(c)、2000 年(d)、2010 年(e)、2022 年(f)空间分布

9.1.3.3　黑龙江省净生态系统生产力评估

BEPS 模拟的黑龙江省不同陆地生态系统 NEP 年际变化特征以及 MK 检验结果见图 9.6。NEP 表示的是植被净固碳量，在扣除异养呼吸释放的碳后，得到的生态系统固碳量，可

以直接反映陆地生态系统碳汇能力。与植被 NPP 类似，黑龙江省森林陆地生态系统 NEP 最高，其次是草地和农田，不同于植被 NPP 的极显著增加，全省以及森林、草地和湿地生态系统 NEP 增加趋势均不显著，仅农田生态系统 NEP 呈显著增加，到 2022 年，全省以及主要生态系统 NEP 均达最大值。2010 年前黑龙江省 NEP 年际波动较大，之后黑龙江省总体以及森林、农田、草地 NEP 均稳定在 0 g(C)/(m^2 · a)以上，且增加趋势全部达显著置信程度，说明研究区域森林、农田、草地生态系统表现为碳汇特征，碳汇能力较强且趋于更强。通过 MK 检验发现，1961—2022 年，黑龙江省 NEP 变化特征不显著，在 2018 年存在显著突变，之后黑龙江省 NEP 呈增加趋势，且增加趋势持续增强。

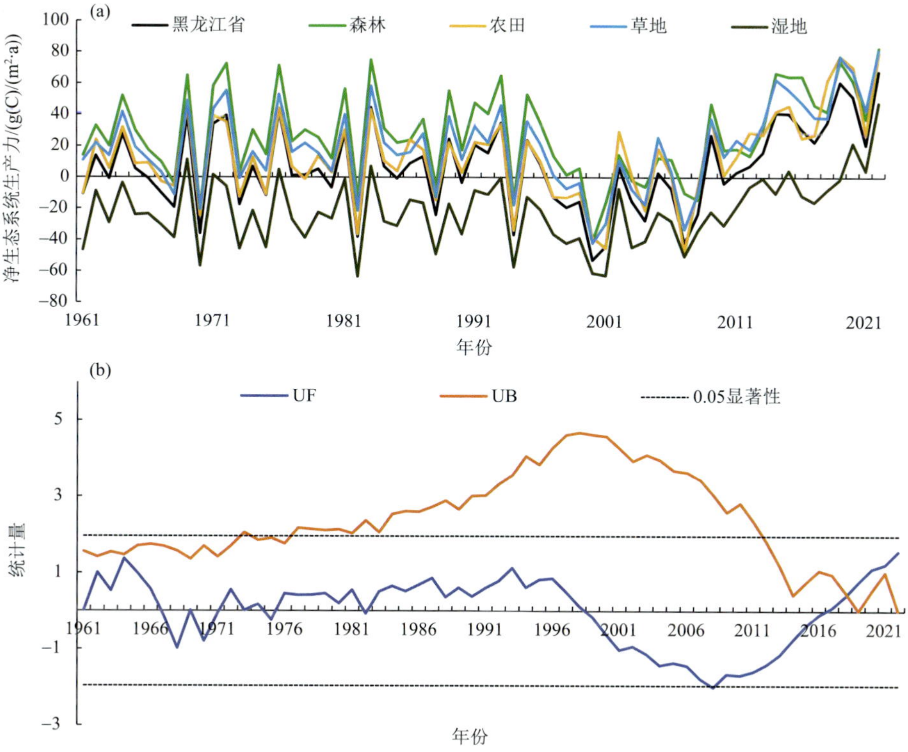

图 9.6　黑龙江省植被净生态系统生产力年际变化(a)以及 MK 检验(b)

为了明晰黑龙江省 NEP 的时空变化特征，本研究针对黑龙江省 NEP 空间变化趋势率，以及 1961 年、2000 年、2010 年、2018 年、2022 年黑龙江省 NEP 空间分布特征进行分析(图 9.7)。1961—2022 年，黑龙江省 65.5%的地区 NEP 呈增加趋势，与植被 NPP 变化特征类似，松嫩平原增加最为明显，其次是三江平原地区。近些年，黑龙江省 NEP 空间分布差异较大，黑龙江省 NEP 在 1961 年呈由北向南递增的趋势，2000 年小兴安岭和省南部林区略低，2010 年、2018 年、2022 年 NEP 分布零散，总体增加，高于 0 g(C)/(m^2 · a)的区域占比分别为 59.7%、77.4%、90.8%，2010—2018 年，松嫩平原、三江平原和省南部山地，存在由碳源转为碳汇的现象，到 2022 年，黑龙江省大部分地区表现为碳汇，仅在哈尔滨东部、牡丹江中部、大兴安岭北部边缘零散区域表现为碳源。

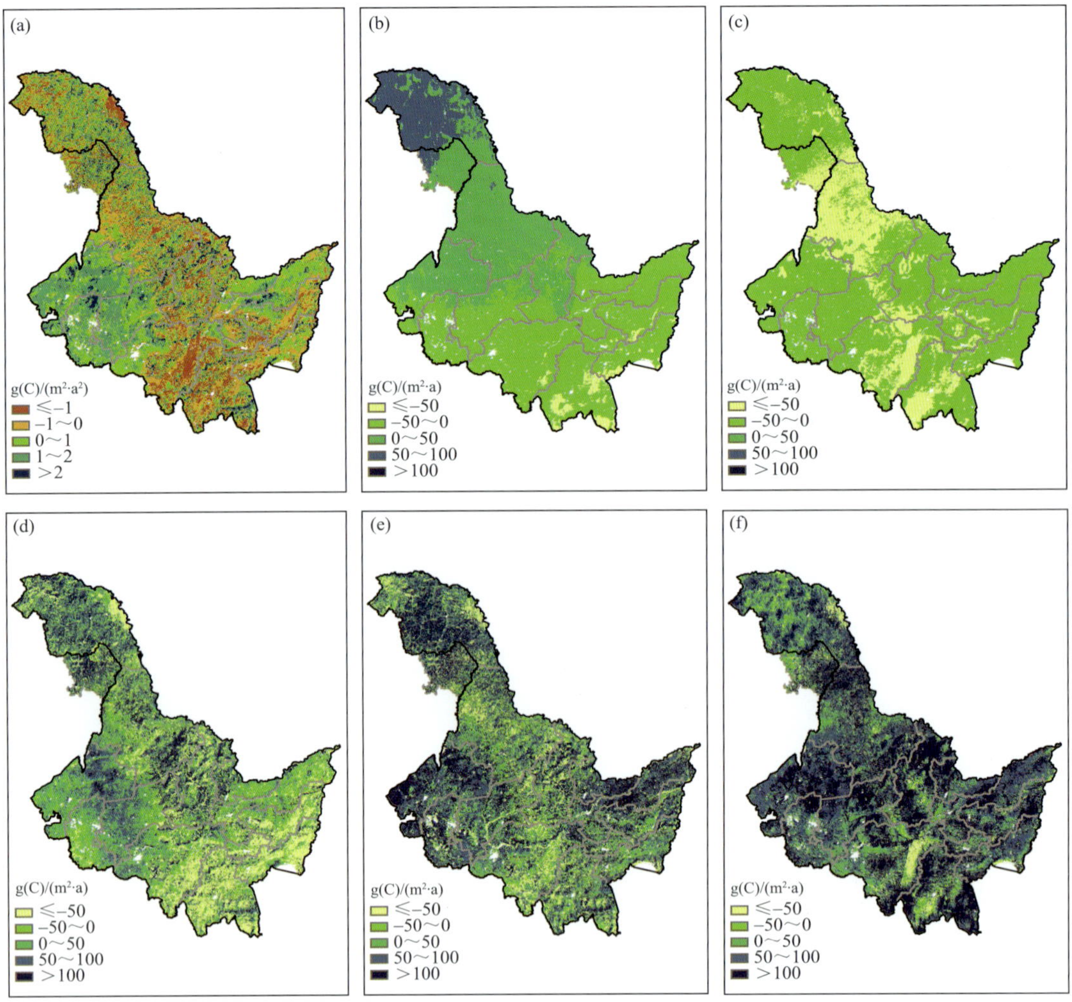

图 9.7　黑龙江省植被净生态系统生产力趋势率(a)以及 1961 年(b)、2000 年(c)、2010 年(d)、2018 年(e)、2022 年(f)空间分布

9.2　黑龙江省陆地生态系统碳汇气候影响评估

9.2.1　概述

开展陆地生态系统生产力的驱动因素研究可以为植被资源的可持续利用提供理论基础(Wang et al.,2013)。因此,在全球变化和中国双碳战略背景下,利用已验证的 BEPS,针对植被资源丰富的黑龙江省,开展植被 NPP 驱动力影响评估,有助于揭示黑龙江省陆地植被固碳能力的主导驱动因子,可以为中国未来生态环境管理和政策制定提供科学参考(Andersson et al.,2009)。

陆地生态系统生产力对于周围环境反应敏感,气候条件、人为活动、地理条件和植被生理特点都是生产力的影响因子,其中气候要素是重要的驱动因子,会对陆地生态系统生产力造成显著影响(郝永萍 等,1998;Liu et al.,2017)。人类活动对于生产力的影响主要指的是人为导致土地利用类型的改变，下垫面类型的变化会对生态系统物质与能量交换产生影响(Foster，1992)，因此，作为重要指标的净初级生产力也将随之改变。人类的活动对生产力有着复杂的影响。人为的田间管理措施、禁牧和轮牧、封育政策等都对生产力有积极的影响。此外，植被特征与其他地理环境因子的结合也驱动了生产力的变化。陆地生态系统碳循环较为复杂，易受多种因素的多重影响。总体来说，在外部环境因素和内部生理因素的影响下，陆地生态系统生产力表现出复杂的动态变化特征。对 NPP 变化的气候和人为影响定量评估以及生态保护修复工程在 NPP 变化的影响研究方面少见报道。随着全球气候变化、人类活动导致的环境恶化以及 2000 年以来中国生态保护修复工程的开展，植被 NPP 时空变化和驱动因素日益复杂，并具有高度的不确定性。同时，多年来气候变化、环境变化和人类活动等因素明显对植被 NPP 变化趋势产生了重要影响(Tian et al.，2011)。

温度对生态系统生产力的积累具有重要意义，因为温度的变化可以对植物的光合作用和土壤呼吸产生重要影响。当温度低于最佳温度时，温度越高，光合速率越快。如果温度超过最适温度，光合速率将随着温度的升高而降低。除光合作用外，其他能量物质的代谢活动也需要在适当的温度范围内进行。低温或高温都不利于植被的生长发育。此外，大量研究表明，土壤温度与能量代谢呈指数关系。当土壤温度低于最佳温度范围时，能量代谢率与土壤温度呈显著正相关(徐淑新 等，2010)，微生物的分解率也受温度的影响。Q10 方程可以表达温度与土壤呼吸之间的关系。Q10 方程的含义是在 5～20 ℃范围内，土壤呼吸速率随温度升高 10 ℃呈指数增长。Q10 方程可以描述土壤呼吸与温度的关系，但不同植物类型的温度方程存在差异(Marschner et al.，2002)。研究表明，碳循环与水分条件密切相关(Neff et al.，2002)。水分分布不仅决定了陆地生态系统的空间分布，而且对植物生物量积累、微生物活动和群落分布等也具有重要影响，进而影响植被的光合作用、自养呼吸和土壤呼吸，并最终对全球碳循环和生态系统生产力产生深远影响。如降水量、降水频度、干旱频度、极端降水等指标(Wang et al.，2008)都对植物生长有着重要影响。降水特征指标的不稳定性将导致土壤水分亏缺周期延长，土壤水分变异性增大(Kennedy et al.，2013)。土壤含水量是土壤微生物代谢活动的重要和必要条件，对微生物的呼吸作用有显著影响(Wang et al.，2008)，对土壤呼吸的温度敏感系数也具有显著影响(陈全胜 等，2003)。水分条件是影响土壤碳排放的一个极其重要的非生物因子(Kimball et al.，1997)。生态系统的碳循环是以植物光合作用为基础的，太阳辐射作为光能的来源，会影响陆地生态系统的生产力。不同植被类型对太阳辐射的敏感性不同，对太阳辐射强度、时间和波段的要求也不同。光强是反映太阳辐射量的重要因子，对植被光合作用有很大的驱动作用。在不考虑温度影响的情况下，光强越大，光合速率越快，两者之间的关系近似符合线性相关。然而，植物对光强的需求是有一定阈值的。当光强高于光饱和点时，光强增加，光合速率减慢。此外，研究表明，当直接辐射低于散射辐射时，碳循环对散射辐射更敏感(Gu et al.，2002)。人类生活在地球的陆地上，是陆地生态系统的一部分。因此，人类活动也影响着陆地生态系统的光合作用和代谢。人类行为的干扰主要包括毁林、森林管理、草地和湿地的农田开垦、人类耕作和放牧，这些人类活动大多是为了满足人类的物质需要，导致土地利用发生改变，并对陆地生态系统分布格局和生产力产生直接影响(Cui et al.，2021)。不同的土地利用模式会形成不同的生态系统类型和种群结构，形成不同的光合利用效率。森林和草地的农田开垦等人类活动不利于陆地生态系统的生产力，会导致生态系统退化。人类的栽培、灌溉、施肥、复种和培育新品种可提高农田生态系统的光合效率，促进农田生态系统生产力的发展。对于较脆弱的陆地生态系统，极小的区域环境变化都可能突破阈值，打破生态系统的平衡状态，温度、降水、太阳辐射等都会对生态系统生产力产生影响，同时人类活动也会加剧区域生产力的变化（陆晴 等，2017）。不同的陆地生态系统，土地利用情况不同，气候条件以及植被存在较大时空差异，也促使形成了不同的光合作用效率、代谢分解速率和碳固定能力（Tian et al.，2011），进一步增大了陆地碳循环的不确定性。随着中国生态保护修复活动的开展，迫切需要在不同时空尺度下，评价气候变化和人类活动两者在陆地生态系统碳循环过程中的相对作用，这对于陆地生态系统生态保护修复和碳循环过程机理理论研究都有着重大的意义。

NPP 是植物和外界环境因素相互影响、综合作用的结果，NPP 的变化同时受到了自然和人类活动因素的共同影响（Chen et al.，2021）。在影响因素方面，以往研究主要集中于 NPP 的驱动因素分析及人为影响研究（李传华 等，2016；Abdelrahim et al.，2024），早期，陆地生态系统植被与气候关系的定量化研究，多是通过人工对比研究序列与气象要素年际变化特征曲线的一致性情况，来判断植被变化的主要影响因素（张军 等，2001）。该方法简单地假设植被与驱动因子之间存在不同的关系，但不足以清晰地表达植被生产力影响因子的空间格局，无法给出各因子影响程度的空间分布差异。相关分析可以揭示生产力和各要素关系的密切程度，许多学者利用相关分析法定量描述了植被生产力变化与降水、温度等气候因子之间的相关关系，并利用相关分析法与回归分析法结合，通过构建回归模型，探讨生产力与气候因素之间的空间定量关系（Kim et al.，2012）。20 世纪，Karl Pearson 提出相关系数这一概念。常用的简单相关分析方法，主要有 Kendall 法、Pearson 法和 Spearman 法（谢今范 等，2011）。相关系数可以表征变量之间的相关关系，得出的相关系数的大小也可以作为检验关系是否显著的重要指标，通常可根据 r 值对简单相关性进行类别划分（Pearson，1920）。为满足多变量的需求，在简单相关的基础上，学者们提出了偏相关分析方法（Pearson，1916）。偏相关分析方法反映多个自变量各自与因变量的影响特征。在相关分析中，如果自变量不唯一，要研究自变量与因变量的相关关系，可以采用偏相关分析方法分析不同因子的相关特点（李登科 等，2020）。前人为了忽略气温条件与降水条件的关系，选用偏相关分析这一方法计算偏相关系数，探讨单一气候因素与植被生产力的相关关系（Xu et al.，2017）。简单相关方法存在其他因子被忽略的可能性，导致结果无法表达出变量间的真实相关关系（高艳，2018）。Cramer（2003）对偏相关作了进一步的解释，指出它比简单相关分析更合理。实际上，因变量的变化往往不仅受到一个自变量的影响，而是受到多个因子的综合作用，而多个自变量因子也不是各自独立的，因子间是相互作用的关系，需要使用复相关分析方法来解决。复相关系数用来衡量植被生长变化对所有气候因子变化的响应程度（Tang et al.，2017），采用复相关分析可以分离气候与非气候因子引起植被生长变化的部分量（Guan et al.，2018）。目前，复相关关系已经广泛应用于科学研究中，但不常单独提出使用，而是与回归分析方法结合使用，使用复相关分析对回归分析得到的回归系数进行解释，复相关系数增大，反映自变量与因变量的关系更密切（金林 等，2019）。气候因素和人为因素对生态系统的影响也存在一定的滞后性，即植被在气候变化累积到某一水平之后才发生变化（张景华 等，2015），可以用最大偏相关系数来检验不同时间尺度的温度或降水，反映植被变化的敏感程度（黄文琳 等，2019）。延迟相关分析算法也可以分析多个时间序列数据的滞后相关性，这一方法采用增量的方法计算相关系数，大大降低了时间和空间的复杂度（Sakurai et al.，2005）。在研究植被生产力影响因素的过程中，区分气候与非气候因素的影响，还有降水利用效率法、残差分析法、地理探测器和模型法。其中，降水利用效率是植物净初级生产力与雨量的比值指数，降水利用效率的降低说明存在与气候无关的土地退化(Prince,1998)。残差分析法计算气象因素影响的预测值与原有观测值之间的残差，认为这部分差值是由人类活动影响造成的。地理探测器是探测数据分异性、揭示数据背后驱动因子的一种新的统计学方法(王劲峰 等,2017)，也可以用于植被生产力影响因素研究。此外，利用NPP模型法获取的净初级生产力，其中潜在净初级生产力与实际净初级生产力的差，也可以表征人类活动对植被生产力的影响变化量(马启民 等,2019;Chen et al.,2019)。不同评价方法均具有各自的优缺点，然而残差分析法被认为是人为因素定量分析的较好模型，且在近年被许多学者们使用(黄森旺,2012)。

随着全球变化加剧，为了明确在未来气候和人类活动背景下的陆地生态系统生产力及碳收支情况，国际上针对气候变化和人为活动对碳循环的影响研究愈发广泛。有研究表明，人类活动和气候变化造成的土地利用改变是影响生产力的重要因素，但是部分影响机制还需要经过精确系统的检验(Cao et al.,1998)。方精云等(2001)基于近半个世纪中国范围内的林区碳收支资料，对中国森林生态系统的碳通量时空变化特征及其影响因素展开研究，发现1980年之前，中国人口数量的增加，以及大量林木遭到砍伐，造成了林区碳储量的大幅下降，1980年以后，国家对林区展开保护，并且开展大范围的人工造林活动，林区生态系统碳储量呈转折性增加，林区生态系统生产力随之增加。刘世荣等(1998)选取气候条件中的降水与温度因素，分析中国林区生态系统生产力和气候因素的相关关系，研究发现降水是制约生态系统生产力的主要驱动因素。有研究发现，气温、降水和CO_2浓度等因素都会对草地植被群落特征产生影响，对于草地碳循环存在驱动与制约作用(张伟 等,2006)。人类活动中，在草地放牧以及开垦草地为农田，降低了草地生态系统生产力(牛建明,2001)。齐玉春等(2005)采用箱式法对比禁牧草地与放牧草地，研究发现禁牧草地生产力更高；黄祥忠等(2006)选取涡度相关法对比内蒙古草地生态系统在平水年与干旱年的碳收支情况，研究发现干旱年草地碳储量偏低，生态系统功能中也有碳汇变为碳源；Harper等(2005)发现，不同季节土壤含水量对草地生态系统生产力的影响存在差异。放牧作为人类活动中对草地生态系统最不利的因素(Su et al.,2006)，对草地的采食和践踏改变了生态系统生物量和土壤质地，从而影响了土壤代谢活动(乔春连 等,2012)，降低了土壤内微生物分解速率(马秀枝 等,2005)。当前，多数学者认为放牧必然不利于草地生态系统固碳释氧功能，但是还有学者认为放牧的影响不大，Cui等(2005)甚至认为适宜程度的放牧、踩踏有利于土壤代谢过程，有利于促进生态系统的碳循环，可以使草地生态系统碳储量增加(Kang et al.,2013)，增加有机物的累积量(张成霞 等,2010)。但过度放牧会导致草地净初级生产力降低和有机碳排放量增加(王根绪 等,2002)。开垦活动使得大量草地生态系统转为农田生态系统(Jiang et al.,2006)，使得土壤沙化程度加快(王涛 等,2003)，目前中国有1/5的耕地来源于草地(Han et al.,2008)。开垦对草地生态系统生产力也有重要影响，研究发现草地开垦造成了草地碳储量的减少(Murillo,2001)。李洪建等(2016)利用相关分析法分析了温度、辐射与生产力的相关关系，研究发现年内温度与冬小麦之间是二次非线性回归关系；李琳等(2007)采取相关分析与回归分析方法，发现冬小麦生产力与土壤温度呈正相关，回归关系呈指数关系，其中地下10 cm处地温相关关系最显著，翻耕10 cm和20 cm土地的相关性较高；曹元元等(2016)选取涡度相关法对玉米CO_2通量的研究发现，随着光合有效辐射的增加，玉米生产力也增加。国志兴等(2009)基于遥感数据分析三江平原气候条件、人类活动与农田生态系统生产力的统计关系，研究发现人类对土地利用方式的改变，造成部分农田生态系统生产力的减少，此外，降水也是制约农田生态系统生产力的显著影响因素。

王芳等(2011)利用空间插值的七星河湿地逐日气温和降水量资料，采用 Miami(R)模型计算植被 NPP 并分析气温、降水量、植被干燥指数等对湿地自然植被 NPP 的影响，结果表明湿地自然植被 NPP 与年平均气温和年生长季平均气温呈较显著正相关，与年降水量和生长季降水量呈极显著负相关，随着植物干燥指数增加，净初级生产力极显著增加。孟焕(2016)针对三江平原地区气候条件与湿地分布，以及湿地生态系统生产力情况展开分析，研究表明湿地低生产力区域面积扩大，高生产力区域面积缩小，湿地面积整体呈减小趋势，气候变化对湿地生产力总体呈正向促进作用。尹晓梅(2013)分析了气候变化背景下富锦湿地和兴凯湖湿地植被生产力的响应特征，基于研究发现湿地生态系统生产力的主要影响因子还是降水量，适宜的热量与水分条件是促使生产力增强的重要因素。在荒漠生态系统中，贾子毅(2011)人工模拟不同降水量方法，发现在内蒙古地区的荒漠生态系统中降水是影响碳循环的主要因素，可以增加土壤呼吸效率。由于降水与温度的相互影响，降水量的增加会使得土壤呼吸对于温度更敏感，此外，荒漠生态系统呼吸代谢功能还受到土温和生物因素的影响。在南美洲地区，降水也是制约荒漠生态系统生产力的重要因子(Jobbágy et al.，2002)。目前，有关陆地植被 NPP 影响因素的研究仍以定性分析为主，定量研究大多为 NPP 的人为影响研究(李传华 等，2016)。丰富的自然资源使黑龙江省在全球区域碳循环过程中发挥着重要的作用，并且黑龙江北部地处寒温带，对于气候条件的变化尤其敏感，在陆地生态系统碳循环过程中极易受到气候变化的影响。人类活动方式不同，植被、地形、土壤以及气候条件等均有差异，即使相同的人类活动，对 NPP 的影响也不同，导致目前人类活动对植被 NPP 的影响较难量化，结论存在大量的不确定性，研究还十分有限。气候和人为影响因素及其时空演变规律仍缺少大量的定量论证(张翀 等，2021)，尤其在黑龙江省相关研究中未见报道，因此，有必要深入开展此方面的研究。

9.2.2 数据与方法

本研究选用的碳吸收数据，采用 BEPS 计算获取。利用逐日气候数据(最高气温、最低气温、降水量、相对湿度和太阳辐射量)与叶面积数据等，可以驱动 BEPS 模拟生态系统碳循环过程，获取 NPP 和 NEP 数据，其中叶面积数据来源于 MODIS 数据产品，气候站点数据集来源于黑龙江省气候数据中心，研究时间序列为 1961—2020 年。气候数据主要包括最高温度、最低温度、平均温度、降水量、风速、相对湿度和太阳辐射量，为了与碳吸收数据空间分辨率保持统一，本研究根据站点数据插值为 1 km 分辨率的格点数据，空间插值方法选取最邻近插值法。最邻近插值法是以插值点的 4 个最近的点的数值作为插值点的数值。设插值点 $g(i,j)$ 与周围 4 个距离最近的邻点 $f_k(i,j)$ 的距离为 d_k，$k=1,2,3,4$；当 $d_k=\min\{d_1,d_2,d_3,d_4\}$ 时，$g(i,j)=f_k(i,j)$。

最邻近插值法的假设之一是最接近于网格点 $p(x,y)$ 的点的属性值就是该点的属性，要处理的节点值可以使用网格节点的最邻近值。同样，对一些区域而言，诸如填充无取值的数据也很有用。

采用 5 a 滑动平均、趋势分析和 MK 突变检验方法，可以对序列变化特征进行分析，其中 5 a 滑动平均算法的公式如下(杨仕琪 等，2023)：

$$T_{5n}=\frac{T_{n-2}+T_{n-1}+T_n+T_{n+1}+T_{n+2}}{5} \tag{9.15}$$

式中：T_{5n} 为 5 a 滑动平均值，T_{n-2}、T_{n-1}、T_n、T_{n+1}、T_{n+2} 分别表示前两年、前一年、当年、后一年、后两年的序列值。

MK 突变检验方法如下。

按时间序列 X 的顺序，构造一个秩序列：

$$S_k = \sum_{i=1}^{k} \sum_{j}^{i-1} a_{ij}, k = 2,3,\cdots,n \tag{9.16}$$

$$a_{ij} = \begin{cases} 1, x_i > x_j, 1 \leqslant i \leqslant j \\ 0, x_i \leqslant x_j, 1 \leqslant i \leqslant j \end{cases} \tag{9.17}$$

在时间序列为随机的假设下，定义统计量：

$$\mathrm{UF}_k = \frac{S_k - E(S_k)}{\sqrt{\mathrm{Var}(S_k)}}, k = 1,2,\cdots,n \tag{9.18}$$

$$E(S_k) = \frac{k(k+1)}{4} \tag{9.19}$$

$$\mathrm{Var}(S_k) = \frac{k(k-1)(2k+5)}{72} \tag{9.20}$$

式中：S_k 为秩序列，x 为原始时间序列，计算得到 a_{ij}，$E(S_k)$ 为秩序列平均值，$\mathrm{Var}(S_k)$ 为秩序列方差，k 为序列号，UF_k 和 UB_k 为统计序列。

若 $|\mathrm{UF}_k| > \alpha$，则表明序列有明显的趋势变化。

再根据时间序列 x 的逆序，重复上述过程，求出 UB_k。若 UF_k 和 UB_k 出现交点，且交点处于临界线内，那么交点所对应时刻即突变开始时间。$\alpha=0.05$ 时，临界值为 ±1.96。

计算 NPP、NEP 与气象要素的相关系数，进行相关分析，可以明确不同因子的相关关系（刘洋洋 等，2020）。为了去除变化趋势对相关关系分析的干扰，计算 NPP、NEP 与气象要素之间更能代表样本波动的去趋势值，参与相关系数计算。

去趋势的方法如下：

$$y_t = a_0 + a_1 t \tag{9.21}$$

$$y_t^d = y_t - y_t^{tr} \tag{9.22}$$

式中：y_t 是 NPP、NEP 与气象要素的原始序列，y_t^{tr} 为趋势值序列，y_t^d 为去趋势后序列，t 为时间序列，a_0 和 a_1 分别为线性拟合的截距和斜率（张世喆 等，2022）。

相关系数 R 的公式如下：

$$R = \frac{n \times \sum_{i=1}^{n}(x_i \times y_i) - \sum_{i=1}^{n} x_i \sum_{i=1}^{n} y_i}{\sqrt{n \times \sum_{i=1}^{n} x_i^2 - (\sum_{i=1}^{n} x_i)^2} \sqrt{n \times \sum_{i=1}^{n} y_i^2 - (\sum_{i=1}^{n} y_i)^2}} \tag{9.23}$$

式中：R 表示相关系数，n 表示研究数据年限，x_i 为第 i 年的 NPP 数据，y_i 为第 i 年的气象要素数据。

通过 t 检验进行相关性系数的显著性检验，公式具体如下：

$$t = \frac{R\sqrt{n-2}}{\sqrt{1-R^2}} \tag{9.24}$$

式中：t 为检验指标，R 表示相关系数，n 表示研究数据年限。

为了定性分析相关关系的显著性，对相关系数显著性水平按照阈值进行划分，根据 R 值

与 P 值的大小，若 $R>0$，说明自变量与因变量呈负相关关系，反之，自变量与因变量呈正相关关系。当 $P<0.01$ 时，说明相关关系达极显著程度；当 $0.01<P<0.05$ 时，说明相关关系达显著程度；当 $P>0.05$ 时，说明相关关系不显著。研究时段为1961—2020年，根据累计年数查表可知 $t_{0.01}$ 和 $t_{0.05}$ 分别是2.66和2，将相关系数划分为6个等级，分别是：极显著负相关（$t<-2.66$）、显著负相关（$-2.66\leqslant t<-2$）、不显著负相关（$-2\leqslant t<0$）、不显著正相关（$0\leqslant t<-2$）、显著正相关（$2\leqslant t<2.66$）和极显著正相关（$t\geqslant 2.66$）。

为了量化不同气候要素对NPP和NEP的驱动情况，本研究选取相对贡献率这一指标参与计算，在对各气候要素标准化处理后，选取主要影响因子构建多元回归方程，基于自变量回归系数的占比可以计算出各因子的相对贡献率，相对贡献率数值介于0～1，数值越大，说明影响因子驱动作用越强。具体公式如下：

$$X=\frac{x-\mu}{\sigma} \tag{9.25}$$

式中：X 为标准化后序列，x 为原始样本序列，μ 是样本数据的平均值，σ 是样本数据的标准差。

$$Y=a_1X_1+a_2X_2+a_3X_3+\cdots+a_nX_n \tag{9.26}$$

$$g_i=\frac{|a_i|}{|a_1|+|a_2|+|a_3|+\cdots+|a_n|} \tag{9.27}$$

式中：Y 是NPP和NEP的标准化值，X_1、X_2、X_3、…、X_n 表示主要气候影响因子的标准化值，a_1、a_2、a_3、…、a_n 表示多元回归系数，g_i 指的是第 i 个气候因子（X_i）对碳吸收量的相对贡献率。

9.2.3 小结与讨论

气候变化是植被NPP和NEP变化的重要驱动因子，不同土地覆盖类型对于气候变化的响应也存在差异，水分、热量和光照条件会对植被的光合作用和土壤呼吸作用产生影响。适当的风速会促进生态系统内物质与能量的交换，会加快植被的生产速度。根据黑龙江省气候站点数据，以及BEPS计算的NPP和NEP数据，进行5 a滑动平均、趋势分析和MK突变检验，研究发现1961—2020年NPP、NEP、气温和降水均呈相似的波动趋势，都呈现先增、后降、再增加的趋势，其中，NPP和气温呈显著升高趋势；通过MK突变检验发现，2010年NPP存在不显著突变，2018年NEP存在显著突变，1990年气温存在显著突变，2018年降水存在显著突变，说明气候要素与碳吸收量存在影响关系，有必要针对水热条件与碳吸收的关系展开研究（图9.8）。

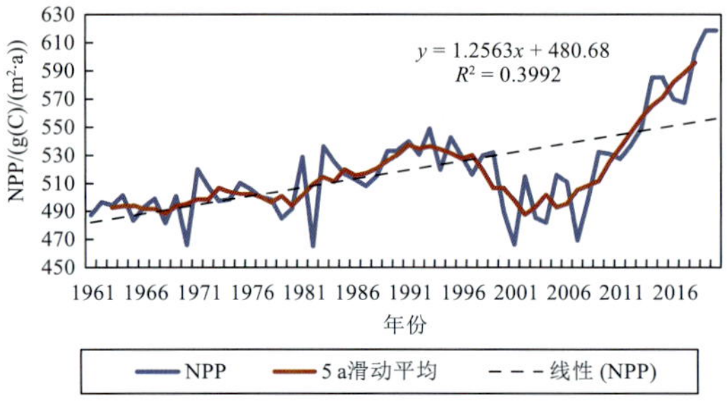

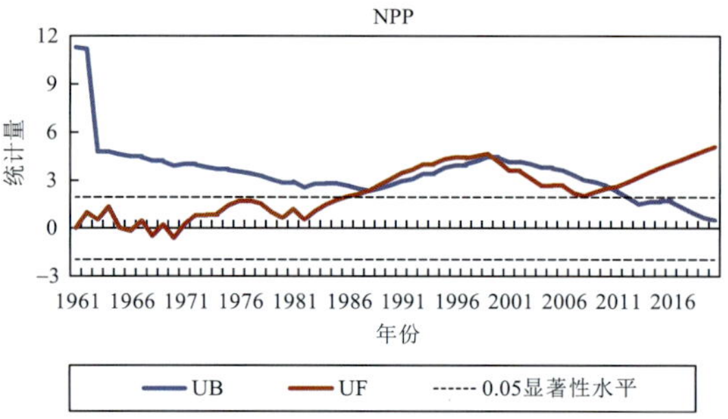

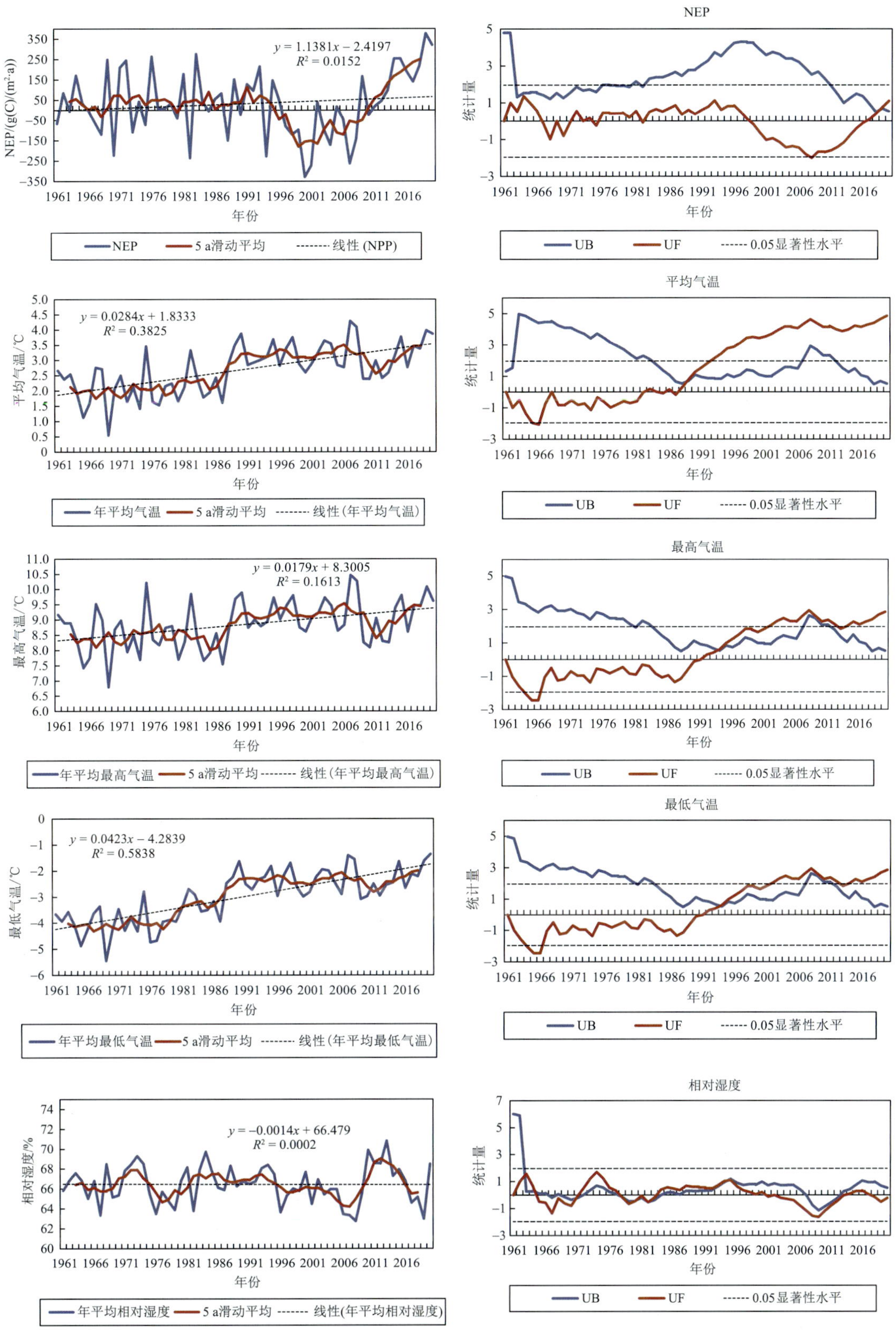
NEP
y = 1.1381x − 2.4197
R² = 0.0152
NEP/(g(C)/(m²·a))
统计量
年份
NEP
5 a滑动平均
线性 (NPP)
UB
UF
0.05显著性水平
平均气温
y = 0.0284x + 1.8333
R² = 0.3825
平均气温/℃
年平均气温
线性(年平均气温)
最高气温
y = 0.0179x + 8.3005
R² = 0.1613
最高气温/℃
年平均最高气温
线性(年平均最高气温)
最低气温
y = 0.0423x − 4.2839
R² = 0.5838
最低气温/℃
年平均最低气温
线性(年平均最低气温)
相对湿度
y = −0.0014x + 66.479
R² = 0.0002
相对湿度/%
年平均相对湿度
线性(年平均相对湿度)

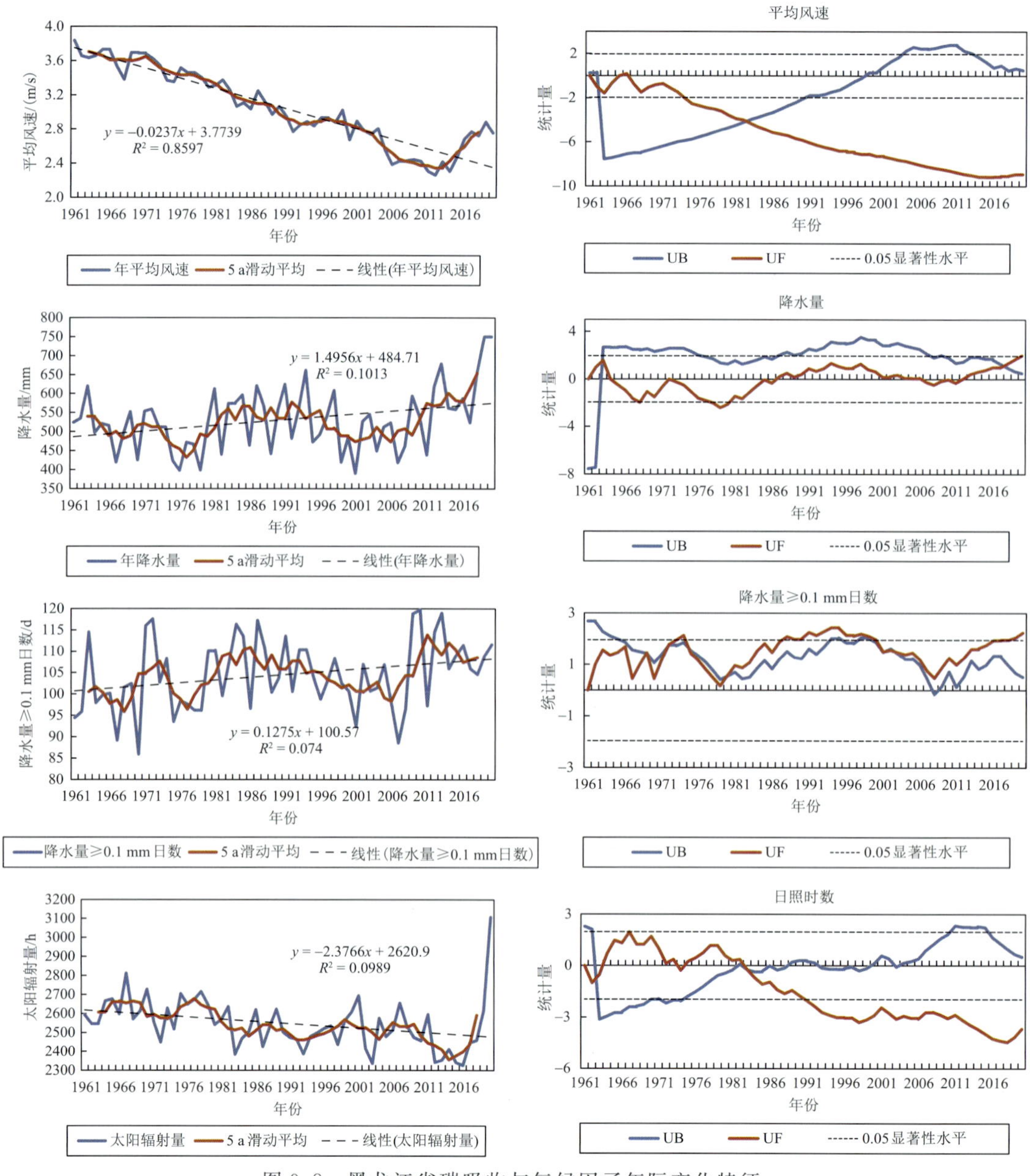

图 9.8　黑龙江省碳吸收与气候因子年际变化特征

由于水热条件和碳吸收量都呈现增加趋势，为了剔除变化趋势对相关关系变化的影响，有必要去趋势处理后通过计算相关系数的方法，确定黑龙江省以及省内不同土地覆盖类型碳吸收的主要影响因子。从全省尺度来看，降水、风速和气温是碳吸收的主要影响因子；各主要生态系统类型中，森林的主要影响因子是降水，耕地的主要影响因子是温度、风速和降水，草地和湿地的主要影响因子是气温、相对湿度和降水(表 9.2、表 9.3)。

为了进一步评估 1961—2020 年黑龙江省碳吸收主要影响因子的变化特征，采取 30 a 滑动相关分析的方法进行评估，降水、风速与碳吸收的相关系数呈增加趋势，1991—2020 年的滑动相关系数达极显著置信水平，与 NEP 的相关系数达显著置信水平(图 9.9)。

表 9.2　黑龙江省 NPP 与气候因子相关关系

指标	黑龙江省	森林	耕地	草地	湿地
年平均气温	−0.09	0.02	−0.05	−0.03	−0.01
年平均最高气温	−0.02	0.01	−0.05	0.01	−0.01
年平均最低气温	−0.16	0.05	−0.04	−0.06	0.01
年平均相对湿度	0.11	0.17	0.17	0.240*	0.23*
年平均风速	0.38**	0.11	0.37**	0.22	−0.02
年降水量	0.43**	0.35**	0.61**	0.45**	0.52**
年日降水量大于等于 0.1 mm 日数	0.04	0.08	0.347**	0.17	0.22
年平均太阳辐射量	0.16	0.01	0.03	0.07	0.17

表 9.3　黑龙江省 NEP 与气候因子相关关系

指标	黑龙江省	森林	耕地	草地	湿地
年平均气温	−0.27*	−0.22	−0.27*	−0.25*	−0.30*
年平均最高气温	−0.22	−0.20	−0.24*	−0.20	−0.28*
年平均最低气温	−0.30*	−0.21	−0.26*	0.28*	−0.27*
年平均相对湿度	−0.05	−0.04	0.10	0.06	0.23*
年平均风速	0.27*	0.10	0.25*	0.19	0.00
年降水量	0.29*	0.20	0.41**	0.26*	0.36**
年日降水量大于等于 0.1 mm 日数	0.14	0.10	0.36**	0.19	0.31*
年平均太阳辐射量	0.09	−0.04	−0.08	0.00	0.05

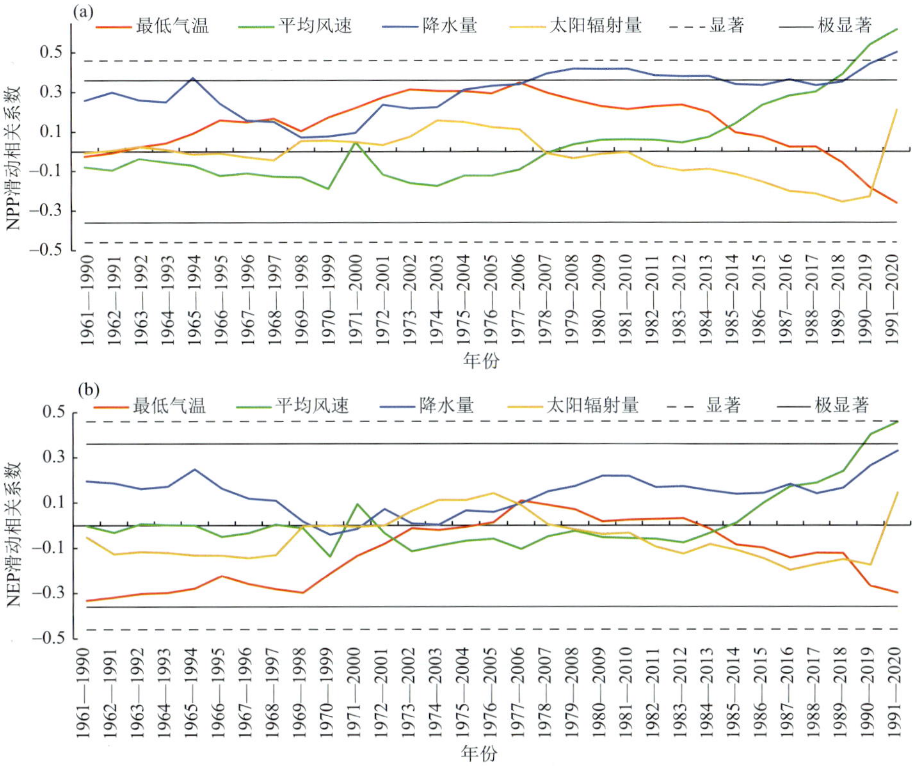

图 9.9　黑龙江省碳吸收 NPP(a)和 NEP(b)与气候因子滑动相关关系

为了揭示各主要驱动因子对黑龙江省碳吸收影响的相对重要性，以标准化的气候数据和碳吸收数据构建多元回归方程，计算各因子的相对贡献率。气候要素对 NPP 和 NEP 的相对贡献率空间分布类似，大部分地区降水对碳吸收的影响更重要，林区降水对碳吸收的相对贡献率小于温度，在南部农区降水的相对贡献率更大（图 9.10）。在全省尺度上，降水对植被碳吸收的相对贡献率最高，年降水量对黑龙江省 NPP 和 NEP 的相对贡献率分别达到 46.08%和 67.08%，其次是最低温度，相对贡献率分别为 40.47%和 17.15%，进一步说明水热条件与植被碳吸收能力的关系（表 9.4、表 9.5）。此外，在不同下垫面的尺度上分析，发现大部分地区降水的相对贡献率居于首位，由于森林的水源涵养和防风功能，在森林地区最低温度对植被 NPP 的相对贡献率与降水相近，平均风速对植被碳吸收的贡献率也偏低。

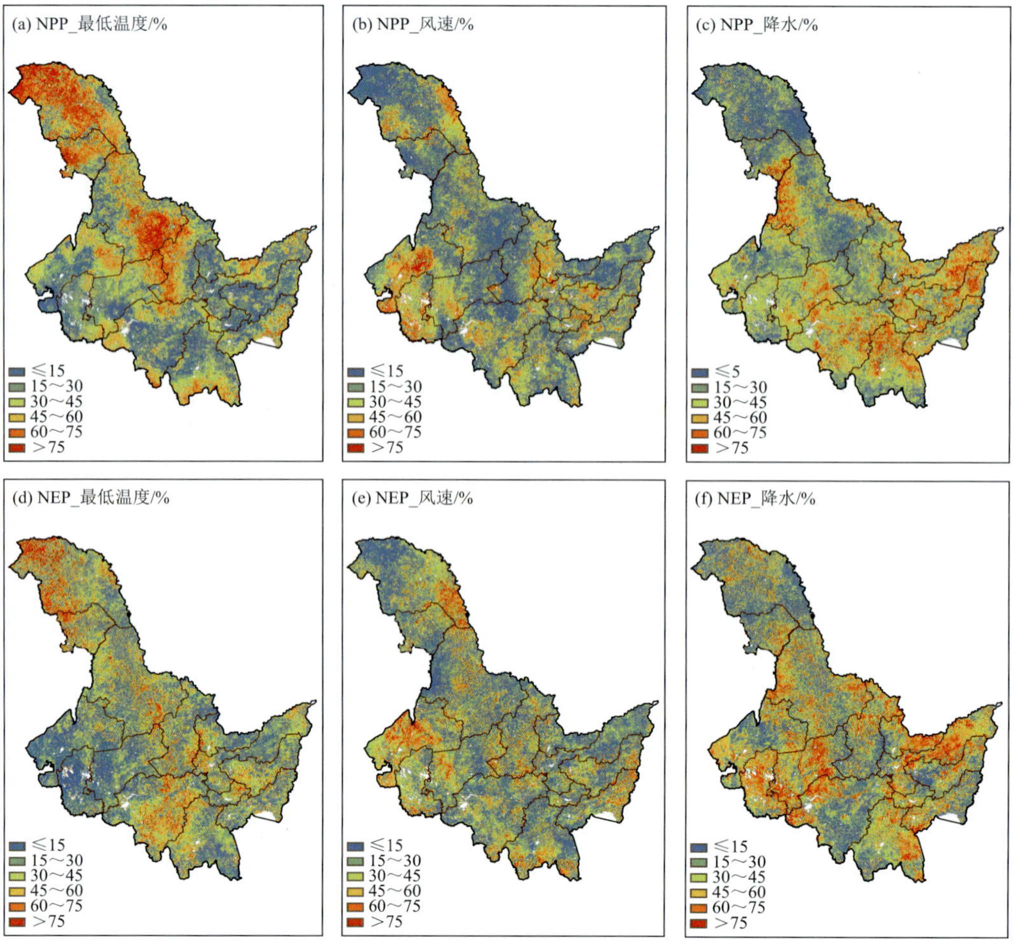

图 9.10 1961—2020 年黑龙江省气候对植被 NPP 和 NEP 变化的相对贡献率

表 9.4 主要气候影响因子对不同土地利用类型植被 NPP 的相对贡献率 %

指标	黑龙江省	森林	耕地	草地	湿地	人造地表	水体	未利用地
年平均最低气温	40.47	47.04	26.88	28.24	17.74	27.25	33.55	10.98
年平均风速	13.45	12.52	15.14	26.75	35.28	19.39	26.20	58.82
年降水量	46.08	40.44	57.97	45.01	46.98	53.36	40.25	30.19

表 9.5 主要气候影响因子对不同土地利用类型植被 NEP 的相对贡献率 %

指标	黑龙江省	森林	耕地	草地	湿地	人造地表	水体	未利用地
年平均最低气温	17.15	35.58	24.32	27.44	32.46	23.89	40.79	12.19
年平均风速	15.77	0.07	16.13	15.32	31.38	21.07	32.64	45.46
年降水量	67.08	64.36	59.56	57.24	36.16	55.04	26.58	42.35

9.3 未来气候变化情景下陆地生态系统碳汇预估

9.3.1 概述

人类活动造成全球升温，主要原因在于温室气体的排放，二氧化碳作为温室气体的主要成分，其累计排放量与全球升温呈近线性关系(Allen，2009；Matthews et al.，2009；Meinshausen et al.，2009；Zickfeld et al.，2009)。由于陆地生态系统碳汇能力对于周围环境反应敏感(郝永萍 等，1998；Liu et al.，2017)，全球气温普遍性升高，雨量和降雨频率在时空上发生改变(Hulme，1992)，对生态环境造成了严峻的影响(Ye et al.，2013)。陆地生态系统生产力是表征陆地生态系统能量流动、生态功能和碳循环情况的重要指标(Roxburgh et al.，2004；Running et al.，2004)，分析陆地生态系统生产力的时空分布及长期动态演变特征，是研究生态系统生产力变化机制的必要环节(Jong et al.，2012)，也是探讨人类活动与气候变化对碳收支影响的重要前提(Vitousek et al.，1997)。

陆地生态系统生产力主要包括总初级生产力、净初级生产力、净生态系统生产力，是反映生态系统碳收支和固碳释氧能力，表征陆地生态系统碳循环中碳通量的重要指标。其中，陆地植被所能固定碳素的总量称为 GPP，GPP 高表示陆地生态系统固定碳素的能力较强(邵佩佩 等，2018)。植物在进行光合作用固碳的同时，还需要通过自氧呼吸向大气释放 CO_2，造成了 GPP 的消耗，消耗剩余部分称为 NPP(Kumar et al.，2019)，这部分固碳量可以用于植被生长，代表从大气进入陆地生态系统的碳通量，即植被的净固碳量。此外，陆地生态系统还因为凋落物分解和土壤呼吸，向大气释放 CO_2，NPP 减去这部分的消耗，剩余的固碳量称为 NEP(Zhang et al.，2019)，可以反映出生态系统所属碳源汇情况，NEP 为正，则表示这部分区域是存储和汇聚 CO_2 的区域，属于碳汇，NEP 为负，表示这部分区域是向大气排放 CO_2 的源头，属于碳源(Tian et al.，2011)。

全球陆地生态系统碳循环研究需要考虑到的影响因子较多(Liu et al.，2022)，因此深入开展区域陆地生态系统生产力研究，是分析碳循环过程的必经之路(Schulze et al.，2021)。黑龙江省位于东北森林带的核心腹地，林业资源丰富，净初级生产力较高，固碳释氧能力较强(崔林丽 等，2016)，对于调节东北亚地区水循环与局地气候、维护国家生态安全和保障国家木材资源具有重要战略意义。为了扼制全球变化对于当前社会发展和人类生存的不利影响，有必要在气候变化背景下，基于第六次国际耦合模式比较计划(Coupled Model Intercomparison Project 6，CMIP6)，在三种排放情景(SSP126、SSP245 和 SSP585)下，开展陆地生态系统生产力定量预估，这一研究有助于揭示资源丰富的黑龙江省陆地植被固碳能力时空演变格局以及增汇潜力，也可以为双碳目标的实现提供科学参考(Andersson et al.，2009)。

目前，针对碳源汇的研究已经取得了一定的进展，主要集中在年际变化趋势和时空分异性分析(Zhang et al.,2017;Azhdari et al.,2020)。前人研究发现，陆地生态系统一般承担碳汇功能(Fan et al.,1998)，碳汇能力总体加强，在不同区域存在较大差异(Ji et al.,2020;Wu et al.,2020)。在全球尺度上，陆地生态系统生产力呈纬向分布规律，低纬度地区 NPP 较高，随纬度升高，净初级生产力变化率为 11.05 g(C)/(m^2 · a)(焦翠翠 等,2014)。在全国尺度上，杨延征等(2016)采用集成生物圈(IBIS)模型估算 NPP 和 NEP 情况，发现 1960—2006 年中国陆地生态系统生产力呈增加趋势，绝大部分区域生态系统表现出碳汇效应，仅在部分西北内陆地区呈现出弱碳源效应，其中东北部森林区域净初级生产力最高，且趋于升高(毛德华 等,2012)。此外，不同生态系统类型差异明显，常绿阔叶林高于落叶针叶林(崔林丽 等,2016)。

黑龙江省生态资源丰富，森林、农田、草地、湿地都是黑龙江省典型陆地生态系统中重要的组成部分，其中森林覆盖率位列全国首位，林区主要分布于大兴安岭、小兴安岭以及牡丹江东部(郭丽英 等,2013)。黑龙江省地处东北森林带核心地区，该区域森林涵养水源、保育土壤、防风固沙、固碳释氧、森林游憩、生物多样性保护等功能较强(侯元兆 等,2005)。黑龙江是中国湿地资源最为丰富的省份之一，国际重要湿地数量和国家级湿地自然保护区数量居全国首位，湿地面积 350.10 万 hm^2，居全国第四位(韩雪,2022)。作为农业大省，黑龙江是中国主要的商品粮基地，农业资源丰富，耕地面积和土地质量都居全国首位。黑龙江省还拥有大草原，产草量居全国第八位(乔榛 等,2006)。

受经济建设和人口增加的影响，黑龙江省生态环境和自然资源的问题日益突出，在积极经济建设的同时，也造成了可用资源大幅减少、树木质量总体下降、林区生态功能减弱的现状(张颖,2006)。大规模采伐林木，以及对森林、草地、湿地的开垦，造成了森林结构和质量问题，也造成了黑龙江省不同陆地生态系统的退化(朱教君 等,2022)。大兴安岭林区是中国唯一一片寒温带森林生态系统，是中国北方重要的生态屏障，是东北森林带的重要组成成分(董灵波 等,2021)，因遭受到多次干扰和破坏，使其原本明亮针叶林顶级群落退化形成大面积的次生林(Jonsson et al.,2010)。此外，黑龙江省湿地也面临着消失速度快、功能退化、景观破碎、水源亏缺、水质变差、植被丰度下降、濒危动植物增多等问题(孙晓波,2019)。

为了恢复森林生态系统，减轻洪水、泥沙淤积和沙尘暴对于生态系统的负面作用，推动森林生态系统、草原生态系统自然恢复，中国开展了天然林保护工程、退耕还林工程等生态修护工程，对黑龙江省生态资源极为重视，在“天然林保护工程”和“山水林田湖草试点工程”中，都将黑龙江省列为重点保护修复区域，并在 21 世纪初将黑龙江省设立为全国生态省建设试点。历史原因导致的湿地环境恶化和区域盐渍化现象严重，随着湿地生态保护和修复工作有所改善，随着许多重大生态保护修复工程项目的推进，黑龙江省生态环境恶化趋势基本得到控制，生态环境得到了改善(秦会艳 等,2018)。对黑龙江省乃至东北森林带的森林、草地、湿地生态系统进行有针对性的保护和修复，取得了明显的成效，提升了东北森林带生态功能以及稳定性(李文华 等,2006;Cao,2011;Lu et al.,2018)。

9.3.2 数据与方法

为了获取未来模拟数据，本研究选用了参与模式最多、试验设计最完善、模拟数据量最庞大的 CMIP6 模拟数据集，模拟数据来源于 CMIP6 官方网站(https://esgf-node.llnl.gov/search/cmip6/)。本研究引用了 CMIP6 历史气候模式模拟试验(Historical)和情景模式比较计划(ScenarioMIP)的研究成果(周天军 等,2019),使用的 CMIP6 数据主要包括 1961—2014 年多模式逐日气候数据(降水量、太阳辐射量、最高温度、最低温度、相对湿度)、逐月 CO_2 浓度、逐日叶面积指数模拟值(如表 9.6 所示),以及 2015—2060 年 SSP126、SSP245、SSP585 排放情景下,各模式逐日气候数据(降水量、太阳辐射量、最高温度、最低温度、相对湿度)、逐月 CO_2 浓度、逐日叶面积指数模拟值。CMIP6 中的情景更新自 CMIP5,是典型浓度路径描述辐射强迫(RCPs)和不同共享社会经济路径(SSPs)的组合,其中 SSP126 是 CMIP5 的低排放情景(RCP2.6);结合低脆弱性、低减缓压力和低辐射强迫的综合影响更新得到的可持续发展情景;SSP245 是 CMIP5 的中排放情景(RCP4.5),与中等社会脆弱性和中等辐射强迫相结合更新得到的中间路径情景;SSP585 是 CMIP5 的高排放情景(RCP8.5)更新得到的以传统化石燃料为主的路径情景,该情景可以实现 2100 年人为辐射强迫达到 8.5 W/m^2(张丽霞 等,2019;姜彤 等,2020)。此外,为了实现 CMIP6 模拟数据的局地应用,需要依照基准数据,对 CMIP6 模拟数据进行处理。本研究使用的基准数据包括 1961—2014 年的日本再分析逐日气候数据(降水量、太阳辐射量、最高温度、最低温度、相对湿度)和采样站逐月 CO_2 浓度、1981—1999 年的 AVHRR 逐 8 d 叶面积指数、2000—2014 年的 MODIS 逐 8 d 叶面积指数,此后统一用基准数据代称。

表 9.6 本研究使用的 CMIP6 模式的基本信息

数据	模式名	机构	所属国家	分辨率
气候数据	ACCESS-CM2	CSIRO-ARCCSS	澳大利亚	1.875°×1.25°
	ACCESS-ESM1-5	CSIRO	澳大利亚	1.875°×1.25°
	CanESM5	CCCma	加拿大	2.8125°×2.8°(约值)
	FGOALS-g3	CAS	中国	2°×(2～5)°
	MIROC6	MIROC	日本	≈1.4°×1.4°
	MPI-ESM1-2-HR	DKRZ	德国	≈0.9°×0.9°
	MPI-ESM1-2-LR	MPI-M	德国	1.875°×2°(约值)
	MRI-ESM2-0	MRI	德国	1.125°×1.1°(约值)
	TaiESM1	AS-RCEC	中国	1.25°×0.9°(约值)
CO_2 浓度	BCC-CSM2-MR	BCC	中国	1.125°×1.125°
	CESM2-WACCM	NCAR	美国	1.25°×0.938°
	MRI-ESM2-0	MRI	德国	1.125°×1.1°(约值)
	NorESM2-LM	NCC	挪威	2.5°×1.875°
	NorESM2-MM	NCC	挪威	1.25°×0.938°
叶面积指数	ACCESS-ESM1-5	CSIRO	澳大利亚	1.875°×1.25°
	CMCC-ESM2	CMCC	意大利	0.94×1.25
	MPI-ESM1-2-HR	DKRZ	德国	≈0.9°×0.9°
	MPI-ESM1-2-LR	MPI-M	德国	1.875°×2°(约值)

本研究使用的 BEPS 驱动数据包括 1901—2020 年的日本再分析逐日气候数据(降水量、太阳辐射量、最高温度、最低温度、相对湿度),空间分辨率为 0.5°;2021—2022 年的气象站点插值逐日气候数据(降水量、太阳辐射量、最高温度、最低温度、相对湿度),空间分辨率为

1 km;1871—2022 年的采样站逐月 CO_2 浓度;1981—1999 年的 AVHRR 逐 8 d 叶面积指数,空间分辨率为 1 km;2000—2020 年的 MODIS 逐 8 d 叶面积指数,空间分辨率为 1 km;2021—2022 年的 FY-3D 逐 8 d 叶面积指数,空间分辨率为 1 km;1871—2020 年的氮沉降数据,由南京大学国际地球系统科学研究所研发,空间分辨率为 0.5°;土壤质地数据,来源于中国科学院南京土壤研究所;多年平均温度,来源于西北农林科技大学水土保持研究所研发的中国1981—2015 年平均气温数据集,空间分辨率为 1 km;氮沉降数据、土壤质地数据和多年平均温度都来自于国家地球系统科学数据中心官网(http://www.geodata.cn/);2001—2020 年的地表覆盖数据来源于 MODIS Land Cover(MCD12Q1)产品,空间分辨率为 500 m(刘沁萍 等,2020)。

从 CMIP6 官网上下载的多模型模拟数据存在较大差异,且不确定性较大,为了获取最适用于黑龙江省的模拟数据,应对原始数据进行处理,筛选出剔除存在明显差异的模式,保留与基准数据最类似的 3 个模式进行等权重平均,再根据模拟值与基准值差值,对不同排放情景的集合模拟值进行订正,经过处理的数据,不确定性减少,更加适用于在黑龙江省驱动 BEPS 进行模拟分析(赵静 等,2019;智协飞 等,2020)。

CMIP6 模型内含多个模式,各个模式模拟的变量个数、时空分辨率都不同,为了对不同时空分辨率的 CMIP6 多模式模拟数据和基准数据进行处理,首先需要统一数据分辨率,采取最邻近插值法,将多个模式的逐日气候数据和叶面积数据,统一插值为 1 km 空间分辨率,再对逐 8 d 相同格点的 LAI 数据取最大值,得到逐 8 d 叶面积指数集;计算研究区内逐月格点 CO_2 数据平均值,将 CO_2 浓度栅格数据处理为逐月单值。其中,最邻近插值法指的是以距插值点的 4 个最近的点的数值作为插值点的数值(郑红波 等,2021),其公式如下:

$$d_i = \left| (x_i - x)^2 + (y_i - y)^2 \right| \tag{9.28}$$

$$d_k = \min(d_i) \tag{9.29}$$

$$g(x,y) = f(x_k, y_k) \tag{9.30}$$

式中:x 和 y 为插值点的经纬度,x_i 和 y_i 为插值点 4 个最邻近点的经纬度,d_i 为 4 个最邻近点与插值点的距离,d_k 为 4 个点的最邻近距离,x_k 和y_k 为最邻近点的经纬度,$f(x_k, y_k)$ 为最邻近点的值,$g(x,y)$ 为插值点的值。

本研究使用的气候数据模式较多,对比各模式数据与气候基准数据的相似度难度较高,因此选用泰勒图方法,计算各模式模拟结果与基准数据的空间相关系数、均方根误差和标准差,并绘制在一张极坐标图上进行比较,评价各个模式的模拟效果(李伯新,2023),各指标计算公式如下:

$$\mathrm{COR} = \frac{\sum_{i=1}^{n}(x_i - \bar{x})(y_i - \bar{y})}{\sqrt{\sum_{i=1}^{n}(x_i - \bar{x})^2 \sum_{i=1}^{n}(y_i - \bar{y})^2}} \tag{9.31}$$

$$\mathrm{RMSE} = \sqrt{\left[\sum_{i=1}^{n}(y_i - x_i)^2\right]/n} \tag{9.32}$$

$$\mathrm{STD} = \sqrt{\left[\sum_{i=1}^{n}(x_i - \bar{x})^2\right]/n} \tag{9.33}$$

式中:COR、RMSE、STD 分别为空间相关系数、均方根误差、标准差,x_i 为基准值序列,y_i 为模拟值序列,$\bar{x}$ 和 $\bar{y}$ 分别为基准值和模拟值的平均值。

筛选后,对 3 种模式模拟结果进行等权重平均,对逐格点 3 个模式的模拟值计算平均值,得到集合后模拟数据集。之后，对集合结果进行气候漂移订正（杨阳 等，2022），即可得到2015—2060年不同排放情景的模拟数据，订正公式如下：

$$Q_{FD} = Q_F - (Q_H - Q_{HA}) \tag{9.34}$$

式中：Q_{HA}为1961—2014年基准数据集，Q_H为1961—2014年CMIP6模拟集合数据集，Q_F为2015—2060年不同排放情景CMIP6模拟集合结果，Q_{FD}为2015—2060年不同排放情景CMIP6模拟订正后结果。

BEPS是以遥感数据为驱动的陆地生态系统碳循环机理模型，由FOREST-BGC模型发展而来（Liu et al.，1997；1999），能够实现遥感数据与生态机理模型的有机结合，对生态系统的碳、水和能量循环进行模拟。利用叶面积指数、气候、CO_2浓度数据和氮沉降数据驱动BEPS，可以对植被光合作用、呼吸作用、碳分配、凋落物和土壤有机物分解过程进行模拟，模拟每日冠层光合作用总量，计算得到植被GPP、自养呼吸量、植被NPP；对4个植被子碳库和9个土壤子碳库每天进行更新，计算得到异养呼吸量、植被NEP，由此实现植被GPP、NPP、NEP的模拟评估。因此，采用BEPS可以模拟陆地植被生态系统碳汇能力（Chen et al.，1999；2019；周艳莲 等，2022）。计算公式如下：

$$\mathrm{NPP} = \mathrm{GPP} - R_a \tag{9.35}$$

$$\mathrm{NEP} = \mathrm{NPP} - R_h \tag{9.36}$$

式中：GPP、NPP、NEP分别为总初级生产力、净初级生产力和净生态系统生产力，R_a和R_h分别为自养呼吸和异氧呼吸消耗的碳。

使用未来不同排放情景的驱动数据，就可以实现未来不同排放情景的GPP、NPP和NEP预估。为了保证预估结果的准确性，对2020年之前的驱动数据，依旧选用基准数据；对2020年之后的驱动数据，改用CMIP6气候、CO_2浓度和叶面积指数预估数据，其他影响较小的数据复用2020年驱动数据。由于更换驱动数据会对模型模拟结果造成漂移，因此应对模拟结果再次进行气候漂移订正，以此来保证模拟结果精度。本研究预留2021—2022年数据进行订正和模拟精度检验，选取2021—2022年气象站点插值数据和FY-3D LAI数据，驱动BEPS模拟结果作为订正样本，对不同排放情景的模拟预估结果进行订正。

由于NPP和NEP均由GPP计算而来，SSP245情景表示中等社会脆弱性与中等辐射强迫的综合影响，与现实情况更类似，因此，选用2021—2022年SSP245情景订正前后GPP模拟结果作为基准样本，分别计算待检验样本与基准样本的绝对误差、相对误差以及平均绝对百分误差，由此评估BEPS预估精度，检验指标计算公式如下：

$$\mathrm{AE} = |A_i - B_i| \tag{9.37}$$

$$\mathrm{RE} = \frac{|A_i - B_i|}{A_i} \tag{9.38}$$

$$\mathrm{MAPE} = \frac{1}{N}\sum_{i=1}^{N}\frac{|A_i - B_i|}{A_i} \tag{9.39}$$

式中：AE、RE、MAPE分别表示绝对误差、相对误差和平均绝对百分误差，A_i为基准模拟样本集，B_i为待检验模拟结果样本集，N为检验样本点个数。

9.3.3 小结与讨论

2021年黑龙江省GPP预留基准模拟值、SSP245情景下未订正、订正后模拟值空间分布见图 9.11。CMIP6 数据驱动 BEPS，能够模拟出黑龙江省碳汇能力林区较高、农区较低的空间分布特征，与基准模拟结果相比，该模拟结果整体偏低，东部农区明显偏低；订正后模型模拟结果与预留的基准模拟结果更接近，大部分林区介于 1500～2000 g(C)/(m^2 · a)，大部分东部农区介于 1000～1500 g(C)/(m^2 · a)。

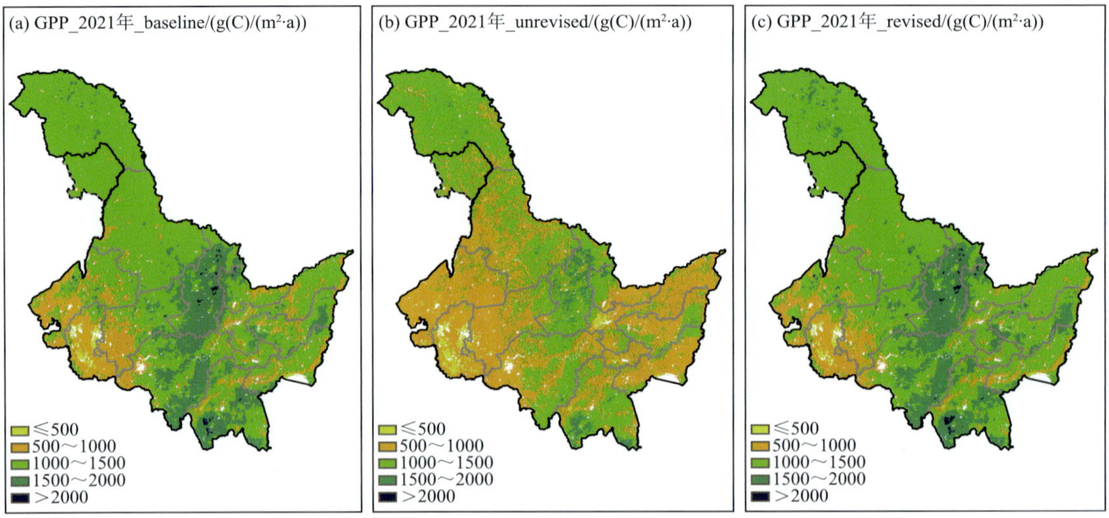

图 9.11　2021 年黑龙江省 GPP 基准(a)、SSP245 情景下未订正(b)、订正后(c)模拟值空间分布

计算 SSP245 情景下未订正、订正后模拟结果与基准模拟值的绝对误差、相对误差和平均绝对百分误差，见表 9.7。订正后模拟精度大幅上升，2021 年和 2022 年模拟精度分别达 97.64%和 97.72%，较订正前分别增加 16.02%和 19.20%，订正后绝对误差低于 25 g(C)/(m^2 · a)，相对误差低于 2%，精度达 97%以上，说明预估结果可信度较高，可以采用这一方法对未来不同排放情景下黑龙江省 GPP、NPP、NEP 进行预估。

表 9.7　2021—2022 年 GPP 模拟效果精度检验表

模拟结果	绝对误差/(g(C)/(m^2 · a))	相对误差/%	平均绝对百分误差/%
2021 年未订正	220.40	17.65	18.37
2021 年订正	23.34	1.87	2.36
2022 年未订正	267.22	20.83	21.47
2022 年订正	23.32	1.82	2.28

在 SSP126、SSP245、SSP585 情景下，GPP 在 2021—2060 年内呈极显著增加趋势，分别增加了 14.34%、20.50%、33.40%，平均每 10 a 增加 48.26 g(C)/(m^2 · a)、52.52 g(C)/(m^2 · a)、101.79 g(C)/(m^2 · a)。在 SSP585 情景下，GPP 增幅最大，其次是 SSP245 情景，通过计算标准差，发现 SSP585 情景最大，SSP245 最小，说明 SSP245 情景下黑龙江省固碳能力较稳定，SSP585 情景下黑龙江省固碳能力和增幅最大，也最不稳定(图 9.12)。

为评估黑龙江省未来碳汇能力时空变化特征，本研究结合“碳达峰、碳中和”重要时间节点，选择不同排放情景下，2030 年、2045 年和 2060 年 GPP 模拟结果进行重点分析(图 9.13)。不同排放情景下，GPP 空间分布特征类似，黑龙江省中南部林区 GPP 较高，大部分介于 1000～

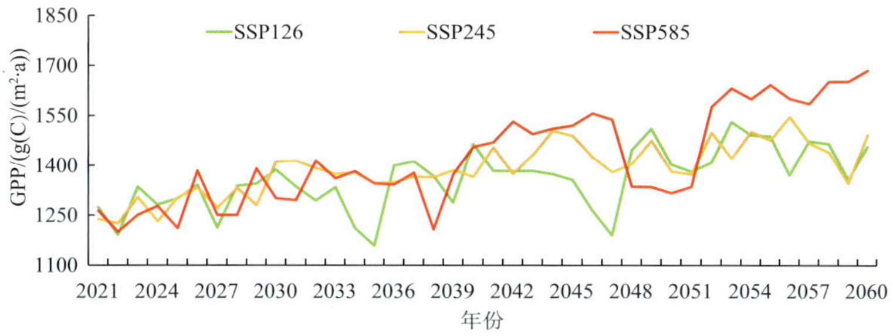

图 9.12　未来不同排放情景下黑龙江省总初级生产力年际变化

1500 g(C)/(m^2 · a)，中心零散区域能达到 1500 g(C)/(m^2 · a)，西部耕地 GPP 偏低，部分地区低于 1000 g(C)/(m^2 · a)。2030—2060 年，GPP 高于 1500 g(C)/(m^2 · a)的区域，由中南部林区逐渐扩张至大兴安岭林区，总体上，在 SSP126 情景下，GPP 先降后增，在 SSP245 情景下，略有增加，在 SSP585 情景下，明显增加。

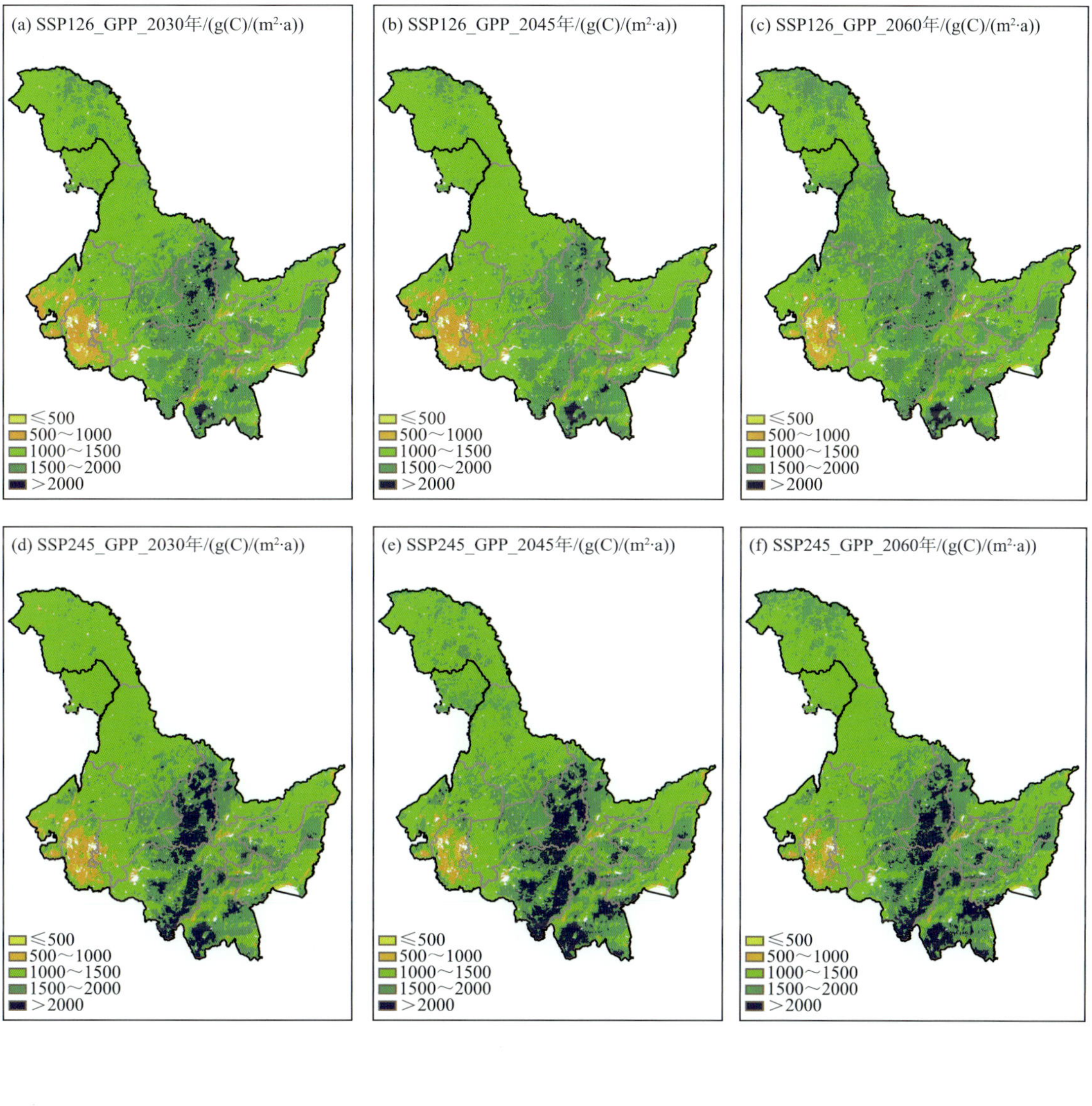

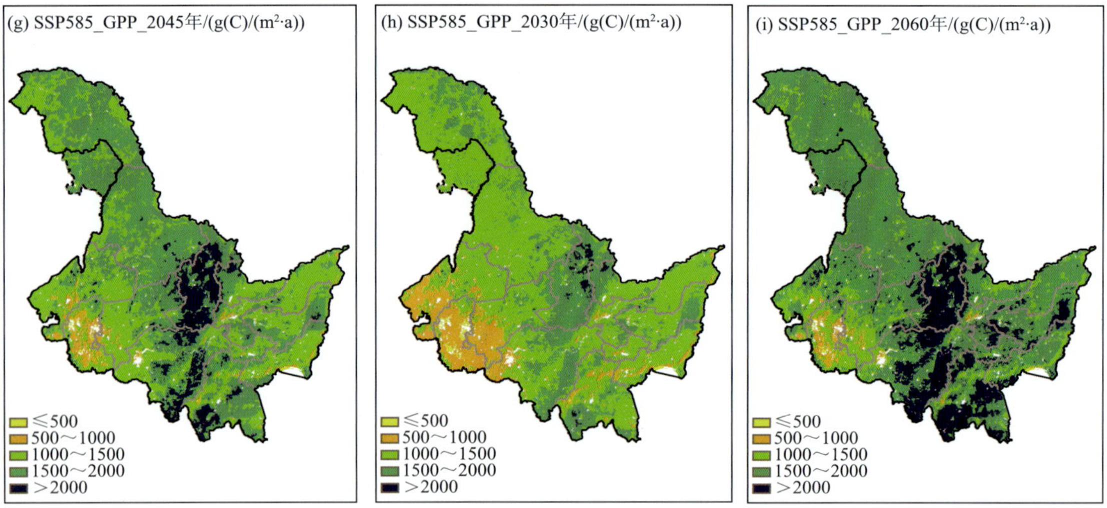

图 9.13　未来不同排放情景下黑龙江省总初级生产力空间变化

CMIP6 模式数据驱动 BEPS，模拟预估不同排放情景 NPP 年际变化，如图 9.14 所示。通过 GPP 扣除自养呼吸释放的碳，计算得到 NPP，可以直接反映植被碳汇能力，其年际变化特征与 GPP 类似。在不同排放情景下，NPP 也呈极显著增加趋势，平均每 10 a 增加 25.25 g(C)/(m^2 · a)(SSP126)、24.26 g(C)/(m^2 · a)(SSP245)、68.30 g(C)/(m^2 · a)(SSP585)，与 GPP 相比，增加率和标准差均有所减小，SSP585 情景下 NPP 增加率最大。2040 年之前，不同排放情景下 NPP 差别较小，略有增加，之后，SSP585 情景模拟结果普遍高于其他两种情景，说明黑龙江省植被碳汇能力总体较强，且呈极显著增强趋势，在 SSP585 情景下，植被碳汇能力最强，同时也最不稳定。

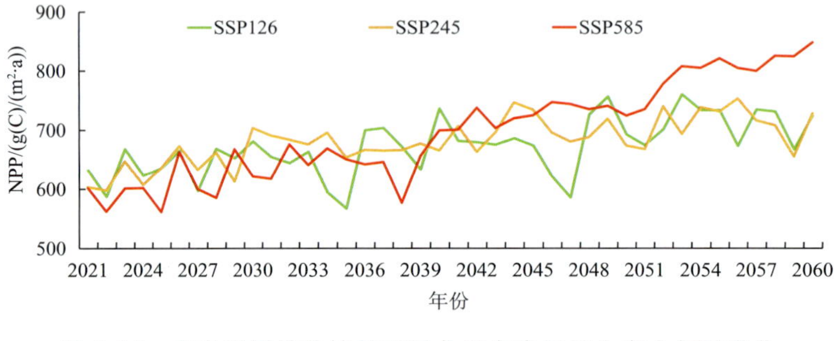

图 9.14　未来不同排放情景下黑龙江省净初级生产力年际变化

未来，在 SSP126、SSP245、SSP585 情景下，2030 年、2045 年、2060 年黑龙江省 NPP 空间分布见图 9.15。未来黑龙江省 NPP 普遍较高，森林 NPP 较高，中南部林区能达到 750 g(C)/(m^2 · a)以上，西部部分农区 NPP 低于 500 g(C)/(m^2 · a)，零散地区 NPP 低于 250 g(C)/(m^2 · a)。2030—2060 年，NPP 高于 750 g(C)/(m^2 · a)的部分由中南部林区向大兴安岭延伸，西部部分农区 NPP 也呈增加趋势，低于 500 g(C)/(m^2 · a)的区域总体缩小。不同排放情景下，在 2030 年空间分布特征差异较小，2045 年和 2060 年 SSP585 情景下的大兴安岭区域和东部农区的 NPP 高于 SSP126 和 SSP245 情景，说明未来黑龙江省中南部林区维持较强的碳汇能力，大兴安岭林区和东部农区碳汇能力也趋于增强，尤其是在 SSP585 情景下，增强幅度最大。

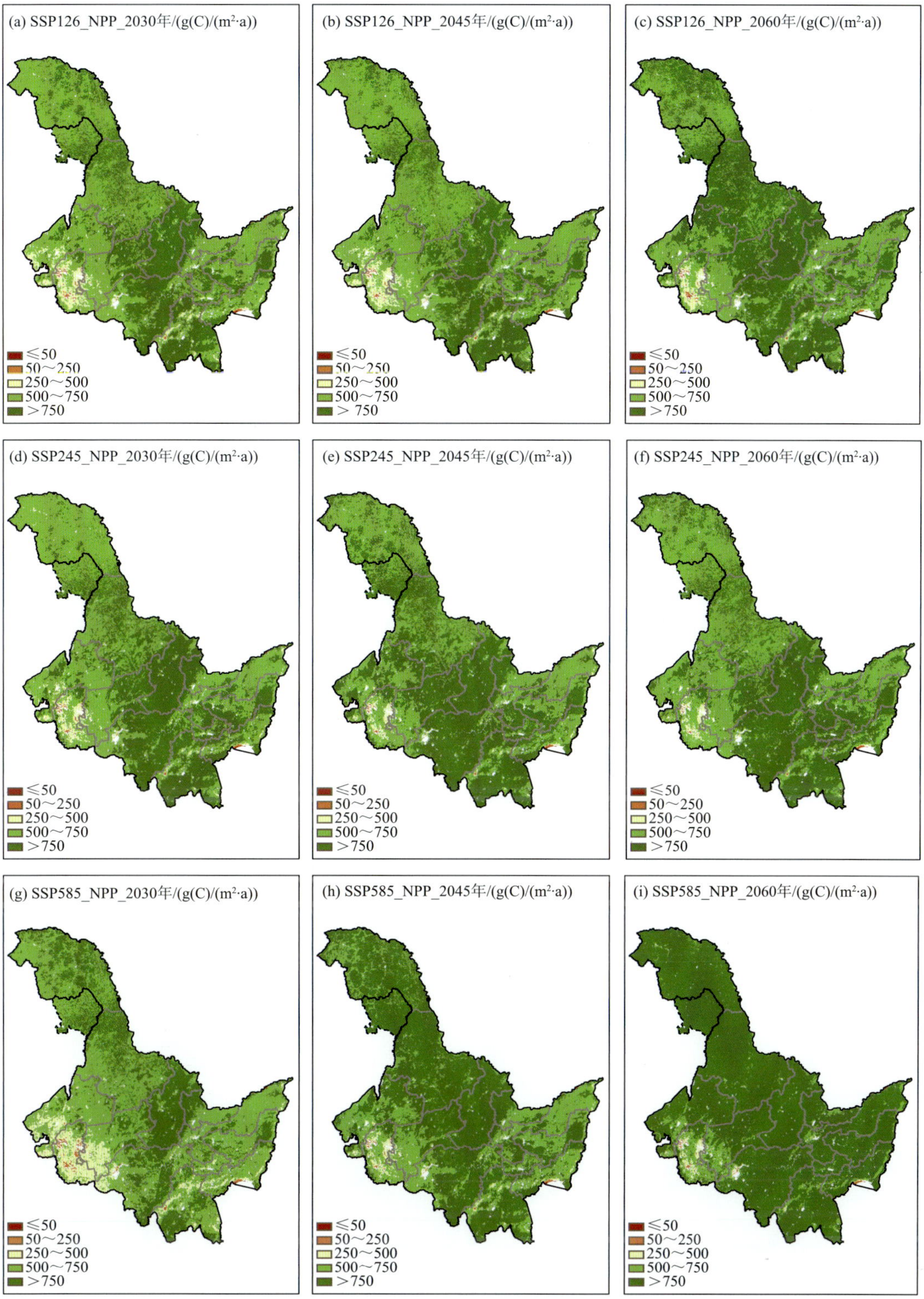

图 9.15　未来不同排放情景下黑龙江省净初级生产力空间变化

由 NPP 扣除异养呼吸释放的碳，可以得到 NEP，NEP 可以表示陆地生态系统的碳汇能力，由此可以分析不同排放情景下，2021—2060 年黑龙江省陆地生态系统的碳汇能力，见图 9.16。不同于 GPP 和 NPP，在 SSP126 和 SSP245 情景下，黑龙江省 NEP 呈不显著的增加趋势，分别平均每 10 a 增加 9.93 g(C)/(m^2 · a)和 5.95 g(C)/(m^2 · a)；在 SSP585 情景下，NEP 呈极显著的增加趋势，每 10 a 增加 43.35 g(C)/(m^2 · a)。2048—2051 年的异常高值，导致 NEP 逐年序列值的标准差是 SSP126 和 SSP245 情景的 4 倍。不同排放情景下，黑龙江省年平均预估值均大于 0 g(C)/(m^2 · a)，说明未来不同排放情景下，黑龙江省均表现为碳汇特征，在 SSP585 情景下，陆地生态系统碳汇能力极显著增加，但极不稳定。

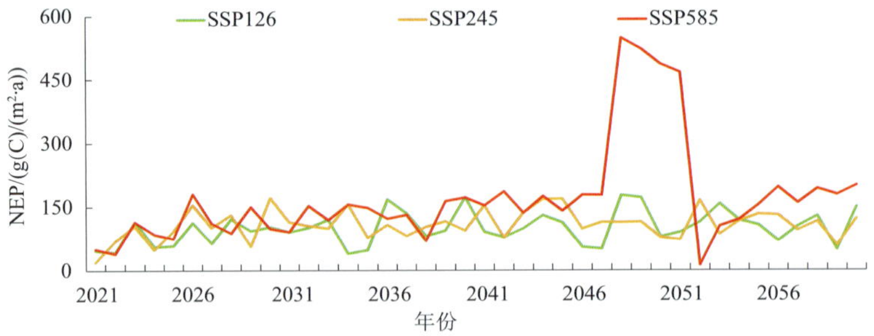

图 9.16 未来不同排放情景下黑龙江省净生态系统生产力年际变化

不同排放情景下，黑龙江省 2030 年、2045 年、2060 年 NEP 空间分布见图 9.17。黑龙江省绝大部分地区表现为碳汇特征，其中，在 SSP126 和 SSP585 情景下，黑龙江省表现为碳汇特征的区域呈扩大趋势，大兴安岭部分地区 NEP 呈现由负转正的变化，到 2060 年表现为碳汇区域分别占黑龙江省的 96.15% 和 98.87%，高于该情景 2030 年和 2045 年的占比，也高于 SSP245 情景下 2060 年的占比。SSP245 情景下，黑龙江省表现为碳汇特征的区域先增后减，分别占比 97.76%(2030 年)、98.81%(2045 年)、95.37%(2060 年)，说明未来不同排放情景下，黑龙江省陆地生态系统均表现为碳汇特征，在 SSP126 和 SSP585 情景下，陆地生态系统碳汇能力持续增强。

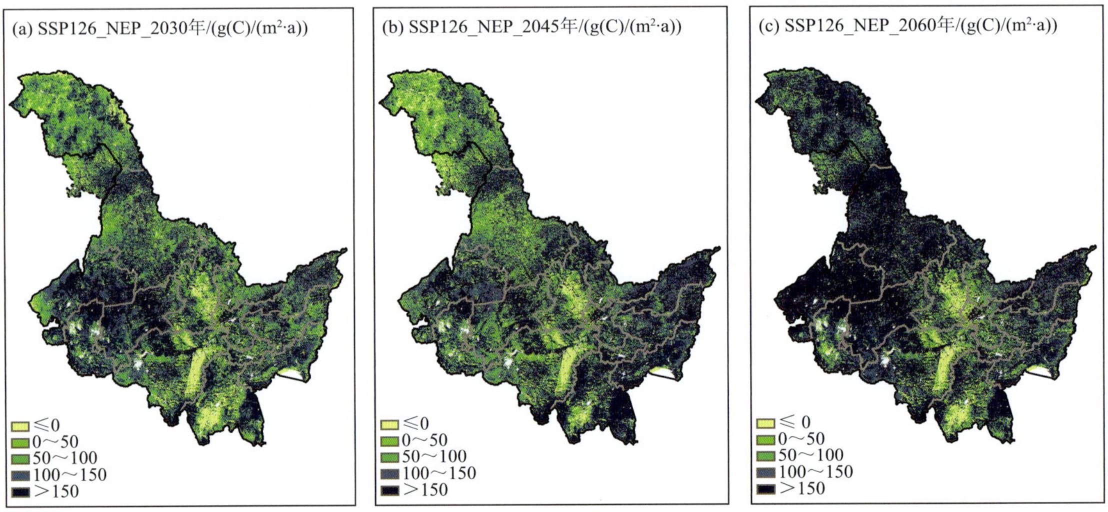

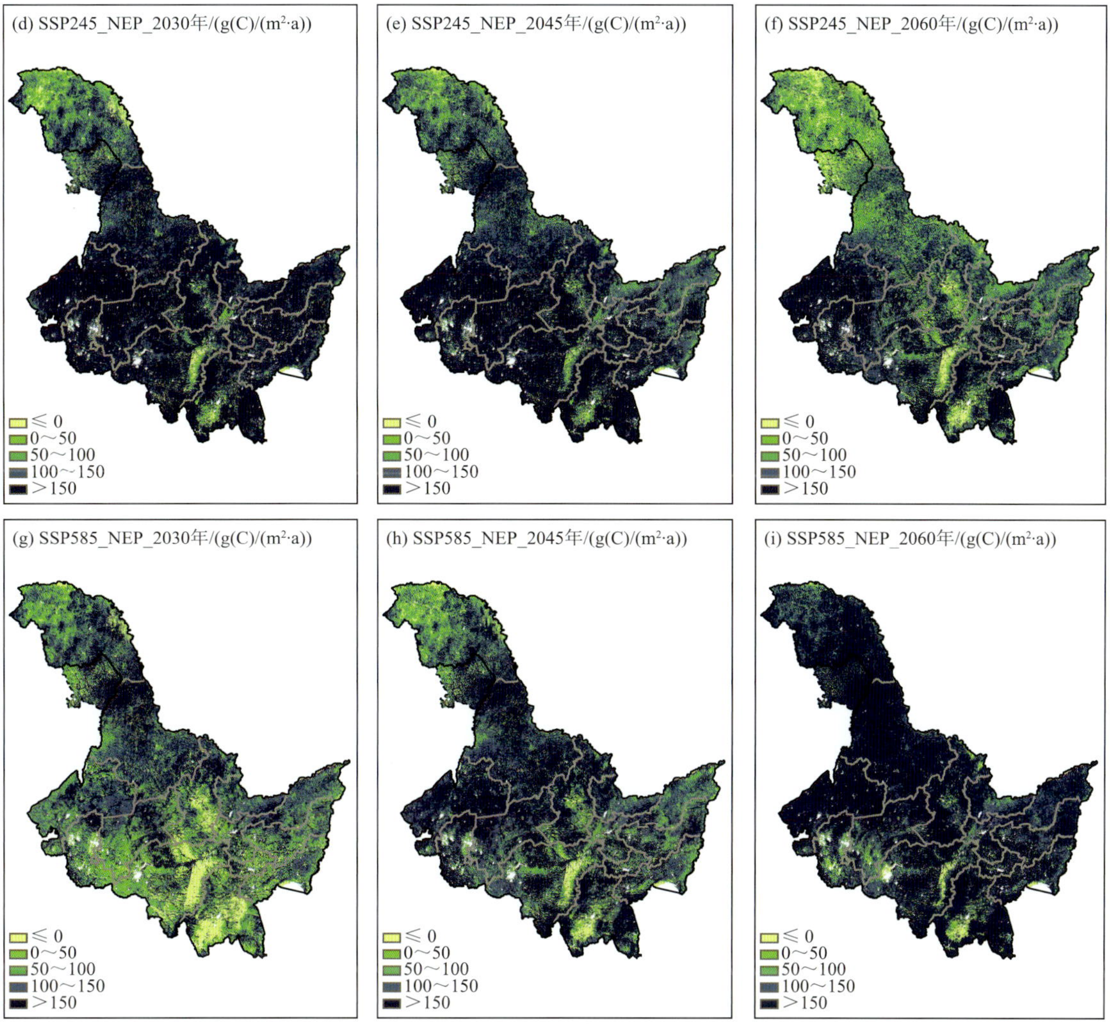

图 9.17　未来不同排放情景下黑龙江省净生态系统生产力空间变化

森林生态系统固碳释氧能力最强，对于碳汇的贡献最大（李秀娟 等，2009）。本研究发现，在不同排放情景下，未来林区的碳汇能力都较强，且持续增强，说明未来可以通过扩大森林种植面积、提升森林种植质量，从而提升黑龙江省碳汇能力。此外，近些年气候变化与人类活动对生态系统碳循环过程造成较大影响，部分中高纬度地区受气候变暖的影响，碳汇能力有所增强（徐小锋 等，2007）。未来，在气候条件趋于暖湿化的区域，会造成植被碳汇能力增强，在气候条件趋于暖干化的区域，会造成植被碳汇能力减弱（苗茜 等，2010）。也有学者研究发现，由于气温的持续升高和降水的不稳定，未来中国区域植被碳汇能力稳定性较差，将先增后减（刘少军 等，2020），转折点可能出现在 21 世纪 60 年代。这些研究结论与本研究一致性较高，进一步说明未来气候变暖对于黑龙江省碳汇能力存在一定程度的正向作用，同时也要警惕气候变化的不利影响，持续对黑龙江省气候变化特征以及碳汇特征进行高时空分辨率的定量监测，积极开展减缓和适应气候变化行动。

本研究基于 CMIP6 模式数据驱动 BEPS，分析 SSP126、SSP245、SSP585 情景下，2021—

2060 年黑龙江省碳汇能力的时空变化特征，对于黑龙江省 GPP、NPP、NEP 进行定量预估，主要结论如下。

（1）使用处理后的 CMIP6 模式数据，驱动 BEPS 进行碳循环模拟，能够对未来黑龙江省 GPP、NPP 和 NEP 进行定量预估，预估精度较高，能达到 97%。

（2）未来不同排放情景下，黑龙江省 GPP 和 NPP 空间分布类似，中南部林区最高，其次是大兴安岭林区和东部农区，只有西部农区略低，2021—2060 年 GPP 和 NPP 呈极显著增加趋势，大兴安岭林区和东部农区有较明显的增加，SSP585 情景下增加趋势最显著，且最不稳定。

（3）黑龙江省 NEP 在 SSP126 和 SSP245 情景下，年际变化不显著，仅在 SSP585 情景下极显著增加，且极不稳定，黑龙江省绝大部分地区 NEP 为正值，在 SSP126 和 SSP585 情景下，NEP 为正的区域扩大，大兴安岭部分地区存在由负转正的变化。

（4）不同排放情景下，黑龙江省植被和陆地生态系统均表现为较强的碳汇特征，且呈增强趋势，在不同土地覆盖类型中，林区碳汇能力最强，在不同排放情景下，SSP585 情景碳汇能力最强，也最不稳定，未来应持续保障植树造林和退耕还林等工程的推进，在全球暖湿化的背景下，持续监测黑龙江省碳汇能力及其波动情况，利用气候条件对黑龙江省碳汇能力的正向作用，进一步发挥黑龙江省碳汇优势，防治气候变化对其造成的不利影响。

9.4 本章小结

黑龙江省年均 NPP 和 NEP 呈上升趋势，森林生态系统贡献了大部分的 NEP；降水对于耕地碳吸收的贡献率较高；未来在不同碳排放情景下，2030 年之后 GPP、NPP 都将极显著增加，高排放情景下年际波动最大。

参考文献

柏钦玺，李志军，冯恩民，等，2018. 封冻期高纬度湖泊底层溶解氧浓度的变化特征分析[J]. 数学的实践与认识，48(1)：109-115.

曹元元，王娟，王建林，2016. 玉米农田生态系统水碳通量日变化特征研究[J]. 中国农学通报，32(9)：137-141.

曹越，李豪，张春华，等，2024. 2000—2022年山东省森林覆盖时空动态及其对气候变化的响应[J]. 应用生态学报，35(10)：2803-2812.

陈军，陈利军，李然，等，2015. 基于GlobeLand30的全球城乡建设用地空间分布与变化统计分析[J]. 测绘学报(11)：1181-1188.

陈全胜，李凌浩，韩兴国，等，2003. 水分对土壤呼吸的影响及机理[J]. 生态学报，23(5)：972-978.

陈秀兰，何勇，张丹丹，等，2008. 中国森林生态恢复与重建生态效益评价研究进展[J]. 林业经济问题，28(3)：5.

程春香，于敏，吴门新，等，2022. 2000—2020年黑龙江省陆地植被NPP驱动因子分析[J]. 东北农业大学学报，328(6)：20-28，75.

程俭，刘昌华，刘凯，等，2021. 2004年以来青海湖快速扩大对人居设施与草地的潜在影响[J]. 湖泊科学，33(3)：922-934.

除多，杨勇，罗布坚参，等，2016. MERRA再分析地面气温产品在青藏高原的适用性分析[J]. 高原气象，35(2)：337-350.

崔林丽，杜华强，史军，等，2016. 中国东南部植被NPP的时空格局变化及其与气候的关系研究[J]. 地理科学，36(5)：787-793.

邓雅文，蒋卫国，王晓雅，等，2023. 基于随机森林算法和知识规则的国际湿地城市精细湿地分类——以常德市为例[J]. 遥感学报，27(6)：1426-1440.

丁书培，李蒙蒙，汪小钦，等，2022. 基于时序遥感数据的福州市耕地非农化特征及驱动因子分析[J]. 遥感技术与应用，37(3)：550-563.

董灵波，刘兆刚，2021. 森林健康评价及其多尺度转换方法[J]. 南京林业大学学报(自然科学版)，45(3)：206-216.

方精云，柯金虎，唐志尧，等，2001. 生物生产力的"4P"概念，估算及其相互关系[J]. 植物生态学报，25(4)：414-419.

冯锦明，赵天保，张英娟，2004. 基于台站降水资料对不同空间内插方法的比较[J]. 气候与环境研究(2)：261-277.

高红凯，刘俊国，高光耀，等，2023. 水源涵养功能概念的生态和水文视角辨析[J]. 地理学报，78(1)：139-148.

高宪双，2009. 黑龙江省生态气象监测与评价研究[D]. 沈阳：东北大学.

高艳，2018. 基于非线性关系变量间的偏相关分析研究[D]. 太原：山西大学.

郭丽英，李刚，2013. 环渤海地区城镇化进程中耕地面积及其重心转移格局分析[J]. 中国农业资源与区划，34(4)：32-36.

国志兴，王宗明，刘殿伟，等，2009. 三江平原农田生产力时空特征分析[J]. 农业工程学报，25(1)：249-254.
韩雪，2022. 黑龙江生态湿地魅力龙江[J]. 森林与人类(z1)：82-85.
郝永萍，陈育峰，张兴有，1998. 植被净初级生产力模型估算及其对气候变化的响应研究进展[J]. 地球科学进展，13(6)：55-62.
侯元兆，吴水荣，2005. 森林生态服务价值评价与补偿研究综述[J]. 世界林业研究(3)：1-5.
胡婵娟，郭雷，2012. 植被恢复的生态效应研究进展[J]. 生态环境学报，21(9)：7.
胡晓径，闫敏慧，王雨萱，等，2023. 2021 年松花江流域哈尔滨段春季开江流凌气象成因分析[J]. 黑龙江气象，158(1)：29-30.
胡子轩，华静，李医民，2023. 湿地生态系统网络模型鲁棒性分析[J]. 生态学杂志，42(1)：237-247.
黄森旺，2012. 三北防护林工程区土地退化的时空变化和驱动力分析[J]. 阜新：辽宁工程技术大学：26-27.
黄文琳，张强，孔冬冬，等，2019. 1982—2013 年内蒙古地区植被物候对干旱变化的响应[J]. 生态学报，39(13)：4953-4965.
黄祥忠，郝彦宾，王艳芬，等，2006. 极端干旱条件下锡林河流域羊草草原净生态系统碳交换特征[J]. 植物生态学报，30(6)：894-900.
霍宏亮，马庆华，李京璟，等，2016. 中国榛属植物种质资源分布格局及其适生区气候评价[J]. 植物遗传资源学报，17(5)：801-808.
贾子毅，2011. 干旱区白刺荒漠生态系统土壤呼吸对增雨的响应[D]. 北京：中国林业科学研究院.
姜彤，吕嫣冉，黄金龙，等，2020. CMIP6 模式新情景(SSP-RCP)概述及其在淮河流域的应用[J]. 气象科技进展，10(5)：102-109.
蒋高明，2022. 湿地生态系统[J]. 绿色中国(20)：56-59.
焦翠翠，于贵瑞，展小云，等，2014. 全球森林生态系统净初级生产力的空间格局及其区域特征[J]. 第四纪研究，34(4)：699-709.
金鸽，安慧君，虎日乐，2022. 1991—2018 年呼伦湖区域气候特征及其对水域面积的影响[J]. 石河子大学学报(自然科学版)，40(1)：68-74.
金林，李研，2019. 几种相关系数辨析及其在 R 语言中的实现[J]. 统计与信息论坛，34(4)：3-11.
金铭，2012. 北极冰川加速消融地球生态大受影响[J]. 生态经济，248(1)：14-19.
匡文慧，张树文，杜国明，等，2022. 2015—2020 年中国土地利用变化遥感制图及时空特征分析[J]. 地理学报，77(5)：1056-1071.
李伯新，姜超，孙建新，2023. CMIP6 模式对中国西南部地区植被碳利用率模拟能力综合评估[J]. 植物生态学报(9)：1211-1224.
李超，2021. 中国植被生态质量时空模式及其对气候变化的响应[D]. 兰州：兰州交通大学.
李传华，赵军，师银芳，等，2016. 基于变异系数的植被 NPP 人为影响定量研究——以石羊河流域为例[J]. 生态学报，36(13)：4034-4044.
李登科，王钊，2020. 退耕还林后陕西省植被覆盖度变化及其对气候的响应[J]. 生态学杂志，39(1)：1-10.
李洪建，杨艳，严俊霞，2016. 冠层辐射温度对冬小麦生态系统碳通量的影响[J]. 环境科学，37(9)：3650-3659.
李林，申红艳，刘彩红，等，2020. 青海湖水位波动对气候暖湿化情景的响应及其机理研究[J]. 气候变化研究进展，93(5)：600-608.
李琳，张海林，陈阜，等，2007. 不同耕作措施下冬小麦生长季农田二氧化碳排放通量及其与土壤温度的关系[J]. 应用生态学报，18(12)：2765-2770.
李世华，牛铮，李壁成，2005. 植被净第一性生产力遥感过程模型研究[J]. 水土保持研究(3)：126-128.
李卫国，李秉柏，王志明，等，2006. 作物长势遥感监测应用研究现状和展望[J]. 江苏农业科学(3)：12-15.
李文华，李芬，李世东，等，2006. 森林生态效益补偿的研究现状与展望[J]. 自然资源学报(5)：677-688.
李想，张雪芹，徐晓明，2022. 近 40 年来贝加尔湖区气候变化及其对湖泊水位的影响[J]. 湖泊科学，34(1)：

219-231.

李秀芬,郑有飞,王阳,2007.黑龙江省作物长势与气候因子关系的研究[J].黑龙江气象,97(4):15-16.

李秀娟,周涛,何学兆,2009.NPP增长驱动下的中国森林生态系统碳汇[J].自然资源学报(3):491-497.

李蕴峰,陈卓,雷海亮,等,2023.黑龙江省生态足迹时空演变与生态可持续分析[J].环境工程技术学报,13(3):1194-1204.

梁丁丁,2016.1975—2010年青藏高原湖泊面积变化及对气候变化的响应[D].北京:中国地质大学.

廖茂林,刘元玲,陈迎,2022.新形势下俄罗斯气候治理政策的发展演进[J].国外社会科学,349(1):154-160,200.

凌从高,穆溪,许敏,等,2022.湿地生态系统实际蒸散发数据驱动估算模型研究[J].安徽农业大学学报,49(5):771-779.

刘丹,于成龙,2018.城市扩张对热环境时空演变的影响——以哈尔滨为例[J].生态环境学报,27(3):509-517.

刘国华,傅伯杰,陈利顶,等,2000.中国生态退化的主要类型、特征及分布[J].生态学报,20(1):13-19.

刘家福,张昱鑫,王丽丽,等,2022.东北三省洪涝灾害时空格局演变及驱动力分析[J].吉林师范大学学报(自然科学版),160(3):129-140.

刘沁萍,朱闯,田洪阵,等,2020.2001—2017年中国建设用地时空分异特征[J].长江流域资源与环境(10):2113-2123.

刘少军,李伟光,陈小敏,等,2020.未来气候变化情景下中国橡胶主产区内植被净初级生产力预估[J].热带作物学报(3):622-626.

刘世荣,郭泉水,王兵,1998.中国森林生产力对气候变化响应的预测研究[J].生态学报,18(5):32-37.

刘洋洋,章钊颖,同琳静,等,2020.中国草地净初级生产力时空格局及其影响因素[J].生态学杂志,39(2):349-363.

鲁安新,王丽红,姚檀栋,2006.青藏高原湖泊现代变化遥感方法研究[J].遥感技术与应用(3):173-177.

陆晴,吴绍洪,赵东升,2017.1982—2013年青藏高原高寒草地覆盖变化及与气候之间的关系[J].地理科学,37(2):292-300.

吕一河,胡健,孙飞翔,等,2015.水源涵养与水文调节:和而不同的陆地生态系统水文服务[J].生态学报,35(15):5191-5196.

马丙成,2017.利用卫星测高数据计算贝加尔湖水位变化[D].成都:西南交通大学.

马启民,贾晓鹏,王海兵,等,2019.气候和人为因素对植被变化影响的评价方法概述[J].中国沙漠,39(6):48-55.

马秀枝,王艳芬,汪诗平,等,2005.放牧对内蒙古锡林河流域草原土壤碳组分的影响[J].植物生态学报,29(4):569-576.

毛德华,王宗明,韩佶兴,等,2012.1982—2010年中国东北地区植被NPP时空格局及驱动因子分析[J].地理科学,32(9):1106-1111.

孟焕,2016.气候变化对三江平原沼泽湿地分布的影响及其风险评估研究[D].长春:中国科学院东北地理与农业生态研究所:1-111.

孟瑶,韩晓盈,刘侨博,等,2022.三江平原生态系统格局与构成及其变化研究[J].环境科学与管理,296(7):151-155.

苗茜,黄玫,李仁强,2010.长江流域植被净初级生产力对未来气候变化的响应[J].自然资源学报(8):1296-1305.

牛建明,2001.气候变化对内蒙古草原分布和生产力影响的预测研究[J].草地学报,9(4):277-282.

欧阳志云,2017.我国生态系统面临的问题与对策[J].中国国情国力(3):6-10.

欧阳志云,王效科,苗鸿,1999.中国陆地生态系统服务功能及其生态经济价值的初步研究[J].生态学报,19

(5):19-25.

齐麟,许东,朱琪,等,2021. 基于 GeoSOS-FLUS 平台的东北森林屏障带生态格局优化[J]. 生态学杂志,40(11):3448-3462.

齐玉春,董云社,杨小红,等,2005. 放牧对温带典型草原含碳温室气体 CO_2、CH_4 通量特征的影响[J]. 资源科学,27(2):103-109.

钱拴,延昊,吴门新,等,2020. 植被综合生态质量时空变化动态监测评价模型[J]. 生态学报,40(18):6573-6583.

乔春连,李婧梅,王基恒,等,2012. 青藏高原高寒草甸生态系统 CO_2 通量研究进展[J]. 草业科学,30(2):248-255.

乔榛,李白,2006. 结构、制度与观念:黑龙江省农村经济发展的瓶颈[J]. 学术交流(8):75-77.

秦会艳,关赢,黄颖利,2018. 黑龙江省国有林区贫困-生态系统恢复力测度与影响机制[J]. 生态与农村环境学报,34(9):821-829.

冉琼,张增祥,张国平,等,2005. 温度植被干旱指数反演全国土壤湿度的 DEM 订正[J]. 中国水土保持科学(2):32-36,50.

尚月,韩奕琛,2021. 应对迈向碳中和时代的挑战:俄罗斯的绿色新政[J]. 现代国际关系,384(10):18-28,63-64.

邵佩佩,柴如珲,林志恒,等,2018. 基于高光谱遥感的叶片总初级生产力 GPP 反演[J]. 中国农业大学学报,23(8):109-117.

申广荣,田国良,1998. 作物缺水指数监测旱情方法研究[J]. 干旱地区农业研究,16(1):123-128.

沈占锋,夏列钢,李均力,等,2013. 采用高斯归一化水体指数实现遥感影像河流的精确提取[J]. 中国图象图形学报,18(4):421-428.

孙芳蒂,赵圆圆,宫鹏,等,2014. 动态地表覆盖类型遥感监测:中国主要湖泊面积 2000—2010 年间逐旬时间尺度消长[J]. 科学通报,59(z1):397-411.

孙晓波,2019. 黑龙江省湿地项目建设浅析[J]. 林业勘查设计(3):16-17.

孙永罡,2007. 中国气象灾害大典·黑龙江卷[M]. 北京:气象出版社:1-329.

汪品先,2002. 气候演变中的冰和碳[J]. 地学前缘,9(1):85-93.

王保盛,陈华香,董政,等,2020. 2030 年闽三角城市群土地利用变化对生态系统水源涵养服务的影响[J]. 生态学报,40(2):484-498.

王斌,郭帅帅,冯杰,等,2022. 基于 SWAT 的积雪消融对高寒区农田土壤水分影响模拟[J]. 农业机械学报,53(1):271-278.

王芳,高永刚,白鸣祺,等,2011. 近 50 年气候变化对七星河湿地生态系统自然植被第一性净生产力的影响[J]. 中国农学通报,27(1):6.

王根绪,程国栋,沈永平,2002. 青藏高原草地土壤有机碳库及其全球意义[J]. 冰川冻土,24(6):693-700.

王冠,王平,王田野,等,2018. 1900 年以来贝加尔湖水位变化及其原因分析[J]. 资源科学,40(11):2177-2185.

王国泰,张守平,杨清伟,等,2018. 基于空间插值方法的重庆降水信息展布[J]. 南水北调与水利科技,16(3):18-23.

王黑子来,刘微,黄超,等,2011. 大兴安岭生态沟系典型森林植被水源涵养功能的研究[J]. 中国农学通报,241(19):33-37.

王瑾杰,丁建丽,张成,等,2017. 基于 GF-1 卫星影像的改进 SWI 水体提取方法[J]. 国土资源遥感,29(1):29-35.

王劲峰,徐成东,2017. 地理探测器:原理与展望[J]. 地理学报,72(1):116-134.

王梦琦,张文,孟令奎,2022. 2014—2019 年北京密云和官厅水库时空变化分析[J]. 测绘地理信息,220(4):100-104.

王培娟，谢东辉，张佳华，等，2009. BEPS模型在华北平原冬小麦估产中的应用[J]. 农业工程学报(10)：148-153，366.

王鹏飞，郭云艳，周康，等，2021. 1961—2018年呼伦湖水面面积变化特征及其对气候变化的响应[J]. 环境科学研究，279(4)：792-800.

王秋凤，牛栋，于贵瑞，等，2004. 长白山森林生态系统 CO_2 和水热通量的模拟研究[J]. 中国科学(D辑：地球科学)(s2)：131-140.

王森，杨克俭，2008. 基于双线性插值的图像缩放算法的研究与实现[J]. 自动化技术与应用，27(7)：44-45.

王涛，朱震达，2003. 我国沙漠化研究的若干问题——1. 沙漠化的概念及其内涵[J]. 中国沙漠，23(3)：3-8.

王伟泽，胡鹏，王建华，等，2020. 扎龙湿地植被覆盖度及其分布结构对水文气象要素的响应[J]. 水生态学杂志，41(5)：9.

王鑫，杨保，王江林，2021. 过去千年北半球中高纬夏季温度多年代际变化的归因分析[J]. 第四纪研究，41(2)：446-461.

吴炳方，张峰，刘成林，等，2004. 农作物长势综合遥感监测方法[J]. 遥感学报，8(6)：498-514.

吴黎，解文欢，张有智，等，2022. 基于温度植被干旱指数的黑龙江省20年干旱时空特征研究[J]. 水土保持研究，154(5)：358-363.

吴霞，潘雪，公衍铎，等，2024. 2001—2021年黑龙江省森林植被生态质量变化分析[J]. 环境监测管理与技术，36(1)：43-48.

肖尧，2023. 森林生态系统水源涵养功能研究与展望[J]. 林业建设(1)：37-40.

谢今范，毛德华，任春颖，2011. 植被-气候关系遥感分析研究进展[J]. 东北师大学报(自然科学版)，43(3)：145-150.

徐欢，李美丽，梁海斌，等，2018. 退化森林生态系统评价指标体系研究进展[J]. 生态学报，38(24)：9034-9042.

徐淑新，张丽华，郭笃发，2010. 草地生态系统碳通量研究进展[J]. 环境科学与管理，35(7)：146-149.

徐小锋，田汉勤，万师强，2007. 气候变暖对陆地生态系统碳循环的影响[J]. 植物生态学报(2)：175-188.

杨邦杰，裴志远，1999. 农作物长势的定义与遥感监测[J]. 农业工程学报，15(3)：214-218.

杨宝钢，陈昉，罗孳孳，2011. 基于MODIS的改进型组合水体指数(MCIWI)提取复杂水体信息的试验[J]. 西南大学学报(自然科学版)，33(1)：112-119.

杨仕琪，王冀，窦银银，等，2023. 1916—2020年北京城市变迁及其与区域气候演化的关系[J]. 地理学报(3)：620-639.

杨晓光，刘志娟，陈阜，2011. 全球气候变暖对中国种植制度可能影响：VI. 未来气候变化对中国种植制度北界的可能影响[J]. 中国农业科学，44(8)：1562-1570.

杨延征，马元丹，江洪，等，2016. 基于IBIS模型的1960—2006年中国陆地生态系统碳收支格局研究[J]. 生态学报，36(13)：3911-3922.

杨阳，戴新刚，汪萍，2022. 未来30年亚洲降水情景预估及偏差订正[J]. 大气科学(1)：40-54.

尹晓梅，2013. 气候变化对三江平原湿地植被生产力影响模拟研究[D]. 长春：中国科学院东北地理与农业生态研究所：1-94.

袁荣，廖思寒，纪鸿飞，等，2022. 1960—2019年黑龙江省气候变化特征分析[J]. 吉林水利，486(11)：1-6，12.

张成霞，南志标，2010. 放牧对草地土壤理化特性影响的研究进展[J]. 草业学报，19(4)：204-211.

张翀，白子怡，李学梅，等，2021. 2001—2018年黄土高原植被覆盖人为影响时空演变及归因分析[J]. 干旱区地理，44(1)：188-196.

张丹，张国君，冯昊，2012. 中国扎龙湿地水资源监测及评估[J]. 黑龙江水利科技(4)：5.

张方敏，居为民，陈镜明，等，2012. 基于遥感和过程模型的亚洲东部陆地生态系统初级生产力分布特征[J]. 应用生态学报(2)：307-318.

张会平，杨农，张岳桥，等，2006. 岷江水系流域地貌特征及其构造指示意义[J]. 第四纪研究(1)：126-135.

张景华,封志明,姜鲁光,等,2015. 澜沧江流域植被 NDVI 与气候因子的相关性分析[J]. 自然资源学报,30(9):1425-1435.

张军,葛剑平,国庆喜,2001. 中国东北地区主要植被类型 NDVI 变化与气候因子的关系[J]. 生态学报,21(4):522-527.

张丽霞,陈晓龙,辛晓歌,2019. CMIP6 情景模式比较计划(ScenarioMIP)概况与评述[J]. 气候变化研究进展(5):519-525.

张梅,黄贤金,揣小伟,等,2020. 中国净生态系统生产力空间分布及变化趋势研究[J]. 地理与地理信息科学,36(2):69-74.

张伟,张宏,泽柏,2006. 我国高寒草甸碳循环研究进展[J]. 山地学报,24(10):266-274.

张颖,2006. 黑龙江大兴安岭森林绿色核算研究[J]. 自然资源学报(5):727-737.

赵静,刘玉芝,贾瑞,等,2019. 对 CMIP5 模拟北半球纬度带平均降水量的订正研究[J]. 兰州大学学报(自然科学版)(6):738-749.

赵其国,黄国勤,王礼献,2015. 中国南方森林生态系统的功能、问题及对策[J]. 森林与环境学报,35(4):289-296.

赵书慧,段会川,高帅,等,2018. 基于随机森林的 MODIS 遥感影像水体分类研究[J]. 山东师范大学学报(自然科学版),141(1):19-25.

郑红波,陈杰,秦绪佳,等,2021. 气象多要素数据的垂直剖面可视化[J]. 小型微型计算机系统(11):2350-2355.

郑健,徐蓉,朱晓翠,等,2021. 2000—2018 年奉化植被生态质量变化分析[J]. 农学学报,11(11):48-53.

智协飞,王田,季焱,2020. 基于深度学习的中国地面气温的多模式集成预报研究[J]. 大气科学学报(3):435-446.

周广胜,周莉,2021. 生态气象:起源、概念和展望[J]. 科学通报,66(2):210-218.

周天军,邹立维,陈晓龙,2019. 第六次国际耦合模式比较计划(CMIP6)评述[J]. 气候变化研究进展,15(5):12.

周巍,2014. 遥感辅助农作物播种面积调查与估算研究——以 2011 年黑龙江省秋粮调查为例[J]. 调研世界(2):45-50.

周艳莲,居为民,柳艺博,2022. 1981—2019 年全球陆地生态系统碳通量变化特征及其驱动因子[J]. 大气科学学报(3):332-344.

朱教君,张秋良,王安志,等,2022. 东北地区森林生态系统质量与功能提升对策建议[J]. 陆地生态系统与保护学报(5):41-48.

朱文泉,潘耀忠,阳小琼,等,2007. 气候变化对中国陆地植被净初级生产力的影响分析[J]. 科学通报,52(21):77-83.

祝存兄,史飞飞,乔斌,等,2022. 基于高分 1 号卫星的青海湖扩大及湖滨沙地变化特征分析[J]. 干旱区研究:1-15.

ABDELRAHIM K, GUTAPFEL O, LAAME L, et al, 2024. Electrical energy storage module: EP3667766A1[P]. 2019-02-11[2024-04-16].

ALLEN V L,2009 . Growth at elevated CO_2 delays the adverse effects of drought stress on leaf photosynthesis of the C4 sugarcane[J]. Journal of Plant Physiology, 166(2):107-116.

ANDERSSON K, EVANS T P, RICHARDS K R, 2009. National forest carbon inventories: Policy needs and assessment capacity[J]. Climatic Change, 93:69-101.

AZHDARI Z, RAFEIE S E, BAZRAFSHAN O, et al, 2020. Impact of climate change on net primary production (NPP) in south Iran[J]. Environmental Monitoring and Assessment, 192(6):409.

BOWLING D R, PATAKI D E, RANFERSON J, 2008. Carbon isotopes in terrestrial ecosystem pools and

CO_2 fluxes[J]. New Phytologist, 178(1):24-40.

CAO S X, 2011. Impact of China's large-scale ecological restoration program on the environment and society in arid and semiarid areas of China: Achievements, problems, synthesis, and applications[J]. Critical Reviews in Environmental Science and Technology, 41(4):317-335.

CAO M, WOODWARD I, 1998. Dynamic responses of terrestrial ecosystem carbon cycling to global climate change[J]. Nature, 393(6682):249-252.

CHEN X S, ZHANG M D,WANG J J, 1999. A pilot study of diagnostic value of BEAM-EEG and grain veoked potentials in Alzheimer's disease and senile schizophrenia[J]. Chinese Medical Journal, 112(7):64.

CHEN T, VANDERWERF G R, GOBRON N, et al, 2014. Global cropland monthly gross primary production in the year 2000[J]. Biogeosciences, 11(14):3871-3880.

CHEN T, BAO A, JIAPAER G, et al, 2019. Disentangling the relative impacts of climate change and human activities on arid and semiarid grasslands in Central Asia during 1982—2015[J]. Science of the Total Environment, 653:1311-1325.

CHEN Y, ITURBIDE S F, TREMBLAY D, et al, 2021. Reprocessing of Suomi NPP CrIS Sensor Data records to improve the radiometric and spectral long-term accuracy and stability[J]. IEEE Transactions on Geoscience and Remote Sensing, 99:1-14.

CRAMER W, FIELD C B, 1999. Comparing global models of terrestrial net primary productivity (NPP): Introduction[J]. Global Change Biology, 5:1365-2486.

CRAMER D, 2003. A cautionary tale of two statistics: Partial correlation and standardized partial regression [J]. Journal of Psychology, 137(5):507-511.

CRAMER W, BONDEAU A, WOODWARD I, et al, 2010. Global response of terrestrial ecosystem structure and function to CO_2 and climate change: results from six dynamic global vegetation models[J]. Global Change Biology, 7(4):357-373.

CUI J, LI C, TRETTIN C, 2005. Modeling biogeochemistry and forest management practices for assessing GHGs mitigation strategies in forested wetlands[J]. Environmental Modeling and Assessment, 10(1): 43-53.

CUI W H, LIU J G, JIA J L, et al, 2021. Terrestrial ecological restoration in China: Identifying advances and gaps[J]. Environmental Sciences Europe, 33(1):1-14.

DANG Y C, HE H S, ZHAO D D, et al,2020. Quantifying the relative importance of climate change and human activities on selected wetlandecosystems in China[J]. Sustainability, 12: 912.

DOELMAN J C, STEHFEST E, TABEAU A, et al, 2018. Exploring SSP land-use dynamics using the IMAGE model:Regional and gridded scenarios of land-use change and land-based climate change mitigation[J]. Global Environmental Change, 48:119-135.

DONG L, YANG W, ZHANG K, et al, 2020. Study of marsh wetland landscape pattern evolution on the Zoige Plateau due to natural/human dual-effects[J]. Peer J, 8:1-12.

FAN S M, GLOOR M, MAHLMAN J, et al,1998. A large terrestrial carbon sink in North America implied by atmospheric and oceanic carbon dioxide data and models[J]. Science, 282(5388):442-446.

FOSTER D R, 1992. Land-use history (1730—1990) and vegetation dynamics in Central New England, USA [J]. Journal of Ecology, 80(4):753-772.

FRAZIER P S, PAGE K J, 2000. Water body detection and delineation with Landsate TM data[J]. Photogrammertric Engineering and Remote Sensing, 66:1461-1467.

GU L, BALDOCCHI D, VERMA S B, et al, 2002. Advantages of diffuse radiation for terrestrial ecosystem productivity[J]. Journal of Geophysical Research Atmospheres, 107(4050):1-23.

GUAN Q, YANG L, PAN N, et al, 2018. Greening and browning of the hexi corridor in Northwest China: Spatial patterns and responses to climatic variability and anthropogenic drivers[J]. Remote Sensing, 10(8): 1-20.

GUDINA L F, HENRIK M, RASMUS F, et al, 2014. Automated water extraction index: A new technique for surface water mapping using Landsat imagery[J], Remote Sensing of Environment,140:23-35.

HAN J G, ZHANG Y J, WANG C J, et al, 2008. Rangeland degradation and restoration management in China[J]. Rangeland Journal, 30(2):233-239.

HANSEN J ,RUEDY R ,SATO M ,et al, 2013 Global surface air temperature in 1995: Return to pre-Pinatubo level[J]. Geophysical Research Letters, 23(13):1665-1668.

HARPER C W, BLAIR J M, FAY P A, et al, 2005. Increased rainfall variability and reduced rainfall amount decreases soil CO_2 flux in a grassland ecosystem[J]. Global Change Biology, 11(2):322-334.

HOUGHTON R A, 1994. The worldwide extent of land-use change[J]. BioScience, 44: 305-313.

HULME M, 1992. A 1951-1980 global land precipitation climatology for the evaluation of general circulation models[J]. Climate Dynamics, 7(2):57-72.

JI Y H, ZHOU G S, LUO T X, et al, 2020. Variation of net primary productivity and its drivers in China's forests during 2000—2018[J]. Forest Ecosystems, 7(1):1-11.

JIANG G, HAN X, WU J, 2006. Restoration and management of the inner Mongolia Grassland require a sustainable strategy[J]. Ambio, 35(5):269-270.

JOBBáGY E G, SALA O E, PARUELO J M, 2002. Patterns and controls of primary production in the patagonian steppe: A remote sensing approach[J]. Ecology, 83(2):307-319.

JONG R D, VERBESSELT J, SCHAEPMAN M E, et al, 2012. Trend changes in global greening and browning: Contribution of short-term trends to longer-term change[J]. Global Change Biology, 18(2):642-655.

JONSSON M, WARDLE D A,2010. Structural equation modelling reveals plant-community drivers of carbon storage in boreal forest ecosystems[J]. Biology Letters, 6: 116-119.

JOO-HYUNG R, JOONG-SUN W, KYUNG D M, 2002. Waterline extraction from Landsat TM data in a tidal flat: A case study in Gomso Bay, Korea[J]. Remote Sensing of Environment,83(3): 442-456.

JUPP D L,MA Y K,KUCHL E R, et al,1985. Landsat based interpretation of the cairns section of the great barrier reef marine park[C]. Australia:The C. S. I. R. O. Natural Resources Series.

KANG X M, HAO Y B, CUI X Y, et al, 2013. Effects of grazing on CO_2 balance in a semiarid steppe: Field observations and modeling[J]. Journal of Soils and Sediments, 13(12):1012-1023.

KENNEDY K, SIMONOVIC S, TEJADAGUIBERT A, et al, 2013. Water in a changing world[J]. Ecological Applications, 11(4):1027-1045.

KIM Y, KIMBALL J S, ZHANG K, et al, 2012. Satellite detection of increasing Northern Hemisphere non-frozen seasons from 1979 to 2008: Implications for regional vegetation growth-ScienceDirect[J]. Remote Sensing of Environment, 121(138):472-487.

KIMBALL J S, THORNTON P E, WHITE M A, et al, 1997. Simulating forest productivity and surface-atmosphere carbon exchange in the BOREAS study region[J]. Tree Physiology, 17(8-9):589-599.

KUMAR M, SAVITA S H, et al, 2019. Assessing vulnerability of forest ecosystem in the Indian Western Himalayan region using trends of net primary productivity[J]. Biodiversity and Conservation, 28(8): 2163-2182.

LIU J, CHEN J M, CIHLAR J, et al, 1997. A process-based boreal ecosystem productivity simulator using remote sensing inputs[J]. Remote Sensing of Environment, 62(2):158-175.

LIU J, CHEN J M, CIHLAR J, et al, 1999. Quantifying the spatial distribution of evapotranspiration with satellite data[C]//Ottawa: International Airborne Remote Sensing Conference and Exhibition.

LIU H Y, ZHANG M Y, LIN Z S, 2017. Relative importance of climate changes at different time scales on net primary productivity—a case study of the Karst area of northwest Guangxi, China[J]. Environmental Monitoring and Assessment, 189(11):539.

LIU Y, REN X L, ZHANG Q X, et al, 2022. Soil depth alters the effect of species diversity on productivity in an experimental karst herbaceous community[J]. Plant and Soil, 471(1):61-71.

LU F, HU H F, SUN W J, et al, 2018. Effects of national ecological restoration projects on carbon sequestration in China from 2001 to 2010[J]. Proc Natl Acad Sci USA, 115(16):4039-4044.

MARSCHNER B, BREDOW A, 2002. Temperature effects on release and ecologically relevant properties of dissolved organic carbon in sterilised and biologically active soil samples[J]. Soil Biology and Biochemistry, 34(4):459-466.

MATTHEWS H D, GILLETT N P, STOTT P A, et al, 2009. The proportionality of global warming to cumulative carbon emissions. [J]. Nature, 459(7248): 829-832.

MCFEETERS S K, 1996. The use of the Normalized Difference Water Index (NDWI) in the delineation of open water features[J]. International Journal of Remote Sensing, 17(7):1425- 1432.

MEINSHAUSEN M, MEINSHAUSEN N, HARE W, et al, 2009. Greenhouse-gas emission targets for limiting global warming to 2 ℃[J]. Nature, 458(7242): 1158-1162.

MEYERSON L A, BARON J, MELILLO J M, et al, 2005. Aggregate measures of ecosystem services: can we take the pulse of nature? [J]. Frontiers in Ecology and the Environment, 3(1):56-59.

MURAKAMI K, SASAI T, YAMAGUCHI Y, 2010. A new one-dimensional simple energy balance and carbon cycle coupled model for global warming simulation[J]. Theoretical and Applied Climatology, 101(3-4): 459-473.

MURILLO J, 2001. Organic carbon content under different types of land use and soil in peninsular Spain[J]. Biology and Fertility of Soils , 33(1):53-61.

NEFF J C, TOWNSEND A R, GLEIXNER G, et al, 2002. Variable effects of nitrogen additions on the stability and turnover of soil carbon[J]. Nature, 419(6910):915-917.

NORBY R, 1997. Carbon cycle: Inside the black box[J]. Nature, 388(6642): 522-523.

OBSON A P, BRADSHAW A D, BAKER A J, 1997. Hopes for the future: Restoration ecology and conservation biology[J]. Science, 277: 515-522.

OUMA Y O, TATEISHI R, 2006. A water index for rapid mapping of shoreline changes of Five East African Rift Valley Lakes: An empirical analysis using landsat TM and ETM+data[J]. International Journal of Remote Sensing, 27(15) : 3153-3181.

PEARSON W, 1916. Projectile injuries of blood vessels: With special reference to aneurysm and the intrasacular operation[J]. British Medical Journal, 2(2919):796-799.

PEARSON K, 1920. Institutes of anthropology[J]. Science, 52(1347):371-376.

PRINCE D C, 1998. Evidence from rain-use efficiencies does not indicate extensive Sahelian desertification[J]. Global Change Biology, 4(4):359-374.

RIENECKER M M, SUAREZ M J, GELARO R, et al, 2011. MERRA: NASA's Modern-Era retrospective analysis for research and applications[J]. J Climate, 24(14):3624-3648.

ROXBURGH S, BARRETT D J, BERRY S L, et al, 2004. A critical overview of model estimates of net primary productivity for the Australian continent[J]. Iwmi Working Papers, 31(11):1043-1059.

RUNNING S W, NEMANI R R, ANN H F, et al, 2004. A continuous satellite-derived measure of global terrestrial primary production[J]. Bioscience, 54(6):547-560.

SAKURAI Y, PAPADIMITRIOU S, FALOUTSOS C, 2005. BRAID: Stream mining through group lag correlations[J]. Proceedings of the Acm Sigmod, 12:599-610.

SCHOEN D, 1997. Primary productivity: The link to global health[J]. Bioscience, 47(8):477-480.

SCHULZE E D, VALENTINI R, BOURIAUD O, 2021. The role of net ecosystem productivity and of inventories in climate change research: The need for "net ecosystem productivity with harvest", NEPH[J]. Forest ecosystem, 8(1):8.

SITCH S, SMITH B, PRENTICE I, 2010. Plant geography and terrestrial carbon cycling in the LPJ dynamic global vegetation model[J]. Global Change Biology, 9(2):161-185.

SU Y Z, LI Y L, ZHAO H L, 2006. Soil properties and their spatial pattern in a degraded sandy grassland under post-grazing restoration, Inner Mongolia, Northern China[J]. Biogeochemistry, 79(3):297-314.

TAMIMINIA H, SALEHI B, MAHDIANPARI M, et al, 2020. Google Earth Engine for geo-big data applications: A meta-analysis and systematic review[J]. ISPRS Journal of Photogrammetry and Remote Sensing, 164: 152-170.

TANG Z, MA J, PENG H, et al, 2017. Spatiotemporal changes of vegetation and their responses to temperature and precipitation in upper Shiyang river basin[J]. Advances in Space Research, 60(5):969-979.

TIAN H, MELILLO J, LU C, et al, 2011. China's terrestrial carbon balance: Contributions from multiple global change factors[J]. Global Biogeochemical Cycles, 25(1):1-16.

VERBEECK H, SAMSON R, VERDONCK F, et al, 2006. Parameter sensitivity and uncertainty of the forest carbon flux model FORUG: A Monte Carlo analysis[J]. Tree Physiology, 26(6):807-817.

VITOUSEK P M, MOONEY H A, LUBCHENCO J, et al, 1997. Human domination of earth's ecosystems [J]. Science, 277:494-499.

WANG Y, ZHOU G, WANG Y, 2008. Environmental effects on net ecosystem CO_2 exchange at half-hour and month scales over Stipa krylovii steppe in northern China[J]. Agricultural and Forest Meteorology, 148 (5):714-722.

WANG J, BROWN D G, CHEN J, 2013. Drivers of the dynamics in net primary productivity across ecological zones on the Mongolian Plateau[J]. Landscape Ecology, 28(4):725-739.

WU Y, WU Z, LIU X, 2020. Dynamic changes of net primary productivity and associated urban growth driving forces in Guangzhou City, China[J]. Environmental Management, 65(6):758-773.

XU H J, WANG X P, YANG T B, 2017. Trend shifts in satellite-derived vegetation growth in Central Eurasia, 1982—2013[J]. Science of the Total Environment, 579(1):1658-1674.

YE L, WEI X, LI Z, et al, 2013. Climate change impact on China food security in 2050[J]. Agronomy for Sustainable Development, 33(2):363-374.

ZHANG M, LAL R, ZHAO Y, et al, 2017. Spatial and temporal variability in the net primary production of grassland in China and its relation to climate factors[J]. Plant Ecology, 218(8):1117-1133.

ZHANG J, LIU M, ZHANG M, et al, 2019. Changes of vegetation carbon sequestration in the tableland of Loess Plateau and its influencing factors[J]. Environmental Science and Pollution Research, 26(22):22160-22172.

ZICKFELD K, EBY M, MATTHEWS H D, et al, 2009. Setting cumulative emissions targets to reduce the risk of dangerous climate change [J]. Proceedings of the National Academy of Sciences, 106 (38): 16129-16134.